水利水电工程施工技术全书

第二卷 土石方工程

第三册

边坡处理施工技术

吴国如 郭冬生 陈太为 等 编著

中国水利水电出版社
www.waterpub.com.cn

·北京·

内 容 提 要

本书是《水利水电工程施工技术全书》第二卷《土石方工程》中的第三分册。本书系统阐述了水利水电工程边坡处理的施工技术和方法。主要内容包括：综述、喷射混凝土、锚杆与锚筋桩、预应力锚索、抗滑桩、混凝土洞塞、挡土墙、坡面保护、降排水、安全监测、综合工程实例等。

本书可作为水利水电工程施工领域的工程技术人员、工程管理人员和高级技术工人的工具书，也可供从事水利水电工程科研、设计、建设及运行管理和相关企事业单位的工程技术人员、工程管理人员使用，并可作为大专院校水利水电工程及机电专业师生教学参考书。

图书在版编目（CIP）数据

边坡处理施工技术 / 吴国如，郭冬生，陈太为等编著. -- 北京：中国水利水电出版社，2017.9
（水利水电工程施工技术全书. 第二卷，土石方工程；第三册）
ISBN 978-7-5170-5950-9

Ⅰ. ①边… Ⅱ. ①吴… ②郭… ③陈… Ⅲ. ①水利水电工程－边坡－工程施工 Ⅳ. ①TV5

中国版本图书馆CIP数据核字(2017)第259601号

书　名	水利水电工程施工技术全书 **第二卷　土石方工程** **第三册　边坡处理施工技术** BIANPO CHULI SHIGONG JISHU
作　者	吴国如　郭冬生　陈太为　等　编著
出版发行	中国水利水电出版社 （北京市海淀区玉渊潭南路1号D座　100038） 网址：www.waterpub.com.cn E-mail：sales@waterpub.com.cn 电话：(010) 68367658（营销中心）
经　售	北京科水图书销售中心（零售） 电话：(010) 88383994、63202643、68545874 全国各地新华书店和相关出版物销售网点
排　版	中国水利水电出版社微机排版中心
印　刷	北京密东印刷有限公司
规　格	184mm×260mm　16开本　21.75印张　516千字
版　次	2017年9月第1版　2017年9月第1次印刷
印　数	0001—3000册
定　价	**88.00元**

凡购买我社图书，如有缺页、倒页、脱页的，本社营销中心负责调换

《水利水电工程施工技术全书》
各卷主（组）编单位和主编（审）人员

卷序	卷名	组编单位	主编单位	主编人	主审人
第一卷	地基与基础工程	中国电力建设集团（股份）有限公司	中国电力建设集团（股份）有限公司 中国水电基础局有限公司 葛洲坝基础公司	宗敦峰 肖恩尚 焦家训	谭靖夷 夏可风
第二卷	土石方工程	中国人民武装警察部队水电指挥部	中国人民武装警察部队水电指挥部 中国水利水电第十四工程局有限公司 中国水利水电第五工程局有限公司	梅锦煜 和孙文 吴高见	马洪琪 梅锦煜
第三卷	混凝土工程	中国电力建设集团（股份）有限公司	中国水利水电第四工程局有限公司 中国葛洲坝集团有限公司 中国水利水电第八工程局有限公司	席　浩 戴志清 涂怀健	张超然 周厚贵
第四卷	金属结构制作与机电安装工程	中国能源建设集团（股份）有限公司	中国葛洲坝集团有限公司 中国电力建设集团（股份）有限公司 中国葛洲坝建设有限公司	江小兵 付元初 张　晔	付元初
第五卷	施工导（截）流与度汛工程	中国能源建设集团（股份）有限公司	中国能源建设集团（股份）有限公司 中国葛洲坝集团有限公司 中国水利水电第八工程局有限公司	周厚贵 郭光文 涂怀健	郑守仁

《水利水电工程施工技术全书》
第二卷《土石方工程》编委会

主　　编：梅锦煜　和孙文　吴高见

主　　审：马洪琪　梅锦煜

委　　员：（以姓氏笔画为序）

　　　　　王永平　王红军　李虎章　吴国如　陈　茂

　　　　　陈太为　何小雄　沈溢源　张少华　张永春

　　　　　张利荣　汤用泉　杨　涛　林友汉　郑道明

　　　　　黄宗营　温建明

秘书长：郑桂斌　徐　萍

《水利水电工程施工技术全书》
第二卷《土石方工程》
第三册《边坡处理施工技术》
编写人员名单

主　　编：吴国如

审　　稿：梅锦煜

编写人员：吴国如　　郭冬生　　陈太为　　严匡柠

　　　　　钟彦祥　　赵新民　　齐建辉

序 一

水利水电工程建设在我国作为一项基础建设事业，已经走过了近百年的历程，这是一条不平凡而又伟大的创业之路。

新中国成立66年来，党和国家领导一直高度重视水利水电工程建设，水电在我国已经成为了一种不可替代的清洁能源。我国已经成为世界上水电装机容量第一位的大国，水利水电工程建设不论是规模还是技术水平，都处于国防领先或先进水平，这是几代水利水电工程建设者长期艰苦奋斗所创造出来的。

改革开放以来，特别是进入21世纪以后，我国的水利水电工程建设又进入了一个前所未有的高速发展时期。到2014年，我国水电总装机容量突破3亿kW，占全国电力装机容量的23%。发电量也历史性地突破31万亿kW·h。水电作为我国当前重要的可再生能源，为我国能源电力结构调整、温室气体减排和气候环境改善做出了重大贡献。

我国水利水电工程建设在新技术、新工艺、新材料、新设备等方面都取得了突破性的进展，无论是技术、工艺，还是在材料、设备等方面，都取得了令人瞩目的成就，它不仅推动了技术创新市场的活跃和发展，也推动了水利水电工程建设的前进步伐。

为了对当今水利水电工程施工技术进展进行科学的总结，及时形成我国水利水电工程施工技术的自主知识产权和满足水利水电建设事业的工作需要，全国水利水电施工技术信息网组织编撰了《水利水电工程施工技术全书》。该全书编撰历时5年，在编撰过程中组织了一大批长期工作在工程建设一线的中青年技术负责人和技术骨干执笔，并得到了有关领导、知名专家的悉心指导和审定，遵循"简明、实用、求新"的编撰原则，立足于满足广大水利水电工程技术人员的实际工作需要，并注重参考和指导价值。该全书内容涵盖了水利水电工程建设地基与基础工程、土石方工程、混凝土工程、金属结构制作与机电安装工程、施工导（截）流与度汛工程等内容的目标任务、原理方法及工程实例，既有理论阐述，又有实例介绍，重点突出，图文并茂，针对性及可操作性强，对今后的水利水电工程建设施工具有重要指导作用。

《水利水电工程施工技术全书》是对水利水电施工技术实践的总结和理论提炼，是一套具有权威性、实用性的大型工具书，为水利水电工程施工"四新"技术成果的推广、应用、继承、创新提供了一个有效载体。为大力推动水利水电技术进步和创新，推进中国水利水电事业又好又快地发展，具有十分重要的现实意义和深远的科技意义。

水利水电工程是人类文明进步的共同成果，是现代社会发展对保障水资源供给和可再生能源供应的基本需求，水利水电工程施工技术在近代水利水电工程建设中起到了重要的推动作用。人类应对全球气候变化的共识之一是低碳减排，尽可能多地利用绿色能源就成为重要选择，太阳能、风能及水能等成为首选，其中水能蕴藏丰富、可再生性、技术成熟、调度灵活等特点成为最优的绿色能源。随着水利水电工程建设与管理技术的不断发展，水利水电工程，特别是一些高坝大库能有效利用自然条件、降低开发运行成本、提高水库综合效能，高坝大库的（高度、库容）记录不断被刷新。特别是随着三峡、拉西瓦、小湾、溪洛渡、锦屏、向家坝等一批大型、特大型水利水电工程相继建成并投入运行，标志着我国水利水电工程技术已跨入世界领先行列。

近年来，我国水利水电工程施工企业积极实施走出去战略，海外市场开拓业绩突出。目前，我国水利水电工程施工企业在亚洲、非洲、南美洲多个国家承建了上百个水利水电工程项目，如尼罗河上的苏丹麦洛维水电站、号称"东南亚三峡工程"的马来西亚巴贡水电站、巨型碾压混凝土坝泰国科隆泰丹水利工程、位居非洲第一水利枢纽工程的埃塞俄比亚泰克泽水电站等，"中国水电"的品牌价值已被全球业内所认可。

《水利水电工程施工技术全书》对我国水利水电施工技术进行了全面阐述。特别是在众多国内外大型水利水电工程成功建设后，我国水利水电工程施工人员创造出一大批新技术、新工法、新经验，对这些内容及时总结并公开出版，与全体水利水电工作者分享，这不仅能促进我国水利水电行业的快速发展，提高水利水电工程施工质量，保障施工安全，规范水利水电施工行业发展，而且有助于我国水利水电行业走进更多国际市场，展示我国水利水电行业的国际形象和实力，提高我国水利水电行业在国际上的影响力。

　　该全书的出版不仅能提高水利水电工程施工的技术水平，而且有助于提高我国水利水电行业在国内、国际上的影响力，我在此向广大水利水电工程建设者、工程技术人员、勘测设计人员和在校的水利水电专业师生推荐此书。

孙洪水

2015 年 4 月 8 日

序 二

  《水利水电工程施工技术全书》作为我国水利水电工程技术综合性大型工具书之一，与广大读者见面了！

  这是一套非常好的工具书，它也是在《水利水电工程施工手册》基础上的传承、修订和创新。集中介绍了进入21世纪以来我国在水利水电施工领域从施工地基与基础工程、土石方工程、混凝土工程、金属结构制作与机电安装工程、施工导（截）流与度汛工程等方面采用的各类创新技术，如信息化技术的运用：在施工过程模拟仿真技术、混凝土温控防裂技术与工艺智能化等关键技术，应用了数字信息技术、施工仿真技术和云计算技术，实现工程施工全过程实时监控，使现代信息技术与传统筑坝施工技术相结合，提高了混凝土施工质量，简化了施工工艺，降低了施工成本，达到了混凝土坝快速施工的目的；再如碾压混凝土技术在国内大规模运用：节省了水泥，降低了能耗，简化了施工工艺，降低了工程造价和成本；还有，在科研、勘察设计和施工一体化方面，数字化设计研究面向设计施工一体化的三维施工总布置、水工结构、钢筋配置、金属结构设计技术，推广复杂结构三维技施设计技术和前期项目三维枢纽设计技术，形成建筑工程信息模型的协同设计能力，推进建筑工程三维数字化设计移交标准工程化应用，也有了长足的进步。因此，在当前形势下，编撰出一部新的水利水电施工技术大型工具书非常必要和及时。

  随着水利水电工程施工技术的不断推进，必然会给水利水电施工带来新的发展机遇。同时，也会出现更多值得研究的新课题，相信这些都将对水利水电工程建设事业起到积极的促进作用。该全书是当今反映水利水电工程施工技术最全、最新的系列图书，体现了当前水利水电最先进的施工技术，其中多项工程实例都是曾经创造了水利水电工程的世界纪录。该全书总结的施工技术具有先进性、前瞻性，可读性强。该全书的编者们都是参加过我国大型水利水电工程的建设者，有着非常丰富的各专业施工经验。他们以高度的社会责任感和使命感、饱满的工作热情和扎实的工作作风，大力发展和创新水电科学技术，为推进我国水利水电事业又好又快地发展，做出了新的贡献！

近年来，我国水利水电工程建设快速发展，各类施工技术日臻成熟，相继建成了三峡、龙滩、水布垭等具有代表性的水电工程，又有拉西瓦、小湾、溪洛渡、锦屏、糯扎渡、向家坝等一批大型、特大型水电工程，在施工过程中总结和积累了大量新的施工技术，尤其是混凝土温控防裂的施工方法在三峡水利枢纽工程的成功应用，高寒地区高拱坝冬季施工综合技术在拉西瓦等多座水电站工程中的应用……，其中的多项施工技术获得过国家发明专利，达到了国际领先水平，为今后水利水电工程施工提供了参考与借鉴。

目前，我国水利水电工程施工技术已经走在了世界的前列，该全书的出版，是对我国水利水电工程建设领域的一大贡献，为后续在水利水电开发，例如金沙江上游、长江上游、通天河、黄河上游的水电开发、南水北调西线工程等建设提供借鉴。该全书可作为工具书，为广大工程建设者们提供一个完整的水利水电工程施工理论体系及工程实例，对今后水利水电工程建设具有指导、传承和促进发展的显著作用。

《水利水电工程施工技术全书》的编撰、出版是一项浩繁辛苦的工作，也是一项具有创造性的劳动过程，凝聚了几百位编、审人员近5年的辛勤劳动，克服各种困难。值此该全书出版之际，谨向所有为该全书的编撰给予关心、支持以及为此付出了辛勤劳动的领导、专家和同志们表示衷心的感谢！

2015 年 4 月 18 日

前　言

　　由全国水利水电施工技术信息网组织编写的《水利水电工程施工技术全书》第二卷《土石方工程》共分为十册，《边坡处理施工技术》为第三册，由中国人民武装警察部队水电指挥部牵头编撰，中国人民武装警察部队水电第二总队、中国人民武装警察部队原三峡工程指挥部、中国水利水电第十一工程局有限公司参与了本书的编写。

　　我国幅员辽阔，地形、地质条件复杂，河流众多，水能资源十分丰富。据《2013年中国水利发展报告》统计，截至2011年，我国已建设水库8.86万余座，其中中型水库3346座，大型水库567座。在建设水库和修筑大坝的过程中，遇到了大量的、复杂的工程边坡问题。随着水电工程建设向西部发展，边坡的规模越来越大，高度越来越高，工程天然边坡超过1000m，开挖边坡亦达数百米。如小湾水电站，河床与两岸最邻近的山峰高差达1000m以上，开挖边坡最大高度达到692m，开挖量达1700余万m³。经过水电建设及科研工作者的共同努力，国内像小湾、锦屏一级等一批规模巨大、难度极高的水利水电工程边坡都得到妥善处理，边坡工程施工技术得到了较快的发展。对边坡工程的认识是随着工程建设逐步加深的，技术水平也是随着工程建设逐步提高的，有的甚至是用血的教训换来的。在"七五"期间，有的工程曾因边坡稳定问题，被迫修改建筑物布置；有的工程出现滑坡事故，造成重大人员伤亡、工期拖延、投资增加。因此，从"七五"开始，结合在建和规划要建设的重大工程项目，加强了理论研究和实践总结、改进、提高，边坡工程施工技术在施工工艺、材料、设备、技术标准和施工队伍方面均得到了较快的发展。现在，边坡工程更加重视施工的程序和方法，边坡开挖采取预裂、光面爆破等技术措施减小爆破振动对边坡岩体的影响；要求开挖与支护同步协调施工，开挖一个台阶紧随支护一个台阶，防止边坡岩体卸荷松弛、失稳；

重要的高边坡，在施工期和运行期均布设安全监测仪器，动态监测边坡变形情况。

在筹备编写本书时，编写组经过认真讨论，确定本书编写的主要内容以水利水电工程边坡处理常用的施工方法为主，并注意收集、总结近年使用的新技术，力求较全面地反映水利水电施工行业边坡工程施工技术的现状。参考《水电水利工程边坡设计规范》（DL/T 5353—2006）中边坡加固的相关内容拟定了本书的目录。在编写过程中，全国水利水电施工技术信息网先后 4 次召开会议，对本书的大纲和内容进行了审查、调整，作者数易其稿，形成目前的书稿。

本书的编撰人员都是长期从事水利水电工程施工、具有丰富的理论知识和实践经验的工程技术人员。编写内容突出以施工技术、程序、方法为重点，并编入了部分具有代表性的典型工程实例，是一本对边坡工程施工技术具有较强的指导作用的工具书。本书共 11 章，第 1 章综述和第 6 章混凝土洞塞由吴国如编写；第 2 章喷射混凝土、第 3 章锚杆与锚筋桩和第 4 章预应力锚索主要由郭冬生编写、齐建辉参加了第 3 章部分内容的编写。第 5 章抗滑桩由严匡柠编写；第 7 章挡土墙由钟彦祥、赵新民编写；第 8 章坡面保护、第 9 章降排水和第 10 章安全监测由陈太为编写；第 11 章综合工程实例由严匡柠、陈太为、吴国如、赵新民编写。本书各章由作者各自完成初稿后，由吴国如统稿初审后上交编审委员会，由梅锦煜主审。限于编者的水平，可能对已有的施工经验归纳反映不够全面、准确，甚至还有错误亦在所难免，敬请各位专家和读者指正。

本书编撰过程得到了《水利水电工程施工技术全书》编审委员会和有关专家的大力支持，并吸收了他们的许多宝贵经验、意见和建议。在此，谨向他们表示衷心的感谢！本书编写过程中参阅引用了大量的文献资料，中国水利水电第十工程局有限公司郑道明提供了部分喷射混凝土方面的资料，长江科学院肖国强提供了部分锚杆无损检测方面的资料，中国水利水电第十四工程局有限公司徐萍和中国葛洲坝集团公司汤用泉提供了部分混凝土洞塞施工方面的资料。在此对文献的作者和资料提供者一并表示衷心的感谢！

作者

2017 年 7 月 20 日

目　录

序一

序二

前言

1　综述 ··· 1

1.1　水利水电工程边坡施工技术发展 ································ 2

1.2　水利水电工程边坡的分类与变形破坏形式 ·················· 4

1.3　水利水电工程边坡处理的形式与特点 ······················· 6

2　喷射混凝土 ··· 8

2.1　分类与特点 ··· 8

2.2　材料、配合比与设备 ··· 9

2.3　干喷法喷射混凝土 ··· 17

2.4　湿喷法喷射混凝土 ··· 22

2.5　水泥裹砂喷射混凝土 ··· 25

2.6　钢纤维喷射混凝土 ··· 27

2.7　合成纤维喷射混凝土 ··· 30

2.8　质量控制 ·· 33

2.9　安全技术与环保措施 ··· 36

3　锚杆与锚筋桩 ··· 38

3.1　分类与特点 ··· 38

3.2　结构与材料 ··· 40

3.3　施工 ··· 48

3.4　锚杆试验 ·· 52

3.5　质量控制 ·· 55

3.6　安全技术与环保措施 ··· 56

4　预应力锚索 ··· 58

4.1　结构与应用 ··· 58

4.2　材料与器具 ··· 64

4.3　设备选型与配置 ·· 72

　　4.4　施工 ………………………………………………………… 76

　　4.5　试验与监测 ………………………………………………… 89

　　4.6　质量控制 …………………………………………………… 94

　　4.7　安全技术与环保措施 ……………………………………… 100

5　抗滑桩 ……………………………………………………………… 102

　　5.1　分类与特点 ………………………………………………… 102

　　5.2　施工 ………………………………………………………… 105

　　5.3　质量控制 …………………………………………………… 116

　　5.4　施工安全与环境保护措施 ………………………………… 118

　　5.5　工程实例 …………………………………………………… 121

6　混凝土洞塞 ………………………………………………………… 127

　　6.1　布置与特点 ………………………………………………… 127

　　6.2　施工规划 …………………………………………………… 130

　　6.3　洞塞开挖 …………………………………………………… 132

　　6.4　洞塞支护 …………………………………………………… 136

　　6.5　混凝土回填 ………………………………………………… 137

　　6.6　灌浆施工 …………………………………………………… 140

　　6.7　质量、安全、环保要点 …………………………………… 143

7　挡土墙 ……………………………………………………………… 146

　　7.1　分类与特点 ………………………………………………… 146

　　7.2　墙基施工 …………………………………………………… 148

　　7.3　砌体挡土墙施工 …………………………………………… 151

　　7.4　混凝土挡土墙施工 ………………………………………… 156

　　7.5　其他类型挡土墙施工 ……………………………………… 158

　　7.6　墙背填筑及排水施工 ……………………………………… 161

　　7.7　施工质量控制 ……………………………………………… 163

　　7.8　工程实例 …………………………………………………… 165

8　坡面保护 …………………………………………………………… 168

　　8.1　分类与特点 ………………………………………………… 168

　　8.2　混凝土护坡 ………………………………………………… 170

　　8.3　砌体与石笼护坡 …………………………………………… 193

　　8.4　边坡绿化 …………………………………………………… 205

　　8.5　柔性防护网 ………………………………………………… 216

9　降排水 ……………………………………………………………… 231

　　9.1　类型与特点 ………………………………………………… 231

　　9.2　排水沟施工 ………………………………………………… 233

9.3 排水孔施工 ………………………………………………………… 236

9.4 排水洞施工 ………………………………………………………… 237

9.5 井点降水施工 ……………………………………………………… 240

9.6 工程实例 …………………………………………………………… 246

10 安全监测 ……………………………………………………………… 250

10.1 边坡监测的目的与方法 …………………………………………… 250

10.2 监测项目选择与布置 ……………………………………………… 253

10.3 监测仪器现场检验与率定 ………………………………………… 260

10.4 常用仪器安装埋设 ………………………………………………… 260

10.5 观测实施 …………………………………………………………… 271

10.6 安全预报与反馈 …………………………………………………… 274

10.7 安全监测自动化 …………………………………………………… 275

10.8 工程实例 …………………………………………………………… 277

11 综合工程实例 ………………………………………………………… 283

11.1 天生桥二级水电站厂房高边坡治理 ……………………………… 283

11.2 三峡水利枢纽永久船闸高边坡治理 ……………………………… 289

11.3 小湾水电站高边坡综合治理 ……………………………………… 303

11.4 锦屏一级水电站拱坝左岸主要地质问题及处理措施 …………… 318

参考文献 …………………………………………………………………… 327

1 综　述

水利水电工程的边坡与公路、铁路等行业的边坡相比，有鲜明的特点。

（1）边坡工程规模巨大。大型水利水电工程边坡的开挖高度从几十米到数百米，边坡的开挖量从数十万立方米到数百万立方米，边坡规模巨大。小湾水电站左岸边坡的开挖最大高度达到 692m，土石方开挖量为 909 万 m^3，右岸边坡的开挖最大高度为 577m，土石方开挖量达到 818 万 m^3。三峡水利枢纽工程永久船闸纵向穿过 18 座山脉，边坡最大开挖高度约 170m，总土石方开挖量约为 4145 万 m^3。

（2）边坡对工程影响大。大型水利水电工程边坡工程的投资往往占工程总投资比例较高，边坡工程在相当大程度上影响着工程的建设工期、投资、运行安全，有的甚至影响到坝址、坝轴线位置、枢纽布置和施工方案的选择。例如，拉西瓦水电站拱坝，由于左岸Ⅱ号变形体的存在而将坝轴线调整上移；锦屏一级水电站的三滩坝址因右岸边坡存在变形体而放弃。

（3）地形、地质条件复杂，边坡工程施工难度大。大型水利水电工程一般都地处深山峡谷，山高、坡陡，边坡地层往往贯穿松散堆积体、风化岩层、微新岩层，岩体受卸荷、构造运动等影响，裂隙、断层、结构面等发育，地质条件十分复杂，岸坡崩塌、滑坡等地质灾害频发。为确保边坡安全稳定，常采取开挖减载、边坡排水、锚喷支护、锚杆、锚索等综合手段进行处理，项目多，程序复杂，加之场地狭小、布置困难，施工难度非常大。例如，小湾水电站，坝址区河床与两岸最邻近的山峰高差达到 1000m 以上，卸荷裂隙深度达 3～90m 不等，对边坡有影响的断层有 11 条，处理措施包括开挖减载、边坡排水、锚喷支护、锚杆、锚索、抗滑桩、锚固洞、抗剪洞、固结灌浆等。

（4）边坡工程作用效应复杂。与其他类型工程边坡相比，水利水电工程边坡除经受地震和降水等自然力作用外，还要经受诸如水工建筑物、库水、泄洪雾化水等工程作用，工作状况、作用机制及作用效应复杂。

（5）边坡寿命期长，质量标准高。水利水电边坡工程的寿命期是百年大计，若寿命期内出现问题，轻则影响工程运行，重的可能影响工程安全。因此，水利水电边坡工程的设计标准依据其与水工建筑物的位置及其重要程度的不同而异，水工建筑物基础以外的边坡要确保稳定，水工建筑物基础部位的边坡不仅要达到稳定要求，对边坡变形有更严格的要求。例如，三峡水利枢纽工程永久船闸和锦屏一级、小湾等水电站高拱坝的基础边坡，不仅要求边坡稳定，还要求严格控制边坡的变形量。

1.1 水利水电工程边坡施工技术发展

水利水电工程边坡施工技术的发展是伴随着水利水电工程的建设而发展的。我国水利水电工程边坡施工技术的发展大约经历三个阶段：

第一阶段是新中国成立前。水利水电工程数量少、规模小，边坡工程技术措施比较简单，施工手段落后。该阶段的边坡工程主要以开挖减载、地表及地下排水、砌石护坡及小型挡墙为主，施工手段主要以手工作业或小型机具为主，技术落后，施工效率较低。

第二阶段是新中国成立之后至 20 世纪 80 年代。新中国成立之后，一批大中型水利水电工程如刘家峡、新安江、葛洲坝等水利枢纽工程相继开工建设，边坡工程的规模大大增加，要求越来越高。该阶段在吸收、借鉴了国外的边坡工程施工技术的同时，探索发展了一系列边坡工程施工新技术，如预裂爆破、光面爆破、锚喷支护、预应力锚索、抗滑桩、锚固洞、抗剪洞等技术，摸索施工经验，引进或研制施工设备。为了减小爆破对边坡的振动影响，20 世纪 70 年代，在葛洲坝水利枢纽工程成功试验和应用了预裂爆破、光面爆破施工技术，把钻孔孔径 80～150mm 潜孔钻机安装在东方红拖拉机上，大大地提高了施工效率。预裂爆破、光面爆破技术在葛洲坝水利枢纽工程的成功应用，为该爆破技术在水利水电工程的应用打下了基础，预裂爆破、光面爆破技术成为边坡爆破施工的必要措施。锚喷支护技术开始主要用于地下工程的支护，20 世纪 70 年代以后开始用于地面工程边坡支护。1965 年我国试制成功第一台混凝土干式喷射机，1976 年当时的水利电力部在乌江渡水电站工地召开了"全国水利水电施工经验现场交流会"，会上提出大力推广锚喷支护等新技术。预应力锚固首先在坝基和结构加固中使用，之后逐渐应用于边坡加固。1964 年在梅山水电站坝基加固中首次利用预锚技术，20 世纪 80 年代天生桥二级水电站开始使用预应力锚索加固边坡。大规模使用预应力锚索加固水利水电工程边坡是从漫湾水电站开始，该工程边坡加固使用 1000～6000kN 的预应力锚索 2400 余索。20 世纪 60 年代抗滑桩在我国铁路系统开始应用，20 世纪 80 年代，天生桥二级水电站边坡工程使用了 17 根钢筋混凝土抗滑桩，断面 3m×7m，最大桩深达 40m。水利水电工程边坡工程使用的抗滑桩断面比较大，主要是挖孔钢筋混凝土灌注桩。为了改善抗滑桩的受力状况，有时抗滑桩也与预应力锚索或水平混凝土洞塞联合使用。在 20 世纪 50 年代，边坡的深层加固就使用了混凝土洞塞（抗剪洞、锚固洞）。1954 年，流溪河水电站用格构式置换洞对边坡进行加固，后来在龙羊峡、凤滩等水电站边坡工程中都应用了抗剪洞、锚固洞。在探索总结的基础上，20 世纪 80 年代先后颁发了《水工建筑物岩石基础开挖工程施工技术规范》（SDJ 211—83）、《水利水电地下工程锚喷支护施工技术规范》（SDJ 57—85）等一批规范，总结了经验，规范了施工工艺。

第三阶段是 20 世纪 80 年代以后，边坡工程施工技术得到快速发展和提高。随着我国的改革开放，在建工程和规划建设的工程数量快速增多、工程规模前所未有，边坡问题越来越突出。

"七五"期间，在建的水利水电工程中，有的出现边坡滑坡，造成重大人员伤亡，延误工期，有的被迫改变枢纽布置，需要总结经验教训。"八五""九五"期间，我国拟建的小浪底水利枢纽工程、三峡水利枢纽工程、天生桥一级、龙滩、小湾、拉西瓦及洪家渡等一批大型骨干水电站，工程规模大，地质条件复杂，有的边坡高达数百米，均不同程度地存在着需要解决的高边坡问题。因此，从"七五"计划开始，结合在建工程和规划要建设的工程，边坡工程技术围绕着理论研究、原材料、施工设备、施工工艺、安全监测手段等进行攻关。例如，在"七五"期间，长江水利委员会等单位开展了三峡水利枢纽工程高边坡开挖和加固技术研究，研制成功了 6000kN 级张拉预应力锚索的千斤顶，具有早强、高强、微膨胀的灌浆材料，具有不同腐蚀性能的钢材和钻孔工艺，并用于丰满水电站大坝的加固。在三峡水利枢纽工程永久船闸施工的过程中，中国人民武装警察部队水电部队对预应力锚索的钻孔、测斜、锚索安装、灌浆、张拉等施工工艺和设备选型配套也进行了大量的试验研究，取得了一批成果。"八五"期间，中国水利水电科学研究院等单位结合李家峡水利枢纽工程开展了岩质高边坡开挖和加固成套技术研究，提出了爆破安全准则，在预应力锚索群锚机理及快速施工技术方面，取得了一批成果，并用于李家峡水利枢纽工程。2002—2005 年，中国电力建设集团有限公司组织相关单位针对小湾水电站坝前冲沟规模巨大的第四系崩塌堆积覆盖物，枢纽区岩质边坡风化、卸载等地质条件，对高近 700m 的边坡的开挖方法、爆破安全控制标准、安全防护措施及在堆积体上锚索的结构型式、施工工艺、设备选型与改造进行了系统研究。从 20 世纪 80 年代开始，边坡开挖钻孔开始用潜孔钻机、进口全液压钻机，爆破技术迅速发展，毫秒级的电雷管和非电雷管普及应用，预裂爆破、光面爆破技术在边坡开挖中普遍使用，爆破试验和爆破监测在控制开挖质量、保障安全方面所起的作用日益明显，爆破监测方法和安全控制标准渐趋成熟。锚喷支护和预应力锚固技术从施工设备、原材料和施工工艺都得到快速发展。通过系统的理论研究和工艺试验，边坡工程施工技术得到了快速发展。1994 年和 2007 年先后两次对《水工建筑物岩石基础开挖工程施工技术规范》（SDJ 211—83）进行了修订，1998 年颁发了《水工隧洞预应力混凝土衬砌锚束施工导则》（DL/T 5083—1998），2004 年、2010 年先后两次对 DL/T 5083 进行修订，名称改为《水电水利工程预应力锚索施工规范》（DL/T 5083—2010）。锚喷支护广泛应用于边坡工程，预应力锚索基本上成为水利水电工程高边坡加固的首选方法，仅三峡水利枢纽工程永久船闸高边坡加固就应用预应力锚索 4182 束、小湾水电站高边坡使用预应力锚索 6835 根（其中堆积体中锚索 2344 根）。目前，水利水电工程常用的预应力锚索的张拉荷载大多为 1000～3000kN，最大张拉荷载已经达到 10000kN（李家峡水电站），最大钻孔深度达到 120m（孔径 165mm），孔径 220mm 时最大钻孔深度达到 80m。在对边坡深层加固中，常用的方法是抗剪洞和锚固洞，为了改善抗剪洞、锚固洞的受力状况，在高拱坝坝肩加固中，水平锚固洞常与竖（斜）井结合使用，并利用抗剪洞、锚固洞对边坡岩体进行固结灌浆加固，提高其稳定性和抗变形能力。小湾、锦屏水电站高拱坝均大量应用锚固洞、抗剪洞对高边坡进行深层处理。仅小湾水电站高拱坝，右岸边坡（最大高度577m）分 10 层布置了 32 条水平置换洞和 22 条竖井，左岸边坡（最大高度达到 592m）分 4 层布置了 17 条置换平洞和 2 条竖井，并从洞室对周边围岩进行了高压灌浆处理。随着环保意识和环保标准的提高，20 世纪 80 年代还引进了生态护坡和边坡金属网柔性防护等技术，并得到了广泛的推广应用。

　　我国的安全监测工作始于 20 世纪 50 年代，开始是对大坝的安全进行监测，之后逐渐发展到对岩土工程进行监测。从 50 年代开始，针对大坝安全监测进行观测仪器的制造、布置设计、施工埋设技术及观测资料的整理分析等方面的系统研究，80 年代引入水利水电工程高边坡监测，在天生桥二级水电站厂房后边坡对滑坡变位进行监测。在国家"六五""七五"攻关计划的支持下，监测仪器、监测方法和监测设计、施工及监测成果应用等方面的技术不断得到改进，监测技术在高边坡安全研究中的应用越来越引起重视，并取得了一些明显的成效。20 世纪 90 年代，伴随二滩、三峡、小浪底等大型水利水电工程的开工建设，边坡监测技术水平无论从仪器质量、监测设计与施工、观测与资料整理分析等多个方面，都取得了长足的进步，监测技术已从研究阶段转入了生产实用阶段。目前，监测工作已成为了边坡工程施工的重要环节，几乎所有重要的边坡工程都设有监测措施。

随着科学、技术的发展，社会的进步，环境保护的要求越来越高，工程建设标准也逐渐提高，必将推动水利水电边坡工程施工技术进一步发展。一是施工材料的发展。如新型的爆破器材（专用炸药、高精度雷管等）的发展，将使边坡工程的各类爆破控制更精确；锚索索体材料朝着强度更高、松弛更小、耐久性更好的方向发展，灌浆材料朝着早期强度更高、耐腐蚀能力更强的方向发展，使锚索的应力损失更小、耐久性更好、施工速度更快。二是施工设备和仪器的发展。例如爆破钻孔设备的钻孔速度更快、精度更高，边坡的形体尺寸控制更好；锚索钻孔设备更轻型化、钻孔速度更快、深度更大、精度更高、适用各种不同地质条件的能力更强；边坡安全监测仪器朝着门类更齐全、精度和可靠性更高的方向发展。三是有利于环境保护的边坡工程技术将更加受到重视。例如边坡生态防护技术在边坡表面保护方面将会更广泛地运用。四是大型水利水电工程的高边坡加固将更加朝着综合技术运用的方向发展。例如小湾水电站和锦屏一级水电站的高边坡都综合运用了边坡开挖、排水、喷锚支护、预应力锚固和抗剪洞、锚固洞等综合处理措施。近些年来，锚固洞、抗剪洞基本上都与竖（斜）井联合应用，较好地改善了抗剪洞塞的受力状况。五是信息化技术将促进边坡工程技术的进一步发展。如随着信息化技术的发展，边坡监测不仅依靠人工进行，而且可以使用无线网络（GPS 或北斗系统）或机器人自动进行数据采集、分析，使数据的采集、分析、反馈更加快捷、准确，设计和施工方案的动态调整依据更充分，预警、预报信息更准确、更快捷。

1.2 水利水电工程边坡的分类与变形破坏形式

1.2.1 边坡的分类

边坡的分类方法较多，各行业的分类方法不尽相同。参照《水电水利工程边坡设计规范》（DL/T 5353—2006）的分类方法，水电水利工程边坡分类情况如下。

（1）按照边坡的成因，可分为自然边坡和工程边坡。自然边坡是天然存在自然营力形成的边坡。例如自然山坡和江河湖海的岸坡。工程边坡是经人工改造形成的或受工程影响的边坡。例如因工程建设需要，人工开挖或填筑形成的边坡。

（2）按照构成边坡的岩土性质，可分为岩质边坡、土质边坡和岩土混合边坡。岩质边坡是由岩体组成的边坡，土质边坡是由土体或松散堆积物组成的边坡，岩土混合边坡是由岩体和土体混合组成的边坡。

（3）按照岩层倾向与边坡倾向的关系，可分顺向坡、反向坡、横向坡、斜向坡、水平层状坡。顺向坡的岩石层状结构面基本平行河谷，倾向岸外。反向坡的岩石层状结构面基本平行河谷，倾向岸里。横向坡的岩石层状结构面与河谷基本正交，倾向上游或下游。斜向坡的岩石层状结构面与河谷斜交倾向上游或下游。水平层状坡的岩石层状结构面为水平。

（4）按照边坡与建筑物的相互关系，可分为建筑物地基边坡、建筑物周边边坡、水库或河道边坡。建筑物地基边坡是指与建筑物基础接触的边坡，边坡必须满足稳定要求或变形控制在允许范围内。建筑物周边边坡是指与建筑物邻近的边坡，必须满足稳定要求。水库或河道边坡距水工建筑物较远，对建筑物安全运行影响较小，仅要求稳定或允许有一定限度破坏。

（5）按照边坡存在时间长短，可分为永久边坡和临时边坡。工程寿命期内需保持稳定的边坡为永久边坡，施工期需保持稳定的边坡为临时边坡。

（6）按照边坡的稳定性状态，可分为稳定边坡、潜在不稳定边坡、变形边坡、不稳定边坡和失稳后边坡。能保持稳定和有限变形的边坡是稳定边坡。潜在不稳定边坡存在明确的不稳定因素，但暂时是稳定的。变形边坡有变形或蠕变迹象。不稳定边坡处于整体滑动状态或时有崩塌现象。失稳后边坡是已经发生过滑动的边坡。

（7）按照边坡的高度分，可分为特高边坡、超高边坡、高边坡、中边坡和低边坡。边坡高度大于300m的为特高边坡。边坡高度在100～300m之间的为超高边坡。边坡高度在30～100m之间为高边坡。边坡高度在10～30m之间为中边坡。边坡高度小于10m的为低边坡。

（8）按照岩土结构不同，对岩质和土质边坡进一步进行分类，可参考《水电水利工程边坡设计规范》（DL/T 5353—2006）。

1.2.2 边坡的变形形式

边坡的变形以未出现贯穿性的破坏为标志，在坡面表层可能出现一定程度的破裂与错动，但整体未产生滑动破坏，主要表现为拉裂松动和蠕动。

（1）拉裂松动是在坡体表面局部应力集中部位和张力带内，出现近似平行坡面的陡倾角张开裂缝，被裂缝切割的岩体向临空面方向松开、移动。它是一种边坡卸荷回弹的过程和现象，存在于坡体的这种松动裂隙，可以是应力重分布中新生的，但大多是沿原有的陡倾角裂隙发育而成。它仅有张开而无明显的相对滑动，张开程度及分布密度由坡面向深处而逐渐减小。实践中把发育有松动裂隙的坡体部位称为边坡卸荷带或边坡松动带。划分松动带（卸荷带），确定松动带范围，研究松动带内岩体特征，对论证边坡稳定性，特别是确定开挖深度或灌浆范围，都具有重要意义。

（2）蠕动是边坡岩（土）体在重力作用下，沿滑移面或软弱面局部向临空方向缓慢剪切变形，使岩体的个别部分有少量的移动、弯折。蠕动又分表层蠕动和深层蠕动。表层蠕动是边坡浅部岩体在重力的长期作用下，向临空方向缓慢变形构成剪变带，其位移由表层向深部逐渐降低直至消失。深层蠕动主要发育在边坡下部或坡体内部，按其形成机制特点，深层蠕动有软弱基座蠕动和坡体蠕动两类。坡体基座存在产状较缓且有一定厚度的相对软弱岩层时，在上覆层重力作用下，使基座部分向临空方向蠕动，并引起上覆层的变形与解体，称为软弱基座蠕动。坡体沿缓倾软弱结构面向临空方向的缓慢移动变形，称为坡体蠕动。

1.2.3 边坡的破坏形式

当边坡岩体出现连续贯穿的破裂面时，被分割的坡体便以一定的加速度滑移或崩落，脱离母体，边坡出现破坏。变形是破坏的前兆，破坏是变形的发展。边坡的破坏有崩塌、坍塌、滑塌、倾倒、错落、落石、滑坡等形式。

（1）崩塌是陡坡上的巨大岩体或土体，在重力和其他外力作用下，突然向下崩落的现象。崩塌过程中岩体（或土体）猛烈地翻滚、跳跃、互相撞击，最后堆于坡脚，原岩体（或土体）结构遭到严重破坏。

（2）坍塌是土层、堆积层或风化破碎岩层斜坡，由于水流冲刷、人工开挖或土壤中含水量增大和裂隙水的作用等原因，在边坡陡于岩体自身强度所能保持的坡度时，而产生逐层塌落的现象。

（3）滑塌是斜坡上的岩体或土体，在重力和其他外力作用下，沿坡体内新形成的滑面整体向下以水平滑移为主的现象。它与坡体滑坡十分类似，滑坡是沿坡体内一定的软弱面（或带）整体向下滑动。

（4）倾倒是陡倾角的岩体由于卸荷回弹和其他外力作用，绕其底部某点向临空方向倾塌的现象。

（5）错落是破碎岩体被陡倾角的构造面与后部完整岩体分开的较后破碎岩体，因坡脚受冲刷或人工开挖和振动影响，下伏软弱层不足以承受上部岩体压力而被压缩，引起坡体以垂直下错为主的破坏现象。

（6）落石是指破碎且节理裂隙发育硬质岩斜坡，软岩、硬岩互层和断层破碎影响带岩块逐渐松动、坠落现象。

（7）滑坡是边坡岩体沿连续、贯通的剪切破坏面发生整体滑动的现象。按照滑动面与岩石层面的关系，可分为均质滑坡、顺层滑坡和切层滑坡。均质滑坡多发生在没有明显层理的岩体或土体中。顺层滑坡是沿着岩石的层面滑动，多发生在岩层走向与边坡走向一致，岩层倾角小于坡角，且倾向坡外的情况。切层滑坡滑动面穿过岩层层面，多发生在岩层接近水平的情况。按照滑动力学性质，可分为推动式滑坡、牵引式滑坡。推动式滑坡是由于上部岩体不稳，从而加大下部岩体下滑力造成的。牵引式滑坡首先从边坡的下部发生滑动，引起由下而上依次滑动，逐渐向上扩展。按照滑动面的形状，可分为平面型、弧面型和复合型滑坡。

1.3 水利水电工程边坡处理的形式与特点

1.3.1 边坡处理的形式

（1）按照功能特点，边坡处理可分为增加抗滑力、减小下滑力和安全监测三种形式。增加抗滑力的边坡工程技术主要有压脚、挡土墙、抗滑桩、抗剪洞、锚固洞、锚杆、锚桩、预应力锚索、灌浆等。减小下滑力的边坡工程技术主要有削坡、减载、排水等。安全监测技术主要有边坡变形监测、地下水监测和应力应变监测等。

（2）按照加固部位深浅，边坡处理可分为表层保护与防护、浅层加固和深层加固三种形式。表层保护与防护主要包括喷射混凝土、块石、钢筋石笼、混凝土等护坡，植被生态护坡和金属网柔性防护等。浅层加固主要包括喷锚支护、格构混凝土锚杆、锚桩等。深层加固主要包括预应力锚索、抗滑桩、抗剪洞、锚固洞等。

1.3.2 边坡处理技术特点

边坡处理技术的种类较多，应按照现场的实际情况及各类技术优缺点合理选用。

（1）块石、钢筋石笼、混凝土预制块及植被生态护坡适应变形能力强，施工技术简单，成本低，一般用于土质等较松散边坡的表面保护，可以防止水土流失，美化边坡。喷混凝土和现浇筑混凝土护坡一般用于岩石边坡的表面加固，可以封闭表面岩石，阻止地表水的浸入，避免节理、裂隙面充填物软化，防止边坡岩石风化，改善边坡表层受力状况。

（2）金属柔性防护网具有主动防止松动岩体滚动或被动拦截滚动岩石的功能，结构简单、占地面积小、工程造价较低、施工快捷，适用于边坡整体稳定，但表面存在不稳定岩块且清理困难的坡面工程防护。

（3）锚杆（桩）能对被锚固的岩层产生压应力，主动加固岩土体，有效防止边坡变形，且施工方便，布置灵活，是边坡浅表层和楔形体加固常用的方法。常与喷射混凝土联合使用。

（4）预应力锚索通过对钢绞线施加应力，抵抗边坡变形产生的下滑力，从而达到加固边坡、限制变形的目的。通过预应力的施加，不仅锚索自身能承担下滑荷载，而且增加潜在滑动面上的法向应力，有效控制边坡卸荷松弛变形，增强结构面的天然紧密状态和凝聚力，增大抗滑力。锚索既可系统布置，亦可随机布置，布置灵活，施工方便。几乎可用于所有类型的边坡加固。

（5）挡土墙是一种能够抵阻侧向岩土压力，用来支撑天然边坡或人工边坡、保持岩土稳定的建筑物。因其取材方便，施工简单，广泛用于工程边坡的治理。但因其一般布置在边坡坡脚处，施工过程中控制不当易对边坡稳定造成不利影响，结构受力为被动受力，支挡能力受结构特点限制，一般适用于中小型边坡的治理。

（6）抗滑桩是一种柱状弯剪构件，将桩体穿过滑动面埋在稳定岩层中，将滑动面上部的坡体下滑力传到下部稳定岩体中，从而维持边坡的稳定。抗滑桩与挡土墙相比，施工对边坡稳定性扰动小，施工较安全，布置灵活，抗滑能力较强，分批施工能及时给边坡提供抗滑力，桩坑还可以作为勘探井，验证滑动面的位置和滑动方向，及时调整设计。抗滑桩与锚固技术联合使用，改善了桩体的受力状况，已经广泛地用于各类边坡工程的处理，抗滑桩不宜用在塑性流动性较大的土质边坡内。

（7）抗剪洞、锚固洞适用于滑动面埋置深度大，上下盘岩石完整、滑动结构面倾角较陡、位置清楚的边坡。对于滑动面埋置较深的边坡用抗剪洞、锚固洞加固，结构简单、经济实用、效果较预应力锚固更好。

2 喷射混凝土

2.1 分类与特点

2.1.1 喷射混凝土分类

喷射混凝土是将水泥、砂、小石、水或其他掺合料及外加剂等按合理的配合比混合拌制后,采用喷射机通过耐压管道及喷嘴在压缩空气或其他动力作用下,将混合物高速喷射到岩土体等受喷面上凝结硬化而成的一种混凝土。

根据施工工艺和掺合料等不同特性,可将喷射混凝土分为不同类型。按施工工艺可分为干喷法喷射混凝土、潮喷法喷射混凝土、湿喷法喷射混凝土和水泥裹砂喷射混凝土;按掺合料种类可分为素喷射混凝土、钢纤维喷射混凝土、合成纤维喷射混凝土、硅灰喷射混凝土以及其他特种喷射混凝土等。

目前较常用的工艺方法是干喷法喷射和湿喷法喷射,较常用的喷射混凝土种类是素喷射混凝土、钢纤维喷射混凝土、合成纤维喷射混凝土和硅灰喷射混凝土。喷射混凝土综合分类见表2-1。

表2-1 喷射混凝土综合分类表

序号	分类方式	
	按施工工艺分类	按掺合料种类分类
1	干喷法喷射混凝土	素喷射混凝土
2	潮喷法喷射混凝土	钢纤维喷射混凝土
3	湿喷法喷射混凝土	合成纤维喷射混凝土
4	水泥裹砂喷射混凝土	硅灰喷射混凝土

2.1.2 喷射混凝土特点

喷射混凝土是边坡工程支护的常规措施之一,无论是自然边坡还是人工开挖形成的边坡,采用喷射混凝土支护都能有效保护边坡岩土体不被雨水冲刷,防止风化加剧和细小岩土体脱落,限制岩土体表面裂隙扩张和在冻融作用下产生新的破坏。在喷射混凝土拌和物中掺入外加剂和掺合料时,能有效提高喷射混凝土的性能,特别是掺入钢纤维或合成纤维等,增强了喷射混凝土的抗拉性能和耐久性能。喷射混凝土主要有下列特点。

(1)密实性良好。不需振捣而使混凝土密实,主要是由水泥与砂石、水等混合物在高压高速螺旋喷射时反复连续撞击作用下而使混凝土自身压实。

（2）力学性能强。喷射混凝土力学强度高、耐久性良好，主要是采用了较小的水灰比（常为 0.4～0.45），砂与小石质地坚硬。

（3）黏结强度高。喷射混凝土在水泥和外加剂、掺合料作用下可以在结合面上传递拉应力和剪应力。

（4）混凝土性能好。当拌和物加入外加剂或掺合料时，外加剂或掺合料将大大改善喷射混凝土的性能。

（5）适应性广。喷射法施工可将混凝土的运输、浇筑和振捣结合为一道工序，可通过输料软管在高边坡、深基坑或狭小的工作区间施工，工序简单，机动灵活，具有广泛的适应性。

（6）浪费较大。在高速喷射时，混合物相互撞击时产生回弹，回弹料不能重复使用，造成浪费。

（7）污染环境。干喷法喷射混凝土时从拌制到喷射过程中会产生较大粉尘，不利于环境保护，湿喷法喷射混凝土也会产生少量粉尘。

2.2 材料、配合比与设备

2.2.1 喷射混凝土材料

喷射混凝土主要材料有：水泥、砂、小石、水、外加剂、掺合料。

（1）水泥。水泥在喷射混凝土中起黏结作用，将砂石料和外加剂等混合物黏结在一起。新鲜的硅酸盐水泥或普通硅酸盐水泥性能稳定，使用范围广，施工中宜优先选用，要求其强度等级不低于 32.5；新鲜的矿渣硅酸盐水泥或火山灰质硅酸盐水泥也可用于喷射混凝土，其强度等级不应低于 42.5；对于含可溶性硫酸盐高的土质边坡，应使用抗硫酸盐类水泥。如骨料含碱性偏高，应使用低碱水泥。几种水泥品种在喷射混凝土中的适用性见表 2-2。

表 2-2   几种水泥品种在喷射混凝土中的适用性表

水泥品种	硅酸盐水泥	普通硅酸盐水泥	矿渣硅酸盐水泥	火山灰质硅酸盐水泥	抗硫酸盐水泥	高铝水泥
特点	与速凝剂相容性好，能速凝、早强、快硬、后期强度较高	与速凝剂相容性好，能速凝、早强、快硬、后期强度较高	早期强度低，保水性差	早期强度低，干缩变形大	具有较好的抗硫酸盐腐蚀的性能	具有良好的耐热性
适用性	优先选用	优先选用	也可选用	也可选用	用于含有较高可溶性硫酸盐地层	用于耐火工程

（2）砂。砂是喷射混凝土的主要材料之一，应根据施工现场实际选用天然砂或人工砂。天然砂圆度好，质地坚硬，粒径级配适当，过筛后其细度模数应控制在 2.5～

3.2 之间，含泥量不得大于 3%。人工砂应选用新鲜坚硬岩石（如石英砂岩、花岗岩、玄武岩等）加工而成，并需棒磨均匀，以减少其表面粗糙度，掺合并过筛后人工砂细度模数应控制在 3.0 以内。喷射混凝土用砂最优含水量为 5%～8%。含水量过大干喷法喷射时易粘管，含水量过小时粉尘大，易造成环境污染。喷射混凝土用砂的技术要求见表 2-3。

表 2-3　　　　　　　　　　喷射混凝土用砂的技术要求表

颗粒级配	筛孔尺寸/mm	0.15	0.30	1.2	5.0
	累计筛余量（按质量%计）	95～100	70～95	20～55	0～10
泥土质含量（用冲洗法试验，按质量%计）		≤3			
泥块含量		不允许			
硫化物和硫酸盐含量（折算 SO_4^{2-}，按质量%计）		≤1			
有机质含量（用比色法试验）		颜色浅于标准色			

（3）小石。小石也是喷射混凝土的主要组成材料之一，应根据施工现场实际情况经济合理选用天然小石或人工碎石。天然小石（又称瓜米石）质地坚硬且表面光滑，粒度均匀，粒径连续，用于喷射混凝土时不易堵管，且对管道壁磨损较小。最优粒径宜不大于 15mm，如喷射设备性能强、喷管直径较大，粒径也可以不大于 25mm。人工碎石需选用新鲜坚硬岩石加工整形以减少表面棱角，增加其圆度，应防止粒径间断。尽管如此，其对管道壁的磨损程度比天然小石大得多，最大粒径应不大于 15mm。喷射混凝土用小石的技术要求见表 2-4。

表 2-4　　　　　　　　　　喷射混凝土用小石的技术要求表

品　种	人工碎石	天然卵石
强度以岩石试块（边长不小于 5cm 的立方体）在水饱和状态下的抗压极限强度与混凝土设计标号之比/%	≥200	—
软弱颗粒含量（按质量%计）	不允许	≤5
针状、片状颗粒含量（按质量%计）	≤15	≤15
泥质杂物含量（用冲洗试验，按质量%计）	不允许	≤1
硫化物和硫酸盐含量（折算 SO_4^{2-}，按质量%计）	≤1	≤1
石粉含量（按质量%计）	≤2	—
有机质含量（用比色法试验）	颜色浅于标准色，如深于标准色则以混凝土强度进行对比试验加以复核	

注　1. 有抗冻性要求的混凝土所用碎石，除应符合上述要求外，并应有足够的坚实性，在硫酸钠溶液中浸泡至饱和，又使其干燥，循环试验五次后，其重量损失不得超过 10%。
　　2. 碎石、天然小石应保持洁净，不得混进或含有黏土团块和有机杂质等。

砂与小石骨料级配良好是保证喷射混凝土强度的必要条件，如果级配不连续则混凝土拌和物易于分离，黏滞性差，回弹量增多，也会降低其强度。骨料级配应控制在表 2-5 所给定的范围内。

表 2 – 5		喷射混凝土用骨料通过各筛径的累计重量百分数表							%
项目	骨料粒径/mm	0.15	0.30	0.60	1.20	2.50	5.00	10.00	15.00
优		5～7	10～15	17～22	23～31	34～43	50～60	78～82	100
良		4～8	5～22	13～31	18～41	26～54	40～70	62～90	100

（4）水。水是喷射混凝土中水泥水化的必要材料，水泥水化后才能有效地将砂石料黏结起来。饮用水及经检验或处理合格的其他各类水均可用于拌和喷射混凝土，不得使用污水以及 pH 值小于 4 的酸性水和含硫酸盐（按 SO_4^{2-} 计算）超过水重的 1%的水。

（5）外加剂。由于水泥品种与外加剂品种较多，不同品种水泥与不同品种外加剂其相容性不同，施工现场应根据实际情况做水泥与外加剂的相容性试验及水泥净浆凝结试验，要求掺速凝剂的喷射混凝土初凝时间不应大于 5min，终凝时间不应大于 10min。

1）速凝剂（碱性速凝剂）。喷射混凝土加入速凝剂后，其凝结时间缩短，快速凝结过程能保证混凝土喷射到边坡等部位不流淌、不脱落，与边坡岩土体紧紧黏结在一起，喷射过程中回弹量减少，特别是针对边坡潮湿或有渗水的部位，其适应性更好。

在喷射作业面有渗漏水时，应根据渗漏水量的大小按表 2 – 6 选取合适水泥净浆的凝结时间。

表 2 – 6	喷射作业面渗漏水时量与水泥净浆的凝结时间参考表				
渗漏水量/ [L/(min · m²)]	滴水	4～12	12～16	16～20	≥20
初凝时间	≤5min	2～5min	1～2min	20～40s	需引水或堵水后再喷射

2）减水剂。减水剂的主要作用是减少用水量，能降低水灰比，提高喷射混凝土强度，同时可减少回弹量，改善混凝土的抗渗性和抗冻性能。

3）早强剂。早强剂的主要作用是提高喷射混凝土早期强度，与速凝剂有相似性，一般情况下不与速凝剂同时使用。

但有的早强剂（如硫酸钠系）加入后对混凝土的后期强度影响较大，而有的早强剂（如硝酸盐系）不仅具有早强性，对后期强度也不会降低。

4）防水剂。防水剂也有减水性能，同时提高混凝土抗裂性能和增强混凝土的密实性。

复合外加剂主要由明矾石膨胀剂、减水剂、早强剂等复合而成，加入喷射混凝土中能大幅度提高其抗渗性。

（6）掺合料。喷射混凝土拌和物除主要材料水泥、砂、小石、水等外，还可掺入纤维、粉煤灰、硅粉等掺合料，以利提高混凝土性能。随着材料科学技术的发展进步，在喷射混凝土中掺入少量纤维，不但可提高混凝土抗压强度，还可提高其抗拉、抗渗性能。纤维的韧性特点，掺入后也提高了混凝土的韧性。当采用掺合料时，应做与水泥的相容性试验。

1）钢纤维。在喷射混凝土中掺入适量钢纤维，可大大提高混凝土的延性、韧性、抗冲击性，并能减少或限制裂缝的扩展。一般用于喷射混凝土的钢纤维长度以为 20～40mm

为宜，直径 0.25～0.70mm，长径比一般为 60～100，用量为喷射混凝土总体积的 0.5% 左右。掺入钢纤维对喷混凝土抗压强度影响不大，但却能适当地增加抗弯强度。在混凝土出现裂缝后，由于掺了钢纤维后混凝土的连续性变好，可以提高其承载能力。掺入钢纤维后，混凝土的拌和时间应适当延长，应使其与其他材料充分混合，防止在喷射施工过程中钢纤维结团，堵塞混凝土泵送管或喷射管现象。

2）合成纤维。合成纤维品种较多，主要有聚丙烯腈纤维、聚丙烯纤维、聚酰胺纤维和改性聚酯纤维。合成纤维直径在 2～65μm 之间，长度为 4～25mm，每千克含量达 10 亿根左右，在喷射混凝土中掺量一般为 0.5%～1.0%，其对提高混凝土抗裂、抗渗性能具有明显作用。

3）粉煤灰。按一定水泥用量的比例加入粉煤灰后，可以减少水泥用量，降低水化热，改善喷射混凝土的和易性，其强度仍满足要求，混凝土在泵送过程中更顺畅，可以降低堵管现象发生。

4）硅粉。按水泥用量的 10% 掺入硅粉，由于硅粉的强度特性作用，喷射混凝土的抗压强度可大大提高，混凝土结构的密实性也将改善。

2.2.2 配合比

喷射混凝土配合比应满足设计强度和施工工艺要求。一般情况下应满足以下条件：喷射混凝土抗压强度应满足设计要求，有抗渗要求时必须达到设计抗渗标号。水泥用量合适，胶骨比适中，拌和料黏附性好，施工过程中回弹量少、粉尘少，易于黏附在受喷面上，不流淌，且不易发生堵管等问题。

（1）配合比控制参数。

1）胶骨比。一般情况下胶骨比宜为 1:4.0～1:4.5，水泥用量为 450～500kg/m³，水泥量偏少则回弹量大，初期强度增长缓慢，水泥量偏大则粉尘量大，环境污染严重，硬化后混凝土收缩量大，易产生裂缝。当掺加粉煤灰时，水泥用量可降低至 380kg/m³ 左右，粉煤灰掺量可为 95kg/m³ 左右。

2）砂率。一般情况下砂率宜为 50%～60%，砂率过大则强度降低，砂率过小则回弹量大，且易堵管。

3）水胶比。一般情况下水胶比宜为 0.38～0.45，水胶比过大则强度低，易流淌，水灰比过小则回弹量大，易堵管。

4）外加剂掺量。适量掺加外加剂，有利于快速凝结，喷射后不流淌。增加一次喷射厚度，有利于提高早期强度，使喷射混凝土更早发挥支护作用。不同品种的外加剂掺量应由试验确定。

不同类型喷射混凝土配合比技术指标见表 2-7。

表 2-7　　　　　　　　　不同类型喷射混凝土配合比技术指标表

喷射混凝土类型	水胶比	砂率/%	胶骨比	外加剂比例/%
干喷法	0.38～0.42	45～55	1:4.0～1:4.5	2～7
潮喷法	0.40～0.45	45～55	1:4.0～1:4.5	2～7
湿喷法	0.42～0.50	50～60	1:4.0～1:4.5	2～7

喷射混凝土类型	水胶比	砂率/%	胶骨比	外加剂比例/%
水泥裹砂喷射法	0.40～0.45	55～70	1∶4.0～1∶4.5	2～7
钢纤维喷射法	0.40～0.45	50～60	1∶3.0～1∶4.0	2～7

（2）常见喷射混凝土配合比。

1）干喷法喷射混凝土配合比。

A. 胶骨比：胶凝材料与砂石骨料重量比一般为1∶4.0～1∶4.5。

B. 水胶比：水与胶凝材料重量比一般为0.38～0.42。

C. 砂率：一般为45％～55％，最大不超过60％。

D. 速凝剂为胶凝材料重量的2％～7％。

干喷法喷射混凝土参考配合比见表2-8。

表2-8　　　　　　　　　　干喷法喷射混凝土参考配合比表

序号	强度等级	水胶比	砂率/%	速凝剂/%	单位体积各种材料用量/(kg/m³)				
					水泥	水	小石	砂	速凝剂
1	C20	0.42	55	5.0	440	185	816	969	22.0
2	C25	0.42	57	4.0	488	205	710	938	19.5
3	C25	0.38	55	5.0	487	185	797	946	24.4
4	C25	0.38	60	5.0	526	200	697	988	25.6

2）潮喷法喷射混凝土配合比。

A. 胶骨比：胶凝材料与砂石骨料重量比一般为1∶4.0～1∶4.5，每立方米拌和料中，胶凝材料用量为400～480kg/m³。

B. 砂率：一般为45％～55％，否则容易造成堵管，回弹量增大，且收缩加大。宜采用粗砂或中粗砂。

C. 水胶比：水胶比一般以0.40～0.45为宜。第一次加水时宜为总用水量的55％～65％，即水胶比为0.25～0.30，使骨料表面潮湿能有效与水泥混合形成造壳。第二次加水在喷枪处，与干喷法喷射混凝土加水方法基本相同。

潮喷法喷射混凝土参考配合比见表2-9。

表2-9　　　　　　　　　　潮喷法喷射混凝土参考配合比表

序号	强度等级	水胶比	砂率/%	速凝剂/%	单位体积各种材料用量/(kg/m³)				
					水泥	水	小石	砂	速凝剂
1	C20	0.45	55	5.0	412	185	870	985	20.6
2	C25	0.40	57	4.0	475	190	855	1045	19.5
3	C25	0.40	55	5.0	462	185	860	995	23.1
4	C25	0.45	60	5.0	425	190	880	1001	21.3

3）湿喷法喷混凝土配合比。

A. 胶骨比：胶凝材料与砂石骨料重量比一般为1∶4.0～1∶4.5，胶凝材料用量为

$420\sim510\text{kg/m}^3$，条件允许应按试验要求掺加粉煤灰，以改善和易性，降低水化热，减少混凝土收缩性。

B. 砂率：一般为 $50\%\sim60\%$，宜采用粗砂或中粗砂。

C. 水胶比：一般以 $0.42\sim0.50$ 为宜。

湿喷法喷混凝土参考配合比见表 2－10。

表 2－10　　　　　　　　湿喷法喷混凝土参考配合比表

序号	强度等级	水胶比	砂率/%	速凝剂/%	减水剂/%	单位体积各种材料用量/(kg/m³)						
						水泥	粉煤灰	水	小石	砂	速凝剂	减水剂
1	C20	0.42	60	5.0	0.9	429		180	741	1080	21.5	3.861
2	C20	0.47	63	5.0	1.0	323	81	190	652	1103	20.2	4.040
3	C25	0.42	60	7.0	0.9	433		182	731	1066	30.3	3.900
4	C25	0.42	60	7.0	0.9	450		189	717	1045	31.5	4.050
5	C30	0.37	63	3.0	0.7	432	108	200	630	1042	16.2	3.784

4）水泥裹砂喷射混凝土配合比。

A. 水泥用量宜为 $430\sim500\text{kg/m}^3$。

B. 裹砂砂浆的砂用量为砂总量的 $50\%\sim70\%$。

C. 裹砂砂浆的水泥用量宜为水泥总用量的 90%。

水泥裹砂喷混凝土参考配合比见表 2－11。

表 2－11　　　　　　　　水泥裹砂喷混凝土参考配合比表

序号	强度等级	水胶比	砂率/%	速凝剂/%	单位体积各种材料用量/(kg/m³)				
					水泥	水	小石	砂	速凝剂
1	C20	0.45	60	5.0	445	200	955	1080	22.3
2	C25	0.40	57	4.0	475	190	855	1045	19.0
3	C25	0.40	55	5.0	462	185	860	995	23.1
4	C25	0.45	60	5.0	435	195	920	1040	21.8

5）钢纤维喷射混凝土配合比。

A. 胶骨比：一般为 1：3～1：4。

B. 钢纤维掺量：掺钢纤维掺 $40\sim60\text{kg/m}^3$，具体掺量应通过试验确定。

C. 水胶比：一般为 $0.40\sim0.45$。

D. 砂率：一般为 $50\%\sim60\%$。

钢纤维喷射混凝土参考配合比见表 2－12。

表 2－12　　　　　　　　钢纤维喷射混凝土参考配合比表

强度等级	水胶比	砂率/%	速凝剂/%	单位体积各种材料用量/(kg/m³)				
				钢纤维	水泥	水	小石	砂	速凝剂
CF25	0.45	50	5.0	66	445	200	838	838	22.3

6）合成纤维喷射混凝土配合比。聚丙烯纤维按厂家提供的参考数据，掺加到拌和机中，其参考配合比见表2-13。

表2-13　　　　　　　　　　　聚丙烯纤维喷射混凝土参考配合比表

砂率/%	水胶比	混凝土材料用量/(kg/m³)					
		水泥	纤维素	砂	小石	水	减水剂
60	0.43	465	4.65	960	642	200	6.51

2.2.3　喷射设备

喷射混凝土是通过喷射机将拌和后的混合物喷射到受喷面上。经过多年工程实践、设计研发与改进，目前设备主要有干喷法混凝土喷射机（简称干喷机）和湿喷法混凝土喷射机（简称湿喷机）。干喷机适用范围更广，但从拌和到喷射过程产生的粉尘大，不利于环境保护，湿喷机喷射过程中更绿色环境，逐步取代干喷机。

（1）干喷法混凝土喷射机。干喷法混凝土喷射机，以前在工程边坡喷射混凝土支护中应用广泛，随着人类对环境保护更加重视，干喷法施工范围逐渐减少。干喷法混凝土喷射机的主要优点是设备简单，机型小巧，运输和移动都很方便，混合料输送距离长，粉状速凝剂可在进入喷射机前加入。

这里主要介绍旭达PZ系列干喷法混凝土喷射机，它的主要特点和优势在于：直通转子式不黏结料腔，出料顺畅，高效快捷。四点弹性补偿压紧，密封效果好，机旁粉尘少，易损件寿命长。采用低压高速涡旋气流输送，克服物料输送中黏结、堵管和脉冲离析等难题，料流均匀，连续稳定。喷头及出料弯头装置进一步优化，改善喷射效果，回弹量少，喷层质量高。机器底盘可以装配成轮胎式、滑橇式和各种轨距的轨轮式，便于搬运就位。

干喷法喷射混凝土设备技术性能见表2-14。

表2-14　　　　　　　　　　　干喷法喷射混凝土设备技术性能表

型　号	PZ-3	PZ-5	PZ-6	PZ-7	PZ-9
生产能力/(m³/h)	3	5	6	7	9
最大输送距离/m	200	200	200	200	200
适用材料配比	1:3～1:5	1:3～1:5	1:3～1:5	1:3～1:5	1:3～1:5
适用材料水灰比	<0.4	<0.4	<0.4	<0.4	<0.4
最大骨料粒径/mm	10	15	15	20	20
输料管内径/mm	42	51	51	51/64	64
转子体直径/mm	350	438	438	480	480
工作压力/MPa	0.2～0.6	0.2～0.6	0.2～0.6	0.2～0.6	0.2～0.6
耗风量/(m³/h)	5～6	7～8	7～8	9～10	9～10
电机功率/kW	4	5.5	5.5	7.5	7.5
电压等级/V	380，440，660，1140（50Hz/60Hz）				
整机重量/kg	400	700	700	800	900
底盘	底盘可装配成轮胎式、滑橇式、轨轮式				

（2）湿喷法混凝土喷射机。随着环境保护要求越来越高，湿喷法混凝土喷射机在工程应用中将越来越广。采用风动型稀薄流输送的湿喷法混凝土喷射机可以大大降低粉尘，减少回弹量，给操作人员创造了较好的工作环境。

这里介绍旭达 PZS 系列混凝土湿喷机，它具有操作简单、使用方便、喷射均匀、产生粉尘低、喷射回弹少、水灰比使用范围大、技术性能可靠、提高喷层质量等优点。该机主要特点是：振动料斗有利于物料顺直进入料腔。四点压紧方式提高了密封效果，易损件损耗小。新型弯头使下料口更顺畅，采用软管式计量泵添加速凝剂，添加更可靠，纯风力输送，低压工作可以添加各类纤维喷射作业。可广泛用于边坡工程、铁（公）路隧道、矿山井巷和地下工程的锚喷支护。

湿喷法喷射混凝土设备技术性能见表 2-15。

表 2-15　　　　　　　　　湿喷法喷射混凝土设备技术性能表

项　目	PZS-Ⅰ	PZS-Ⅱ
生产能力/m³	4～5	5～6
最大输送距离/m	35	35
输料管内径/mm	51	51/64
最大骨料粒径/mm	15	15
工作风压/MPa	0.3～0.6	0.3～0.6
耗风量/(m³/min)	8～10	10～12
平均回弹/%	10	10
液体速凝剂添加/%	3～7	3～7
适用速凝剂坍落度/cm	8～15	8～15
上料高度/m	1.2	1.2
主电机功率/kW	5.5	7.5
速凝剂泵排量/(L/h)	17.5～88	17.5～88
速凝剂泵额定压力/MPa	0.6	0.6
外形尺寸（长×宽×高）/(mm×mm×mm)	2000×800×1200	2100×900×1200
整机重量/kg	1000	1500

（3）辅助设备。目前国内还没有喷射混凝土的专用定型辅助设备。喷射混凝土施工时采用的辅助设备与工地土建施工设备共用，有专项要求时进行专项配制（如单独喂送钢钎维的专门设备）。常用辅助设备有下列几种。

1）空压机。空压机是喷射混凝土施工中的动力设备，根据喷射机类型及输送长度选择相应的空压机供风，以满足用风量和风压的要求。供风方式可采取集中或分散方式，集中供风则设供风站，供风站应满足以下要求。

A. 保证各用风点应有足够的风压和风量，且风压应稳定，不能出现风压时高时低和发生突变等问题。

B. 保证供风质量，应经常开放气罐下部的油水分离闸阀，放掉气罐内的油与水。

C. 一般应按每台喷射机耗风量 9～10m³/min 配制空压机。喷射机已选定时，按照选定设备说明书的要求配置。

2）拌和机。宜采用强制式搅拌机拌制喷射混凝土。喷射强度不大的部位可采用小型的拌和机，如 JW-375 型拌和机，拌混合料的生产能力达到 12.5m³/h。喷射强度高的部位宜采用强制式混凝土搅拌站供料。如无强制式搅拌机，亦可用自落式搅拌机，但拌和时间应适当加长，保证拌和料搅拌均匀。在水泥裹砂喷混凝土施工时，拌裹砂砂浆应采用反向双转水泥裹砂机，如型号为 FSG-250 型拌和机，生产能力为 5m³/h。

3）干、潮混合料上料机。向喷射机内加料时，采用小型移动式皮带机给喷射机输料。为方便给混凝土中添加粉状速凝剂，一般采用皮带机长 4~5m、宽 400~500mm、输送混凝土能力 25m³/h 的小型皮带输送机。

4）运输设备。在使用干、潮喷混凝土工艺时，拌和好的混合料采用小型翻斗车运输到喷射机旁，人工直接上料或采用皮带机输送到喷射机料斗中。采用湿喷工艺时，湿喷混凝土采用容量为 3~6m³ 的小中型罐车运到湿喷机旁直接输送到喷射机斗内。

2.3 干喷法喷射混凝土

2.3.1 干喷法喷射混凝土特点

干喷法喷射混凝土是将干拌和料（水泥、骨料及粉状速凝剂）借助喷射机在压缩空气带动下输送至喷嘴处加水后喷射到受喷面的。它的主要特点如下。

（1）可及时调整水灰比与粉状速凝剂掺量，以适应潮湿及含水坡面施工的需要。

（2）混合料在输料管内可作长距离输送，对设备进入困难的区域或工程量较少的地方，采用干喷法喷射混凝土技术优势更为明显。

（3）工作台面不大的区域能在开挖暴露后迅速覆盖。

（4）拌和物料时粉尘较大，操作人员必须戴防尘口罩作业。

（5）喷射时回弹量大、粉尘大且易产生包砂现象。

2.3.2 干喷法喷射混凝土施工

（1）施工工艺流程。干喷法喷射混凝土施工工艺流程是：先将砂、小石、水泥按试验确定的配合比称量后干拌和，运输车运至干喷机旁卸料堆放，人工锹铲或机械传送到干喷机进料口，再由风管输送至喷头。同时，水和外加剂由另外管道输送至喷头处混合，最后喷射到受喷面上，其工艺流程见图 2-1。

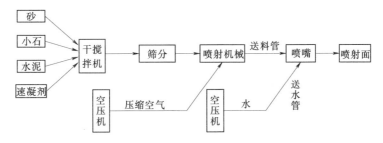

图 2-1 干喷法喷射混凝土施工工艺流程示意图

（2）施工程序。

1）素喷施工程序：坡面处理→地质编录与基础验收→施工排架搭设→（系统锚杆施工）→仓面模板准备→仓面验收→喷射混凝土拌制与输送→喷射混凝土→终凝后养护→下一仓号循环→……

2）网喷施工程序：坡面处理→地质编录与基础验收→挂钢筋网或铁丝网→施工排架搭设→挂网锚杆（系统锚杆）→仓面模板准备→仓面验收→喷射混凝土拌制与输送→喷射混凝土→终凝后养护→下一仓号循环→……

（3）施工准备。喷混凝土施工前做好以下准备工作：搭设施工平台（钢管排架）、测量放样、工作面清理、机具安装调试、材料及风水电准备等。

（4）坡面处理、验收。喷混凝土前先对喷混凝土坡面进行处理，验收合格后方可进行喷混凝土作业。对自然边坡，先整平基岩面，要求表面松动岩块、浮渣等覆盖物必须清理干净；同时，清除坡脚处的岩渣等堆积物。

（5）铺设铁丝网或钢筋网。

1）一般岩土质边坡采用挂镀锌铁丝网，自边坡上口向坡脚铺设展开，相邻两网之间搭接不小于10cm，用镀锌铁丝绑扎连成片。

2）网下垫预制混凝土块以保证网不紧贴边坡，垫块应均匀布置。一般采用5cm×5cm×5cm的混凝土预制垫块垫住钢筋网，垫块按2m×2m布设，平整度较差的部位，适当加密垫块。

3）对断层破碎带或裂隙发育的边坡应采用钢筋网铺设，钢筋网的钢筋规格、钢材质量、网格尺寸满足设计要求。钢筋使用前做除锈、除污处理。

4）钢筋网采用ϕ10mm压网钢筋与锚杆或其他锚定装置连接牢固，确保喷射时钢筋不晃动。钢筋网之间的搭接长度不小于20cm，并用钢丝系紧。

5）在铺设铁丝网或钢筋网时，同时设置喷射混凝土厚度标志杆，每个标志杆间排距约3m，标志杆长度不小于喷射混凝土厚度。素喷混凝土时也应设置标志杆，方法相似。

（6）挂网锚杆安装。

1）一般情况下挂网锚杆长1.5m，埋入岩石或土层内1.4m，外露10cm与钢筋网或铁丝网连接。

2）用风钻钻孔，孔径约为50mm，孔深1.45mm，成孔后吹掉孔内粉尘或积水。

3）将拌制好的浆液注入孔内2/3孔长，然后插入挂网锚杆，孔口浆体饱满，并用锤击实。如孔口浆体不满则应补注砂浆。

（7）配料、混凝土搅拌及运输。

1）配料。喷混凝土配合比通过室内试验和现场试验选定，在保证喷层性能指标的前提下，尽量减少水泥和水的用量。速凝剂的掺量通过现场试验确定，喷射混凝土的初凝和终凝时间及强度符合规范要求。

2）混凝土搅拌。采用容量不小于400L的强制式搅拌机拌料，搅拌时间不得少于60s。

3）运输。根据喷射机效率情况及道路条件，选用不同吨位的自卸车运输至喷射机旁卸料集中堆放。

（8）喷射混凝土。喷射混凝土作业应分缝分块依次进行，分缝分块的大小根据实际施工强度确定，喷射顺序自下而上。喷混凝土施工一次喷射厚度一般为 50～70mm，具体厚度可根据喷混凝土生产性施工工艺试验确定；设计喷射混凝土厚度较大时，可分层喷射施工。分层喷射时，后一层混凝土应在前一层混凝土终凝后 1h 内进行，一般层间隔时间允许在 30～60min。若终凝 1h 后再进行喷射，需用风、水将喷层面乳皮除去、清洗干净。

喷射机作业严格执行喷射机的操作规程：连续向喷射机供料；保持喷射机工作风压稳定；完成或因故中断喷射作业时，应将喷射机和输料管内的积料清除干净。

人工操作混凝土喷射头进行喷射混凝土施工时，喷射时喷嘴大致垂直受喷面略微向刚喷射的部位倾斜，使回弹物受喷射料束的约束，避免与岩石撞击，减少回弹，喷射料束应以螺旋式轨迹进行；喷射压力和行走速率均匀，其大小根据现场试验确定；刚开始喷射时适当减小喷头与受喷面的距离，并调节喷射角度，避免喷头正对钢筋，以保证钢筋与壁面之间混凝土的密实性；正常喷射时喷头与受喷面的距离一般 0.8～1.0m，人工能有效看清喷射情况，减少回弹，使喷混凝土填满钢筋与岩面之间的空隙，并与钢筋黏结良好。

边坡喷混凝土的回弹率不大于 15%；回弹掉下的混凝土必须清除干净，严禁将回弹的混凝土回收再用于喷射混凝土。喷射中如有脱落的混凝土挂在钢筋网上，应及时进行清除。

（9）养护。混凝土喷射完毕后，喷层终凝 2h 后即开始喷水养护；养护时间一般工程不得少于 7d，重要工程不得少于 14d。

2.3.3 干喷法喷射混凝土主要性能

干喷法喷射混凝土主要性能包括力学性能（抗压强度、抗拉强度、黏结强度）、变形性能（收缩、徐变）和耐久性能（抗冻性能、抗掺性能），其性能除受原材料品种与质量、配合比、施工工艺和施工条件影响外，还受施工人员的技术水平、熟练程度和施工时的情绪等影响。

（1）力学性能。

1）抗压强度。根据喷射混凝土的作用原理，拌和物在高压气体作用下通过管道经喷嘴以很高速度喷射到受喷面上，拌和物的水泥与砂石料之间反复猛烈冲击，水泥将砂石料黏结成整体，在严格控制水灰比，掺入适量速凝剂后喷射混凝土早期抗压强度高。

干喷法混凝土抗压强度指标见表 2-16。

表 2-16　　　　　　　　　干喷法混凝土抗压强度指标表

水　泥	胶骨比	速凝剂/%（占水泥重量百分比）	抗压强度/MPa		
			28d	60d	180d
425 号普通硅酸盐水泥	1∶4	0	30.0～40.0	35.0～45.0	45.0～50.0
425 号矿渣硅酸盐水泥	1∶4	0	25.0～30.0	30.0～35.0	35.0～40.0
325 号普通硅酸盐水泥	1∶4	2.5～4.0	20.0～25.0	22.0～27.0	—

2）抗拉强度。通过轴向受拉或劈裂受拉试验测定，喷射混凝土的抗拉强度与其抗压

强度同步提高。

干喷法混凝土抗拉强度指标见表 2-17。

表 2-17 干喷法混凝土抗拉强度指标表

水　泥	胶骨比	速凝剂/% （占水泥重量百分比）	抗拉强度/MPa	
			28d	180d
425 号普通硅酸盐水泥	1:4	0	2.0~3.5	2.5~4.0
425 号矿渣硅酸盐水泥	1:4	0	1.8~3.5	2.5~3.0
325 号普通硅酸盐水泥	1:4	2.5~4.0	1.5~2.0	2.0~2.5

3）黏结强度。拌和物在高速高压作用下反复猛烈冲击受喷面，并在受喷面上形成厚 5~10mm 的砂浆层，小石嵌入到砂浆中，加上绝大多数岩石在某种程度上都可以和水泥浆起化学反应，故喷射混凝土与岩石等均有较高的黏结强度。

喷射混凝土黏结强度见表 2-18。

表 2-18 喷射混凝土黏结强度表

被黏结对象	胶骨比	速凝剂/%	黏结强度/MPa
岩石	1:4	0	1.5~2.0
岩石	1:4	2.5~4.0	1.0~1.5
旧混凝土	1:4	0	1.5~2.5

（2）变形性能。

1）收缩。喷射混凝土干缩的主要原因是拌和物水泥用量大，砂率高，凝结后产生干缩现象，有的甚至出现裂缝。由于开挖形成的岩土面需及时喷护，且岩土面有保水和约束作用，喷射到岩土面部位的混凝土干缩率相对要小，喷射混凝土 12h（或终凝）后及时洒水养护，保持喷射混凝土 28d 处于潮湿状态，以降低干燥速度，有利于减少收缩的发展。

2）徐变。喷射混凝土的徐变是其在恒定荷载长期作用下变形随时间增长的性能。

（3）耐久性能。

1）抗冻性能。与常态混凝土一样，喷射混凝土在拌和、输送和高速喷射过程中均有可能混入一部分空气，其空气含量占体积比约为 2.5%~5.3%，而气泡通常是不相互贯通的，这样有助于减少水的冻融压力对混凝土的破坏作用，因此喷射混凝土抗冻性能良好。用普通硅酸盐水泥配制的喷射混凝土抗冻性能见表 2-19。

表 2-19 用普通硅酸盐水泥配制的喷射混凝土抗冻性能表

冻融循环次数	冻融状态	速凝剂	冻融试件强度 /MPa	检验试件强度 /MPa	冻融后强度变化率 /%
150	饱和吸水	无	29.4	27.1	+8
		有	23.1	24.0	-2
	半浸水	无	32.4	33.3	-3
		有	18.9	19.4	-3

冻融循环次数	冻融状态	速凝剂	冻融试件强度/MPa	检验试件强度/MPa	冻融后强度变化率/%
200	饱和吸水	无	28.8	32.8	−11
		有	22.2	21.0	+6
	半浸水	无	30.2	33.5	−10
		有	20.8	19.0	+9

2）抗渗性能。喷射混凝土在高速高压作用下相互撞击，小石嵌入砂浆中，混凝土的密实性提高了，同时由于水灰比较小，其抗压强度较高，抗渗性能也提高了。在喷射过程中，因人为因素影响出现的蜂窝、孔隙、裹入回弹物、层间结合处处理不良黏结性降低等缺陷会降低抗渗性能。喷射混凝土水泥用量大，水化后使干缩增大，易形成收缩裂缝，也会降低了其抗渗性。

2.3.4　潮喷法喷射混凝土

潮喷法喷射混凝土是总结国内干喷法和水泥裹砂喷射混凝土的基础上发展而成。由于骨料在无水情况下与水泥拌和后仍不能相互黏结在一起，处于松散结构体。当骨料的含水量达到大约8%后（水灰比0.15～0.25），与水泥拌和时骨料的表面将被水泥颗粒包裹黏结形成壳状，此时仍有部分水泥处于粉状未被黏结。因此，在喷射过程中需从喷嘴处第二次加水至设计水灰比，使水泥颗粒继续包裹砂石料后喷射到受喷面上，形成一层均匀且强度满足设计要求的混凝土。潮喷法喷射混凝土克服了干喷法喷射混凝土回弹量大、粉尘多，湿喷法喷射混凝土对喷射设备性能要求较高、操作不当易堵管的缺点。潮喷法喷射混凝土可以降低回弹率，提高混凝土强度，降低污染，改善工人作业环境。

潮喷法喷射混凝土工艺流程如下：将骨料加入少量水，含水量控制在8%左右（水灰比0.15～0.25），使骨粗表面受潮，再加入水泥搅拌均匀，在喷嘴处再加水至设计水灰比喷至受喷面上。潮喷法喷射混凝土工艺流程见图2-2。

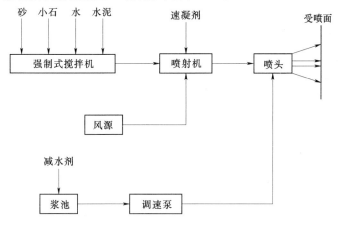

图2-2　潮喷法喷射混凝土工艺流程图

2.4 湿喷法喷射混凝土

2.4.1 湿喷法喷射混凝土特点

湿喷法喷射混凝土是将砂、小石、水泥、水加入后同时搅拌，通常采用混凝土搅拌车运输，再借助喷射机由泵送或风送的方式输送至喷嘴处与液态速凝剂混合后喷射到受喷面的。它的主要特点如下。

（1）施工效率高，特别是泵送湿喷法喷射混凝土可完成 $6.0\sim8.0\mathrm{m}^3/\mathrm{h}$，甚至可高达 $20\mathrm{m}^3/\mathrm{h}$。

（2）回弹量低，湿喷法喷射的边坡平均回弹率约为 $5\%\sim10\%$。

（3）喷射区粉尘量小，特别是采用泵送型湿喷法喷射，其粉尘浓度很低。

（4）由于减轻了对喷射手技能的依赖，喷射混凝土的匀质性好。

（5）对潮湿或含水地层的适应性差，对难以进出的区域施工，由于机械较庞大也颇不方便，对使用量较少的工程也欠灵活等。

2.4.2 湿喷法喷射混凝土施工

（1）湿喷法喷射混凝土工艺流程。湿喷法喷射混凝土工艺流程见图 2-3。

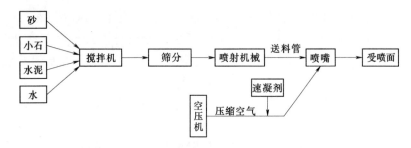

图 2-3 湿喷法喷射混凝土工艺流程示意图

（2）工艺特点。

1）湿喷混凝土的所有拌和物，通过拌和机搅拌均匀后，送到喷射机旁进行上料喷射，水灰比稳定，混凝土均匀。

2）湿喷射施工减少了粉尘，改善了施工环境。

3）湿喷混凝土改变了干喷混凝土掺速凝剂的方法，速凝剂掺入由粉剂改为液态，采用计量泵按规定的标准从喷头处掺入，从而保证了速凝效果。

4）湿喷混凝土水灰比一般控制在 $0.42\sim0.5$ 范围内，坍落度控制在 $8\sim10\mathrm{cm}$，混凝土具有良好泵送性。

（3）湿喷混凝土注意事项。

1）开机顺序。打开速凝剂辅助风→缓慢打开主风阀送风→启动速凝剂计量泵、主电机和振动器→向料斗加料。

2）停机顺序。关主电机、振动电机→关速凝剂计量泵→关主风阀、速凝剂辅助风阀暂不关闭→清洗速凝剂管路→清洗主机。

3）喷射前应在喷射机集料斗中加入约半斗砂浆（水泥：砂：水＝1.00：3.50：0.45）开动主电机及振动电机，将砂浆转入转子腔和气料混合仓内。

4）喷射过程中，上料速度要均匀连续适中，始终保持料斗中有一定的储存量。喷射手在操作喷头时，应尽量使喷嘴与受喷面垂直，距离在0.8～1.0m范围内。喷射手应根据喷嘴出料情况调节工作风压，一般喷边坡时工作风压为0.3～0.4MPa，出料管越长它所需工作风压越大。

5）喷射前应检查料斗内有无异物，检查机油液面高度，速凝剂面高度，并调好速凝剂添加比例。

6）湿喷混凝土时应选择适当的坍落度：混凝土的坍落度越高，则回弹率就越高，坍落度就越小，则容易堵管。因此，在保证不堵管的情况下，尽可能选择较小的坍落度（8～10cm）。

7）选择适合的砂率。砂率过大或过小都会引起混凝土的级配不良，过小的砂率会产生泵送困难和可泵性差，在不影响混凝土的强度和密实性情况下，应适当提高砂率，提高砂率后降低回弹率，提高可泵性。

8）正确选择和使用液态速凝剂，不同速凝剂对混凝土回弹率与强度的影响也不同。施工前由实验室对不同的速凝剂进行试验比较后，再选用适合本工程使用的速凝剂。

9）检查风管及输料管的各个接头是否接牢，管路是否有急拐弯现象，同时检查混凝土出料管及速凝剂管是否堵塞。

（4）喷射机和喷嘴的操作要点。

1）湿喷机的操作。湿喷机的操作与干喷机基本一致，主要是正确控制工作风压和保证喷嘴料流的均匀性。湿喷法喷射要求空压机提供的压缩空气应满足以下要求。

A．具有足够的风量和风压。

B．风压稳定，施工过程中不能有突变。

C．压缩空气中不应含有冷凝水或油类物质，施工现场如有压缩空气站，则由压缩空气站供给。

D．配备空压机时，按每台湿喷机耗风量不小于$10m^3/min$进行配置。

2）喷嘴的操作。喷射手对喷嘴操作熟练程度仍然是湿喷法喷射的关键。

A．喷嘴的喷射角度。喷嘴与受喷面要基本垂直，当喷嘴严重偏离垂直方向时，喷射混凝土将会在受喷面滚动或不断重叠，造成回弹增多和超量喷射，而且喷层多孔、不均匀。

B．喷嘴的运动。为了使喷射混凝土分布均匀并减少回弹，喷嘴应连续平稳地按圆形或椭圆形旋转运动。

C．喷嘴距受面距离。湿喷时由于工作风压较干喷大，因此喷头与受喷面的距离应较干喷为大，否则压缩空气会将刚喷在受喷面上的混凝土拌和料吹走，使小石的回弹量增大。一般情况下喷嘴距受面的距离为1.0m比较合适。

D．一次喷射厚度。湿喷时一次喷射厚度可比干喷大，一般情况下为8～10cm。

（5）管路堵塞及其排除。在喷射混凝土作业中，堵管是较常见的故障之一。发生堵管时应先判断其原因，采取相应措施尽快处理，以防管内混凝土凝结。

1）湿喷时堵管的原因。主要原因有：工作风压太低；混凝土输送管打折；有细长异物或小石混入输送管内。

当发现堵管后，喷射手要紧握喷头，喷射机操作手工要立即关闭电机，随手打开放气阀，关闭进气阀，使喷射机处的内压很快降下来。

2）堵管检查与排除。常见堵管检查与排除方法见表 2-20。

表 2-20　　　　　　　　　　常见堵管检查与排除方法表

序号	堵塞部位	堵 塞 现 象	堵 塞 原 因	排 除 方 法
1	喷头	喷头突然往前一蹿，出料中断，无水雾，但有水滴，喷射机压力表指针迅速上升	大块石子或杂物卡堵	立即停电动机，关闭总进气阀，拆开喷头取出大块石子
2	喷射机出料弯管	喷头处出料中断，且无水雾，只有小股水流，喷头无颤动，喷射机压力表指针骤然上升	大块石子或水泥块卡堵，混合料湿度大，工作压力偏小	立即停电动机，关闭总进气阀，弯管处用铁丝疏通，或拆开弯管疏通清理，然后用较高的风压吹净疏通
3	输送软管	喷头处出料中断，且无水雾，只有小股水流，喷头无颤动，喷射机压力表指针骤然上升	大块石子或水泥块卡堵，混合料湿度大，工作压力偏小或输料软管弯角过小	立即停电动机，关闭总进气阀，检查软管发硬处即为堵塞部位，用手锤敲击后用高压风疏通
4	输料钢管	喷头处出料中断，且无水雾，只有小股水流，喷头无颤动，喷射机压力表指针骤然上升	大块石子或水泥块卡堵，混合料湿度大，工作压力偏小或输料钢管接头漏风	立即停电动机，关闭总进气阀，敲击钢管发浊音即为堵塞部位，用手锤敲击该处，通高压风吹出

2.4.3　湿喷法喷射混凝土主要性能

（1）湿喷法喷混凝土抗压强度。由于湿喷法喷射混凝土拌和过程中各种材料投入时计量准确，可有效控制配合比、调节用水量，故其抗压强度比同样配合比的干喷法喷射混凝土的抗压强度相对要高。湿喷法喷混凝土抗压强度见表 2-21。

表 2-21　　　　　　　　　　湿喷法喷混凝土抗压强度表

序号	荷载1/kN	荷载2/kN	荷载3/kN	强度1/MPa	强度2/MPa	强度3/MPa	平均值/MPa
1	285.61	306.44	297.03	27.1	29.1	28.2	28.2
2	326.45	297.51	309.92	31.0	28.3	29.4	29.6
3	285.17	297.41	281.65	27.1	28.3	26.8	27.4
4	286.92	285.16	273.83	27.3	27.1	26.0	26.8
5	315.26	287.34	301.53	29.9	27.3	28.6	28.6
6	295.58	297.53	302.61	28.1	28.3	28.7	28.4
7	268.76	276.77	287.63	25.5	26.3	27.3	26.4
8	279.68	285.31	293.86	26.6	27.1	27.9	27.2
9	297.89	301.96	314.02	28.3	28.7	29.8	28.9

注　表中湿喷混凝土设计龄期为28d，标号为C25。

（2）抗拉强度。湿喷法喷混凝土抗拉强度的试验数据较少，根据其特点比干喷混凝土的抗拉强度总体上是偏大些，湿喷法喷混凝土抗拉强度见表 2-22。

表 2-22   湿喷法喷混凝土抗拉强度

水　泥	配合比（胶骨比）	速凝剂/%（占水泥重量百分比）	抗拉强度/MPa	
			28d	180d
425 号普通硅酸盐水泥	1:4	0	2.8～4.2	2.8～4.5
425 号矿渣硅酸盐水泥	1:4	0	2.4～3.8	2.6～3.5
325 号普通硅酸盐水泥	1:4	2.5～4.0	1.8～2.3	2.3～2.8

（3）黏结强度。湿喷法喷混凝土黏结强度与被黏结物的性质和表面粗糙度有关，糙率越大其黏结强度越大，同时比干喷混凝土的黏结强度略大。湿喷法喷混凝土黏结强度见表 2-23。

表 2-23   湿喷法喷混凝土黏结强度表

被黏结对象	配合比（胶骨比）	速凝剂/%	黏结强度/MPa
岩石	1:4	0	1.8～2.4
岩石	1:4	2.5～4.0	1.3～1.9
旧混凝土	1:4	0	1.8～2.8

2.5   水泥裹砂喷射混凝土

2.5.1   水泥裹砂喷射混凝土特点

水泥裹砂喷射混凝土所用原材料成为两部分，第一部分是将 50%～70% 的总砂量与 90% 的总水泥量和水搅拌后，使砂表面包上一层水泥浆，形成一种皮壳状态，以提高混凝土的性能；第二部分是将剩余的水泥、砂、全部中石和速凝剂拌和制成干混合料。喷射作业时，水泥裹砂砂浆由砂浆泵输送至混合管，同时干混合料由干喷机输送至混合管，两者汇合后经喷头喷出。水泥裹砂喷射混凝土施工时，在相同时间内，砂浆泵输送的砂浆重量与干喷机输送的混合料的重量基本相同，当干喷机输送混合料的量发生变化时，砂浆泵输送砂浆的量相应变化，从而保证喷出的混凝土有适宜的稠度和水灰比。同时，达到提高喷层质量、降低水泥用量、减少粉尘和回弹的效果。

2.5.2   水泥裹砂喷射混凝土施工

（1）工艺流程。水泥裹砂喷射混凝土施工是将掺有速凝剂的混合料和掺有减水剂的水泥裹砂砂浆分别搅拌，分别通过干式喷射机和砂浆泵输送到喷嘴附近的混合管内，混合料与水泥裹砂砂浆经过长约 5m 的高压胶管充分混合后，再由喷嘴喷到受喷面上，其工艺流程见图 2-4。

（2）工艺特点。

1）水泥裹砂砂浆泌水性小，和易性与流动性好，减少"沉底"现象发生，提高喷射

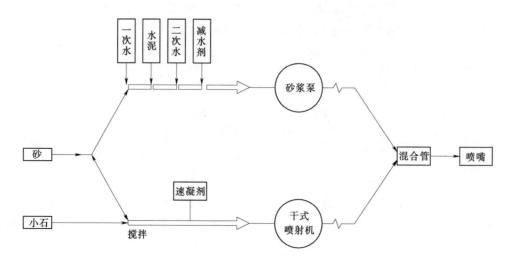

图 2-4 水泥裹砂喷射混凝土施工工艺流程图

效果。同时，砂浆在压送过程中极少出现管路堵塞，喷射混凝土时的"脉冲"和"离析"现象也有较大的改善。

2）拌制砂浆时，已全部加入设计用水，喷嘴处不需再加水，水灰比稳定。

3）减水剂是在砂浆调制过程中加入，通过搅拌，能充分发挥减水剂的作用，从而改善砂浆和易性，提高喷混凝土强度。

4）速凝剂均匀地掺拌在喷射机中，输送过程中不与水泥接触，到混合管以后，水泥与速凝剂才起速凝作用，避免了混合料中掺入速凝剂后由于停放时间过长造成水泥预水化，从而造成喷混凝土强度的降低。

5）水泥裹砂采用双管输料方式，其喷射能力比干喷法提高1倍多。

6）水泥裹砂喷混凝土采用DCJ-2型轨道式搅拌运输车运送砂浆，搅拌车的"造壳效应"比强制式搅拌机好，并能把强度提高5%。拌料后，可直接送到作业面，向输送泵上的料斗喂料，减少了设置砂浆池，简化了工序，节省人力和减少了砂浆损失。

7）在混合料中掺入全部水泥用量的10%，改善小石表面粗糙度，以减小混合料在输送过程中对输料管壁磨损。

（3）施工机具。砂浆输送泵宜采用液压双缸式、螺旋式或挤压式，也可采用单缸式。其输送能力应不小于4m³/h，砂浆输出压力不小于0.3MPa。

（4）拌制程序。

1）将总砂量50%～70%的砂和部分水（按水灰比为0.25～0.30计量）加入搅拌机内，搅拌时间为20～40s，使砂粒表面完全湿润。

2）加入90%的水泥，使用掺合料时应与水泥同时加入，再搅拌60～150s，这个过程称为造壳。

3）加入剩余的用水量及减水剂，再搅拌30～90s，制成水泥裹砂砂浆。

4）将小石与剩余的砂和水泥拌和后再加入速凝剂搅拌，制成干混合料。

（5）喷护程序。

1）喷射前，先用砂浆泵输送裹砂砂浆，同时送风，待裹砂砂浆在喷头喷出后，再由喷射机输送混合料，在5m长的高压胶管内与裹砂砂浆混合。

2）注意调整砂浆泵压力，使喷出的混凝土稠度适宜，喷嘴处不再加水。

3）喷射结束时，先停止向喷射机输送混合料，再停止砂浆泵输送裹砂砂浆，待喷头处没有物料喷出时，停止送风。

4）一次喷射厚度可比干喷法适当增加，但不宜超过120mm。

5）喷枪头与受喷面基本垂直，螺旋式轨迹运动，以使受喷面平整无砂包。

6）水泥裹砂喷射混凝土初凝后，及时喷水养护，保持受喷面湿润，防止干裂。

2.5.3 水泥裹砂喷射混凝土性能

水泥裹砂喷射混凝土与干喷法喷射混凝土相比，其力学性能和耐久性指标均有不同程度地提高。水泥裹砂喷射混凝土与干喷法喷射混凝土各项性能比较见表2-24。

表2-24　　　　　水泥裹砂喷射混凝土与干喷法喷射混凝土各项性能比较表

性能比较	抗压强度	抗拉强度	黏结强度	弹性模量	抗渗性	抗冻性	抗弯强度
干喷混凝土	1	1	1	1	1	1	1
水泥裹砂	1.1～1.5	1.0～1.3	1.0～1.3	0.95～1.05	1.6	1.0～1.2	2

2.6　钢纤维喷射混凝土

2.6.1　钢纤维喷射混凝土的主要特点

钢纤维喷射混凝土是在常规混凝土中掺入一定比例（一般按体积比不超过1.5%）的钢纤维，经喷射机借助压缩空气高速喷射到受喷面上，形成具有较高抗压、抗弯、抗剪和冲击韧性的复合性混凝土。

钢纤维喷射混凝土明显改善了混凝土的抗裂、延性、韧性和抗冲击性能，有效地减少甚至完全免除了开裂引起的破坏。当裂缝出现后，结构仍能保持其整体稳定性，继续维持承载能力。但裂缝过大，钢纤维将发生锈蚀破坏，加剧混凝土老化，大大降低其性能指标。

钢纤维喷射混凝土材料的质量要求如下。

（1）钢纤维不得有明显的锈蚀、油渍及其他妨碍钢纤维与水泥黏结的杂质，钢纤维内含有的因加工不良造成的黏连片、表面锈蚀的纤维、铁屑及杂质的总重量不应超过钢纤维重量的1%。

（2）常用的钢纤维直径0.25～0.70mm，长度为20～40mm，长径比一般为60～100。

（3）钢纤维的长度偏差不应超过长度值的±5%。

（4）钢纤维掺量的允许误差不大于±2%。

（5）水泥标号不宜低于42.5级。

（6）小石粒径不宜大于15mm，砂的含泥量不超过3%。

2.6.2 钢纤维喷射混凝土施工

干喷法、湿喷法、水泥裹砂法均可喷射钢纤维混凝土，所不同是的是钢纤维喷射混凝土更易结团和堵管。

（1）施工机具。常用的干喷法喷射机、湿喷法喷射机和水泥裹砂喷射的机具均可用来喷射钢纤维混凝土。

（2）防止钢纤维喷射混凝土堵管措施。①采用新型钢纤维喂入器，使纤维单独喂入喷嘴处与混凝土混合料均匀混合，控制喂料速度，调节供风压力，确保连续喷射；②或通过纤维分散机使纤维分散后加入皮带机或搅拌机内，与该处正在输送或搅拌的混合料混合；③钢纤维加入搅拌机时，应卸在混合料上，不要卸在叶片处，防止纤维堆叠；④混合料搅拌时可采用强制式搅拌机或自落式搅拌机，并且配备钢纤维喂料器，拌和时间不宜小于180s；⑤为防止钢纤维喷射混凝土堵管，应采取措施减少管路阻力，管道尽量直，取消90°弯头，更换变径接头，输送管内径不小于钢纤维长度的2倍等。

（3）喷射工艺。①喷射前检查机具是否完好，管道是否顺畅，空转试机以防堵管；②喷头距受喷面为0.8~1.0m，且与受喷面垂直，自下而上喷射，左右螺旋轨迹运动，以确保喷射均匀，表面平顺；③采用预埋厚度标志杆控制喷射厚度；④钢纤维喷射混凝土初凝后及时晒水养护，防止干裂，保持喷护表面湿润。

（4）控制回弹料的措施。喷射钢纤维混凝土时，可采取如下措施控制回弹料：①采用较低的空气压力或较少的空气；②控制纤维的长径比，采用短而粗的钢纤维和较大的喷射厚度；③采用较小的骨料和预湿骨料。

2.6.3 钢纤维喷射混凝土性能

（1）抗压强度。通常情况下，钢纤维喷射混凝土的抗压强度要比未掺的素喷混凝土高50%左右，钢纤维喷射混凝土的抗压强度见表2-25。当钢纤维的尺寸相同时，混凝土强度随纤维含量增加而提高。

表2-25　　　　　　　　　钢纤维喷射混凝土的抗压强度表

水泥：砂石料		1：4		1：4		1：4
钢纤维尺寸/mm		$d=0.3$，$L=25$		$d=0.3$，$L=30$		$d=0.25$，$L=25$
钢纤维掺量（体积比）/%		0	1.2	0	1.0~1.5	0	1.3~1.5
抗压强度	测定值/MPa	28.0	36.0~46.0	36.0	48.1~58.8	25.4	41.2
	相对值/%	100	129~164	100	134~163	100	162

在混凝土中加入适宜的钢纤维后，可明显地改善48h内的强度。

（2）抗拉和抗弯强度。钢纤维喷射混凝土的抗拉强度比素喷混凝土的抗拉强度约增大50%~80%，抗拉强度随纤维掺量的增加而提高。当钢纤维的长度和掺量不变时，细纤维的增强效果优于粗纤维，这是因为细纤维单位体积的比表面积大，与混凝土的黏结力高的原因。

钢纤维喷射混凝土的抗弯强度比素混凝土的抗弯强度增大40%~100%，钢纤维喷射混凝土的抗弯强度见表 2－26。同抗拉强度的规律一样，增加纤维掺量，或减小纤维直径，均有利于提高钢纤维喷射混凝土的抗弯强度。

表 2－26　　　　　　　　钢纤维喷射混凝土的抗弯强度表

钢纤维尺寸/mm		$d=0.3$，$L=25$		$d=0.3$，$L=30$	
钢纤维掺量（体积比）/%		0	1.2	0	2.0
抗弯强度	测定值/MPa	6.3	8.6～10.8	5.6	7.5
	相对值/%	100	137～171	100	134

（3）韧性。钢纤维喷射混凝土具有良好的韧性。国外采用 10cm×10cm×35cm 的小梁试验表明，钢纤维喷射混凝土的韧性可比素混凝土的提高 10～15 倍。国内原冶金建筑研究总院采用 70mm×70mm×300mm 的试件试验表明，钢纤维喷射混凝土的韧性约为素喷混凝土的 20～50 倍。

（4）抗冲击性。钢纤维喷射混凝土可以显著地提高其抗冲击性。测定钢纤维喷射混凝土的抗冲击性，常采用落锤法或落球法。美国用 4.5kg 锤对准厚 38～63mm、直径 150mm 的试件进行锤击。素喷混凝土在锤击 10～40 次后即破坏，而使用钢纤维喷射混凝土试件破坏所需的锤击次数在 100～150 次以上，即抗冲击性提高 10～13 倍。

中冶集团建筑研究总院有限公司曾用直径 35mm、重 2.5kg 的钢球，在距试件高 1.0m 的上方对 70mm×250mm×250mm 的试件进行撞击，其试验结果见表 2－27，掺入钢纤维后喷射混凝土的抗冲击性提高 8～30 倍。

表 2－27　　　　　　　　钢纤维喷射混凝土抗冲击性能试验结果表

试件名称	钢纤维掺量（体积比）/%	初 裂		破 坏	
		裂纹条数	冲击次数	裂纹条数	冲击次数
素喷混凝土	0	1	3～6	1	4～7
钢纤维喷射混凝土	1	1～3	4～7	3～4	30～46
钢纤维喷射混凝土	1.5	1～3	8～10	3～4	69～95
钢纤维喷射混凝土	2.0	1	15～24	3～4	195～416

（5）拔出强度。通过在钢纤维喷射混凝土中预先埋入锚杆、钢筋等进行拔出试验，试验结果说明拔出强度与喷射混凝土的抗压、抗弯强度有一定关系。国外资料钢纤维喷射混凝土 14d 的抗拔强度见表 2－28。

表 2－28　　　　国外资料钢纤维喷射混凝土 14d 的抗拔强度试验结果表

混合物	拔出强度/MPa	混合物	拔出强度/MPa
喷射素混凝土	7	钢纤维喷射混凝土	12.6

2.7 合成纤维喷射混凝土

2.7.1 合成纤维材料

用于喷射混凝土的合成纤维材料主要包括聚丙烯腈纤维、聚丙烯纤维、聚酰胺纤维、改性聚酯纤维等，其几何特征及主要性能见表2-29。

表2-29 单丝合成纤维的几何特征及主要性能表

主要参数和性能 \ 纤维品种	聚丙烯腈纤维	聚丙烯纤维	聚酰胺纤维	改性聚酯纤维
直径/μm	13	18～65	23	2～15
长度/mm	6～25	4～19	19	6～20
截面形状	肾形或圆形	圆形	圆形	三角形
密度/(g/cm³)	1.18	0.91	1.16	0.9～1.35
抗拉强度/MPa	500～910	276～650	600～970	400～1100
弹性模量/MPa	7500～21000	3790	4000～6000	1400～18000
极限伸长率/%	11～20	15～18	15～20	16～35
安全性	无毒材料	无毒材料	无毒材料	无毒材料
熔点/℃	240	176	220	250
吸水性/%	<2	<0.1	<4	<0.4

在喷射混凝土中掺入路威2002聚丙烯腈纤维，可以提高喷射混凝土的性能。

（1）每千克路威2002聚丙烯腈纤维约有11亿根单丝纤维，在混凝土中可构成更加致密的三维乱向分布体系，可显著提高混凝土的抗裂、抗渗、抗冲击能力和韧性等。

（2）纤维的弹性模量约为7～9GPa，高弹模的纤维不但能提高混凝土的早期抗裂能力，而且有利于提高硬化后的混凝土的抗变形能力和能量吸收能力。

（3）抗拉强度为500～600MPa，对提高混凝土的抗弯韧性、抗疲劳性和抗冲击性有更好的作用。

（4）纤维截面为花生果形，较圆形截面与水泥基材有更大的接触面积，且表面经特殊粗糙处理，因而纤维比水泥基材具有更强的握裹力。

（5）纤维在混凝土中的平均间距仅为0.55mm，可构成更加致密的网络，有效提高混凝土的抗裂性。

（6）聚丙烯腈纤维是除含氟纤维外所有天然和人造纤维中耐光性和耐久性最好的纤维，可以保证纤维在混凝土中长期发挥作用。

2.7.2 合成纤维喷射混凝土施工

（1）在纤维喷射混凝土中，聚丙烯纤维掺量为0.9kg/m³，当纤维加入到拌和混凝土中，成束的网线随着搅拌，受砂、小石、水泥的冲击后会张开成单独纤维，均匀弯曲形状排列在混凝土中。

（2）合成纤维对新拌和硬化混凝土的性能无显著影响，所以加入纤维后一般并不需要调整混凝土的配合比。

（3）纤维混凝土可在各种搅拌机中搅拌，亦可在混凝土搅拌运输车中拌制。合成纤维通常与混凝土其他组成材料同时加入搅拌机，其搅拌时间可参考表2-30控制。纤维混凝土的输送、浇筑及养护与普通混凝土相同，但为确保混凝土的抗裂性，在养护时应采取保湿、保温措施。

（4）喷头宜与受喷面垂直，喷射距离控制在0.6～1.2m。

表2-30　　　　　　　　　　纤维混凝土的推荐搅拌参考时间表

机　　　型	搅拌机容积/L		
	<400	400～1000	>1000
	搅拌参考时间/s		
自落式搅拌机	150	180	210
强制式搅拌机	90	120	150
混凝土搅拌运输车			>30min

2.7.3　合成纤维喷射混凝土性能

合成纤维喷射混凝土的性能与纤维掺量有关。用喷射法或浇筑法制得的合成纤维混凝土与同等强度的素混凝土性能进行了比较（见表2-31）。

表2-31　　　　　　　合成纤维混凝土与同等强度的素混凝土性能比较表

项　　目	纤维掺量及性能变化	聚丙烯纤维混凝土	聚丙烯腈纤维混凝土	聚酰胺纤维混凝土
收缩裂缝	降低比例/%	55	58～73	57
	纤维掺量/(kg/m³)	0.9	0.5～1.0	0.9
28d收缩率	降低比例/%	10	11～14	12
	纤维掺量/(kg/m³)	0.9	0.5～1.0	0.9
相同水压下渗透速度降低	降低比例/%	29～43	44～56	30～41
	纤维掺量/(kg/m³)	0.9	0.5～1.0	0.9
50次冻融循环强度损失	损失比例/%	0.6	0.2～0.4	0.5～0.7
	纤维掺量/(kg/m³)	0.9	0.5～1.0	0.9
冲击耗能	提高比例/%	70	42～62	80
	纤维掺量/(kg/m³)	1.0～2.0	1.0～2.0	1.0～2.0
弯曲疲劳强度	提高比例/%	6～8	9～12	—
	纤维掺量/(kg/m³)	1.0	1.0	—

当路威2002聚丙烯的掺量为1～2kg/m³时，则合成纤维喷射混凝土的力学性能会得到进一步改善，即28d和90d聚丙烯纤维混凝土的劈裂抗拉强度比素混凝土分别提高6%～19%和6.8%～18.9%；韧性指数I_5提高4.25～4.65倍；I_{10}提高6.45～7.63倍；I_{20}提高9.2～11.73倍；抗疲劳强度提高11.7%。此外，合成纤维喷射混凝土提高一次喷

射厚度，能降低混凝土回弹15％左右。

2.7.4 合成纤维喷射混凝土应用实例

溪洛渡水电站左右岸各布置了3条导流洞，左岸为1～3号导流洞，岩体主要为致密状玄武岩、含斑状玄武岩、角砾（集块）熔岩和含凝灰质角砾熔岩，均为密度大、吸水率低的高强度、高模量的致密坚硬岩石。围岩稳定性较好，以Ⅱ类围岩为主，层间、层内错动带发育段局部围岩稳定性较差，为Ⅲ₁类。导流洞洞身为城门洞形特大断面，标准洞段开挖断面为（宽×高)(20～21.6)m×(22～23.6)m，面积409～473m²，闸室段最大开挖断面为（宽×高)34m×32m，堵头段最大开挖断面为（宽×高)26m×28m。左岸3条导流洞洞身段总长5003.173m，总计石方洞挖221.5万m³，喷混凝土2.4万m³，采用C25聚丙烯纤维混凝土喷护。

（1）合成纤维材料选用。聚丙烯纤维选用成都现化天怡科技有限公司生产的单丝型聚丙烯纤维，单根长度为19mm，其主要性能指标见表2-32。

表 2-32　　　　　　　　聚丙烯纤维主要性能指标表

项　目	指　标	项　目	指　标
成分	改性聚丙烯	抗酸碱性	好
总重/(kN/m³)	8.92	导热性	低
熔点/℃	160～170	抗老化性	好
燃点/℃	590	吸水性	无
抗拉强度/MPa	300～600	亲水性	好
弹性模量/GPa	≥3.5	安全性	无毒
断裂伸长率/%	5～35	抗低温性	好

（2）聚丙烯纤维喷射混凝土施工配合比。现场采用湿喷法施工，不同品种水泥施工配合比不同（见表2-33、表2-34）。

表 2-33　　　　地维牌水泥C20、C25湿喷聚丙烯纤维混凝土施工配合比表

设计强度等级	水灰比	砂率/%	混凝土材料用量/(kg/m³)						速凝剂		设计坍落度/mm
			水泥	水	砂	小石（粒径5～10mm)	聚丙烯纤维	UNF-A高效减水剂（掺量0.8%)	品种	掺量/(kg/m³)	
C25	0.42	54	498	209	849	724	0.9	3.98	SN	14.9	150～170
	0.42	54	498	209	849	724	0.9	3.98	SW	19.9	
	0.42	54	498	209	849	724	0.9	3.98	YSP-8B	19.9	
C20	0.47	55	439	207	900	736	0.9	3.51	SN	13.2	150～170
	0.47	55	439	207	900	736	0.9	3.51	SW	17.6	
	0.47	55	439	207	900	736	0.9	3.51	YSP-8B	17.6	

表 2-34						水泥 C20、C25 湿喷聚丙烯纤维混凝土施工配合比表					
设计强度等级	水灰比	砂率/%	混凝土材料用量/(kg/m³)						速凝剂		设计坍落度/mm
			水泥	水	砂	小石（粒径5~10mm）	聚丙烯纤维	UNF-A高效减水剂（掺量0.8%）	品种	掺量/(kg/m³)	
C25	0.42	54	491	206	870	713	0.9	3.93	SN	14.7	150~170
	0.42	54	491	206	870	713	0.9	3.93	SW	19.6	
	0.42	54	491	206	870	713	0.9	3.93	YSP-8B	19.6	
C20	0.47	55	434	204	903	738	0.9	3.47	SN	13.0	150~170
	0.47	55	434	204	903	738	0.9	3.47	SW	17.4	
	0.47	55	434	204	903	738	0.9	3.47	YSP-8B	17.4	

（3）聚丙烯纤维喷混凝土施工。

1）聚丙烯纤维喷混凝土拌和。选用双轴卧式强制式搅拌机（也可采用自落式滚筒搅拌机），在拌和楼集中拌和，先投入碎石，然后投入纤维，再投入砂子搅拌 2min，使纤维束充分分散成单丝或网状结构，然后投入水泥和水按常规工艺搅拌均匀即可。

2）聚丙烯纤维喷混凝土运输采用混凝土搅拌运输车运输至喷射工作面。

3）采用机械手或湿喷机湿喷法喷射，保持喷头处水压稳定并使喷头处于良好的工作状态。喷头宜与受喷面垂直，喷射距离控制在 0.6~1.2m。

聚丙烯纤维喷混凝土在溪洛渡水电站左岸导流洞中得到了大量的运用。实践证明，在普通喷混凝土中加入聚丙烯纤维，不但改善了喷混凝土的性能，且使喷射时的回弹率大大降低，既保证工程质量，又能减少材料损耗、降低了工程成本，对保证洞室开挖后的安全与稳定起到了较好的作用。

2.8 质量控制

2.8.1 原材料检查

材料质量是影响喷射混凝土质量的因素之一。喷射混凝土的原材料包括水泥、砂、石、外加剂、掺合料等。要求水泥必须符合国家标准的规定，并有出厂合格证，且必须在规定时限内使用，防止水泥受潮损坏；砂、石的质量必须符合设计和规范要求，质地坚硬、级配优良、含泥量合格；外加剂、掺合料应符合行业标准，并有产品合格证。

所有原材料均应经过抽样检测（查）合格后才能使用。取样原则为同品种、同强度等级的水泥每 200~400t 为一取样单位，如不足 200t 也作为一取样单位；同品种的速凝剂每 5~10t 为一取样单位，如不足 5t 也作为一取样单位；砂和小石均按每 300~500m³ 为一取样单位。每组抽取 3 个样品。

2.8.2　拌制过程检查

拌制混凝土的质量也是影响喷射混凝土质量的因素之一。拌制质量主要受计量、拌制时间和搅拌机本身质量控制。首先，应定期校验衡量器，每班拌制前应校验，拌制过程中出现问题也应校验衡量器；其次，投料计量准确，控制在允许误差范围内，投料顺序合理；第三，拌制时间不得小于规定值，否则出现生料或水料分离等，混凝土拌制完成后每班应在喷射作业面抽样不少于 2 次。

2.8.3　喷射过程检查

喷射过程质量是影响喷射混凝土质量的主要因素。

（1）对受喷面质量进行检查。主要内容包括：受喷面上的岩粉、石渣是否吹（洗）干净，是否有黏土、锈斑，是否有地下水渗流。如出现上述现象应采取吹（洗）、清除、引流等措施处理，符合质量标准后才能进行下一道工序施工。

（2）对厚度标志杆检查。厚度标志杆是控制喷射混凝土厚度的主要参照物，其间排距应满足要求，安装必须牢固，防止喷射时被射飞或压弯。

（3）对喷射机进行检查。主要内容包括喷射机机型及性能状态、空压机型号及性能状态、各种管道是否完好无漏气、接头连接是否牢固、摆放是否顺畅，防止堵管现象发生。

（4）对喷射作业检查。喷射顺序是否合理，应分段自下而上分序进行，不得自上而下进行，防止回弹料污染未喷坡面。喷射距离、角度、运行轨迹等是否合理，操作手应控制喷头与受喷面距离为 80～100cm、角度与受喷面基本垂直，防止大角度斜喷，采取螺旋运行轨迹均匀喷射。控制喷射压力，保证喷层均匀，防止包砂、夹渣、流淌。喷射过程中回弹料必须及时清理干净，发现回弹料堆积在喷射混凝土坡面或被挂网"架住"，必须先清理再喷护，既不能将这些回弹料包裹在喷层之中，也不能回收再用于喷射或复喷，分层喷射时应在上一层终凝后进行。

（5）喷射混凝土终凝 2h 后，即开始按要求洒水养护。保持喷射混凝土表面湿润不小于 14d，养护不小于 28d。

（6）喷射作业紧跟开挖工作面时，从混凝土终凝到下一循环放炮的间隔时间不宜小于 4h。

2.8.4　喷射混凝土厚度控制

（1）埋标志杆。喷射混凝土厚度采取设立标志杆控制，呈梅花形布置在受喷面内，标志杆的间排距适当，一般情况下为 3m×3m，喷射混凝土厚度不小于标识厚度。喷射混凝土实际厚度的平均值不小于设计厚度。不合格测点的厚度应不小于设计厚度的 1/2，且不得小于 5cm，低于这个标准时必须补喷到设计厚度。

（2）分层喷射。如果边坡设计的喷射混凝土厚度大于 10cm，应分层喷射，首层喷射厚度为 5～7cm，在首层喷射混凝土终凝后再进行表层喷射，表层喷射前应将原喷层表面的乳膜、浮尘等杂物冲洗干净。喷层应相对平整，如边坡出现超挖需喷射回填时表面应平顺过渡。

（3）喷层厚度检测。喷射混凝土厚度通常采用电钻、风钻、钢钎等工具钻孔至岩土层进行检测。一般情况下按间距 50～100m 布置一个检测断面，但每一个独立工程检测断面不得少于 1 个，每个断面的测点不宜少于 5 个。测点合格率不得低于 80%，否则应补喷到设计厚度。

2.8.5 喷射混凝土强度检测

喷射混凝土抗压（抗拉）强度指标是喷射混凝土原材料、配合比、拌制、喷射及养护等过程质量的综合体现。

通过现场取样试件进行强度检测，能准确判断喷射混凝土的施工质量。

取样数量要求：边坡大规模连续喷射时，每喷射 50～100m³ 混凝土，取样数量不得少于 1 组（3 个）试样；一次连续喷射小于 50m³ 混凝土时，也应取 1 组（3 个）试样。如遇材料或配合比变更时，应另取 1 组试样。

喷射混凝土强度检测方法与常态混凝土不同，目前检验喷射混凝土强度的方法较多，根据试样制取的方法不同可分为以下几种。

（1）大板切割法。在喷射现场放置几块标准的取样模板（尺寸为 45cm×35cm×12cm），在边坡喷射过程中同时向模板内以相同方法喷射混凝土至其口沿平齐、表面平整，现场养护或标准养护 28d 后，取模板中间部位的混凝土切割成 10cm×10cm×10cm 的试件不少于 3 个，在压力机上进行抗压强度检测，记录检测结果数据。只有当不具备切割制取试件的条件时，才可向边长为 100mm 或 150mm 的无底试模内喷射混凝土制取试块，其抗压强度换算系数可通过试验确定。

（2）钻取芯样法。钻取芯样法是采用金刚石或人造金刚石钻头直接在边坡喷射混凝土上取样，要求取芯设备自带冷却装置，防止干法取样，喷射混凝土应达到设计龄期且强度宜大于 10MPa 后进行。所取芯样部位应反映喷射混凝土质量的真实性，取芯试样不少于 1 组（3 个），芯样直径一般不小于 100mm，高度为 100mm。采用标准切割工具加工，湿法打磨，要求端面不平整度为每 100mm 长度内不得超过 0.05mm，其两个端面与轴线间垂直度总偏差应不超过 2°。

芯样切割后，其端面平整度不能满足要求时，应采用平磨机打磨平整，也可用高强度水泥配制水灰比小于 0.3 的水泥净浆找平芯样端面，或用硫磺胶泥及其专用工具处理端头。用水泥浆或硫磺胶泥处理端面的芯样，需随即放入标准养护室养护 2～3d。

抗压试验前，芯样应在 20℃±5℃ 的清水中浸泡 40～48h。

（3）拉拔法。拉拔法是将预先埋设在喷射混凝土内的销钉拔出来，根据荷载及破坏面的面积计算出喷射混凝土抗剪强度，并按照事前用试件求出的抗压强度与抗剪强度的关系，推求混凝土的抗压强度。

（4）回弹法。回弹法是间接检测喷射混凝土强度的方法，利用回弹仪检测混凝土表面的硬度，推算混凝土的强度。这种方法随水泥品种、养护条件、龄期、试件尺寸、形状及结构物刚度等的不同，所测之回弹值均有所不同，应予以修正。经修正后，再查相应的混凝土表面硬度与强度关系图表，求得所测之混凝土强度。

常用喷射混凝土强度检测机具见表 2-35。

表 2-35　　　　　　　　　　常用喷射混凝土强度检测机具表

型号名称	用　途	主　要　技　术　性　能
SU-30 型喷射混凝土强度检测仪	检测喷射混凝土强度	最大拔出力 30kN，工作行程 10mm，三点支撑内径 120mm，示值误差 2%F·S，数字压力表形式为整体式
SU-40 型混凝土强度检测仪	检测混凝土强度及喷射混凝土强度	最大拔出力 40kN，工作行程 10mm，三点支撑内径 120mm，示值误差 2%F·S，数字压力表形式为整体式
EPM-100A 型点荷载强度测试仪	检测岩石强度及喷射混凝土强度	单轴抗压强度 0.1～300MPa（1%F·S）；试件要求：芯样式稍加修整的不规则试块
HQC-40 型混凝土强度检测仪	检测混凝土强度及喷射混凝土强度	最大工作荷载不小于 30kN，油缸面积 19.36cm²，测试芯样直径 30mm 和 50mm
ZQH-6 型混凝土取样钻机	检测喷射混凝土强度时，钻取芯样	用金刚砂薄壁钻头，内径为 30mm
FZQ-1 型混凝土取样钻机	检测喷射混凝土强度时，钻取芯样	用金刚砂薄壁钻头，内径为 30mm 和 50mm

2.9　安全技术与环保措施

2.9.1　安全技术

（1）现场施工人员必须正确佩戴安全帽，穿防滑鞋。喷射作业人员应佩戴防尘面罩、口罩、手套，高空作业人员应挂安全带。

（2）施工排架必须专门进行设计，经审查批准后才能作为现场搭设排架的依据。排架搭设人员应经培训合格后持架子工证上岗。排架搭设牢固可靠、临边设置栏杆，平台铺木（竹）板并绑扎牢固，上下层设爬梯通行，搭设完成并经验收合格后才能使用。

（3）施工前应检查喷射机、输料管（含风管、水管、喷嘴等）及电器设备，安装漏电保护器，确认安全完好后才能作业。

（4）喷射作业开始时要调好供水量，先开风、水，后启动喷射机，喷射机运转正常后才能供料。作业区内严禁在喷头前方站人。喷射结束时，必须将仓内和输料软管内的混合料全部喷出，再将喷嘴拆下清洗干净，并清除机身内外黏附的混凝土和砂浆。同时，应清理输料管，使密封件处于放松状态。

（5）施工过程中出现机械故障时，必须停机、断电、停风，防止机械误动作造成事故。故障处理结束，在开机、送风、送电之前，应通知有关作业人员，防止突然开机伤害作业人员。

（6）疏通堵管时，应先停止供风。采用压风疏通堵管时，风压不得大于 0.4MPa，同时应将输料管放直，将喷头朝向无人的方向可靠固定，防止管路突然摆动伤人。

（7）转移作业面时，供风、供水、供电、供料系统也应随之移动，注意输料软管不得随地拖拉和折弯。

（8）在钢纤维喷射混凝土施工中，应采取有效措施，防止钢纤维扎伤操作人员。外加剂及树脂材料一般对人体皮肤有腐蚀，应避免操作人员的皮肤同外加剂及树脂材料直接接触。

2.9.2 环境保护措施

（1）喷射混凝土拌制过程应采取有效措施防止水泥扬尘，有条件时采取集中强制搅拌机拌制。用干喷法施工时，混凝土运输及上料应减少扬尘，采用密封性能良好的喷射机作业。

（2）喷射作业区粉尘浓度应不大于 $10mg/m^3$。每 10d 至少测定一次粉尘浓度，并发布测定结果。粉尘浓度合格的标准：占总数 80% 及以上的测点试样的粉尘浓度不大于 $10mg/m^3$，其他试样粉尘浓度不超过 $20mg/m^3$。

喷射作业区粉尘浓度的测定方法如下。

1）可采用滤膜法，采样器宜使用便携式电动测尘器。

2）测定粉尘含量的取样部位和数量，应满足表 2-36 的规定。

3）取样时间：取样应在喷射混凝土作业正常、粉尘浓度稳定后进行。每一个试样的取样时间不得少于 3min。

表 2-36　　　　　　　　　　喷射混凝土粉尘测点布置和取样数量表

测尘地点	位　　　置	取样数量/个
喷头附近	距喷头 5m，离底板 1.5m，下风向设点	3
喷射机附近	距喷射机 1m，离底板 1.5m，下风向设点	3
拌料处	距拌料处 2m，离底板 1.5m，下风向设点	3
喷射作业区	隧洞中间，离底板 1.5m，下风向设点	3

喷射作业的粉尘主要来源于水泥。经测定，喷射混凝土粉尘中游离二氧化硅含量一般在 10% 以下。根据国内外有关标准规定，喷射混凝土作业时的粉尘浓度不应大于 $10mg/m^3$。

（3）通过改善施工工艺，选择性能先进的喷射机械，最大限度减少作业区粉尘浓度。

1）尽量采用湿喷法、水泥裹砂法或潮喷法进行喷射混凝土作业。

2）在搅拌站或喷射机进料处设置集尘器或除尘器，减少水泥及砂等扬尘。

3）喷射过程中在粉尘浓度较高部位，设置除尘水幕。

4）加强作业区通风，保证风量充足，风速不低于 0.25m/s。

（4）加强个人防护，喷射操作手必须佩戴防尘口罩、防尘帽、压风呼吸器等防护用具。

3 锚杆与锚筋桩

3.1 分类与特点

边坡工程支护中广泛采用锚杆与锚筋桩主动支护岩土体，它们的主要作用是对边坡岩土体锁口、加固边坡浅层岩体，防止边坡岩体楔形滑动、坍塌失稳，限制岩体应力释放后裂隙扩张。

3.1.1 锚杆的分类

锚杆的分类方法很多，可以按照锚固长度、锚固方式、固结材料、锚杆的材料及施加应力的状态等进行分类。常见锚杆分类见表3-1。

表3-1 常见锚杆分类表

分类方式	锚杆类别	分类方式	锚杆类别	分类方式	锚杆类别
按照锚固长度	端头锚杆	按照杆体材料	钢筋锚杆	按照固结材料	水泥砂浆锚杆
			玻璃纤维锚杆		水泥浆锚杆
	全长锚杆		木锚杆		快硬水泥卷锚杆
			竹锚杆		树脂锚杆
按照施加应力状态	预应力锚杆	按照杆体强度	普通锚杆	按照锚固方式	黏结式锚杆
	非预应力锚杆		高强锚杆		机械式锚杆

3.1.2 锚杆与锚筋桩特点

（1）加筋性。在边坡岩土体内安装锚杆、锚筋桩后可提高其承载能力，其原理与在混凝土中加入钢筋相似，在岩土体中起到骨架作用。同时，锚杆、锚筋桩灌浆时，在压力作用下浆体填充孔道周边岩土体中裂隙，使裂隙间的摩擦力、黏结力增大，随着锚杆、锚筋桩数量增加，间排距减小，孔内灌浆量及渗透性扩大，岩土体的完整性明显改善。

（2）限制性。边坡开挖后及时安装锚杆、锚筋桩，可限制岩体应力释放导致裂隙扩张；边坡开挖前安装超前锚杆和锚筋桩，对边坡岩土体预先施加应力，可减少对边坡岩体的扰动，有效限制边坡顶部岩体的松弛变形，防止楔形体滑动破坏。

（3）封闭性。在边坡工程加固中，运用锚杆、锚筋桩、喷射混凝土联合支护，不仅加固了边坡浅层岩土体，而且可以封闭边坡表面岩土体，防止雨水冲刷和进一步风化。

锚杆、锚筋桩因杆体材料与黏结材料不同而体现其差异性特点，此外永久工程与临时工程采取的支护形式也不尽相同，常见锚杆、锚筋桩的特点见表 3-2。

表 3-2 常见锚杆、锚筋桩的特点表

类型	主要技术性能	使用范围
水泥砂浆锚杆	通过水泥砂浆将杆体与岩体固结成整体，水泥砂浆锚杆锚固性能好，灌浆密实可有效保护杆体不锈蚀，抗拔能力强	用于边坡的系统支护和不稳定块体的随机支护
快硬水泥卷锚杆	通过快硬水泥卷浸水发胀后将杆体与岩体固结成整体，该类锚杆浆体早期强度高，1h 后锚固力可达 60kN，锚杆安装后很快就能受力	多用于随机锚杆支护或水泥砂浆灌浆效果差的部位
树脂锚杆	通过树脂药包把杆体与岩石固结成整体，树脂锚杆具有承载快、锚固力大、安全可靠、施工操作简便、适用范围广等优点。树脂锚固剂可以工业化生产，但其储存期限有限，一般为 3 个月	要求快速支护的部位
自钻式注浆锚杆	在成孔困难的岩土体层安装锚杆时，将钻孔、注浆、锚固合为一体，中空钻杆即作为杆体不拔出，通过中空钻杆注浆后包裹锚杆从而起到锚固作用	造孔困难的堆积体覆盖层或断层破碎带边坡
高强锚杆	采用精轧螺纹钢筋加工的锚杆，其抗拉、抗压强度都比普通锚杆高	有结构要求或抗拉抗剪应力大的部位
玻璃纤维锚杆	高性能的玻璃纤维锚杆的抗拉强度是普通钢筋锚杆的 1.5 倍，而重量只有普通钢筋锚杆的 1/4～1/5，具有可防静电、阻燃、抗腐蚀、耐酸碱、耐低温等特点	堆积体或断层破碎带等部位，洞内掌子面支护或超前支护
胀壳式锚杆	当锚杆体向其孔外移位时，机械内锚头即胀大并撑紧孔壁，以固定锚杆且产生锚固力作用	
楔缝式锚杆	锚杆安装时在冲击作用下，通过锚杆体里端开缝并夹一铁楔撑开锚杆并撑紧孔壁时，产生锚固力作用	
倒楔式锚杆	锚杆体（钢管）里端带有一对铁楔，安装时冲击铁楔，则使其撑开锚杆体并撑紧孔壁，产生锚固力作用	
缝管锚杆	采用纵向开缝的钢管，在机械动力作用下强行挤入比其外径小的钻孔中，钢管变形后与孔壁紧密接触，并产生锚固力作用	
楔管锚杆	以异型钢管加工成前半段为倒楔式锚杆，后半段为缝管式锚杆，都能将楔管撑紧孔壁，并产生锚固力作用	
水胀式锚杆	采用薄壁无缝钢管加工成异型空腔杆体，两端密封后安装在比其略大的钻孔中，借助于高压水将杆体膨胀与孔壁紧密接触，产生锚固力作用	
锚筋桩	常采用 3～5 根直径 25～32mm 钢筋加工而成，通过灌注水泥砂浆与岩体锚固成整体。受力能力比单根锚杆大大提高	受力大的部位或单根锚杆承受力不足的部位

3.2　结构与材料

3.2.1　锚杆结构与材料
3.2.1.1　锚杆结构
（1）普通锚杆。

1）水泥砂浆锚杆。一般由杆体、锚固段、外露段组成。先插杆后注浆水泥砂浆锚杆结构见图3-1，先注浆后插杆水泥砂浆锚杆结构见图3-2。

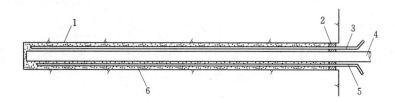

图3-1　先插杆后注浆水泥砂浆锚杆结构示意图

1—锚杆孔；2—封堵塞子；3—排气管；4—锚杆体；5—注浆管；6—黏结材料（水泥砂浆）

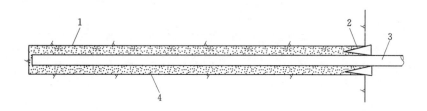

图3-2　先注浆后插杆水泥砂浆锚杆结构示意图

1—锚杆孔；2—固定楔子；3—锚杆体；4—黏结材料（水泥砂浆）

2）快硬水泥卷锚杆、树脂锚杆。快硬水泥卷锚杆、树脂锚杆分别通过快硬水泥、树脂药包对岩壁和杆体的黏结而起锚固作用。快硬水泥卷结构见图3-3，树脂药包结构见图3-4。树脂锚固剂（快硬水泥卷）锚杆安装见图3-5。

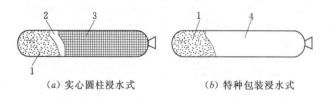

（a）实心圆柱浸水式　　　　　（b）特种包装浸水式

图3-3　快硬水泥卷结构示意图

1—快硬水泥；2—滤纸筒；3—玻璃纤维网外套；4—特种材料

（2）自钻式注浆锚杆。自钻式注浆锚杆是一种集造孔、注浆功能为一体的新型锚杆。杆体前端具有造孔功能，造孔完成后杆体不再拔出，直接利用杆体的空腔注浆，浆液自孔

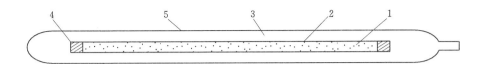

图 3-4 树脂药包结构示意图

1—固化剂加填料;2—聚乙烯内袋;3—不饱和聚酯树脂;4—堵头;5—聚乙烯外袋

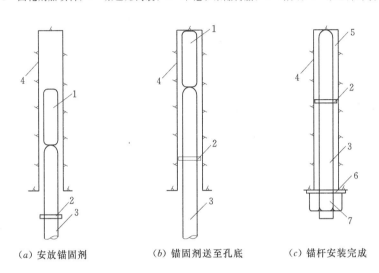

(a) 安放锚固剂　　　　(b) 锚固剂送至孔底　　　　(c) 锚杆安装完成

图 3-5 树脂锚固剂（快硬水泥卷）锚杆安装示意图

1—树脂锚固剂卷（块硬水泥卷）;2—挡圈;3—锚杆体;4—钻孔;5—搅拌均匀的锚固剂;6—垫板;7—螺母

底向孔口充满全孔。同时，固结了围岩，完成对围岩的支护作用，自钻式注浆锚杆结构见图 3-6。

自钻式注浆锚杆成本较高，但对于岩石破碎、易于塌孔的不良地质地层的支护效果好。

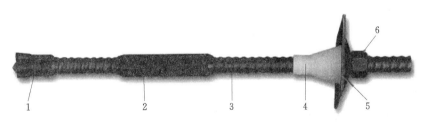

图 3-6 自钻式注浆锚杆结构示意图

1—自进钻头;2—连接套;3—中空锚杆体;4—止浆塞;5—垫板;6—螺母

（3）预应力锚杆。预应力锚杆的杆体一般由锚固段、自由段、外锚段三部分组成，孔口有承压板、锚具等，预应力锚杆结构见图 3-7。

（4）高强锚杆。高强锚杆结构大多与普通锚杆类似，按照其功用的不同，有的略有差别。杆体一般采用高强度的精轧螺纹钢，接长则需专用连接器，水泥砂浆锚杆一般要采用压力灌浆的方法施工。三峡水利枢纽工程永久船闸闸室边坡的高强锚杆既要加固边坡的岩

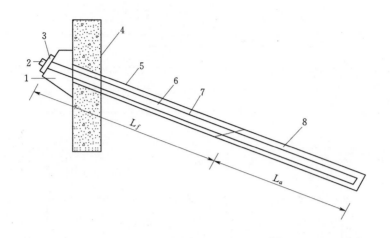

图 3-7　预应力锚杆结构示意图

1—台座；2—锚具；3—承压板；4—支挡结构；5—钻孔；6—塑料套管；7—锚杆体；8—水泥浆；
L_f—自由段长度；L_a—锚固段长度

体，又要把闸室衬砌混凝土与岩体锚固在一起共同受力，同时还要考虑闸室衬砌混凝土与岩体的变形协调，因此，其结构分锚固段、自由段和外露段（埋入混凝土衬砌墙内）三段。三峡水利枢纽工程永久船闸高强锚杆结构见图 3-8。

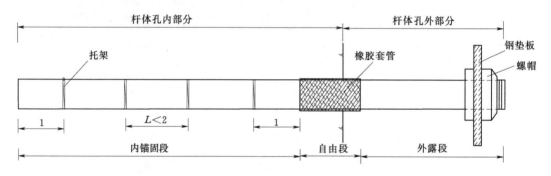

图 3-8　三峡水利枢纽工程永久船闸高强锚杆结构示意图（单位：m）

3.2.1.2　锚杆材料

根据锚杆结构特点，锚杆材料主要包括：杆体材料、锚固材料、注浆管、锚杆垫板（托板）、锚杆螺母、注浆管等。

（1）杆体材料。通常采用圆钢及螺纹钢制作砂浆锚杆、药卷式锚杆，用精轧螺纹钢制作高强锚杆。缝管锚杆的管体材料宜采用 16MnSi 钢或 20MnSi 钢，壁厚为 2.0～2.5mm。锚杆外径为 38～45mm，缝宽为 13～18mm。

楔管锚杆的圆管段管体材料可采用 Q235 钢，壁厚为 2.35～3.25mm，内径不宜小于 27mm。缝管段的外径为 40～45mm，缝宽不宜大于 20mm。

自钻式锚杆采用Ⅱ级钢筋特殊加工而成。

1）普通钢筋锚杆。通常采用光圆钢筋和螺纹钢筋制作成普通锚杆，锚杆常用钢筋及其力学性能见表 3-3。

表 3 - 3 锚杆常用钢筋及其力学性能表

钢筋品种	牌号	直径 /mm	屈服强度 /MPa	抗拉强度 /MPa	断后伸长率 /%
			不小于		
光圆钢筋	HPB235	6～22	235	370	25
	HPB300		300	420	25
螺纹钢筋	HRB335	6～50	335	455	17
	HRBF335				
	HRB400		400	540	16
	HRBF400				
	HRB500		500	630	15
	HRBF500				

锚杆常用钢筋截面及其承载能力见表 3 - 4。

表 3 - 4 锚杆常用钢筋截面及其承载能力表

杆体直径 /mm	公称横截面面积 /mm²	HPB235		HPB300		HRB335		HRB400		HRB500	
		屈服荷载 /kN	极限荷载 /kN	屈服荷载 /kN	极限荷载 /kN	屈服荷载 /kN	极限荷载 /kN	屈服荷载 /kN	极限荷载 /kN	屈服荷载 /kN	极限荷载 /kN
16	201.1	48.2	76.4	63.0	84.5	67.4	89.5	80.4	108.6	100.6	126.7
18	254.5	61.1	96.7	76.4	106.9	85.3	115.8	101.8	137.4	127.3	160.3
20	314.2	75.4	119.4	94.3	132.0	105.3	143.0	125.7	169.7	157.1	197.9
22	380.1	91.2	144.4	114.0	159.6	127.3	172.9	152.0	205.3	190.0	239.5
25	490.9	108.5	171.8	147.2	206.2	164.5	223.4	196.4	265.0	245.5	309.3
28	615.8	147.8	234.0	184.7	258.6	206.3	280.2	246.3	332.5	307.9	388.0
32	804.2	189.0	297.6	241.3	337.8	269.4	365.9	321.6	434.3	402.1	506.6
36	1018.0	239.2	376.7	305.4	427.6	341.0	463.2	407.2	549.7	509.0	641.3

2）高强钢筋锚杆。高强钢筋锚杆采用高强度精轧螺纹钢筋作为杆体材料，其力学性能见表 3 - 5。与常规钢筋相比，其屈服强度与抗拉强度均高出很多，因此往往用它制作大吨位锚杆。

高强钢筋锚杆可根据需要用套管接头冷挤压接长，不能对接焊接或绑头焊接接长。

表 3 - 5　　　　　　　　　　　高强钢筋力学性能表

外形	级别	直径 /mm	屈服强度 /MPa	抗拉强度 /MPa	断后延伸率 /%	应力松弛性能	
			不小于			初始应力	1000h后应力松弛率/%
螺纹钢筋	PSB785	18～50	780	980	7	0.8倍的屈服强度	≤3
	PSB830		830	1030	6		
	PSB930		930	1080	6		
	PSB1080		1080	1230	6		

3）管材锚杆。通常采用管材制作缝管式锚杆、楔管式锚杆、内注浆锚杆等。钢管按照制造方法分为无缝钢管和焊接钢管两种。无缝钢管的机械性能见表3－6，无缝钢管规格及质量见表3-7，焊接钢管规格及质量见表3-8。

表 3 - 6　　　　　　　　　　　无缝钢管的机械性能表 *

牌号	抗拉强度 /MPa	壁厚/mm			断后伸长率 /%
		≤16	>16～30	>30	
		下屈服强度/MPa			
		不小于			
10	≥335	205	195	185	24
15	≥375	225	215	205	22
20	≥410	245	235	225	20
25	≥450	275	265	255	18
35	≥510	305	295	285	17
45	≥590	335	325	315	14
20Mn	≥450	275	265	255	20
25Mn	≥490	295	285	275	18

*　引自《结构用无缝钢管》(GB/T 8162—2008)。

表 3 - 7　　　　　　　　　　　无缝钢管规格及质量表 *

钢管外径 /mm	钢管壁厚/mm								
	2.0	2.2	2.5	2.8	3.0	3.2	3.5	4.0	4.5
	钢管理论重量/(kg/m)								
16	0.691	0.749	0.832	0.911	0.962	1.010	1.080	1.180	1.280
18	0.789	0.857	0.956	1.050	1.110	1.170	1.250	1.380	1.500
20	0.888	0.966	1.080	1.190	1.260	1.330	1.420	1.580	1.720
22	0.986	1.070	1.200	1.330	1.410	1.480	1.600	1.780	1.940
25	1.130	1.240	1.390	1.530	1.630	1.720	1.860	2.070	2.280
28	1.280	1.400	1.570	1.740	1.850	1.960	2.110	2.370	2.610

钢管外径 /mm	钢管壁厚/mm								
	2.0	2.2	2.5	2.8	3.0	3.2	3.5	4.0	4.5
	钢管理论重量/(kg/m)								
32	1.480	1.620	1.820	2.020	2.150	2.270	2.460	2.760	3.050
38	1.780	1.940	2.190	2.430	2.590	2.750	2.980	3.350	3.720
42	1.970	2.160	2.440	2.710	2.890	3.060	3.320	3.750	4.160
45	2.120	2.320	2.620	2.910	3.110	3.300	3.580	4.040	4.490

* 引自《无缝钢管尺寸、外形、重量及允许偏差》(GB/T 17395—2008)。

表 3-8 焊接钢管规格及质量表*

钢管外径 /mm	钢管壁厚/mm												
	2.0	2.2	2.3	2.4	2.6	2.8	2.9	3.1	3.2	3.4	3.6	3.8	4.0
	钢管理论重量/(kg/m)												
10.2	0.404	0.434	0.448	0.462	0.487	0.511	0.522						
12	0.493	0.532	0.550	0.568	0.603	0.635	0.651	0.680					
16	0.691	0.749	0.777	0.805	0.859	0.911	0.937	0.986	1.010	1.060	1.100	1.140	
18	0.789	0.857	0.891	0.923	0.987	1.050	1.080	1.140	1.170	1.220	1.280	1.330	
20	0.888	0.966	1.000	1.040	1.120	1.190	1.220	1.290	1.330	1.390	1.460	1.520	1.580
25	1.130	1.240	1.290	1.340	1.440	1.530	1.580	1.670	1.720	1.810	1.900	1.990	2.070
32	1.480	1.620	1.680	1.750	1.890	2.020	2.080	2.210	2.270	2.400	2.520	2.640	2.760
40	1.870	2.050	2.140	2.230	2.400	2.570	2.650	2.820	2.900	3.070	3.230	3.390	3.550

* 引自《焊接钢管尺寸及单位长度重量》(GB/T 21835—2008)。

(2)锚固材料。锚杆固结材料通常为水泥浆、水泥砂浆、快硬水泥卷、树脂锚固剂等。

1)水泥浆是按一定水灰比(通常为 0.45～0.50),优先选用强度等级不低于 32.5 的新鲜硅酸盐水泥或普通硅酸盐水泥与水拌制而成,根据现场条件可掺早强剂、速凝剂、缓凝剂等外加剂,以提高其性能,方便施工。

2)水泥砂浆是按一定水灰比(通常为 0.38～0.45)和水砂比(通常为 1:1～1:2),优先选用强度等级不低于 32.5 的新鲜硅酸盐水泥或普通硅酸盐水泥与中细砂和水拌制而成,根据现场条件可掺早强剂、速凝剂、缓凝剂等外加剂,中细砂粒径小于 2.5mm,使用前应过筛,其含泥量不大于 3%。

3)快硬水泥卷是在工厂特殊加工而成的,最早的水泥卷锚固剂是采用硫酸盐早强水泥,内掺 TS 早强速凝剂、亚硝酸钠阻锈剂和 50%～100% 的优质干砂,按一定比例拌和均匀后再用厚质滤纸包装而成。经过多年研究改进,采用普通水泥掺加专用外加剂生产试验了 M-D、M-Q、M-R 型快硬膨胀水泥卷,后来又研究生产了早强型水泥卷,2h 即可达到规定的锚固力。这些快硬水泥卷锚固剂使用前在水中浸泡几分钟即可安装到孔内并立即插入锚杆，快硬水泥卷锚固剂储存时间不得超过 3 个月。不同型号快硬水泥卷技术指标见表 3-9。

表 3-9　　　　　　　　　　　不同型号快硬水泥卷技术指标表

型　号	龄　期	抗拔力/kN	最大位移/mm
早强型	2h	>150	<5
标准型	24h	>180	<5
缓凝型	3h	>180	<5
水下型	24h	>100	<5
	7d	>100	<5

4）树脂锚固剂是在工厂特殊加工而成的，采用不饱和聚酯树脂与填料、促进剂和辅料，按一定比例配制而成的胶泥状黏结材料，用专用聚酯薄膜将胶泥与固化剂分割呈双组分包装药卷状。树脂锚固剂具有锚固强度高，方便施工等优良性能。不饱和聚酯树脂物理力学性能见表 3-10。

表 3-10　　　　　　　　　　　不饱和聚酯树脂物理力学性能表

配合比（树脂∶填料）	填料名称	固化时间	容重/(kN/m³)	7d 强度/MPa		
				抗压	抗拉	抗弯
1∶2.5	石英粉	4′30″	18.1	800	100	312
	白云石粉	4′30″	18.8	812	102	353
	河砂	5′30″	18.0	772	82	281
1∶3.7	石英粉	6′	19.0	600	66	204
	白云石粉	5′	20.0	690	91	315
	河砂	6′	18.3	716	76	240

根据树脂锚固剂的凝固时间可分为：超快、快速、中速、慢速四种。树脂锚固剂产品型号与技术指标见表 3-11。

表 3-11　　　　　　　　　　　树脂锚固剂产品型号与技术指标表

型号	特性	凝结时间/min	固化时间/min	备　注
CK	超快	0.5~1	≤5	在 20℃±1℃环境下测定
K	快速	1.5~2	≤5	
Z	中速	3~4	≤12	
M	慢速	15~20	≤40	

树脂锚固剂凝结时间 20~60s；固化后 3min 抗压强度大于 30MPa；1d 后抗压强度大于 80MPa。锚杆可实现快速安装，立即上紧托板，5min 锚固力大于 40kN，其技术参数见表 3-12。

表 3-12　　　　　　　　　　　树脂锚固剂主要技术参数表

性　能	指　标	性　能	指　标
抗压强度	≥60MPa	振动	>800万次
剪切强度	≥35MPa	泊松比	≥0.3
容重	1.9～2.2g/cm	储存期（<25℃）	>9个月
弹性模量	≥1.6×10⁴MPa	适用环境温度	−30～+60℃
黏结强度	>7MPa（混凝土）， >16MPa（螺纹钢）		

（3）锚杆垫板（托板）。锚杆垫板是连接锚杆端部与岩体紧密接触的重要部件，它能使锚杆与岩体的受力面积增大，无论是预应力锚杆还是普通锚杆，安装锚杆垫板后都能发挥良好的锚固作用，工程实例中也得到验证。

锚杆垫板可用钢板、铸铁制造而成。其规格通常为：长方形 150mm×120mm×（6～10mm）（长×宽×厚）；正方形 150mm×150mm×8mm、200mm×200mm×10mm、200mm×200mm×12mm；圆形 φ150mm×10mm（直径×厚度）；三角形等，锚垫板中心孔径与锚杆直径配套。

（4）锚杆螺母。锚杆螺母是固定垫板、网、钢带等支护材料的一个重要构件，它是锚杆支护结构中形成支护力，控制边坡岩体变形破坏的一个重要组成部分。特别是对端头锚杆，没有螺母就构不成锚杆支护。

（5）注浆管。注浆管一般采用耐压强度不小于 0.6MPa 的塑料管，其内径不小于 25mm。

3.2.2　锚筋桩结构与材料

（1）锚筋桩结构。锚筋桩一般由 3～5 根钢筋组成，采用箍筋将杆体扎牢，间隔 1～2m 设置对中环，施工时设置进、回浆管。其锚筋桩结构见图 3-9。

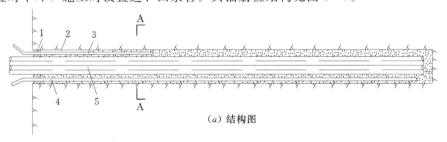

（a）结构图

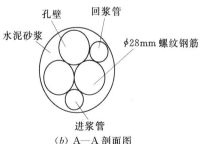

（b）A—A 剖面图

图 3-9　3 根锚筋组成的锚筋桩结构示意图

1—封堵塞子；2—回浆管；3—黏结材料（水泥砂浆）；4—进浆管；5—锚筋桩

（2）锚筋桩材料。锚筋桩材料主要采用螺纹钢筋，钢筋直径通常为 25～36mm，当抗剪强度要求很高时也可采用高强精轧螺纹钢筋。箍筋一般用直径 8～14mm 的光圆钢筋。

3.3 施工

3.3.1 施工准备

锚杆、锚筋桩施工前做好以下准备工作：搭设施工平台（钢管排架）、孔位测量放样、机具安装调试、材料及风水电准备等。施工道路主要利用开挖时形成的道路，或在各施工平台、马道等修建临时施工便道以利运送设备、材料及人员通行。

（1）搭设施工平台（钢管排架）。应根据现场边坡坡比、高度、岩体结构状态及开挖工作面布置、钻孔灌浆设备、上架材料等综合因素设计施工平台结构，一般采用钢管搭设施工平台。钢管平台应进行专门设计，验收合格后才能使用，通常每层钻机作业平台铺设木板或竹跳板并绑牢，靠边坡侧钢管与岩土体用短钢管或锚杆连接固定，外侧加剪刀撑加固，设置上下爬梯，步距不大于 40cm，必要时外挂安全网保护。

（2）孔位测量放样。按照施工图纸进行孔位测量放样，设置明显、牢固的标志。孔位放样时，用测量仪器准确放出主要控制点，用钢卷尺放样布孔，孔位偏差不大于 10cm，随机锚杆孔位根据现场岩体裂隙切割走向、倾向而定。

（3）机具安装调试。根据现场施工条件及设计要求的锚杆施工技术参数、工期、强度等，合理选择锚杆钻机。主要有手风钻（YQ28 型）、潜孔钻机（CD 型、YQ100B 型）、液压钻机和地质钻机等。施工前对锚杆钻机、空压机、砂浆泵及输浆管路等设备进行安装调试，保证其性能满足施工要求。

（4）材料及风水电准备。施工设备就位后，注浆所用的水泥、砂等材料及时就位并备料充分；同时对供风、供水、供电及注浆系统等进行调试，查看输浆管路和供水管路是否通畅。如采用快硬水泥卷、树脂锚固剂注浆则应根据用量适时准备，防止现场备料过早过多造成损坏和浪费。

3.3.2 钻孔

钻孔是锚杆、锚筋桩施工的重要工序，钻孔施工应选择合适的钻孔设备和工艺主要控制孔位、孔向或孔斜、孔深、孔径等指标。钻孔过程中应及时检查各项指标是否符合要求，如果偏差超过规范要求，应及时处理，必要时采取重新开孔，确保钻孔质量符合设计要求。

（1）孔位。根据设计要求和现场地质条件，锚杆（锚筋桩）孔孔位偏差应不大于10cm，系统锚杆（锚筋桩）孔位超过允许偏差时应经设计研究同意，随机锚杆（锚筋桩）孔位可适当放宽。孔位定位可采用测量仪器配钢卷尺等确定，孔位标志应在岩石面（或回填混凝土面）上标记清晰。

（2）孔向。钻孔轴线方向应符合设计要求。随机锚杆（锚筋桩）孔向应以垂直于岩体结构面为原则控制。局部加固锚杆（锚筋桩）的孔轴方向一般与可能滑动方向相反并与可能滑动面的倾向成约 45°的交角。通常孔向允许误差应不大于 3%，有特殊要求的锚杆

（锚筋桩）孔向允许误差应不大于1%。

（3）孔深。通常水泥砂浆锚杆（锚筋桩）孔深允许误差宜为50mm，楔缝式锚杆、树脂锚杆和快硬水泥卷锚杆的孔深不应小于杆体有效长度，且不应大于杆体有效长度30mm；摩擦型锚杆孔深应比杆体长至少大于50mm。胀壳式锚杆和倒楔式锚杆孔深应比锚杆杆体有效长度（不包括杆体尾端丝扣部分）大50～100mm。

（4）孔径。采用"先注浆后安装锚杆"的施工工艺时，钻头直径应比锚杆直径大15mm以上；采用"先插杆后注浆"的施工工艺，孔口注浆时，钻头直径应比锚杆直径大25mm以上；孔底注浆时，钻头直径应比锚杆直径大40mm以上。机械式锚杆要求严格控制钻孔直径，缝管锚杆及楔管锚杆的钻孔直径应小于锚杆的外径，孔径的大小与孔壁岩石的强度有关，一般比孔径小1.5～3.5mm。锚筋桩钻孔直径一般要求比锚筋桩外径大20～30mm。

（5）钻进施工。刚开始钻孔时控制风压缓慢钻进，以防孔位偏差，钻进100mm后逐渐加大风压快速钻进；钻进过程中应观察、记录钻孔排出岩粉的颜色及钻孔声音变化情况，判断岩层地质条件是否发生变化；钻进过程应有防止钻孔偏斜的措施，防止孔向偏差超过设计允许误差。如遇破碎岩层，钻进时常发生漏风、掉块、卡钻现象，应综合采取相应措施，如采取喷射混凝土封闭表面裂隙，采取固结灌浆加固钻孔周围岩体后再进行钻孔施工，如地质条件更差采取上述措施后仍不能成孔时，则可采取自进式锚杆或中空锚杆钻进。钻孔结束后应采用高压风水冲洗钻孔，直至回水清洁，沉渣积水排尽。

（6）验孔。根据规范要求抽取总数3%～10%的锚杆孔进行检查，检查所钻锚杆孔位、孔向、孔深、孔径等。如误差超过允许误差，应分析偏差原因后采取重新造孔或加密造孔方式补救。

3.3.3 锚杆、锚筋桩加工与安装

（1）加工。常用锚杆、锚筋桩加工方法如下。

1）加工前应先检查加工材料外观是否有裂纹、缺陷、弯曲变形，表面是否锈蚀、油污，不符合质量要求的另外堆存且不得使用。

2）锚杆、锚筋桩加工材料宜采用砂轮切割机或钢筋切割机切割，不得采用电弧焊或氧气切割，防止切口不规则。

3）锚杆长度大于6m时，通常应采取导管注浆方式灌浆。因此，应在锚杆上每间隔2m安装一个支撑架，并绑扎塑料进回浆管。

4）对于长度大于12m的锚杆，普通锚杆可采用对接焊接、冷挤压或直螺纹连接技术加长，高强锚杆须用专用连接器接长。

5）缝管锚杆主要采取钢板直接卷制而成，轴向开口约15mm，长度约200cm，直径约38mm，钢管壁厚约2.5mm，缝管一端口微缩以便顺利安装，外端可工丝，以便安装锚垫板。

6）加工成型的锚杆按不同规格型号和长度分别堆放并作标识，并防止雨淋生锈和污染。

7）锚筋桩通常由3～5根粗筋焊接在一起，中间布置进回浆管，钢筋外一般要求每隔

1～2m布设箍筋和对中限位筋。锚筋桩需接长时钢筋接头应错开布置，普通钢筋接长可采用帮条双面焊接，精轧高强钢筋接长时宜用专门连接器接长。要求钢筋焊接不能出现咬边现象，进回浆管铺设平顺、无扭曲。

（2）安装。常用锚杆、锚筋桩安装方法如下。

1）"先注浆后插杆"工艺，孔内注浆达到约2/3孔段长后，将锚杆及时插入孔内，插入过程中锚杆应居中，不得紧贴孔壁，适当旋转锚杆使其周围均被砂浆包裹，包裹厚度不小于10mm，锚杆插入达到一定孔深后用锤敲击到设计位置。

2）"先插杆后注浆"工艺，一般在杆体上安装了支撑架和进回浆管，采用人工或机械起吊安装，孔口采用沥青麻丝堵塞，注意要确保进回浆管畅通。在锚杆插入孔内后用铁锤轻敲，保证锚杆插至设计的深度。对锚杆露出岩面的长度须加以控制，不得影响混凝土结构和其他结构。

3）水泥锚固剂锚杆安装。①先在水泥卷端部扎ϕ1mm的针孔3～5个，然后将水泥卷浸入清水桶中，浸泡约2min不见冒泡时，快速拿出并及时用杆体逐一将水泥卷送入孔内直至孔底；②待放入的水泥卷达孔长2/3后，用气动或电动搅拌器将杆体压至孔底，压进过程中不断搅拌水泥卷使其完全包裹杆体并与孔壁完全结合密实；③水泥卷凝固10～20min后安装托板并拧紧螺母。

4）树脂锚杆安装。①根据锚杆孔径和长度计算单孔所需锚固剂数量，用杆体将锚固剂逐节送入孔内直至孔底，再用搅拌器将杆体匀速压至孔底；②卸下搅拌器后及时用楔块将锚杆加固，防止杆体在固化前移动或人为晃动；③待快速或中速锚固剂分别凝固7min、15min后拧紧螺母。

5）锚杆安装后，应立即在孔口采取临时性固定措施。在黏结材料凝固之前不得敲击、碰撞或拉拔锚杆。

6）锚筋桩运至现场后，人工抬运或机具吊运送入锚筋桩孔内，直至抵达孔底位置。

3.3.4 锚杆、锚桩注浆

（1）锚杆注浆选用合适的砂浆泵施工，常用的有柱塞式灰浆泵（BW-180/2、BW-150、BWC-120型等）和挤压式灰浆泵（UBJ$_{0.8}$、UBJ$_{1.8}$、UBJ$_2$、UBJ$_3$型）。

（2）注浆锚杆水泥砂浆的强度等级不低于20MPa。水泥砂浆采用标号不低于32.5的普通硅酸盐水泥和最大粒径小于2.5mm的中细砂，水泥∶砂拟为1∶1～1∶2（重量比），水灰比拟为0.38～0.45，具体的施工配合比通过试验选定。在水泥砂浆中掺入速凝剂和其他外加剂，其品质不得含有对锚杆产生腐蚀作用的成分。

（3）水泥砂浆严格按照试验确定并经审批的配合比计量，各种材料准确称量。拌制砂浆时，严格遵守搅拌时间，保证砂浆搅拌均匀。

（4）注浆时严格遵守砂浆泵的操作规程，保证注浆压力和注浆量，确保注浆的质量及注浆操作人员的安全。注浆施工开始时（或中途停止时间超过30min），用水或水灰比为0.5～0.6的纯水泥浆润滑注浆罐及其管路，以免砂浆初凝堵塞管道。

（5）采用"先插杆后注浆"工艺施工的锚杆，回浆管回浓浆时，应抬高回浆管管口约1m，闭浆5min，保证孔内注浆密实。

（6）锚筋桩灌浆应设置孔口堵塞根据钻孔方向安装进、回浆管。对于水平孔，回浆管宜安装在孔的上部，回浆管口宜伸入孔口堵塞内侧 10cm；进浆管口应伸至距孔底 30～50cm 处；对于向上倾斜（孔底高于孔口）的孔，进浆管口伸至孔口堵塞内侧 10cm，回浆管口伸至距孔底 10cm 处；对于向下倾斜的孔（孔底低于孔口），进浆管口应伸至距孔底 30～50cm 处，回浆管口宜伸入孔口堵塞内侧 10cm。采用水泥砂浆灌浆，其配合比根据试验确定，现场制浆随制随用，灌浆过程中控制压力为 0.2～0.4MPa，连续灌浆直至回浆管回浓浆的比重达到进浆比重后闭浆 10min 即可结束灌浆。

3.3.5　锚杆张拉

（1）张拉设备。

1）当预应力锚杆张拉力较小时，可以用扭力扳手对其施加预应力。通常采用预置式 TG 型 200～1000N·m 扭力扳手，张拉前需进行率定，绘制张拉力（kN）—扭力扳手读数（N·m）曲线或表格。每张拉 200 根锚杆应重新对扭力扳手进行率定，以消除工作误差。

2）当预应力锚杆张拉力较大时，应采用机械设备张拉，该设备主要包含千斤顶、液压油泵、高压油管和油压表等，此外还有压力传感器和千分表。张拉前应将所有配套设备进行率定校准，随后每月或张拉约 100 根重新检查 1 次，每半年对张拉设备重新配套率定，当设备出现故障或摔坏碰伤后应进行率定校准。常用 ZY 型系列锚杆张拉设备技术参数见表 3-13。

表 3-13　　　　　　　　常用 ZY 型系列锚杆张拉设备技术参数表

名称	技术参数	型　号				
		ZY-10	ZY-20	ZY-30	ZY-50	ZY-100
手动泵	工作压力/MPa	63				
	质量/kg	6	8	8	12	15
油缸	工作能力/kN	100	200	300	500	1000
	拉力行程/mm	60～150				
	质量/kg	4	8	13	18	70
	中心孔/mm	20	27	34	45	90
数字压力表	测量范围/kN	0～100	0～200	0～300	0～500	0～1000
	电压/V	9				

（2）张拉方法。

1）扭力扳手张拉。锚杆孔口周边部位（约 300mm×300mm）采用水泥砂浆找平作为基座，其平面与锚杆轴线垂直，锚杆承载板应与水泥砂浆基座紧密结合。按张拉力—扭力扳手读数对应图表，取 20％设计张拉荷载，对其预张拉 1～2 次，使承载板、锚杆、基座各部位接触紧密。正式张拉时扳手手臂应与预应力锚杆轴向垂直，施加张力时均匀且有节奏扳动扳手，逐次扳动扳手直至达到设计要求的张拉力，再按规定进行锁定。

2）千斤顶设备张拉。千斤顶设备张拉前也应设置水泥砂浆或混凝土基座平台，保证基座面与锚杆轴线垂直，基座砂浆或混凝土强度达到强度要求后，将承载板穿过锚杆紧贴基座，安装千斤顶和限位器，检查油泵、压力表等设备。分级张拉，逐级加压，直至设计要求的张拉荷载后锁定。在张拉过程中，逐级稳压后记录压力值，并观察锚杆周围岩体及孔内固结体是否发生变化或破坏。

3.4 锚杆试验

3.4.1 锚杆破坏性试验

锚杆破坏性试验主要是检验固结材料对杆体的握裹力及与孔壁的黏结力是否达到设计要求，通常采用液压千斤顶直接拉拔，检测固结体或杆体是否被拔动或拔出，固结体是否被拉裂破坏，直至锚杆破坏为止。一般初始荷载为 5000N，加荷速度范围在 5000～10000N/min 之间，每级荷载稳压 5min，每施加一级荷载稳压后都要记录锚杆头部位移的变化值，并将试验结果以荷载—位移的形式绘出试验曲线。

由于此种试验属破坏性试验，所以宜在相同或相近地质与施工条件下选择场地安装锚杆进行试验，而不能在系统工作锚杆上进行。一般试验要求如下。

（1）选择符合要求的岩石类型区域，在规定的施工工艺和施工条件下，至少应经过 5 次试验才能评定一种锚杆的锚固力。

（2）在锚杆孔孔口浇筑混凝土张拉墩，张拉墩顶平面与锚杆垂直，以利张拉设备安装时牢固平稳，张拉时其拉拔力方向与锚杆同轴。

（3）施加的初始荷载一般不应大于 5000N，以消除张拉设备的松弛，并应设置位移量测设备。

（4）试验时加荷速度控制在 5000～10000N/min 之间，每级荷载或位移的增量分别约为 5000N 或 5mm 以下（取先达到的值），在张拉设备稳压后读取数据。

（5）当锚杆总位移量达到 40mm 或屈服破坏时该试验即可结束。

（6）把试验数据画成曲线（见图 3-10），并在曲线图上记录试验时达到最大荷载未使锚杆屈服或破坏时的锚固力。如果屈服或破坏，则记录使锚杆屈服或破坏时的荷载数值。

（7）锚杆在给定荷载作用下产生的弹性伸长值按式（3-1）计算：

$$S=PL/AE \qquad\qquad (3-1)$$

式中　S——锚杆的弹性伸长，mm；

　　　P——锚杆承受的荷载，N；

　　　L——锚杆未注浆长度与 1/3 注浆长度之和，mm；

　　　A——锚杆的截面积，mm^2；

　　　E——锚杆材料的弹性模量，MPa。

（8）画一直线 1 连接荷载—位移曲线的原点（见图 3-10）和锚杆最大弹性伸长值与对应荷载确定的点，在锚杆的理论屈服点和极限荷载处画直线 2 和 3，把实际的试验曲线与这 3 条直线进行对比，即可了解锚杆的工作状态。

（9）将多次试验结果统计出来，绘出坐标图（见图 3-11）来分析锚固长度对锚杆锚固力的影响，以此评价注浆锚杆质量情况。

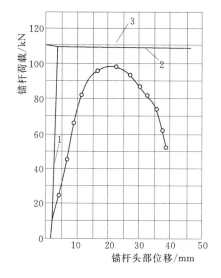

图 3-10　锚杆试验结果曲线图

1—弹性变形线；2—屈服荷载；3—极限荷载

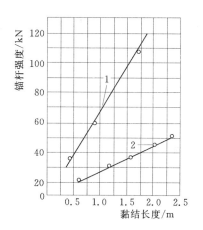

图 3-11　锚固长度对锚杆锚固力的影响示意图

1—5d 的曲线；2—1d 的曲线

（10）编制试验报告。报告内容应包括各种图表、锚杆所处岩层情况，所用锚杆及张拉设备情况，锚杆孔的技术指标，锚杆安装方法和时间，试验方法和时间，破坏性质，试验结果及其观测结果。

3.4.2　无损检测试验❶

无损检测试验是一种非破坏性试验，由于锚杆不被破坏，工作锚杆也可用于试验。无损检测试验目前主要采用弹性波反射法，理论基础是基于一维黏弹性杆件中的波动理论。现场检测时，在锚杆外露端激发的声脉冲在锚固体系内的传播过程中，遇到波阻抗界面发生反射，被紧贴锚杆外露端的压电晶体传感器所接收。对接收的信号进行处理，根据波形、振幅、相位等波动参数的变化，就能分析出锚杆长度、锚杆与锚固材料及孔壁与锚固材料的结合情况以及机械锚固装置与孔壁之间的接触是否满足要求和应力大小等，进而可发现锚杆的施工质量和存在的问题。弹性波反射法现场测试布置见图 3-12。如果锚杆周围被水泥砂浆握裹密实，且砂浆与孔壁结合密实，则弹性应力波在传播过程中不断地从锚杆通过水泥砂浆向岩体扩散，能量损失很大。由传感器接收到的锚杆底端反射波振幅很

---

❶ 本小节部分资料由长江科学院肖国强博士提供。

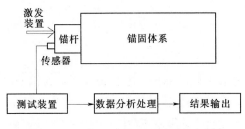

图 3-12 弹性波反射法现场测试布置图

大，甚至检测不到，整个反射波形规律性衰减，注浆密实锚杆的典型检测波形见图3-13。如果锚杆无砂浆握裹，仅是一根空杆，则弹性应力波只在锚杆中传播，能量损失不大，接收到的锚杆底端反射波振幅较大，整个反射波形规律性衰减。无灌浆锚杆检测波形见图3-14。如果锚杆在不同部位水泥砂浆握裹不密实，且与孔壁结合也不密实，则反射波形在该部位发生畸变，整个反射波形，衰减无规律。注浆不密实锚杆的典型检测波形见图3-15。

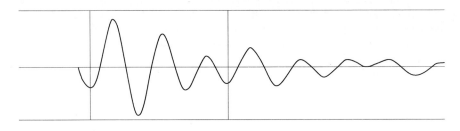

图 3-13　注浆密实锚杆的典型检测波形图

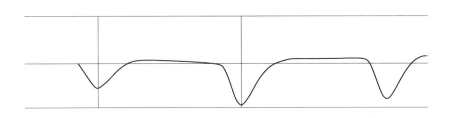

图 3-14　无灌浆锚杆检测波形图

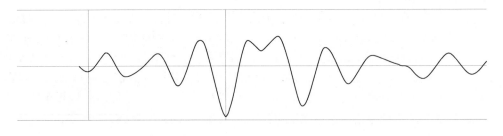

图 3-15　注浆不密实锚杆的典型检测波形图

　　这种检验方法特别适用于全长注浆的岩石锚杆。对于这类锚杆，仅孔口约20cm的长度注满水泥浆时，使用张拉的方法就很难发现其问题，而使用无损检验就很容易测出注浆部分的长度。

3.5 质量控制

3.5.1 质量控制标准

根据有关规程规范和设计要求确定锚杆与锚筋桩质量标准，通常情况下，孔位偏差不得大于 100mm，钻孔孔斜偏差不得大于 2°，孔深不得小于设计深度且超深不大于 5cm。孔内岩粉和积水必须清除干净，砂浆强度不低于设计要求，抗拔力或无损检测结果应符合设计要求。锚杆与锚筋桩质量检查标准见表 3－14。

表 3－14　　　　　　　　　　　　锚杆与锚筋桩质量检查标准表

序号	验收项目	质　量　标　准	质量情况
1	△锚杆、锚筋桩加工	材质、尺寸符合设计要求，无锈污	
2	砂浆强度	不低于设计强度（7d）	
3	孔位偏差	≤100mm	
4	钻孔孔斜偏差	≤2°	
5	孔深偏差	水泥砂浆锚杆孔深允许偏差为不得欠深，超深不大于 5cm	
6	钻孔直径	采用"先注浆后插杆"程序，钻头直径比锚杆直径大 15mm 以上；采用"先插杆后注浆"程序，孔口注浆，钻头直径比锚杆直径大 25mm 以上；孔底注浆时，钻头直径应比锚杆直径大 40mm 以上	
7	△清孔、注浆	无岩粉、无积水、注浆饱满	
8	△抗拔力	符合设计要求	

注　△表示为主要控制项目。

3.5.2 原材料质量检查

（1）锚杆杆体。每批次锚杆（锚筋桩）钢筋均应有出场合格证书，进场后应按规程规范要求随机取样进行抗拉强度检测，一般情况下每 60t 抽样一组，每组不少于 3 根，如每批次数量少于 60t，也按一个批次进行抽样检测。

锚杆（锚筋桩）杆体加工时应除去表面锈污，检查钢筋是否存在弯曲、裂纹等缺陷。

（2）水泥。检查水泥的出场合格证书，按规程规范要求每 60t 一个批次随机抽样进行水泥强度、凝结时间、安定性等检测。

（3）砂。采用中细砂，最大粒径不大于 25mm，使用前过筛，含泥量不大于 3%。

（4）水。生活用水或经处理合格的清洁水，其 pH 值不得小于 4。

（5）外加剂。外加剂必须满足规程规范要求。

3.5.3 施工过程质量检查

锚杆（锚筋桩）施工过程质量检查主要项目包括：钻孔与洗孔、杆体加工与安装、制浆与注浆、浆体强度检测、杆体拉拔或无损检测等。

（1）钻孔质量检查。

1）系统锚杆孔位偏差不得大于 100mm，随机锚杆孔位根据现场情况确定，方位原则上应垂直于裂隙面，孔斜偏差不得大于 2°，孔深不得小于设计深度且不超过 5cm。

2）砂浆锚杆采用"先注浆后插杆"施工工艺时，钻孔孔径应大于锚杆直径 15mm 以上；采用"先插杆后注浆"施工工艺，孔口注浆孔底排气时钻孔孔径应比锚杆直径大 25mm 以上；孔底注浆孔口排气时，钻孔孔径应比锚杆直径大 40mm 以上。对速凝水泥卷和树脂卷锚固剂锚杆的钻孔孔径应严格按设计要求施工，一般可以在不影响施工要求的情况下，适当缩小孔径，而不得加大孔径。

3）钻孔完成后应对钻孔进行检查，确认锚杆孔的深度、方位角度和孔斜等满足设计要求，不合格孔应重新钻孔，直至符合要求。

4）孔内岩粉与积水应采用高压风和（或）水冲洗干净，直至回风和（或）回清水，并做好孔口保护，防止孔口损坏和污染。

（2）杆体加工与安装质量检查。

1）检查杆体长度和切口是否符合设计要求。

2）检查长锚杆环形托架间距、高度及安装牢固程度是否符合要求。

3）检查进回浆管材质及绑扎质量是否符合要求，位置是否正确。

4）检查加工好的锚杆（锚筋桩）标识是否准确清晰，堆放是否符合要求。

5）检查锚杆安装是否到位，外露长度是否符合设计要求。

6）检查孔口堵塞是否密实。

（3）制浆与注浆。

1）检查浆体配合比是否正确，各种材料称量是否准确，计量器是否校验合格。

2）检查浆体拌制时间、比重，每班应在现场至少抽取一组样品进行强度试验，在现场环境条件下或标准条件下养护 28d，其抗压强度不应小于设计强度的 75%。

3）检查注浆压力是否达到设计要求，注浆过程中是否出现串孔现象。

4）检查回浆管排气、排水和排浆情况，浓浆排出后才能停止注浆。

（4）拉拔或无损检测。锚杆的注浆浆体达到龄期后，可采用拉拔法检测或无损检测。拉拔法检测每 200 根锚杆抽取一组以上锚杆进行检测，每组试件不少于 3 根锚杆。无损检测一般情况下按总锚杆的 10% 进行抽样检测，且每个单项或单元工程不少于 10 根。

3.5.4 不合格锚杆的处置

验收试验锚杆不合格时，应增加试验锚杆数量。增加试验锚杆的数量为不合格锚杆的 3 倍。对不合格的锚杆，具有二次灌浆条件的，应进行灌浆处理，再按验收试验进行检验，否则应按实际达到的试验荷载除以相应的安全系数进行锁定，并按不合格锚杆占工程锚杆总量的百分率推算工程锚杆实际总抗力与设计总抗力的差值，相应按此差值增补锚杆。

3.6 安全技术与环保措施

3.6.1 施工安全技术

（1）施工人员进入现场必须戴安全帽，穿防滑鞋，钻机操作和制浆人员必须戴防尘口罩。

（2）搭设排架前清撬边坡松动岩石，排架搭拆应按设计要求和安全规程实施。

（3）施工供电线路应布置有序，在夜间施工时，应合理安排施工顺序，并有足够的照明设施。

（4）施工前必须检查钻机、注浆机等设备，如有故障应修理完好，否则不得使用。

（5）钻机必须牢固固定在排架平台上，防止开钻时移动或振动松动。供风管应无漏风、无折叠，与钻机连接牢固。

（6）注浆作业前必须检查注浆罐、输料管、注浆管是否完好，接头是否严密、牢固。注浆罐上应安设压力表，并保持灵敏可靠。注浆压力应逐渐升高，以防压力猛增压实砂浆引起堵管。保持注浆作业连续进行，罐内储料保持罐体容积的1/3左右，以防砂浆用完"放炮"伤人。注浆作业结束后，要及时用水冲洗注浆机、拌和桶及搅拌机，防止砂浆凝结，影响下次使用安全。

（7）预应力锚杆的张拉设备必须安装牢固，应按有关的操作规程进行操作。张拉预应力锚杆时，锚杆孔正前方不得站人，防止发生伤害事故。

3.6.2 环保措施

（1）锚杆加工和防腐操作车间通风布置合理，保证通风除尘设备运行良好。

（2）施工设备、材料等应有序停（堆）放，排架平台上应限量堆放，做到标牌标识准确、清楚、齐全，施工场地文明整洁。

（3）袋装水泥运输和拆包时应防止或减少粉尘扬起，砂浆随拌随用，及时冲洗被砂浆污染的岩石表面，防止砂浆结块。

（4）优先选用先进的环保设备。应尽可能采用湿法钻孔，若采用干法钻孔，应保持钻孔吸尘设备处于良好运行状态，保证防尘指标低于允许值以下。钻孔作业人员佩戴隔音、防尘器具。

（5）制定施工弃浆、污水排放措施，弃浆、污水经处理合格后才能排放。

4 预应力锚索

预应力锚索（简称锚索）是一种主要承受拉力的杆（线）状构件，通过边坡中的钻孔将索体穿过滑动面深埋在稳定岩层中，并在孔口对钢绞线提前施加应力，以抵抗边坡变形产生的下滑力，从而达到加固边坡、限制变形的目的。预应力锚索可限制边坡潜在的不稳定块体或松动块体进一步破坏，充分利用高强钢丝束或钢绞线预先施加主动压力，以提高结构及高边坡岩体的抗滑和抗裂能力。

预应力锚索在边坡工程支护中起着十分重要的作用，随着水利水电、公路铁路、矿山开采、港口码头等建设项目的实施，边坡支护时大量采用预应力锚索加固技术，在科研技术与实际应用方面得到快速发展。锚固技术的发展主要体现在以下几个方面：①应用广泛。由于锚索锚固深度大，且埋入山体稳定岩层内，群锚效应对边坡支护作用明显，边坡岩体加固几乎都选用预应力锚索加固技术。②锚索锚固力大。在现有工程锚索加固施工中，张拉力通常为1000～3000kN级，部分为6000kN级，而最大张拉力已达到12000kN。③张拉设备和锚具产品研发取得新进展。成功地研制了性能稳定的系列张拉设备和加工精度高、生产工艺严格、钢绞线回缩量小、安全可靠、适应不同工程需要的系列锚夹具产品。④材料质量提高。高强度和低松弛应力的钢绞线生产工艺更加完善，无黏结钢绞线防腐效果有利于对钢绞线进行二次补偿张拉。⑤监测仪器精准。监测仪器对施工与运行阶段锚索应力变化情况反应更精确，有利于分析判断边坡变形与锚索应力变化的相关性。⑥钻孔设备先进可靠。各种适应于不同地层的钻机性能更加稳定，钻进速度与成孔质量大大提高。⑦锚索施工工艺不断完善。大量边坡工程采取锚索加固，总结了一整套行之有效施工工艺和方法，规程规范经过修订更加齐全。

按照锚索体的材料不同，主要有钢绞线束锚索、高强钢丝束锚索、精轧螺纹钢筋束锚索等类型。本章重点介绍常用的钢绞线锚索的施工方法。

4.1 结构与应用

4.1.1 结构类型

预应力锚索结构类型很多，按照分类方式的不同可分为以下几类。

4.1.1.1 按锚固段的形式分类

按照锚固段的形式，预应力锚索可分为端头锚索和对穿预应力锚索。

（1）端头锚索是一端在孔内，另一端在孔外，由孔内到孔外大致分为内锚段、张拉段和外锚段。内锚段由锚头和锚固段组成，内锚段与张拉段之间设止浆隔离系统（止浆环）；张拉段系指止浆隔离系统外侧至锚垫板部位，锚垫层以外的部分称为外锚段。外锚段由工作锚及外锚头等组成。为保证预应力锚索有效加固边坡岩体，内锚段应安装在稳定岩体结构内，采取有压灌注水泥浆材（或水泥砂浆）包裹钢绞线，并使其与孔壁岩体紧密结合，为锚索提供锚固力。张拉段是从止浆环至孔口锚垫板之间的张拉受力索体，在逐级张拉过程中钢绞线拉伸并产生拉应力。一般在张拉完成后灌注水泥浆材对张拉段钢绞线进行保护，防止其锈蚀破坏。外锚段是对岩体施加压应力的支承体，通过锚具锁定钢绞线。钢绞线锁定后，外露部分采取混凝土或其他材料进行防腐保护。

端头预应力锚索结构见图4-1。

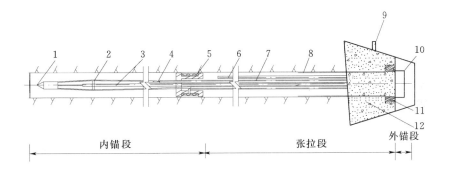

图4-1　端头预应力锚索结构示意图
1—导向帽；2—隔离架；3—内锚固段进浆管；4—内锚固段回浆管；5—止浆环；
6—张拉段进浆管；7—钢绞线；8—钢套管；9—回浆管；10—锚具；
11—锚垫板；12—混凝土垫座

（2）对穿预应力锚索因其两端都在岩层外测，没有内锚段，其结构由张拉段和两端外锚段组成，张拉段与外锚段的结构型式与端头锚相同。

对穿预应力锚索结构见图4-2。

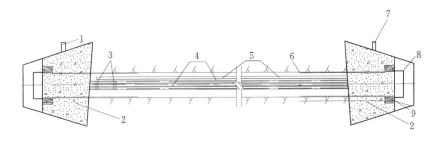

图4-2　对穿预应力锚索结构示意图
1—排气管；2—混凝土垫座；3—隔离架；4—钢绞线；5—进浆管；
6—钢套管；7—回浆管；8—锚具；9—锚垫板

4.1.1.2　按张拉段结构型式分类

按照张拉段的结构型式，预应力锚索可分为有黏结锚索和无黏结锚索。

（1）有黏结锚索是指张拉段的钢绞线为裸线，在锚索锁定后，对张拉段进行灌浆，张拉段钢绞线通过固结浆体与孔道黏结成整体，固结浆体直接包裹钢绞线，其相互之间无相对位移，不能相对滑动。因有黏结锚索锁定后全孔的钢绞线均与锚固体黏结在一起，因此也称为全长黏结锚索。全长黏结锚索在运行阶段，锚具基本不受力。

（2）无黏结锚索是指张拉段的钢绞线外包裹一层PE材料，内有防腐油脂充填，张拉段灌浆后浆体包裹在PE材料周边，钢绞线不直接与浆体接触，张拉段钢绞线与浆体之间可以相对滑动，可以进行二次补偿张拉，无黏结锚索的锚固力主要由锚具维持。

4.1.1.3 按内锚段受力状态分类

按照内锚段的受力状态预应力锚索又可以分为不同的类型。下面介绍目前常见的五类：普通拉力型锚索、普通压力型锚索、拉力分散型锚索、压力分散型锚索、拉压分散型锚索。

（1）普通拉力型锚索。普通拉力型锚索内锚段一般为"枣核型"或直列型，是通过内锚段钢绞线与锚固浆体、锚固浆体和围岩体之间的黏结力提供锚固力。普通拉力型锚索锚固段浆体主要承受拉应力，拉应力分布非常不均匀，主要集中在止浆系统内侧2.5m左右范围内的内锚固段，其拉应力范围随张拉力增加而延长。拉应力过大而集中有可能造成内锚段浆体开裂破坏，导致钢绞线发生腐蚀从而影响锚索的工程寿命。普通拉力型锚索适合于内锚段位于岩石坚硬完整的边坡加固工程。普通拉力型锚索结构见图4-3。

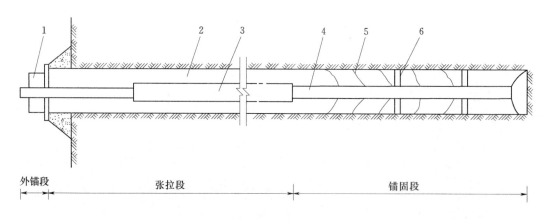

图4-3 普通拉力型锚索结构示意图

1—锚具；2—注浆体；3—套管；4—锚索体；5—裂纹；6—隔离架

（2）普通压力型锚索。普通压力型锚索是在内锚段无黏结钢绞线端部设置一个承压板和挤压套，张拉时承压板反向压迫内锚段锚固浆体，使锚固浆体承受压应力、剪应力。锚固浆体压应力及其与孔壁间的剪应力分布从承压板向孔口方向逐渐衰减，压剪应力主要集中在孔底端2~4m范围内，该型锚索内锚段孔底端压应力、剪应力非常集中。普通压力型锚索结构见图4-4。

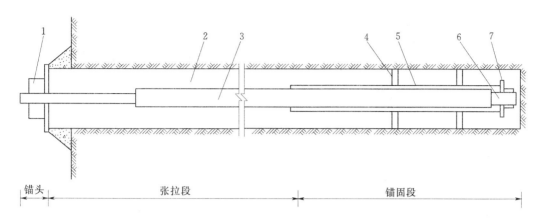

图 4-4 普通压力型锚索结构示意图

1—锚具；2—注浆体；3—套管；4—隔离架；5—波纹管；6—锚索体；7—端部压板

（3）拉力分散型锚索。拉力分散型锚索采用无黏结钢绞线，内锚段端部 2～3m 范围剥除 PE 材料，并清洗干净钢绞线上的防腐油脂，各组钢绞线端头不在同一平面上，而是分为 3～4 个断面布置，使内锚段的拉应力分散在不同位置，进而分散了拉应力，锚固浆体因拉应力分散而不易被破坏，有效保证钢绞线防腐效果，延长锚索工程寿命。拉力分散型锚索结构见图 4-5。

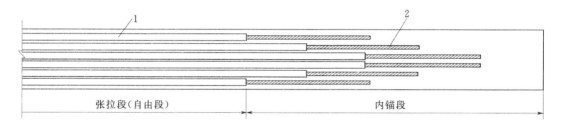

图 4-5 拉力分散型锚索结构示意图

1—张拉段（无黏结）；2—内锚段（有黏结）

（4）压力分散型锚索。压力分散型锚索使用无黏结钢绞线，把钢绞线分成若干组（一般 3～4 组），在每组钢绞线的端头安装承压板和挤压套，布置在内锚段内不同位置，各组钢绞线张拉后，相对应的承压板在不同位置反向压迫内锚段锚固浆体，分段对锚固浆体施加压应力，使压应力荷载分散到内锚段各不同位置。锚固浆体承受压剪应力，不会出现拉裂现象，受力更合理；锚索的张拉力由内锚段中几个承载体共同分担，不仅大大减小了锚固浆体的压力，也大大减小了锚固浆体与孔壁间的剪应力集中。但当边坡发生变形时，张拉段短的钢绞线拉力将比张拉段长钢绞线的拉力增大，由于这种锚索的构造特点，在长期运行中造成钢绞线受力不均匀是很难免的。如果它加固的岩体变形过大，可能造成张拉段短的钢绞线首先断裂，多根钢绞线断裂后导致锚索失效。这种锚索结构适用于抗剪强度不高的软弱岩体和某些土层的加固，不适合变形较大的边坡加固，压力分散型锚索锚固段结构见图 4-6。

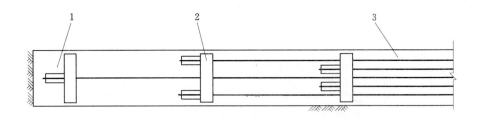

图 4-6　压力分散型锚索锚固段结构示意图
1—挤压套；2—承压板；3—无黏结钢绞线

（5）拉压分散型锚索。拉压分散型锚索是利用承压板与可伸缩挤压套共同构成压力型锚固部分，承压板以里的裸体钢绞线构成锚索的拉力型锚固部分。承压板设置在距钢绞线端头一定位置，承压板到端头的拉力锚固段可以组装成直列型，也可以组装成枣核状。当作用力相同时，承压板压缩锚固浆体的压缩变形要小于钢绞线从浆体中拔出的拉伸变形，所以，压力锚固部分与压力型锚索不同，挤压套可以移动，张拉锚索时拉力段首先受力，挤压套产生一定位移后承压板才受力，挤压套移动的距离决定压力部分和拉力部分承担锚索拉力的比例。拉压分散型锚索锚固段的典型结构见图 4-7。

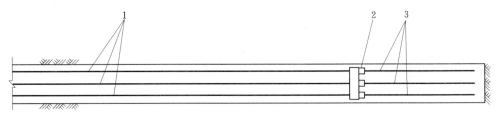

图 4-7　拉压分散型锚索锚固段的典型结构示意图
1—无黏结钢绞线；2—可伸缩挤压套；3—裸体钢绞线

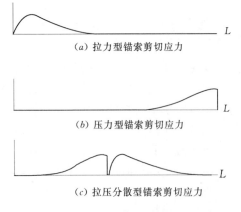

图 4-8　三种锚索锚固段剪切应力分布图

拉压分散型锚索兼有荷载分散型和荷载集中型两种锚索的优点，锚固段分为拉、压两部分，既提高了锚固段的利用率，又降低了锚固浆体与孔壁间的剪切应力峰值（见图 4-8）。对于锚索整体，长期使用中不会产生各根钢绞线受力不均的问题；对于锚固段，锚固浆体与孔壁间的剪应力沿孔深分散。

拉压分散型锚索，调整锚索拉力方便，适应岩体变形能力强，特别适用于观测锚索及大变形岩体加固。

4.1.2　应用范围

预应力锚索用于高边坡、水工结构物和地下洞室等加固（见图 4-9、图 4-10）。

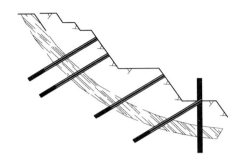

（a）边坡及滑坡体锚索加固

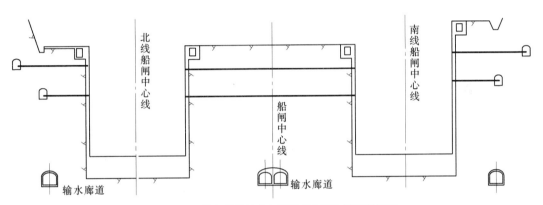

（b）三峡水利枢纽永久船闸直立墙边坡锚索加固

图 4-9 预应力锚索在高边坡治理中的应用图

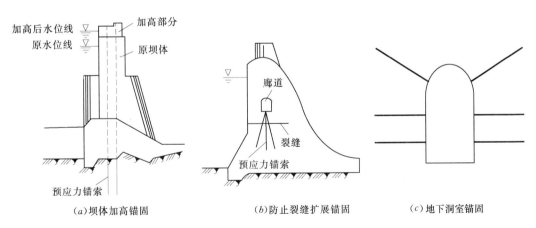

（a）坝体加高锚固 （b）防止裂缝扩展锚固 （c）地下洞室锚固

图 4-10 预应力锚索加固水工建筑物图

近年来水利水电工程锚索加固边坡应用广泛，其情况统计见表4-1。

表4-1　　　　　　　　　锚索加固边坡情况统计表

工程名称	边坡规模		单根锚索				间距/m	数量/束	岩性
	高度/m	延伸长度/m	锚固力/kN	长度/m	锚固段长度/m	倾角/(°)			
天生桥二级水电站	380	360	1200	23.7~33.7	7~10	30~50	3.5	224	砂页岩夹泥岩
漫湾水电站	131	315	1000,3000	30,30	5~6,8~10	10~15	3,4,5	936,647	流纹岩
李家峡水电站	160	60	1000,3000	30,35,40,42	7,10	20	3,6	282,12	混合岩及闪长岩
天荒坪抽水蓄能电站开关站	70~110	210	1500,2500	25,25~40	8	15,15~20	8~10	2,93	流纹岩
小浪底水电站左岸出口	70	320~350	2000,3000	20~42,30~55	8~10,12	5~40,10~20	7.5,4.5	231,119	细砂岩
三峡水利枢纽永久船闸边坡	170	4×1637	1000,3000	30,20~66	5,8	0	3,3~5	229,4147	花岗岩
小湾水电站	700		1000,1800,3000	25~45,30~50,30~75	8,10,10		3,5	6835	

4.2 材料与器具

预应力锚索材料主要包括索体材料（钢绞线、高强钢丝等）、固结材料（水泥、砂、水、外加剂）、锚具、辅助器具（导向帽、止浆环、套管、隔离支架、进回浆管、锚垫板及套管、承压板与挤压套）等。

4.2.1 索体材料

预应力锚索索体材料主要包括三种：金属材料、非金属材料和复合预应力筋材料，其材料特性见表4-2。

表4-2　　　　　　　　　预应力锚索索体材料特性表

材料分类	名　称	特　　性
金属材料	钢绞线	钢丝冷拉后多根绞合而成螺旋状，经消除应力回火处理制成。钢丝捻制后整根破断力大、强度高、柔性好、松弛低
	高强钢丝	经索氏化处理、酸洗、镀铜或磷化后冷拔制成。钢丝经矫直回火后，可消除钢丝冷拔中产生的残余应力，提高钢丝的比例极限、屈强比和弹性模量，并改善塑性；具有良好的伸直性，便于施工

材料分类	名　称	特　性
金属材料	冷轧连续波形螺纹钢管	在钢管表面冷轧出连续波形螺纹，用连接器接长；可当钻杆、注浆管用，集钻进、注浆、锚固于一体
	精轧螺纹钢筋	采用热轧方法在整根钢筋表面上轧出不带纵肋，而横肋为不相连梯形螺纹，接长时可用套管直接连接而不需焊接
非金属材料	聚酰胺纤维增强塑料	由聚酰胺纤维与环氧树脂或乙烯树脂复合而成，抗拉强度高，表观密度小，耐腐蚀性良好
	玻璃纤维增强塑料	由玻璃纤维与环氧树脂或聚酯树脂复合而成，抗拉强度高，表观密度小，耐腐蚀性良好
	碳纤维增强塑料	由碳纤维与环氧树脂复合而成，抗拉强度高，表观密度小，耐腐蚀性良好
复合预应力筋材料	环氧涂层钢绞线	用静电喷涂工艺在钢绞线表面形成致密牢固的环氧树脂层而成
	环氧涂层无黏结筋	把环氧涂层钢绞线进一步深加工，使其外表涂上专用的防腐油脂，再经挤压成型包裹上高密度聚乙烯护套而成
	无黏结预应力筋	利用挤压涂塑工艺在钢绞线外包裹塑料套管，内涂防腐专用油脂而成

　　高边坡工程加固施工中预应力锚索的索体材料以钢绞线为主。预应力钢绞线是用多根冷拉高强钢丝经机械捻合而成，然后进行消除应力回火或稳定化处理，卷成盘，每盘长度不少于 200m。预应力钢绞线按其捻制结构分为 2 根钢丝捻制的钢绞线（1×2）、3 根钢丝捻制的钢绞线（1×3）和 7 根钢丝捻制的钢绞线（1×7）；按其应力松弛性能分为 Ⅰ 级松弛（经消除应力回火的普通松弛钢绞线，代号 Ⅰ）和 Ⅱ 级松弛（经稳定化处理的低松弛钢绞线，代号 Ⅱ）；按其生产工艺分为标准型（捻成后不经模型拔制）和模拔型（捻成后经模型拔制）。部分预应力钢绞线力学性能见表 4-3。

表 4-3　　　　　　　　部分预应力钢绞线力学性能表

结构	公称直径/mm	公称抗拉强度/MPa	整根钢绞线最大力不小于/kN	整根钢绞线最大力的最大值不大于/kN	0.2%屈服力不小于/kN	最大力总伸长率不小于/%	1000h应力松弛率不大于/%	
							初始荷载/实际最大力/%	
							70	80
1×2	10.00	1720	67.6	75.5	59.5	3.5	2.5	4.5
	12.00		97.2	108	85.5			
	10.00	1860	73.1	81.0	64.3			
	12.00		105	116	92.5			
	8.00	1960	49.2	54.2	43.3			
	10.00		77.0	84.9	67.8			

结构	公称直径/mm	公称抗拉强度/MPa	整根钢绞线最大力不小于/kN	整根钢绞线最大力的最大值不大于/kN	0.2%屈服力不小于/kN	最大力总伸长率不小于/%	1000h 应力松弛率不大于/% 初始荷载/实际最大力/%	
							70	80
1×3	10.80	1720	101	113	88.9	3.5	2.5	4.5
	12.90		146	163	128			
	10.80	1860	110	121	96.8			
	12.90		158	175	139			
	10.80	1960	116	127	101			
	12.90		166	184	146			
1×7	12.70	1720	170	190	150			
	15.20		241	269	212			
	17.8		327	365	288			
	12.70	1860	184	203	162			
	15.20		260	288	229			
	15.70		279	309	246			
	11.00	1960	145	160	128			
	12.70		193	213	170			
	15.20		274	302	241			

预应力锚索采用的钢绞线一般为 1×7 高强低松弛钢绞线，又分为有涂层和无涂层两种，其强度级别包括 1720MPa、1820MPa、1860MPa 和 1960MPa。

无黏结预应力钢绞线是在钢绞线周围包裹防腐油脂涂料层和聚乙烯或聚丙烯组成的外包层，具有优异的防腐、抗震和锚固性能，其规格与性能见表 4-4。

表 4-4　　　　　　　　　无黏结预应力钢绞线及套管规格与性能表

钢 绞 线						套 管				
公称直径/mm	公称截面积/mm²	公称强度/MPa	油脂含量/(g/m)	摩擦系数 μ	偏摆系数 k	厚度/mm Ⅰ类	Ⅱ类以上	拉伸强度/MPa	弯曲屈服强度/MPa	断裂伸长率/%
9.50	54.8	1720 1860 1960	≥32	0.04~0.10	0.003~0.004	≥0.8	≥1.0	≥30	≥10	≥600
12.70	98.7	1720 1860 1960	≥43							
15.20	140	1720 1860 1960	≥50							
15.70	150	1720 1860	≥53							

无黏结预应力锚索防腐材料包括高强钢丝外表面涂上专用油脂及索体的隔离套管，对索体起到良好的保护作用，其特性见表 4-5。

表 4-5   无黏结预应力锚索防腐材料特性表

名称		特性
专用油脂		润滑索体和永久防护，具有良好的化学稳定性，对周围材料无侵蚀作用；能阻水防潮抗腐蚀；润滑性能好，减少摩擦阻力；在规定温度范围内高温不流淌低温不变脆
隔离套管	光滑套管	阻断、隔离、封闭有害物质对索体的侵蚀、腐蚀，提高索体防腐能力
	波纹套管	

4.2.2 固结材料

预应力锚索使用的固结材料主要由水泥、砂、水和外加剂组成。

（1）水泥、砂、水。锚索固结浆体所用水泥应优先选用新鲜的硅酸盐水泥或普通硅酸盐水泥，强度等级宜大于 42.5；必要时可采用抗硫酸盐水泥，不宜采用高铝水泥、矿渣水泥、火山灰水泥。

锚索固结浆体用砂最大粒径应不大于 2.0mm，含泥量按重量计不得大于 3%；砂中有机质、云母、硫化物和硫酸盐等有害物质的含量，按重量计不得大于 1%。

锚索固结浆体用水宜采用饮用水或经处理符合要求的生产用水，水质应符合混凝土拌和用水要求，pH 值不小于 4。

（2）外加剂。锚索固结浆体采用的外加剂包括普通减水剂、高效减水剂、缓凝剂、缓凝减水剂、早强剂、膨胀剂等，其不得含有硝酸盐、亚硫酸盐、硫氰酸盐，氯离子含量不超过水泥重量的 0.02%。锚索固结浆体常用外加剂特性见表 4-6。

表 4-6   锚索固结浆体常用外加剂特性表

序号	外加剂名称	特性	组成材料	常用产品
1	普通减水剂	在保持水泥浆扩散度不变的条件下，具有减水增强作用	木质磺酸盐类	木钙
2	高效减水剂	在保持水泥浆扩散度不变的条件下，具有大幅减水增强作用	多环芳香族磺酸盐类（萘系磺化物与甲醛缩合的盐类）	UNF-5、FDN
3	缓凝剂	能延缓水泥浆凝结时间，减少浆体活动度损失，对浆体后期强度无不利影响	木质磺酸盐类	木钙
4	缓凝减水剂	兼有缓凝和减水作用	木质磺酸盐类	木钙
5	早强剂	能提高水泥浆体早期强度，对后期强度无显著影响	有机胺类	三乙醇胺
6	膨胀剂	能使水泥浆体在水化过程中产生一定体积膨胀并在有约束条件下产生一定自应力	硫铝酸钙类（钙矾石、明矾石）	UEA、UEAH、AEA

4.2.3 锚具

锚具是锚板和夹片的组合体，可分为工作锚具和工具锚具，与锚垫层、螺旋筋共同组成锚固体系。工作锚具安装在锚垫板与千斤顶之间，在张拉锁定后随索体固定在锚垫板上，与索体组成一个整体；工具锚具安装在液压千斤顶后部，在张拉过程中起传递预应力给工作锚具的作用，张拉锁定后卸开千斤顶即可拆除重复使用。

常用锚具按锚固方式可分为夹片式（单孔和多孔夹片锚具）、支撑式（墩头锚具、螺母锚具等）、锥塞式（钢制锥形锚等）、握裹式（挤压锚具、压花锚具等）；其中多孔夹片锚具的夹持性能优良、适应性强、施工操作简单方便。

目前大吨位预应力锚索大多采用 OVM 型锚夹具、XM 锚夹具、GQM 锚具、OXM 型张拉端锚具、YYM 型等，由张拉端锚具、固定端锚具、连接器和波纹管组成；锚夹具可用钢绞线根数最多达 55 根。OVM.LDM15 普通拉力型锚索张拉端锚具构造见图 4-11。OVM.LDM15 型张拉端锚具适用于公称直径为 15.20mm 的钢绞线，其参数见表 4-7。

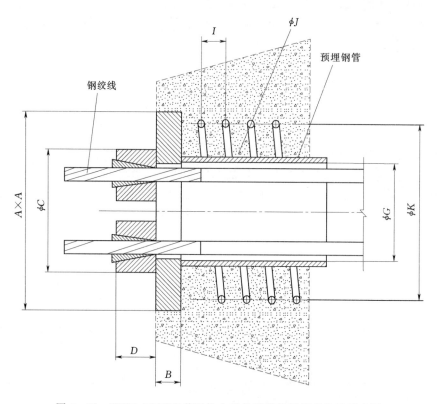

图 4-11　OVM.LDM15 普通拉力型锚索张拉端锚具构造示意图

表 4-7　　　　　　　　　OVM.LDM15 普通拉力型锚具的技术参数表

型号	安装孔径 ϕG/mm	钢垫板/m			工作锚板/m		螺旋筋				张拉千斤顶型号
	不小于	长度 A	宽度 A	厚度 B	外径 ϕC	厚度 D	中径 ϕK/mm	线径 ϕJ/mm	螺距 I/mm	圈数 N	
LDM15-2	90	150	150	20	120	46	140	10	50	4	YCW1500C
LDM15-3	90	175	175	20	120	46	170	12	50	4	YCW1500C

型号	安装孔径 ϕG/mm	钢垫板/m			工作锚板/m		螺旋筋				张拉千斤顶型号
	不小于	长度 A	宽度 A	厚度 B	外径 ϕC	厚度 D	中径 ϕK/mm	线径 ϕJ/mm	螺距 I/mm	圈数 N	
LDM15-4	90	200	200	25	120	46	190	12	50	4	YCW1500C
LDM15-5	90	225	225	25	126	46	200	12	50	4	YCW1500C
LDM15-6	100	245	245	30	126	46	200	12	50	4	YCW1500C
LDM15-7	100	265	265	30	136	48	205	14	60	4	YCW2000C
LDM15-8	110	285	285	30	146	50	205	14	60	4	YCW2000C
LDM15-9	120	300	300	30	156	50	230	14	60	4	YCW2500C
LDM15-10	130	315	315	35	170	52	240	14	60	4	YCW3000C
LDM15-11	140	330	330	35	186	52	260	16	60	5	YCW3500C
LDM15-12	150	345	345	40	186	55	260	16	60	5	YCW3500C
LDM15-13	155	355	355	40	196	55	280	16	60	5	YCW3500C
LDM15-14	155	370	370	40	196	58	280	16	60	5	YCW3500C
LDM15-15	155	390	390	40	206	60	290	16	60	5	YCW4000C
LDM15-16	155	400	400	40	206	62	290	16	60	5	YCW4000C
LDM15-17	155	410	410	45	206	65	330	18	60	5	YCW4000C
LDM15-18	155	420	420	45	206	65	330	18	60	5	YCW4000C
LDM15-19	160	430	430	45	216	67	330	18	70	5	YCW5000C
LDM15-20	165	445	445	45	216	70	330	18	70	5	YCW5000C
LDM15-21	170	455	455	45	226	70	350	20	70	5	YCW5000C
LDM15-22	175	465	465	45	226	70	350	20	70	5	YCW5000C
LDM15-23	185	480	480	45	244	75	350	20	70	5	YCW6500C
LDM15-24	190	490	490	50	244	75	380	20	70	6	YCW6500C
LDM15-25	190	500	500	50	244	77	385	20	70	6	YCW6500C
LDM15-26	195	510	510	50	260	77	400	20	70	6	YCW6500C
LDM15-27	200	515	515	50	260	77	400	20	70	6	YCW6500C

注 1. 表中参数可根据设计和锚固需要进行调整。

2. 大于27孔锚索的锚具可根据客户需要进行设计。

4.2.4 辅助器具

锚索辅助器具包括导向帽、止浆环、套管、隔离支架、进回浆管、锚垫板及套管、承压板与挤压套等。

（1）导向帽。导向帽的主要作用是将钢绞线一端收拢后置于其内，在穿索过程中能顺利到达孔底，防止钢绞线端头在孔内分散而增加摩阻力或卡在孔内裂隙处。导向帽的形状与炮弹头相似（见图4-12），一般情况下导向帽采用钢材制作，也可采用塑料、

图4-12 导向帽示意图

环氧砂浆、水泥砂浆或混凝土制作。

（2）止浆环。止浆环安装在有黏结端头锚索内锚固段与自由段分界处。止浆环的作用是防止内锚固段灌浆时浆液流入自由段，有效控制内锚固段长度，确保其灌浆质量；同时，避免自由段长度减少而影响张拉效果。编索时按设计要求将止浆环穿入索体，其位置尺寸误差不大于±50mm。将止浆环端面调整至与各根钢绞线垂直后，用环氧砂浆把止浆环与索体密封固定，使其在穿索时不发生位移，并能有效止浆。止浆环耐压强度应大于设计灌浆压力。止浆环一般在施工现场自制，也可在工厂内定制，形式多样，常用的有充气式止浆环和布袋式止浆环。

1）充气式止浆环是在环形套管外侧设置橡胶气囊，充气压力一般为0.8MPa，可以止住0.8MPa以下灌浆压力；其原理是通过对橡胶内胎充气，使其膨胀挤压孔壁与套管，环形气囊起到止浆作用。当由于某种原因需将锚索体拔出时，止浆环可以放气收缩，以便将索体拔出，其结构见图4-13。

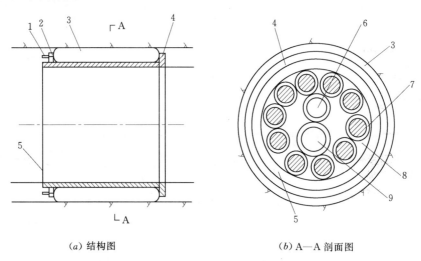

（a）结构图　　　　　　　　　　（b）A—A剖面图

图4-13　充气式止浆环结构示意图

1—充气管；2—厚6mm环形铁板；3—内胎；4—厚6mm圆形铁板（其上开孔数为钢绞线根数）；
5—DN80钢管；6—排气管；7—钢绞线；8—环氧砂浆；9—进浆管

2）布袋式止浆环是先将钢绞线、进浆管和回浆管穿过两段钢管，分别将两段钢管内的空隙用环氧填塞密实，再包裹布袋（要有合适的松弛度，以便布袋内充满浆液后能挤紧孔壁），布袋与钢管之间采用环氧黏结。灌浆时，在孔道有水的情况下，一期进浆管底端阻力较大，浆液先进入布袋并将其充满，然后浆液进入孔底。随浆液面升高布袋内压力增大，水分泌出布袋，袋内渐变为水泥实体并与孔壁紧密接触，从而达到止浆目的。

新型布袋式止浆环采用先将两端钢管内空隙用环氧水泥或锚固水泥药卷密封，外裹有一定强度的布袋即可。去除原充气管，进浆管在布袋内开一个直径20mm孔，其他管路布置不变，其结构见图4-14。

（3）套管。套管通常采用金属螺旋管、高密度聚乙烯（HDPE）波纹管或钢管，其材质、直径、壁厚均应符合设计要求。套管的作用主要是对钢绞线进行保护、防护。单波波纹管、双波波纹管参数见表 4-8。

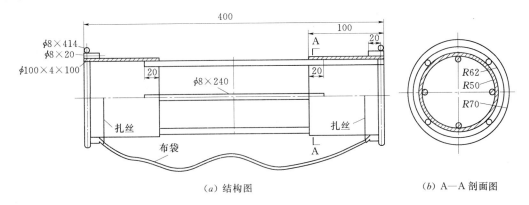

（a）结构图　　　　　　　　　　　　（b）A—A 剖面图

图 4-14　新型布袋式止浆环结构示意图（单位：mm）

表 4-8　　　　　　　　　　　单波波纹管、双波波纹管参数表　　　　　　　　单位：mm

单 波 波 纹 管				双 波 波 纹 管			
内径	外径	内径	外径	内径	外径	内径	外径
36	41	69	74	35	40	90	95
39	44	72	77	40	45	95	100
42	47	75	80	45	50	100	105
45	50	84	89	50	55	105	110
48	53	87	92	55	60	110	115
51	56	90	95	60	65	115	120
54	59	93	98	65	70	120	125
57	62	96	101	70	75	125	130
60	65	99	104	75	80	130	135
63	68	102	107	80	85		
66	71	105	110	85	90		

1）高密度聚乙烯（HDPE）波纹管壁厚分 2mm、2.5mm 和 3mm 三种，其最大优点是能防止氯离子侵入而产生电腐蚀，不导电可防杂散电流腐蚀，其型号规格见表 4-9。

表 4-9　　　　　　　　　　　HDPE 波纹管的型号规格表　　　　　　　　单位：mm

内径	外径	壁厚	内径	外径	壁厚
50	60	2	120	135	2.5
70	80	2	130	145	2.5
85	99	2	140	155	3
100	115	2	160	175	3

2）套管连接。一般金属螺旋管采用缩结法，即采用与被接管材质相同的接头套管连接；接头套管的波形与被接管相同，管径比被接管管径大一号；连接时被接管旋入接头管内的长度不小于100mm。高密度聚乙烯（HDPE）波纹管可采用对口同轴心熔焊连接，接口设在波峰处，以免焊瘤影响穿索；钢管一般采用电弧焊连接。采用电弧焊或熔焊连接套管时，必须使管口对正，管内焊缝平滑，无错台、无焊瘤，管周焊缝严密，无夹焊砂眼。

（4）隔离支架。锚索设置隔离支架可避免钢绞线产生交织现象，同时可防止钢绞线与孔壁直接接触，以免张拉时产生摩阻力以及影响灌浆材料对钢绞线的包裹效果，其兼有对中和分隔作用。隔离支架一般采用钢材、塑料或其他对钢绞线无害的材料制成，不得采用木制隔离支架；隔离支架不得影响锚索灌浆体自由流动。

（5）进回浆管。进回浆管一般采用耐压强度达0.6MPa以上的塑料管，内径不小于25mm。

（6）锚垫板及套管。锚垫板及套管是与锚墩头混凝土联合作用，承载锚索对边坡岩体施加压应力。锚垫板尺寸大小随锚索张拉力级别不同而有所差异，钢垫板厚度可根据锚索的张拉荷载确定，但不宜小于20mm。通常锚垫板尺寸有250mm×250mm×50mm（边长×边长×厚度），套管外径略小于锚索孔径，便于安装。常用锚垫板结构尺寸见表4-10。

表4-10   常用锚垫板结构尺寸表

锚索荷载/MN	尺寸/mm	
	边长不小于	厚度不小于
<0.6	200	25
0.6～1.0	200～250	25～30
1.0～1.5	220～250	30～35
1.5～2.0	250～300	35～40
2.0～2.5	300～330	40～45
2.5～3.0	330～350	45～50

（7）承压板与挤压套。承压板与挤压套用于压力型锚索、压力分散型锚索和拉压分散型锚索中，承压板与挤压套配套使用主要是对内锚段浆体施加压应力。

4.3 设备选型与配置

预应力锚索施工主要设备分为钻孔设备、灌浆设备、张拉设备等。

4.3.1 钻孔设备

预应力锚索钻孔设备种类很多，国内外的钻孔设备各有优缺点，选择该设备的基本原则是要有足够的动力，强大的扭矩力，超强的起拔力，机型轻便，拆离便利，组装方便，钻进速度快，成孔效率高。

（1）钻机。根据现场施工条件、岩土体性质、边坡高度、钻孔深度、方向及孔径大小等选择相应的机型和方法。在高排架上钻孔时应选择轻型钻机施工，在地面平台上钻孔时宜选择液压履带式钻机施工。在全强风化岩土层、断层破碎带或堆积体层中钻孔时应选择偏心钻头跟管钻进。目前锚索钻机型号较多，下面主要介绍 YG 系列钻机、MGY/J 系列锚索钻机、MD 系列钻机的性能。

1) YG 系列钻机，其性能参数见表 4-11。

表 4-11　　　　　　　　　　YG 系列钻机性能参数表

机型	YG30	YG50	YG60	YG80	YGS120	YGQ-30
钻孔深度/m	30~40	40~60	60~70	80~100	80~120	35~45
钻孔直径/mm	80~130	100~168	110~180	130~220	110~250	76~120
钻杆规格/mm	50×1500 73×1500	73×1500 89×1500	73×1500 89×1500	114×1500 89×1500	114×1500 89×1500	73×1500 73×1500
钻孔倾角/(°)	0~360	0~120	0~120	0~120	-10~45	
电动机功率/kW	15	18.5	30	30	100	15
钻机重量/kg	550	1000	1300	1700	2500	450
外形尺寸/mm	2700×1150 ×1400	3000×1000 ×1500	3100×1000 ×1500	3400×1000 ×1500	3500×1200 ×1600	2700×1150 ×1400

2) MGY/J 系列锚索钻机，其锚索钻机性能参数见表 4-12。

表 4-12　　　　　　　　　　MGY/J 系列锚索钻机性能参数表

型　　号	MGY-80	MGY-100	MGY-100A	MGJ-50
钻孔深度/m	80~100	60~100	60~100	30~60
钻孔直径/mm	110~200	110~200	110~200	110~180
钻孔角度/(°)	水平方向倾角20，俯角90	水平方向倾角20，俯角110	仰角20，俯角100	
电动机功率/kW	22	37	37	11

3) MD 系列钻机，其性能参数见表 4-13。

表 4-13　　　　　　　　　　MD 系列钻机性能参数表

型　　号	MD-50	MD-100
钻孔深度/m	15（跟管），50	50~80
钻孔直径/mm	110~150	110~200
钻杆规格/mm	89×1000	89×1500
钻孔角度/(°)	-10~90	-5~90
电动机功率/kW	13.5	37
整机重量/kg	875	3460

（2）空压机。锚索钻机通常采取风压驱动，以压缩空气为动力带动钻机钻进或拔出，以电动空压机或内燃空压机驱动，钻孔相对集中时宜采用集中布置空压站供风，如钻孔相对分散时宜采用移动式空压机供风。空压机性能参数见表4-14。

表4-14 空压机性能参数表

序号	规格型号	排气量 /(m³/min)	排气压力 /MPa	转速 /(r/min)	重量 /kg	外形尺寸（长×宽×高） /(mm×mm×mm)	电动机（内燃机） 型号	额定功率/kW
1	ZVYZ-12/7	12	0.7	1500	2900	3800×1700×1950	6135	140
2	LGY20-10/7	10	0.7	3776	3000	3590×1800×1700	6135C-1	88
3	LGY25-17/7	17	0.7	2250	3500	3700×1920×1900	6135ZD	98

4.3.2 灌浆设备

（1）柱塞式灰浆泵。柱塞式灰浆泵的作用原理是通过柱塞在缸体内往复运动，达到吸排浆注浆效果。可分为单柱塞和多柱塞、单作用和双作用等灰浆泵，其特点是注浆压力大，送浆距离远，泵量大，注浆速度快，便于集中布置制浆站。主要缺点是输送浓稠浆体则在球形阀座处易发生堵塞事故，导致柱塞易磨损，检修次数多。柱塞式灰浆泵性能参数见表4-15。

表4-15 柱塞式灰浆泵性能参数表

序号	规格型号	流量 /(L/min)	额定压力 /MPa	形式	功率 /kW	重量 /kg	外形尺寸（长×宽×高） /(mm×mm×mm)
1	BW-150	150~32	1.87~7.0	三缸单作用	7.5	516	1840×795×995
2	BWC-120	75~120	4.0~2.0	三缸双作用	5.5	120	—
3	BW-180/2	180~125	1.5~2.0	双缸单作用	7.5	280	1370×540×680
4	KBY-50/70	50	0.5~0.7	单缸双作用	11.0	350	1300×720×700
5	UB3	50	1.5	单缸双作用	4.0	250	1033×424×890
6	UB6	100	1.5	双缸双作用	5.5	320	1592×480×940
7	2SNS	63	8.0	双缸双作用	4.0	612	1800×945×705

（2）挤压式灰浆泵。挤压式灰浆泵工作原理是砂浆通过耐压橡胶管挤压流动，不直接与金属零件接触，对机件磨损小。主要优点是在输送浓稠浆体时也不易堵塞，维修便利，易损件少，质量轻，移动灵活，适合于分散布置制浆站为少量锚索单独制浆。主要缺点是送浆量偏少，注浆时间长，效率较低。挤压式灰浆泵性能参数见表4-16。

表4-16 挤压式灰浆泵性能参数表

序号	型号	流量 /(m³/h)	额定压力 /MPa	输送距离 水平/垂直 /m	输出管内径 /mm	重量 /kg	外形尺寸（长×宽×高） /(mm×mm×mm)	电动机功率 /kW
1	UBJ₀.₈	0.8	1.0	80	25	75	1220×660×960	2.2

序号	型号	流量 /(m³/h)	额定压力 /MPa	输送距离 水平/垂直 /m	输出管内径 /mm	重量 /kg	外形尺寸 （长×宽×高） /(mm×mm×mm)	电动机功率 /kW
2	UBJ$_{1.8}$	0.4、0.6、1.2、1.8	1.5	100	38	300	1270×890×990	2.2/2.8
3	UBJ$_2$	2	1.5	120/45	38	270	1300×780×800	2.2
4	UBJ$_3$	1、1.5、3	2.0	120	38、50	400	1370×620×800	4.0

（3）螺杆式灰浆泵。该灰浆泵的工作原理是利用回转容积自吸式泵，通过容积变化可连续吸入灰浆，并不断沿轴向排出，排浆压力大。主要优点是注浓稠浆不易堵塞，注浆量大，施工效率高。螺杆式灰浆泵性能参数见表4-17。

表4-17　　　　　　　　　　螺杆式灰浆泵性能参数表

型号	工作压力 /MPa	流量 /(L/min)	电机功率 /kW	重量 /kg	外形尺寸 （长×宽×高）/(mm×mm×mm)
NZ130A	3.0	710	5.5	300	1600×750×1000
M400	6.0	6~40	6.0	200	1610×790×1000

4.3.3 张拉设备

对预应力锚索施加预应力的设备是由千斤顶和高压油泵配套组成，只有经过检测和配套率定合格后方能使用。随着工程建设不断发展，此类设备更新改进后适应性强，额定油压达63MPa，张拉吨位达12000kN。

（1）千斤顶。当前预应力锚索张拉通常采用穿心式千斤顶，该设备结构简单，体积较小，移动方便，便于维修。又分为单根预紧千斤顶和整体张拉千斤顶。

YCWC系列千斤顶是通用型穿心式张拉千斤顶，与OVM预应力锚固体系配套使用，配用不同的附件，可张拉OVM型夹片群锚（2~55孔）。YCWC系列千斤顶型号含义如下：

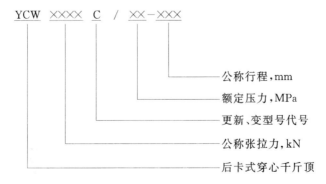

YCWC系列千斤顶主要技术性能见表4-18。

型号	公称张拉力/kN	公称油压/MPa	张拉活塞面积/m²	回程活塞面积/m²	回程油压/MPa	穿心孔径 D/mm	张拉行程 C/mm	主机重量/kg	主机外形尺寸（长度×直径）/（mm×mm）	安装尺寸 B/mm	安装尺寸 F/mm
YCW1000C/52－200	992	52	1.909×10^{-2}	0.534×10^{-2}	≤25	φ78	200	63	338×φ215	φ151	φ136
YCW1500C/54－200	1491	54	2.763×10^{-2}	1.257×10^{-2}	≤25	φ100	200	105	341×φ264	φ196	φ156
YCW2000C/53－200	1998	53	3.77×10^{-2}	1.474×10^{-2}	≤25	φ120	200	123	341×φ312	φ196	φ166
YCW2500C/54－200	2478	54	4.59×10^{-2}	3.14×10^{-2}	≤25	φ138	200	155	359×φ344	φ210	φ186
YCW3000C/50－200	3015	50	6.032×10^{-2}	4.241×10^{-2}	≤25	φ138	200	187	364×φ374	φ210	φ186
YCW3500C/54－200	3499	54	6.479×10^{-2}	4.312×10^{-2}	≤25	φ172	200	222	366×φ410	φ252	φ232
YCW4000C/52－200	3957	52	7.61×10^{-2}	4.59×10^{-2}	≤25	φ172	200	260	372×φ436	φ252	φ252
YCW5000C/50－200	5025	50	10.05×10^{-2}	5.81×10^{-2}	≤25	φ192	200	380	412×φ494	φ362	φ282
YCW6500C/52－200	6481	52	12.46×10^{-2}	7.54×10^{-2}	≤25	φ200	200	473	414×φ544	φ362	φ302
YCW8000C/53－200	7992	53	15.08×10^{-2}	8.671×10^{-2}	≤25	φ235	200	623	427×φ615	φ362	φ372
YCW9000C/54－200	8957	54	16.59×10^{-2}	8.726×10^{-2}	≤25	φ280	200	820	447×φ670	φ392	φ372
YCW12000C/57－200	12073	57	21.18×10^{-2}	11.87×10^{-2}	≤25	φ275	200	1060	476×φ725	φ422	φ422

（2）高压油泵。高压油泵与千斤顶配套率定使用，为千斤顶提供动力，高压油泵结构不断改进，呈现体积小，压力大，性能稳，适用广等特点。高压油泵技术参数见表4－19。

表 4－19　　　　　　　　　　高压油泵技术参数表

型号	额定压力/MPa	额定流量/（L/min）	额定功率/kW	重量/kg	外形尺寸（长×宽×高）/（mm×mm×mm）	特点及适用范围
ZB4－500	50	2×2	3.0	120	745×494×1052	常用天 YCW 系列、YZ85 系列、YC60 系列千斤顶
ZB4－500S	50	2×2	3.0	130	745×494×1052	
ZB1－630A	63	1	3.0	55	501×306×575	体积小，重量轻，流量小，适用于狭小空间及高空场合，常与300kN 以下千斤顶配套
ZB1－630	63	2×1.5	3.0	140	870×490×720	
ZB10－500	50	10	7.5	200	1000×660×970	超高压、流量大、专门为大吨位，长行程及要求快速动作的千斤顶配套

4.4　施工

4.4.1　施工准备

预应力锚索施工应在开挖边坡成形后适时进行，开挖台阶与锚索施工部位应保持安全距离，以保证刚施工锚索部位的爆破质点振动速度符合安全要求。通常间隔两个台阶即

30m 以上。锚索施工前一般应先进行随机或系统锚杆支护和（或）喷射混凝土支护，遇到大型断层、裂隙破碎带或潜在特大型不稳定块体等特殊部位，开挖成形后应及时进行支护，有时应进行超前支护才能开挖。

锚索施工前要做好以下准备工作：清理工作面、搭设施工平台、测量放样、孔口地质缺陷处理、机具安装调试、风水电安装及材料准备等。

（1）清理工作面。无论自然边坡还是人工开挖边坡，在锚索钻孔前应全面清除影响施工安全的松动块体、浮渣等，对锚索孔位周边工作面修整、清理，对断层或裂隙发育带应挖除置换，对不规则岩面进行整修，对不稳定块体采用锚杆支护，对地质情况进行编录，处理完成后经建设各方联合验收合格后才能开始钻孔。对地质条件不利于锚索受力的地方，应根据情况适当调整锚索位置。

（2）搭设施工平台。施工平台必须经专门设计，按设计图搭设，一般采用承重钢管排架，排架宽度不小于 3m，特殊部位宽度应不小于 5m，排架长度根据锚索布置位置确定。排架内立面通过锚杆（钢管）与边坡岩层连接牢固，立杆间距 1.2～1.5m，横杆间距 1.5～1.8m，外侧设置剪刀撑，施工平台上锚索钻机摆放位置应铺满木板，其他部位可铺设满堂竹跳板并绑扎牢固，临空侧应按照设置栏杆，底脚设置扫地横杆，上下层排架应设置专门的安全通道，挂设安全防护网。排架经验收合格后才能使用，并要明确规定最大承载量及作业人员数量，明确监护责任人，施工时安排专人进行监护。

（3）测量放样。按照设计图纸或设计通知进行锚索孔位测量放样，采用满足设计精度要求的经纬仪、罗盘、水平仪及全站仪等进行开孔定位，保证锚索钻孔的开孔偏差不大于10cm。在边坡岩石面和承重排架上设置点位，采取前视点、后视点与钻机三点一线的方法确定钻孔方位，并用油漆标记清晰。

（4）孔口地质缺陷处理。根据测量放样确定的孔口位置，对孔口岩石进行清理，地质缺陷按照设计要求进行处理。

（5）机具安装调试。锚索施工设备由锚索钻机、空压机、灌浆设备、张拉设备系统（包括千斤顶及配套的油泵、压力表）和配电装置等组成。

目前锚索钻机型很多，主要有 YG 系列的 YG80 型钻机、YG60 型钻机、MGY/J 系列的 MG－80 型钻机、MG－100 型钻机，以及 DM50 型风动潜孔锤冲击回转钻机、QZJ－100B 型潜孔钻、DYD－80 型钻机、DYD－100 型钻机、阿特拉斯液压钻机等。根据不同地质地形条件选择相应的钻机，施工前对所选设备进行安装调试，保证其性能满足施工要求。

1）高排架上锚索钻孔施工时应选择重量轻、易于装拆且稳定性能好的国产轻型钻机，吊机或电动（手动）葫芦均能顺利地吊装到排架上，且人工可在排架上短距离移位。钻机就位应保证钻杆方向与钻孔方位一致，根据方位测量标志检测合格后固定钻机；钻杆按要求堆放在平台上，且不得集中堆放，防止排架失稳倒塌。

2）供风设备应以集中布置为主，分散布置为辅，采取中高风压设备，根据钻机最大用风量计算空压机数量，保证风压正常。

3）灌浆设备根据锚索分布合理选择布置方式，规模大时采取集中布置原则，规模小时采取分散布置原则，一般情况下应布置在马道或边坡外的平台上，这样有利于原材料运输和浆液输送。

4）张拉设备系统须按规范要求进行配套率定，绘制张拉力—压力表（测力计）读数关系曲线，采用吊机或电动（手动）葫芦吊装到位。

（6）风水电安装及材料准备。应将风、水、电等线路布置到钻孔工作面，灌浆主管道接至各灌浆区再用软管接至各锚索孔口部位。灌浆所用的水泥、砂、外加剂等材料应及时就位备足，防止断货；检查灌浆管路和供水管路是否通畅。

4.4.2 钻孔与验孔

（1）钻孔施工方法。准备工作完成后，先采取低风压钻进开孔，钻进20～50cm后检查钻机是否固定牢固，钻杆轴线是否与设计孔轴线重合，孔位是否超过允许误差；如出现问题应按要求分别进行处理直至满足要求，之后采取中风压进行钻孔，观察孔内排出岩粉颜色变化情况，据此适当调整钻进压力，进尺5m后对锚索孔斜进行检测，加固钻机，如出现偏差应校对和调整钻孔参数，必要时使用导直器、扶正器等纠偏措施；此后每钻进10m对锚索孔斜检测1次，以便及时校对和更改钻孔参数。

钻进时应准确做好钻孔记录（包括进尺、粉尘或回水颜色、钻进速度和岩粉状态等数据），根据岩粉颜色或钻进速度变化等情况，认真分析评价孔内地质结构和构造，以确保内锚段位于完整岩层内，同时为灌浆施工提供依据。

钻孔结束后，孔内岩体较完整，裂隙数量少，断层规模小时采用高压风水将孔内的岩屑和粉尘冲洗干净，直至回水变清、钻孔彻底冲洗干净为止；对断层破碎带、裂隙发育、覆盖层区、全风化区、强风化区或部分弱风化区的钻孔，采用高压风将孔内岩粉和积水吹出，防止采用高压水冲洗导致孔道破坏或边坡稳定条件改变，清洗干净后用木塞或布塞将孔口堵塞保护。

（2）不同地质条件下钻孔施工措施。钻孔是预应力锚索施工中的关键工序，锚固效果主要取决于成孔质量。针对不同地质结构岩土体的性质，如覆盖层区、全风化区、强风化区、弱风化区、微新岩区、断层破碎带及裂隙发育区等，应选择不同的钻孔设备和施工工艺。

1）覆盖层区、全风化区、强风化区造孔。水利水电工程建筑物基础之外的天然或人工边坡往往地质条件差，表层覆盖层厚或处于全风化区、强风化区内。对这类岩土质边坡进行锚索加固时，可采用单级偏心跟管方式钻孔，对成孔特别困难的部位采取变换套管跟进方式，防止钻进过程中或拔出钻头后塌孔及孔径变小，以免影响成孔质量，甚至导致穿索、灌浆困难。偏心跟管钻进工艺如下。

A. 开孔时宜选择比锚索孔径略大的钻头配冲击器钻进2m左右，以便为跟进套管提供安装空间，顺利实施套管安装。

B. 选择相应规格的管靴安装在相同直径的套管顶端，在孔外连接好后人工送入孔内；选择相应的冲击器和偏心钻具安装在一起与钻杆连接，人工送下套管内与套管连接，然后顺时针启动钻机打开偏心钻头；在确认钻头到达孔底后，先回转待正常后再开风冲击钻进。在风动力驱动下钻头、钻杆与套管同时钻进，跟管钻进过程中边加钻杆边加接套管，直至达到设计孔深或返回的岩粉表明已到达完整的岩石部位。

C. 每钻进50cm应强风吹孔排粉，保持孔内清洁，防止岩粉沉积过多容易出现卡钻现象。吹孔时应严格控制中心钻具向上提拔的距离，禁止在钻进过程中向上提拔中心钻具或来回倒杆。

D. 当钻进中遇到严重风化的岩层和软弱夹层时，采取快速通过的方式钻进，从而避免扩大孔径而引起孔斜偏大。

E. 当钻孔进入完整岩石 2～3m 后，应先吹净孔内岩粉，脱开中心钻具的回转动力，停止回转，缓慢提升中心钻具至偏心钻头后背与管靴前端接触为止，用管钳卡持钻杆，逆时针旋转收缩偏心钻头从套管内拔出；此时套管仍留在孔内，更换钻头钻至孔底，钻头直径满足设计要求的最小锚索孔孔径。

F. 当孔内石渣沉积过多，偏心钻头回转部分被石渣卡住而不能正常收拢时，应继续用风吹动孔内石渣，并启动潜孔锤作短暂工作后再提拔，直至偏心钻头从孔内拔出。

G. 当跟进套管受阻时，可采用比套管内径小 3～4mm 的合金或金刚石钻头回转切割通过管靴，以此扩大孔径使套管顺利跟进。

2）弱风化区造孔。针对该区地层软弱、破碎、松散或胶结不良、强度不均等特性，在钻孔过程中应注意岩粉颜色变化情况，及时调整风压和转速。

开孔时采用低风压推进钻杆，钻头入孔 30cm 后检查钻杆的方位及倾角，同时检查钻机固定效果，确认无误后保持风压钻进并通过弱风化地层，以防止孔斜过大造成废孔，当钻进过程中跑风、掉块、卡钻时，采取固结灌浆护壁后再钻进成孔，也可采取套管跟进方法钻进成孔。

3）微新岩区造孔。

A. 开孔时采用低风压低转速进行钻孔，防止风压过大导致开孔位置偏移，钻进 50cm 后检查钻孔方位及倾角，并加固钻机底座。

B. 根据地质条件，在钻进 50cm 后可加大风压，快速钻进以提高效率。

C. 为了提高钻孔精度，减少钻孔返工或出现废孔，可采取在钻杆上分段加设扶正器的办法，即相应增大了钻杆直径，防止钻进过程中钻杆漂移量过大而导致孔斜偏差超过设计允许范围。

4）断层破碎带和裂隙发育区造孔。

A. 当钻孔穿越断层破碎带和裂隙发育区时，往往会发生跑风、塌孔、卡钻或无法钻进等情况；塌孔的主要标志是从孔中吹出黄色岩粉，夹杂一些原状的（非钻碎的、非新鲜的、无光泽的）碎石块，这时不管钻进深度如何，都要立即停止钻进，拔出钻具，进行围岩灌浆处理。

B. 造孔后，对止浆环以内的内锚固段进行简易压水检测，如遇漏水量较大则进行围岩灌浆处理。

C. 对于破碎带或渗水量较大的围岩（即钻孔过程中遇到不回风、不回水、塌孔、卡钻等现象），经确认为地质缺陷后，对锚索孔进行围岩灌浆，采用分段固结灌浆、扫孔钻进的方法进行处理。围岩灌浆浆液可采用水泥砂浆和水玻璃的混合液，灌浆压力为 0.4MPa。围岩灌浆过程中如灌入量较大且不起压，可间歇 12h 后再复灌。灌浆结束 24h 后才能进行锚索孔扫孔作业；如扫孔过程中还出现卡钻或漏气等现象，则需再次对孔内围岩进行灌浆处理，直至成孔符合设计要求。

D. 雨季施工，常有泥浆顺着岩体破碎带渗入孔内，围岩灌浆前必须用水和风把泥浆洗出（塌入钻孔的石块可不必清除），否则围岩灌浆时容易造成假象，无法达到灌浆效果。

（3）渗水情况处理。在钻孔过程中或钻孔结束后吹孔时，如从孔内吹出的都是一些小石粒和灰色或黄色团粒而无粉尘，说明孔内有渗水，岩粉多贴附于孔壁。此时若已达到孔深，则注入清水，以高压风吹净，直至吹出清水；若孔深不够，虽冲击器工作仍有进尺，也必须立即停钻，拔出钻具，洗孔后再继续钻进，如此循环，直至结束。如果孔内渗水量大，有积水，吹出的是泥浆和碎石，这种情况下岩粉不会糊住孔壁，只要冲击器工作，就可继续钻进。如果渗水量太大，以至淹没了冲击器，冲击器会自动停止工作，需拔出钻具进行围岩灌浆处理。在钻孔遇到地下水、承压水时，跟管钻进的排渣、排粉效果较差，可加入一定量的泡沫剂，同时采用大风量强行吹孔；如仍不能正常钻进，可拔出钻具进行围岩灌浆处理。

（4）钻孔偏斜纠正措施。造成钻孔偏斜的因素很多，主要有钻机本身结构特征、钻杆超长、钻具下沉、岩石地质结构软弱、破碎等因素。

钻机结构特征引起偏斜的控制措施。钻具包括钻头、冲击器，全长约1.45m，头部直径较大，尾部直径相对较小；后部接钻杆，在水平钻孔中具有自然偏斜角。钻进过程中当钻进到钻杆第一挠曲波长时，在自重力作用下钻杆开始呈抛物线下垂，钻进越深，垂曲距离越大。为克服这种自然偏斜造成的钻孔精度误差，保证钻孔精度，在冲击器后部安装一个直径较大的钻具扶正器（见图4-15～图4-17）。

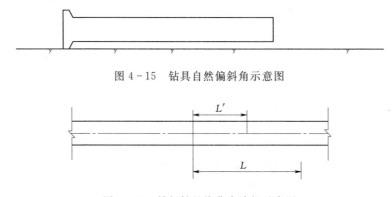

图4-15　钻具自然偏斜角示意图

图4-16　钻杆钻具挠曲半波长示意图

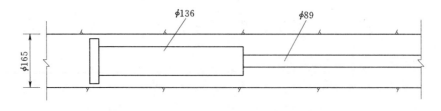

图4-17　钻具级配间距示意图（单位：mm）

采用"钻机限位＋孔口限位装置＋硬质合金扶正块＋螺旋钻杆"的防斜钻具设计。在钻机动力头移动最前端及钻孔孔口位置安装限位装置，确保开孔钻进及进行浅孔段钻进时钻具的导向限位，防止出现偏差。在冲击器后的前 10 根钻杆安装硬质合金扶正块，每根钻杆焊接 6 组，每组 4 块沿钻杆轴心均匀分布，硬质合金扶正块每块长 20cm，均匀布满大粒径球形硬质合金；扶正块安装完成后的最大外径 176mm（钻孔直径为 178mm）。其他钻杆焊接最大外径为 89mm 的螺旋片，焊接完成后形成的钻杆最大外径为 176mm，每根钻杆螺旋片焊接长度为 100cm。此种防斜钻具设计大大增加了钻具前部同径长度，相当于加长了前部钻具总长度，增加了总体钻具的刚度，减小了钻具的弯曲挠度，更好地控制钻具总体偏斜；安装扶正块后减小了冲击破碎岩粉、渣的返出通道，在相同输入风量及风压情况下，加大了岩粉、渣的返出速度；采用螺旋钻杆在很大程度上可以提高钻孔过程中的排渣能力，并起到了对钻杆限位作用，特别对钻进断层等不良地质体时效果更加明显。

改进钻机动力及调整相关部件性能。将原使用 MG - 80 型钻机调整为动力及输出扭矩更大的 MG - 100A 型钻机，将钻机动力头移动滑轨钢板硬度调高，钢板厚度加大以提高滑轨抗变形能力；将动力头部件紧固螺栓由一般强度提高一个强度级别，以确保钻机动力头的稳定性。

将原使用钻杆全部更换成连接端经过硬度调质并经过同心度检查的钻杆，钻孔前将钻杆在平地上进行连接（按照最长 100m 进行）以检查钻杆连接后的整体同轴性，如存在局部轴心偏差较大，则必须更换相应钻杆。

试验表明，对上述钻具配备的扶正器参数如下：长度 30～50cm，直径 158～160mm，表面刨槽凸棱，表面冷压合金柱齿与表面贴平，增加耐磨能力和加大导风排渣效果，减小重复破碎保证进尺效率。

（5）钻杆弯曲与控制。锚索孔深普遍在 30～50m，使用直径 89mm 钻杆，其径长比约为 3/1000～18/10000，其弯曲度发生在孔内回转时，螺旋弯应力导致钻杆自转（绕钻杆中心轴转动）；加上轴向压力，偏斜力成倍上升，沿重力方向偏斜越来越严重。

控制钻杆弯曲的方法：加强钻杆刚度，采用直径 89mm 双壁钻杆和增大钻杆直径至 108mm，来提高钻杆刚度；增加钻杆扶正器，延长钻杆弯曲波长，即在弯曲半波长位置增加扶正器支点，这样可以使钻杆绕着钻孔轴心，沿孔壁滑动做公转运动，使孔轴心呈直线延伸，减小弯曲力，减轻钻机负荷，达到水平成孔效果。

两种措施构成了导直钻进工艺，钻具扶正见图 4 - 18。

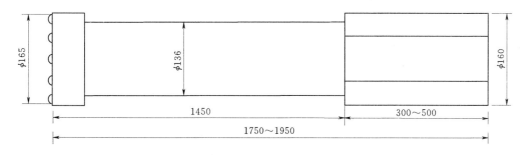

图 4 - 18　钻具扶正示意图（单位：mm）

钻具组合在三峡水利枢纽船闸锚索施工中造孔 4300 余个，孔斜误差不大于 1% 的成孔保证率达 80% 以上。

钻孔过程中每钻进 10～20m 起钻严格检查钻头胎体磨损破坏情况，并使用游标卡尺准确量测钻头最大外径及扶正钻杆、螺旋钻杆最大外径，如遇磨损严重或已被破坏，则必须立即进行更换；严格检查钻杆连接处的磨损及破损情况，不符合要求则必须及时更换。

严格控制测量放样的准确度。钻机就位前、钻机就位后开钻前均必须使用全站仪对孔位、方位进行精准校核，未进行校核不得进行钻孔施工；钻具安装时要保证钻具轴线与设计孔轴线重合，钻头中心与孔位点重合。

加大钻孔过程孔斜控制。钻进过程中每钻进一定深度后（前 20m 按照每钻进 2～5m 控制，20m 后按照每钻进 5～10m）及时进行孔斜测量，实时掌握钻进轨迹。发现孔斜率超标，则需对施工工艺及机具设备等进行检查，并及时纠偏。

根据试验孔钻进情况并经分析，制定合理的钻进施工参数及方法：在大理岩体中进行钻进时，基本保持一致钻速及钻压，力求匀速钻进；在绿片岩体中钻进时，降低钻压提高钻速，力求尽快钻进通过断层，降低供风风量及风压，避免出现岩体垮塌出现卡钻、埋钻现象。

开钻前严格检查钻孔平台区域排架的稳定性及扣件的紧固性，对钻机平台正下方排架必须进行加密加固（主要为增加受力立杆及连墙件）；钻进过程中经常检查钻机紧固件的紧固程度及排架扣件的稳定性，如发现松弛，随时进行再次紧固。

如钻孔中发现孔道漏风非常严重，岩体指标极差，可暂停钻孔施工，进行孔道超前固结灌浆处理。通过超前固结灌浆，提前将钻孔孔轴所需穿过岩体裂隙进行封闭并相应提高岩体的力学性能，待灌浆完成 72h 后再往下进行钻孔施工以减小孔斜偏差。

（6）验孔。锚索验孔一般对锚索孔的孔位、孔深、孔斜等进行偏差检测；锚索孔验收完毕后，仍须做好孔口保护工作。

1）孔位偏差检测。主要根据放孔位时的测量控制点，采用钢卷尺量测实际孔位的偏差值，必要时采用测量仪器进行复测；如孔位偏差超过设计允许值，则应根据具体情况进行调整或重新造孔。

2）孔深偏差检测。采用小钢管（一般采用每节 6m、直径 15mm 的钢管，此外还有 1m、2m、3m 钢管各 1 根）套接的方法探入孔内量测实际孔深；对孔深不足的需继续补钻，直至孔深满足设计要求；对孔深超长的采取与内锚固段同时灌浆的方法进行处理。

3）孔斜偏差检测。

A. 端头锚索孔孔斜偏差检测主要采用经纬仪测斜法：在要测斜的锚索孔内放置一可见光源（一般采用手电筒），可见光源用外径 20mm 的钢管送到指定的位置，将手电筒和钢管固定好，然后将经纬仪架设于离孔口约 1m 处，再由经纬仪寻找出要测设位置的光源（此时光源应为电筒直接光源），并测出指定位置的方位角、倾角，同时记录下此时该测斜位置距孔口的点距；依同样的程序逐次将一个锚索孔内的各位置要素值测出来，然后分别计算出终孔坐标及终孔方位角偏差、水平向位移、方位角偏差、倾角偏差、终孔点位误差等。

B. 对穿锚索验孔主要采用经纬仪或全站仪对锚索孔两端孔口坐标进行测量，并与设计值相比较，求出终孔孔轴偏差。

C. 将锚索孔全段按 6m 长的线段进行等分，避免了在实际验孔中直接由锚索孔的起点处至终点处的各项指标的衡量，有效地测试了锚索孔是否呈 S 形或螺旋形钻进。同时，由于各验收测点都是基于测站点的下一等级的观测精度，有效地避免了测量验收过程中的累积误差和误差传递。最终实现了测角精度为 $1'$，测距精度为 $\pm 10mm$，终孔点位相对误差为 0.87%，满足验收测量的精度要求。

D. 如果在检测孔斜过程中，因锚索孔为弧形，对光源不可见，可使用磁方位摄影测斜法等对部分孔段进行辅助验孔，并将终孔的各项指标与经纬仪所测得的数值一起作为单个锚索孔的最终验收成果。

E. 对验孔不能满足要求的，封孔灌浆后申请移位重新造孔。

4.4.3 编索、索体运输与穿索

（1）编索。锚索体通常由钢绞线、导向帽、止浆环（有黏结端头锚索）、充气管、隔离支架、进回浆管等组成，压力型、压力分散型和拉压分散型锚索还应包括内锚段设置的承压板和挤压套。编索一般在现场搭设的编索棚内进行，也可在相对固定的车间中进行。

1）根据施工现场条件，在锚索施工作业面附近选择地势较为平坦、利于安装的地点设置编索棚；棚内设置工作平台，其长度不小于最长锚索长度，平台上方设置防雨棚以防降降雨导致钢绞线生锈，同时设置锚索堆放场地。

2）钢绞线下料长度应符合锚索的设计尺寸及张拉工艺操作要求。按式（4-1）～式（4-4）计算如下：

A. 端头锚：

$$L = S + h \qquad (4-1)$$

B. 对穿锚：

$$L = S + 2h \qquad (4-2)$$

C. 压力分散型锚索：

a. 承载体间距相等：

$$L_n = (S - nl_n) + h \qquad (n = 0,1,2,3) \qquad (4-3)$$

b. 承载体间距不等：

$$L_j = (S - \sum l_j) + h \qquad (j = 0,1,2,3) \qquad (4-4)$$

式（4-1）～式（4-4）中　L——钢绞线下料长度，mm；

$\quad\quad S$——实测孔道长度，mm；

$\quad\quad h$——锚垫板外钢绞线使用长度，包括锚墩头、工作锚板、限位板、测力计、工具锚板厚度、张拉千斤顶长度和工具锚板外必要的安全长度之和，mm；

$\quad\quad L_n$、L_j——各承载体对应的钢绞线下料长度，mm；

$\quad\quad l_n$、l_j——承载体之间的距离，mm；

$\quad\quad n$、j——承载体分级编号。

3）下料前先检查钢绞线表面是否损伤、锈蚀、弯折、油污等，没有损伤、锈蚀和弯折的钢绞线才能使用；有油污的应清洗干净后使用，下料时采用电动砂轮切割机切割，不得采用电弧切割，设计长度相同的锚索，钢绞线下料长度误差不大于 10mm。

4）将已下料的钢绞线平顺地放置在工作平台上，对单根钢绞线进行除污、除锈并编号，按结构要求编制成束，导向帽安装在锚索前端，将所有钢绞线端头收拢放置在导向帽

内并用铁丝将其绑扎在钢绞线隔离支架上，防止导向帽在穿索过程中脱落。有黏结端头锚索止浆环安装时，将所有钢绞线按顺序穿过止浆环设置的孔道，用钢卷尺量取止浆环距导向帽的间距后确定其准确位置，再用环氧砂浆灌注止浆环内空隙，使各钢绞线与止浆环内侧之间的空隙充分灌注密实，止浆环以外的环氧砂浆必须清除干净，待环氧砂浆凝固后再套上橡皮气囊，连接充气管对橡皮气囊进行充气耐压检查，检查合格后放气并作好保护，防止橡皮气囊损坏。钢绞线依序穿过隔离支架，一般情况下内锚段每1m、张拉段每1.5～2m等间距设置一个隔离支架，并用无锌铅丝绑扎牢固，隔离支架间也用无锌铅丝将索体绑扎成纺锤形。

5）选用耐压性能达0.6MPa的塑料管作进回浆管。进回浆管要求铺设平顺，无弯折、扭曲，采用无锌铅丝与钢绞线绑扎在一起（不得使用镀锌铁丝作捆绑材料），其位置根据锚索的倾角而定，有黏结端头锚索须在内锚段和自由段分别安装一组进回浆管，当锚索孔底高程低于孔口时，内锚段的进浆管口伸至距孔底20cm处，回浆管口伸至止浆环内侧10cm处；自由段的进浆管伸至止浆环外侧20cm处，回浆管伸入锚索孔口10cm。当锚索孔底高程高于孔口或为水平孔时，内锚段的进浆管伸至止浆环内端20cm处，回浆管伸至距孔底端10cm处；自由段的进浆管伸入孔口20cm，回浆管伸至距止浆环外端10cm处，即须保证孔内的进浆管口在低位，回浆管口在高位，以利排除孔内气体，保证灌浆密实。

6）无黏结端头锚索需对内锚段和外锚段的钢绞线进行去皮和清洗。去皮时采用电工刀切口、人工拉皮方式去皮，去皮位置经计算其误差控制在1cm内；清洗时先用专用工具将钢绞线松开，再用冲洗枪带清洗剂先冲洗，然后擦干再用汽油人工逐根清洗，最后用干净棉纱擦干。普通锚索的钢绞线也要用干净棉纱进行擦拭，保证其表面无锈斑、油污及杂质。

7）对压力型、压力分散型和拉压分散型锚索，在内锚段分组对钢绞线一端安装承压板和挤压套。

8）锚索编制完成后经过检查验收，对应锚索孔号进行挂牌标识，并采取保护措施防止钢绞线锈蚀、污染。

（2）索体运输。

1）锚索索体的水平运输可以采用汽车水平运输或人工抬运，垂直运输可根据排架高度，选择人工抬运、起重机吊运、缆索配滑轮运送或卷扬机提升等方法。

2）水平运输中索体的各支点间距不宜大于2.0m，弯曲半径不宜小于3.0m，不应使锚索结构受到损伤。长距离运输时，索体底部、层间应设垫木，上下层垫木应在一条垂线上，且不宜超过三层，周边及顶部应加以防护。

3）垂直运输时，应根据索体在吊运中的状态合理设置吊点，其间距不宜大于3.0m，入孔前除主吊点外，其余吊点应能快速、安全脱钩。

4）压力分散型锚索的水平运输及垂直运输转弯半径不宜小于5.0m。

（3）穿索。

1）端头锚索穿索时主要依靠人工推送入孔，索体在导向帽的引导下通过人力送入孔内，如果端头锚索长度较长，可辅以起重机、缆索、卷扬机等配合。穿索方式见图4-19。

2）对穿锚索穿索时可采用在锚索孔一端人工推送，另一端设置小型卷扬机牵引的方

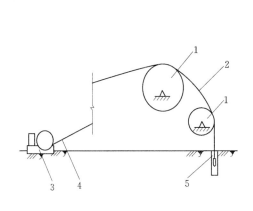
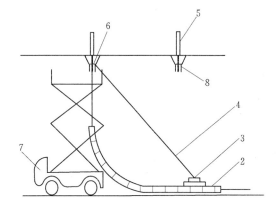

（a）下倾孔穿索方式　　　　　　　　（b）上仰孔穿索方式

图 4-19　穿索方式示意图

1—滚轮；2—锚索束体；3—卷扬机；4—钢丝绳；5—锚索孔；6—滑轮；7—台车；8—固定链

式配合完成。

3）穿索时严禁旋转索体，始终保持索体在孔内平顺有序地推进，进回浆管、充气管不被挤压、扭转和打折，不得损坏索体结构。

4）穿索到位后对端头锚索的止浆环进行充气检查，对进回浆管是否通畅及外露索体长度检查确认，并及时做好外露索体的保护工作。

4.4.4　灌浆

端头有黏结锚索灌浆分为内锚段灌浆、张拉段灌浆。无黏结锚索、荷载分散型锚索一般都是一次性完成灌浆，其灌浆方法同内锚段灌浆。遇到破碎特殊地层时，应先进行灌浆处理。

（1）内锚段灌浆。

1）穿索前先对内锚固段进行压水检查，以查明内锚段裂隙发育情况，如吸水量超过设计允许值，则要进行封孔灌浆固壁处理，待固结强度达到设计要求再扫孔。

2）灌浆前应检查止浆环阻塞效果。一是对橡胶止浆环进行充气，记录在规定时间段气压降低情况，判断止浆环是否破损；二是对内锚段进行压水，观察回水压力及孔口是否出水来进行判断阻塞效果。检查完成后通过灌浆管送入压缩空气，将孔内的积水排干，然后再进行灌浆。

3）内锚固段采用水泥砂浆或纯水泥浆进行灌注；采用纯水泥浆灌注时，水灰比拟为 0.38～0.45；在浆液中掺入一定数量的膨胀剂和早强剂，但所掺外加剂不得含有腐蚀钢绞线的化学成分；具体配合比由试验确定。浆液应搅拌均匀，流动性好，流淌直径不应小于 15mm，纯水泥浆的搅拌时间不少于 30s，浆液应随拌随用，初凝的浆液应废弃。

4）锚固段灌浆应一次连续施灌完成，灌浆压力拟控制在 0.2～0.3MPa 之间，结束灌浆的控制标准为：灌浆量大于理论吃浆量，回浆比重大于或等于进浆比重，且进浆和回浆量基本一致时开始屏浆，屏浆压力为 0.2MPa，稳压时间 30min 结束灌浆。

5）如遇内锚段灌浆时出现止浆气囊破裂漏浆，则将索体拔出并冲洗孔内浆液直至回水清洁。

6）如遇内锚段附近岩体裂隙发育或遇断层破碎带而出现漏浆至张拉段，则用二次进（或回）浆管通水清洗该部位浆液，直至回水清洁。如漏浆量很大影响钢绞线张拉，则须将索体拔出，进行固结灌浆处理后，再重新穿索。

（2）张拉段灌浆。

1）锚索张拉完毕后进行张拉段封孔灌浆。端头有黏结锚索，灌浆前先应检查二次灌浆管是否畅通，如二次进浆管不通则采取措施处理。

2）采用水泥浆灌注封孔，浆液浓度应符合设计要求，可采用比重计测试，灌浆压力为 $0.2\sim0.7$MPa。回浆管抬高孔口 1m，当孔内吸浆量大于理论吸浆量，回浆管出浓浆，回浆比重不小于进浆比重，且进浆量和回浆量一致后，即可进行屏浆，屏浆压力 $0.3\sim0.4$MPa，屏浆时间 $20\sim30$min。

3）对穿锚索灌浆时，两端高程不同时，进浆管口安装在低端，待高端回浆管排出孔内积水、气体并溢出浓浆后闭浆 30min 即结束灌浆。当对穿锚索为水平时，进浆管口可安装在中间，两端均安装回浆管，灌浆时浆液向两端流动，等两端回浆管均排出孔内积水和气后溢出浓浆，再闭浆 30min 即结束灌浆。

4）如果张拉段灌浆时出现轻微漏浆，应采取间歇灌浆方法，或提高浆液浓度进行灌浆；当出现较严重漏浆时，可在浆液中按设计配合比掺加细砂，细砂在压力作用下挤进裂隙中起到堵塞效果，有利于灌浆密实。当出现严重漏浆时应停止灌浆，查明原因。按照特殊地层灌浆方法处理。

（3）特殊地层灌浆。针对边坡破碎岩体、堆积体等特殊地层，锚索施工过程中采取了以下处理措施，解决钻孔难、灌浆难问题。

1）加入水玻璃堵漏。在钻孔过程中遇到跑风漏气现象时，说明孔底出现了裂隙孔洞，此时立即停钻进行堵漏，用 25L 的塑料桶装水玻璃置于孔口上方，用直径 10mm 的塑料管引至孔口内，水泥净浆拌制好后，用直径 25mm 的 PVC 管从注浆泵接至孔口内，与水玻璃同时注入，直至全孔注满。此种方法对裂隙不太大时收效较好。

2）孔内喷混凝土堵漏。采用混凝土喷射机将拌制好的喷锚料高压喷入孔内，喷射时因专用喷头过大不能入孔，需换用无开关控制阀喷头，并将直径 25mm 的 PVC 管绑牢于喷射管，拌制好较稀的浆液（水灰比 $0.8:1$ 或 $1:1$），同时打开混凝土喷射机和注浆泵。喷射时从孔底向孔口拔管，要注意拔管速度，既使孔内填实而又不让管子卡死拔不出。

向孔内喷混凝土对大的孔洞裂隙收效较好，但问题是拔管速度难以掌握，注入混凝土和浆液量不好控制，对小裂隙收效不大。

3）复合堵漏剂堵漏。复合堵漏剂主要成分为聚醚多元醇、泡沫稳定剂、催化剂和多苯基多次甲基多异酸酯等。特性主要有如下几个方面。

A. 膨胀系数为 $250\%\sim300\%$，作用迅速（15s），具备爆发力。

B. 水平方向抗压强度 $0.2\sim0.3$MPa，垂直方向抗压强度 $0.15\sim0.2$MPa，具有一定强度的握裹力、黏结力、摩擦力。

C. 凝结时间可调控，终凝时间可控制在 30min 内。

D. 材料无毒、不挥发、不易燃、不含对钢绞线有腐蚀作用的卤素，适用温度范围为 0～60℃。

复合堵漏剂堵漏需配套使用 GLP-1 型堵漏机。堵漏前首先通过孔内摄像判断裂隙位置及宽度，用棉布或其他布料做成布袋子放于孔内裂隙处。用 1 根直径 25mm 的 PVC 管一端通至袋内，一端引出孔内。将堵漏剂与催化剂分别注入 GLP-1 型堵漏机两个容器中，采用两根直径 25mm 的 PVC 管接于堵漏机两个容器的出口，利用接头与上述引入孔内的 PVC 管相接，堵漏时打开空气压缩机，使用高风压同时吹送两种液体于布袋内发生化学反应，堵漏剂膨胀挤入裂隙内凝固达到堵漏效果，30min 后可移钻扫孔。

使用聚氨酯复合堵漏剂堵漏能有效缩短堵漏时间，减少二次固壁耗浆量。问题是堵漏前需准确判断孔内裂缝分布情况（做孔内电视）。操作上要求同步，工艺难于掌握且成本高。

4）塑料袋裹水泥球堵漏。在钻进过程中一旦发现较大裂隙时，立即停钻。用塑料袋包裹水泥球投入孔内，用端部加了顶托钢板（钢板直径略小于钻孔直径）的钻杆向孔内推进挤压水泥球，利用孔底的顶托将水泥球挤入周边裂隙孔洞内，效果很好，但需在发现裂隙孔洞时立即停钻封堵。遇见一个封堵一个，一旦钻过裂隙，没有后壁顶托就难于封堵。

5）采用无黏结钢绞线并在自由段包裹土工布堵漏。如在施工过程中发现岩石破碎各孔串风严重，堵漏固壁时浆液各孔互串时，采用黏结锚索在送索完成后需进行内锚段、张拉段灌注。当同一区域已完成多处穿索，对某一根锚索进行灌浆时，浆液很可能会串入相邻孔内，如串至内锚段，则会堵塞内锚灌浆管，即使未堵塞灌浆管也会因有两次灌浆，内锚段水泥结石的整体性会受到很大影响；如串至张拉段，可能使内锚段增长而张拉段变短。以上两种情况都将使锚索失去其应有的作用。

采用无黏结锚索因内锚段为剥除 PE 套部分，不存在内锚段增长时张拉段变短问题，串浆后影响不大。无黏结钢绞线为外用 PE 套包裹、内用防腐油脂敷裹，使得钢绞线裸线不直接与水泥结石接触，张拉时钢绞线裸线在 PE 套里面能自由伸缩不受影响，可在全孔一次注浆后再进行锚索张拉，并可进行重复张拉，既保证了注浆质量，又简化了工序，提高了注浆工效。同时，可采取外包土工布和细帆布的办法来减少灌浆量。通过对无黏结锚索张拉段外包土工布和细帆布隔离浆液流失，保证了水泥结石对锚索的保护作用。

采用 400g/m² 长丝土工布包在内层防渗，采用细帆布包在外层抗磨，防止索体穿索过程中磨穿土工布导致堵漏失效。包裹直径为孔径的 1.1 倍，包裹长度视裂隙分布情况定，最长为张拉段全长。包层均用缝纫机缝制。灌浆管路系统采用 2 根灌浆管并设止浆包。其中一根穿过止浆包插入导向帽中作为内锚段进浆管，在止浆包内将该进浆管割出楔形口以便浆液先填充止浆包起到封闭孔道的作用；另一根穿过止浆包至止浆包前 10～15cm 处，并在止浆包后 20cm 处割出楔形口，作为内锚段灌浆的排气管和自由段灌浆的进浆管。

使用土工布与细帆布同时对无黏结锚索进行包裹后再穿束的办法，能在保证锚索施工质量的前提下控制灌浆量，使单孔水泥耗量大幅度降低，节省了成本，可操作性强。

4.4.5 锚墩头混凝土浇筑

（1）清理建基面，将内锚段灌浆时撒漏的浆体清洗干净，必要时进行凿毛处理。根据孔口基岩情况和边坡形状，按要求补打锚杆以增强抗滑稳定性；按要求安装孔口套管及支撑钢板、绑扎支座钢筋，要求钢套管轴线与钻孔轴线重合、支撑钢板中心与钻孔中心重合、其平面与钻孔轴线垂直。

（2）按照设计尺寸立模，模板必须与基岩面紧贴密实，如存有缝隙则用木板、砂浆等材料塞缝处理。

（3）为加快锚索施工进度，锚墩头通常采用 3d 或 7d 强度的高标号混凝土，以尽快提供张拉作业。混凝土应采用拌和机搅拌，人工下料，小型振捣棒振捣密实。

（4）混凝土终凝后洒水养护，待达到设计强度后才能进行张拉。

4.4.6 锚索张拉

（1）张拉前对张拉设备（千斤顶、油泵、压力表等）配套率定，绘制分级张拉力和压力表，读数对照图表和分级张拉钢绞线理论伸长值表。

（2）锚索张拉应在内锚段浆体和锚墩头混凝土达到设计强度后进行，张拉通常按照预紧张拉和整体张拉两步进行。

（3）先采用预紧千斤顶将钢绞线逐根对称进行预紧，目的是调直钢绞线。前后两次预紧张拉的钢绞线实测伸长值相差不得大于 2mm，否则应重新进行预紧张拉，直至前后两次张拉的钢绞线的实测伸长值相差小于 2mm。预紧张拉力为设计张拉力的 10%～20%。

（4）分级张拉程序一般为：$0 \rightarrow 0.2P_w \rightarrow 0.25P_w \rightarrow 0.5P_w \rightarrow 0.75P_w \rightarrow 1.0P_w \rightarrow (1.05 \sim 1.1)P_w \rightarrow$ 锁定，张拉到每级荷载后稳压 2～5min，最后一级荷载稳压 10min（P_w 为设计张拉应力）。

（5）张拉加载及卸载应匀速缓慢平稳，加载速率每分钟不宜超过设计荷载的 10%，卸载速率每分钟不宜超过设计荷载的 20%。

（6）稳压时应记录各级张拉时钢绞线的实测伸长值，并与对应的理论伸长值进行比较。当实测伸长值超出理论伸长值 10% 或小于 5% 时，应停止张拉，分析原因，待查明原因并采取相应措施后，再进行后续张拉。锁定后应测量钢绞线的实际总伸长值。

（7）锚索张拉锁定后夹片应平顺平整镶嵌在各锚具孔内，错牙不应大于 2mm，否则应退锚重新张拉。

（8）荷载分散型锚索张拉时可按设计要求先张拉单元锚索，消除在相同荷载作用下因自由段长度不等而引起的弹性伸长差，再同时张拉各单元锚索并锁定，也可按设计要求对各单元锚索从远端开始，顺序进行张拉并锁定。

（9）锚索锁定后，当预应力损失超过设计张拉力的 10% 时，应进行补偿张拉。补偿张拉应在锁定值基础上一次张拉至超张拉荷载，最多进行两次。

（10）对于布置多根预应力锚索工程，应优化张拉程序。当邻近锚索产生应力松弛的幅度超过设计张拉力的 10% 时，应进行补偿张拉。

直线型锚索理论伸长值按式（4-5）计算，对于多曲线组合型预应力锚索，其张拉伸长值应分段计算，然后叠加。

$$\Delta L = PL/AE \qquad (4-5)$$

式中　ΔL——锚索理论伸长值，mm；

P——预应力钢绞线的平均张拉力，取张拉端的张拉力与计算截面处扣除孔道摩擦损失后张拉力的平均值，其值按式（4-6）计算，N；

L——预应力钢绞线从张拉端至计算截面的孔道长度，mm；

E——预应力钢绞线弹性模量，MPa；

A——预应力钢绞线的截面积，mm^2。

$$P=P_j\left(1-\frac{kx+\mu\theta}{2}\right) \tag{4-6}$$

式中　P_j——张拉控制力，当超张拉时按超张拉取值，N；

x——张拉端至计算截面的孔道长度，mm；

θ——预应力钢绞线从张拉端至计算截面曲线孔道部分切线的夹角之和，rad；

k——预应力孔道局部偏摆系数；

μ——预应力钢绞线与孔道壁面的摩擦系数。

锚索实际伸长值按式（4-7）计算：

$$\Delta L=\Delta L_1+\Delta L_2 \tag{4-7}$$

式中　ΔL——锚索实际伸长值，mm；

ΔL_1——从初应力至最终应力之间的实测伸长值，包括多级张拉、两端张拉总伸长值，mm；

ΔL_2——初应力下的推算伸长值，mm。

4.4.7　外锚头保护

（1）张拉段灌浆浆体终凝后，用手持砂轮切割机切除外露的钢丝或钢绞线，切口位置至外锚具的距离不应小于100mm。

（2）对支撑钢垫板外侧混凝土面进行凿毛处理，并将工作锚、钢绞线及垫板清洗干净。

（3）立模后浇筑混凝土，封闭工作锚、钢绞线和垫板等，保护外锚头的混凝土最小厚度不小于10cm。

（4）需进行补偿张拉的无黏结锚索，应预留足够长的钢绞线，外露钢绞线涂抹油脂封闭，并加钢套管进行保护。

4.5　试验与监测

4.5.1　试验检测

边坡锚索加固在施工过程中应按规程规范要求进行相应的材料试验、锚索受力试验和锚索验收试验。

（1）材料试验。锚索使用的材料主要有钢绞线和锚具，因此材料试验主要包括钢绞线力学性能试验、锚具硬度检验。

1）钢绞线力学性能试验。主要检验钢绞线的屈服强度、极限强度、伸长率。按每60t为一批次抽样3盘取3根试件组成一组，不足60t的按60t计取。钢绞线截取时应先除去端头500mm，再根据试验条件截取900～1200mm长一段用于试验。1组3根钢绞线试件中，如有1根试件的主要力学性能指标不合格，则可判断该盘钢绞线不合格，并应在其他钢绞线盘中随机扩大抽取6根试件重做相应试验，若再有1根不合格，则可判断该批次钢绞线为不合格。

2) 锚具硬度试验。按每批入库的锚板和夹片总量的 5% 抽样，且锚板和夹片均不少于 5 件（副）进行硬度试验。试验时在锚板中心测打 3 点，在夹片背面中心线上测打 3 点，所有测值均符合要求时则判断该批次锚具为合格；若有 1 件不合格，则需再取 2 倍数量重做试验，如仍有 1 件不合格，则应对该批次锚具逐件检测，合格者才能使用。

（2）锚索受力试验。

1) 锚索受力试验主要是通过对钢绞线进行预紧和分级张拉，检测锚头位移值的变化情况。实施时应选择有代表性的锚索，并根据锚索总体规模数量确定需要进行锚索受力试验的数量，一般情况下为总锚索量的 3%，但最少不低于 3 束。受力试验在现场进行，钢绞线、锚具、水泥及其浆体、张拉设备及施工工艺等与实际锚索工程施工相同。

2) 锚索受力试验先按设计应力的 20% 对钢绞线进行预紧张拉，将钢绞线调直，以此作为初始应力值，在此荷载下，拉伸率读数为零。然后采取分级张拉，分级张拉力分别为设计值的 0、0.20 倍、0.25 倍、0.50 倍、0.75 倍、1.00 倍、1.05～1.10 倍，超张拉结束后锁定钢绞线。

在每级张拉后，每间隔 5min 测读 1 次锚头位移，若 20min 内拉伸值变化不超过 2mm，则可继续下一级加载，否则应保持荷载 45min，继续观测进一步的位移读数。

3) 锚索合格评判标准。

A. 锚索弹性变形值不应小于自由段长度变形计算值的 80%，且不应大于自由段长度与 1/2 锚固段长度之和的弹性变形计算值。

B. 锚索极限承载力取破坏荷载的前一级荷载，在最大试验荷载下未达到规定的破坏标准时，锚索极限承载力取最大试验荷载值。

4) 锚索破坏判定标准。

A. 后一级荷载产生的锚头位移增量达到或超过前一级荷载位移增量的 2 倍时。

B. 锚头位移不收敛，锚固体从岩土层中拔出或锚索从锚固体中拔出。

C. 锚头总位移量超过设计允许值。

（3）锚索验收试验。锚索验收试验检验锚索施工过程的整体质量（包括造孔、材料、编索与穿索、内锚段注浆、墩头混凝土浇筑、锚具安装及张拉工艺控制等）和承载能力是否满足设计要求，以此判断锚索施工的质量，因此验收试验又称为质量控制试验。

验收试验应随机抽样，其数量应为锚索总量的 5%～10%，且不低于 3 束。

验收试验的内容、标准应由设计确定。

1) 验证荷载取值。一般情况下临时锚索的验证荷载为 125% P_w（P_w 为设计张拉力），永久锚索的验证荷载为 150% P_w。

2) 荷载增量与时间间隔确定。临时锚索应为（10%～125%）P_w、永久锚索应为（10%～150%）P_w 范围内分级加荷后，连续测读其荷载与位移数据并绘制曲线图，每级荷载增量不应超过 50% P_w 且要认真观测其荷载对应的位移，卸荷时除了基准荷载，应在中间读取不少于 2 个数据，并且最好在验证荷载的 1/3 和 2/3 处（见表 4-20）。现场验收试验采用的荷载增量和最小时间间隔见表 4-20。

表 4－20　　　　　　　　　　现场验收试验采用的荷载增量和最小时间间隔表

临 时 锚 索		永 久 锚 索		最小时间间隔 /min
荷载增量与设计张拉力的百分比/%		荷载增量与设计张拉力的百分比/%		
第1循环	第2循环	第1循环	第2循环	
10	10	10	10	1
50	50	50	50	1
100	100	100	100	1
125	125	150	150	15
100	100	100	100	1
50	50	50	50	1
10	10	10	10	1

第1循环总体时间较短，每级荷载基本维持到记录位移数据所需的时间，一般不超过10s；第2循环总体时间相对延长，每级荷载应维持至少1min且在其起点和终点记录位移数据。对于验证荷载，该期限可延长到至少15min，且在每5min时间间隔内测读其位移数据。

第2循环完成后重新一次性加载至$110\%P_w$时锁定，锁定后立即读取的荷载即为初始锁定荷载，该时刻即为观测荷载与时间位移曲线中的时间零点。

3）锚索评价。通过试验的锚索，只要符合以下条件之一，即认为锚索合格。

A. 位移或荷载读数次数合格，显性自由段合格。荷载取值符合要求，荷载稳定，荷载大小合格。

B. 荷载损失率合格，显性自由段合格，荷载取值合格，位移合格，蠕变合格，锚索位移合格。

锚索验收试验完成后，若累积松弛分别超过初始残余荷载的5%或蠕变5%Δ_e（锚索体的弹性位移），应对锚索重新张拉且在$110\%P_w$时锁定。

显性自由段长度及锚索体的弹性位移按式（4-8）和式（4-9）计算：

$$L_x = \frac{AE\Delta_e}{P} \tag{4-8}$$

式中　L_x——锚索体显性自由段的长度，m；

　　　A——锚索钢绞线的截面积，m^2；

　　　E——钢绞线的弹性模量，Pa；

　　　Δ_e——锚索体的弹性位移，其值为峰值循环荷载下观测到的位移减去基准荷载下观测到的位移（考虑结构移动），m；

　　　P——峰值荷载减去基准荷载，N。

$$\Delta_e = \frac{P_s L_1}{AE} \tag{4-9}$$

式中　Δ_e——锚索体的弹性位移，m；

　　　P_s——锚索的初始锁定荷载，N；

　　　L_1——锚索自由段的长度，m；

A——预应力钢绞线的截面面积，m^2；

E——预应力钢绞线的弹性模量，Pa。

4.5.2 原位监测

随着边坡工程处理措施不断完善，规模不断扩大，监测仪器也不断改进，在水利水电工程建设中，原位监测越发受到重视。监测工作的目的是：通过监测可以对施工阶段的边坡变形情况进行安全预报，以便极早发现极早处理，防患于未然；可以对工程的安全运行做出定量的评价；还可以验证设计的合理性，以利于科技进步和提高设计水平。

由于锚索安装在山体（或构筑物）内，预应力钢绞线受力情况与边坡变形情况直接相关，锚索施工期特别是运行期，其锚固效果受多种因素影响，实际情况与设计要求是否一致或相近，需要通过监测数据加以分析判断。

通常情况下，锚索工程原位监测分为施工阶段和运行阶段两期进行，其监测内容和项目见表 4-21。

表 4-21　　　　　　　　　　　锚索工程原位监测内容和项目表

锚索工作阶段	监 测 内 容		监 测 项 目
施工阶段	锚索体	锚索的工作状态 锚索的施工质量	1. 锚索张拉力； 2. 钢绞线伸长值； 3. 预应力损失
	锚固对象	加固效果	被锚固体的位移和变形
工程运行阶段	锚索体	锚索的工作状态	预应力值变化
	锚固对象	锚固工程安全状况	被锚固体位移、地下水状态

（1）施工阶段原位监测。施工阶段原位监测是指施工期间进行的监测，通过现场量测锚索分级张拉力、钢绞线实际伸长值、锚固锁定后预应力值等，比较实际值与设计理论值的差异是否在允许范围内，从而判断施工质量是否符合设计要求，能否满足施工阶段安全要求。同时，通过布设边坡多点位移计或坐标点位以监测水平与垂直位移情况。施工阶段监测多数是属于临时性的，但应与永久监测相结合，以便数据完整延续。

1）监测项目包括锚索分级张拉力、张拉过程中钢绞线伸长值和锚索锁定时的预应力损失。根据规程要求，分级张拉稳压后记录对应的钢绞线伸长值，最后记录锚索锁定时张拉力值，与设计理论值比较分析。

2）按照设计要求确定锚索监测数量，布置合理监测断面，一般情况下每隔 50m 布置一个监测断面，关键部位监测断面加密，增加监测频次。

3）施工阶段监测与锚索张拉同步进行，根据设计要求及现场实际，选择有代表性的部位布置监测断面，主要测量被锚固岩体、结构的应力、应变初始值，并进行后续监测；同时及时分析整理资料，迅速反馈信息，以便进行动态设计，调整设计参数和施工程序，改进施工工艺。

4）施工阶段监测尽量同运行阶段监测相结合，对需要转入运行阶段监测的项目应注意保护并及时移交。

（2）运行阶段原位监测。预应力锚索工程运行阶段的原位监测，主要监测工程投入运行工况后被锚固体变形及锚索预应力变化情况。运行阶段监测更为重要，需要大量数据综合分析判断锚固实施后的有效性，边坡位移监测与锚索预应力监测相互印证。因此，在监测断面布置和仪器配置方面应满足工程实际需要。目前国际和国内通用的观测仪器为多点位移计和测斜仪，仪器安装施工质量要求高。

1）主要监测锚固区域岩体边坡整体稳定性与锚索预应力值。

2）根据设计要求，系统锚索加固区每 30m 布置一个监测断面，每个监测断面至少设置三个观测部位，对断层破碎带或其他特殊部位应加密布置监测断面和监测点。

3）与施工阶段监测有序衔接，从锚索施工前后均应对相应部位进行监测，并保持监测连续性，以获得完整真实的监测数据，为判断边坡稳定性提供有效资料。

（3）预应力监测。锚索预应力监测主要作用是判断锚索对边坡岩体加固效果，了解钢绞线在孔内变形及应力值变化情况。

1）根据埋入方式不同，锚索预应力监测可采用钢弦式、电阻应变式或液压式测力计。钢弦式和电阻应变式测力计均埋入锚索孔内，施工相对复杂，且易损坏；而液压式测力计则安装在锚头与支承钢板之间，安装与维护较为简便。目前使用较多的是液压式测力计，使用前必须进行率定，合格后才能使用。

2）根据工程规模不同，永久锚索监测量应为锚索总量的 $5\% \sim 10\%$，临时锚索监测量应为锚索总量的 3%，且均不得少于 3 束。

3）各时段监测频次不同，在安装测力计后的最初 10d 内每天测定 1 次，第 $11 \sim 30d$ 每 3d 测定 1 次，以后每月测定 1 次。当遇有降雨、临近地层开挖、相邻锚索张拉、爆破振动以及预应力测定结果发生突变等情况时，加密监测频率。锚索预应力监测时间不少于 12 个月。

4）对无黏结锚索，可采用二次张拉方法进行锚索预应力和承载力测定。

5）当所监测锚索初始预应力值的变化大于锚索轴向张拉力设计值的 10% 时，应采取重复张拉或适当卸荷的措施。受锚索徐变和地层徐变等影响，锚索预应力随时间减少，宜采取再张拉方法进行补偿；受地下水上升、冻胀、地层膨胀和应力消除等影响，使锚索预应力增大，应适当卸荷降低锚索预应力；由于荷载变化或设计能力不足造成锚索预应力加大，还应采取补强加固措施。

（4）腐蚀检查分析。锚索腐蚀程度与其所处岩土体性质及其周围介质（水、气、湿度、化学物质等）有关，除了在锚索编索过程中加强防腐外，还应改善周围环境，使钢绞线处于弱碱性环境中，有利于锚索抗腐蚀。

无论锚索处于何种环境中，都应对锚索使用期内进行腐蚀检查与分析。

1）由于锚索安装在孔道内，很难作深入检查，主要应对锚头和与锚头邻近的自由段的钢绞线腐蚀情况进行检查。检查措施：一是拆除锚头保护钢罩或外锚头混凝土保护层，检查锚具及外露钢绞线表面腐蚀情况；二是在距锚头 1m 左右的自由段注浆体进行外观钻孔检查或取样进行物理化学检测分析。

检查后应对拆除的锚头或注浆体进行及时修复，防止锚索进一步腐蚀。

2）锚索腐蚀检查分析是一项复杂的工作，时间跨度长，检查措施受限，检查分析腐蚀状况的锚索数量，根据锚固工程的工作环境和工作状态（被锚固地层和结构物的变形等）确定。

（5）原位监测报告内容。预应力锚索工程原位监测报告是反映锚索施工质量及运行阶段锚固效果的重要资料，内容应翔实、准确、完整。主要包括监测项目、方法，监测仪器的型号、规格和标定资料；施工期监测的原始资料应包括预应力损失值及应力—应变曲线图；监测报告应对锚索工程安全运行情况做出评价。

4.6　质量控制

4.6.1　质量控制标准

影响预应力锚索施工质量的主要因素有原材料、造孔、编索、穿索、注浆、锚墩头混凝土、张拉和外锚头保护等各环节，其中造孔、注浆、张拉为主要检测项目，其施工质量直接影响锚索的锚固力大小和运行期安全。预应力锚索质量标准见表4-22。

表 4-22　　　　　　　　　　　预应力锚索质量标准表

序号	验收项目	质 量 标 准	
1	锚索孔	孔斜＝$\sqrt{垂直偏差^2＋水平偏差^2}/L$	端头锚不大于孔深的 2%
			对穿锚不大于孔深的 1%～2%
		造孔超深偏差不大于 20cm	
		开孔偏差不大于 10cm	
		钻孔超径不大于孔径的 3%	
2	地质缺陷处理	处理及时，质量符合设计要求	
3	编索下索	1. 钢绞线材质满足设计要求，有出厂证明及抽样检查的材质报告，外观检查无锈蚀、缺损； 2. 穿入孔内的锚索平顺不扭，进浆、回浆管畅通，止浆环充气压力不小于 0.3MPa，锚索结构无损坏，外露段保护良好； 3. 穿索前，应对锚索孔清孔，要求无杂物、岩屑和积水	
4	△内锚段灌浆	1. 灌浆材料、浆液比重、强度等级符合设计要求； 2. 灌浆压力 0.2～0.3MPa，闭浆时间 30min，且进浆量、排浆量一致； 3. 灌浆量大于理论吃浆量，回浆比重不小于进浆比重	
5	锚墩头 混凝土浇筑	1. 基础面无松动块石，岩石面清洗干净； 2. 钢垫板外平面与孔口管及孔中心线垂直，角度偏差小于 0.5°，钢筋、模板的规格尺寸、安装位置符合设计要求； 3. 混凝土振捣密实，试件强度符合设计要求	
6	△张拉	1. 张拉程序符合规定； 2. 每级张拉力与理论计算伸长应符合规范要求； 3. 张拉加荷速率不超过 50～100kN/min	
7	△张拉段灌浆	1. 灌浆材料、浆液比重、强度等级符合设计要求； 2. 灌浆压力 0.2～0.7MPa，闭浆时间 30min，且进、排浆量一致； 3. 灌浆量大于理论吃浆量，回浆比重不小于进浆比重； 4. 对端头锚在张拉段灌浆管不通的情况下，采取有效措施处理，满足设计要求	
8	外锚保护	符合设计技术要求	

注　△表示主要控制项目。

4.6.2 原材料质量检查

预应力锚索施工质量与其组成的原材料质量密切相关，原材料质量好坏直接影响预应力锚索施工质量。因此，必须对原材料进行严格质量检查（测），严防不合格材料用于预应力锚索施工。

（1）钢绞线。用于预应力锚索的钢绞线按进货批次检查出厂合格证，按每 60t 为一组抽样 3 根进行试验，并检查其外观有无锈蚀、断裂等。不合格的钢绞线不得使用。

预应力钢绞线钢材力学性能检测报告见表 4－23。

表 4－23　　　　　　　　　预应力钢绞线钢材力学性能检测报告

委托编号：　　　　　　　　　　　　　　　　　　　　　委托单位：

工程名称：

检验依据：　　　　　　　　　　　　　　　　　　　　　生产厂家：

试验日期：

样品编号	试件尺寸			抗拉强度 R_m/MPa	整根钢绞线最大拉力 F_m/kN	0.2%屈服力 $F_{p0.2}$/kN	最大伸长率 A_{gt}/%	弹性模量 E/GPa	1000h 应力松弛率 r/%	
	直径/mm	捻距/mm	面积/m²						初始力/实际最大力/%	
									70	80
检验结论					出具报告单位（章）					

技术负责人：　　　　　　　　　　校核人：　　　　　　　　　　检验人：

（2）水泥。水泥作为预应力锚索的胶结材料，其质量至关重要。用于预应力锚索的水泥要求新鲜不结块，初凝时间和终凝时间符合设计要求，安定性、稠度、烧失量等符合规范要求。

（3）水。水作为胶凝材料的稀释剂，采取生活用水，生产用水要求水质清洁，pH 值不小于 4。

（4）锚具。锚具是预应力锚索张拉后的锁定装置，要求锚具加工质量符合质量要求，夹片的咬合力符合质量要求，每批次锚具按总量的 5％抽样进行硬度检测。

4.6.3 设备性能检查

（1）锚索钻机。锚索钻机性能决定其钻孔质量，应根据不同地质条件、不同孔深孔径选择不同的锚索钻机进行造孔。

（2）注浆机。注浆机性能决定注浆体是否饱满，注浆机的压力、输浆距离等必须符合规范要求和现场施工条件。

（3）张拉设备。张拉设备是对钢绞线施加预应力的工具，张拉设备必须经有资质的机构率定合格后才能使用，每次使用前均应对张拉设备进行检查，使用后进行维护保养。使用过程中严格按要求进行分级张拉，分级张拉值准确与否直接影响施工质量和张拉效果。

4.6.4 施工过程质量控制

（1）钻孔质量控制。

1）检查排架搭设是否牢固，防护设施是否布置到位。

2）检查锚索孔孔位、方位、倾角、孔深等是否符合设计要求。孔位允许误差不得大于 10cm，特殊情况孔位需作调整时须经设计同意。钻孔方位角偏差一般不大于 3°，孔斜误差宜控制在孔深 2% 以内。终孔孔深不小于设计的孔深且大于设计孔深 20cm，终孔孔径满足设计要求。

开孔钻进要低转速、低压推进，当成孔约 50cm，需再次校核孔向，及时调整钻机；认真记录每米钻孔过程中排渣、钻进速度变化情况。

钻孔方向控制。首先排架搭设要牢固，钻机定位要准确。水平孔须用 2mm/m 精度的水平尺校核钻机钻杆水平度。用测量仪器测定钻进方向角，调整好孔向再牢靠固定钻机。对穿斜孔轴线用测量仪控制，并在作业层排架上焊接有倾角、方向角的钢筋标尺。

3）检查孔内碎渣与积水是否冲洗干净。宜采用高压风和（或）水冲洗钻孔，覆盖层区或断层破碎带区宜用高压风冲孔，不得采用水冲孔，防止水渗入断层破碎带中。

4）压水检查孔内渗水情况。对地质条件差、裂隙发育地层，钻孔后应进行压水试验，检查孔内渗水情况，必要时进行固结灌浆处理，再扫孔。

锚索孔造孔合格证见表 4-24。

表 4-24　　　　　　　　　锚 索 孔 造 孔 合 格 证

钻孔编号		设计张拉力/kN		锚索类型	
项目		设计值	实测值	误差值	评价
开孔位置	X/m				
	Y/m				
	Z/m				
终孔位置	X/m				
	Y/m				
	Z/m				
孔深/m					
孔径/mm					
方位角/(°)					
倾角/(°)					

钻孔编号		设计张拉力/kN		锚索类型	
项目		设计值	实测值	误差值	评价
终孔孔斜/%					
洗孔情况					
造孔情况					
施工依据					

（2）编索质量控制。

1）采用砂轮切割机下料，不得采用电焊或气焊切割，切口无毛刺。钢绞线长度用钢尺量测符合设计要求。

2）检查钢绞线进浆管、回浆管是否有交叉、折、扭等现象。钢绞线平顺地放置在平台上，按顺序排列安装在隔离支架上，支架之间用无锌铅丝绑扎。进回浆管平行钢绞线穿过隔离支架，无夹制、交叉、折、扭现象。

3）检查端头锚索止浆环位置及封堵质量。钢绞线穿入止浆环的孔隙采用环氧砂浆封堵密实，不漏浆。

4）检查止浆气囊是否漏气。用通气管充气检查止浆气囊质量，充气压力应高于灌浆压力 0.1～0.2MPa，确认气囊完好后作好防护，以免气囊被划破。

5）检查隔离支架间距是否均匀、绑扎是否牢固。隔离支架的位置应放样、并做标记，使其间隔均匀，间距符合设计要求。

6）检查进回浆管位置是否准确，绑扎是否牢固。

7）检查锚索体编号是否与孔道一致。

预应力锚索编制合格证见表 4-25。

表 4-25　　　　　　　　　　　预应力锚索编制合格证

锚孔编号		设计张拉力/kN		类型	
钢绞线	根数：	直径/mm：	下料长度/cm：		孔内长度/cm：
	去皮、清洗、除锈情况：				
止浆环	材料：	直径/mm：	气囊耐压/MPa：		环氧封填：
进浆管	材料：	直径/mm：	耐压/MPa：		长度/cm：
回浆管	材料：	直径/mm：	耐压/MPa：		长度/cm：
隔离支架（架线环）	材料：	直径/cm：	锚固段间距/cm：		张拉段间距/cm：
	隔离支架（架线环）及索体绑扎情况：				
波纹管	材料：		直径/mm：		长度/cm：
	外对中隔离支架安装及导向帽的连接：				
导向帽	直径/mm：		长度/cm：		安装：
索体	锚固段长/cm：		张拉段长/cm：		索体总长/cm：
	外观检查：				

（3）运索与穿索控制。

1）运输时防止索体旋转变形或碰伤。水平运输中索体的各支点间距不宜大于2.0m，弯曲半径不宜小于3.0m，不应使锚索结构受到损伤。长距离运输时，索体底部、层间应设垫木，上下层垫木应在一条垂线上，且不宜超过3层，周边及顶部应加以防护。

2）穿索时防止索体旋转、气囊损坏。

3）穿索过程中如遇到卡孔，应拔出后检查孔内是否掉块，并检查索体是否完好。

4）检查穿索后钢绞线位置是否与标记一致。

（4）注浆质量控制。

1）检查浆液配合比是否正确，并严格按正确的配合比称量投放水泥、水和外加剂。

2）检查浆液浓度，用比重计按要求频率取样检测。

3）控制注浆压力，内锚段一般为0.2～0.3MPa，闭浆压力为0.2MPa，闭浆时间30min；张拉段注浆压力为0.2～0.7MPa，闭浆时间30min。

4）现场抽样制作试模，用以检测浆体抗压强度、抗拉强度等。

5）注浆通过进浆管注入锚固段（或自由段），待回浆管排出积水并持续回浓浆后方可停止注浆。注浆结束控制标准如下。

A. 注浆量大于理论吃浆量。

B. 排气管、回浆管回浆比重均大于进浆比重。

C. 注浆压力达到设计压力，孔内不再或不明吸浆。

D. 闭浆时间不小于30min。

6）如注浆时遇到止浆环失效或因孔内裂隙发育而未进行固结灌浆处理，导致锚固段浆液流入自由段时，应采用水冲洗自由段的浆液，或将索体拔出后进行处理。

7）注浆应保持连续，如出现注浆管爆裂或注浆机械故障，应立即处理，时间控制在浆液初凝以前，否则应将孔内浆液冲洗干净。

8）张拉段注浆时先检查进回浆管是否畅通，如不通应采取补打进浆孔注浆。

9）检查张拉段注浆是否密实，如不密实应采取措施进行补灌处理。

灌浆质量检查表见表4-26。

表4-26　　　　　　　　　　　灌浆质量检查表

锚孔编号：		设计张拉力/kN：		锚索类型：
项目	标准值	实测值	误差值	评价
浆材标号				
水泥品种				
水灰比				
外加剂掺量/%				
灌浆压力/MPa				
闭浆压力/MPa				
闭浆时间/min				
灌浆量/L				
回浆比重				

注　表头空格分别填"内锚段""张拉段"或"全孔"。

（5）张拉质量控制。

1）检查张拉设备是否配套率定，图表是否齐全。张拉前必须对机具进行配套率定，包括千斤顶、油泵、油管、压力表校验，校验合格后将千斤顶与油表配套率定，并绘制率定图表，编写率定报告。

2）配套率定的千斤顶与油表不得混用，率定时每只千斤顶至少配套两只压力表，以备用，率定曲线应标出升荷曲线和降荷曲线。

3）张拉设备率定间隔时间不宜超过 6 个月，超过 6 个月时应重新率定。

4）经拆卸检修的设备，配套率定而受到撞击的压力表均须重新率定。

5）检查工作锚、夹片、限位板、千斤顶及工具锚等安装是否符合要求。

6）检查预紧张拉是否对称进行，前后两次预紧张拉时钢绞线伸长值之差是否小于 2mm，超过时须再次预紧张拉。

7）检查整体分级张拉的稳压时间是否足够，分级张拉的钢绞线伸长值记录是否准确。

8）检查分级张拉时钢绞线实际伸长值与理论伸长值之差是否在设计允许范围内。

9）检查张拉过程中锚墩头周边岩体是否有明显变化。

锚索预紧张拉和整体分级张拉记录分别见表 4-27 和表 4-28。

表 4-27 　　　　　　　_____级锚索预紧张拉记录表

锚孔编号		预紧千斤顶编号				锚索总长/m	
锚索类型		张拉千斤顶编号				内锚段长/m	
设计张拉力/kN		油泵编号				压力表编号	
序号		压力表读数 /MPa	实际张拉力 /kN	钢绞线测长/mm			连续两次测差/mm
				0	1	2	3	
预紧 张拉	1							
	2							
	3							
	4							
	5							
	6							
	7							
	8							
	9							
	10							
	11							
	12							
	13							
	14							
	15							
	16							
	17							
	18							

表 4-28   _____级锚索整体分级张拉记录表

锚孔编号			预紧千斤顶编号			锚索总长/m	
锚索类型			张拉千斤顶编号			内锚段长/m	
设计张拉力/kN			油泵编号			压力表编号	
钢绞线截面积/mm²					钢绞线弹性模量/GPa		

序号		压力表读数 /MPa	实际张拉力 /kN	钢绞线测长/mm			实际伸长量 /mm	理论伸长量 /mm	稳压时间 /min
				初始读数	加载读数	稳压读数			
分级张拉	1								
	2								
	3								
	4								
	5								
	⁝								
锁定荷载									
锁定损失荷载									
锁定损失率									

（6）锚头保护质量控制。

1）检查外露钢绞线切割是否符合要求。有二次补偿张拉要求的无黏结钢绞线预留长度必须满足设计要求。

2）检查墩头混凝土面处理是否符合要求。凿毛不得损伤墩头，凿成花毛即可。

3）检查混凝土模板组立是否符合要求。模板缝隙不得过大，防止漏浆。

4）检查混凝土浇筑质量是否符合要求。振捣密实，防止出现麻面蜂窝。

4.7 安全技术与环保措施

4.7.1 安全技术

（1）现场施工人员必须正确佩戴劳动保护用品、用具，自觉遵守安全管理规定。

（2）施工排架必须经专门设计并经审核合格才能搭设，架子工持证上岗。排架临空面必须搭设安全网和防护栏杆，设置剪刀撑，内侧与岩体用锚杆或钢管连接牢固，作业平台必须铺满木（或竹）跳板，并用铁丝绑扎牢固，排架经检查合格后才能使用。

（3）排架上材料应有序且不得集中堆放，材料设备不得超过设计允许的荷载。小型材料或工具应放在工具箱或工具袋内，防止掉下伤人。严禁使用抛投方法传送工具、材料。

（4）上、下立体交叉作业的部位应挂安全网，防止上部掉落物砸伤下部施工人员。

（5）排架使用过程中应安排专职安全人员巡视检查，发现松动或其他安全隐患时应及时派人进行加固处理。靠近爆破区域的排架，每次爆破后应及时进行检查，发现问题及时修复。

（6）钻机就位前，先清除锚索孔口周围的松动块石，以免钻孔冲击时掉石块砸伤施工人员及设备。锚索钻机必须牢固地与岩体或排架固定，防止钻进过程中移位滑动。

（7）在穿索过程中，作业区内严禁其他工种立体交叉作业。

（8）锚索穿索应有专人负责现场指挥，无论是在排架上人工抬动穿索还是通过索道滑行穿索，或是机械设备穿索，锚索尾部均应拴好安全绳并徐徐下放，防止锚索出现突然快速下滑甩动弹伤施工人员。

（9）在锚索张拉和锁定过程中，锚具正前方不得站人，不得用重物撞击锚具，以防锚具夹片、钢绞线意外飞出伤人。

（10）排架拆除应自上而下进行，高排架上部钢管不得直接丢下，应采取人力接力传递放置，拆除区外侧应派人监护，防止其他施工人员进入拆除区。

4.7.2　环保措施

（1）施工现场各种机械设备、材料等合理摆放，各种标牌清楚、齐全，施工现场文明整洁。

（2）钻机应配备消声、捕尘装置，减少噪声和扬尘；钻孔作业人员应佩戴隔音、防尘器具，避免或减小伤害。

（3）钻孔产生的弃渣及边坡清理的岩块应及时清理，并按指定地点及要求堆放。

（4）水泥堆放有序，设置防护设施，避免水泥粉尘散扬。

（5）锚索注浆管路连接良好，无漏浆现象发生，浆体随拌随用，及时冲洗被浆体污染的岩石表面，防止浆体结块。

（6）制定施工弃浆、污水排放措施，弃浆、污水经处理合格后才能排放。

（7）工程施工结束后，应对施工现场进行清理，防止环境污染，保持文明施工良好形象。

5 抗　滑　桩

抗滑桩是穿过滑坡体深入于滑床的桩柱，通过桩身将其上部所承受的滑体推力传给桩下部的侧向土体或岩体，依靠桩下部的侧向阻力来承担边坡的下推力，从而使边坡保持平衡或稳定。抗滑桩埋置于滑面以下部分称为锚固段，埋置于滑面以上部分称为受荷段。抗滑桩工作原理见图5-1。

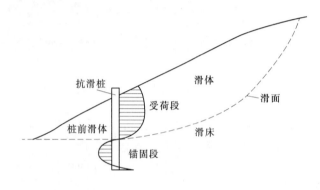

图5-1　抗滑桩工作原理图

抗滑桩在水利水电工程中，如天生桥、三峡、小湾、拉西瓦、锦屏、江坪河等水电站工程的高边坡治理得到了广泛应用。在结构型式上，也由单一的排式单桩发展到了桩板式抗滑桩、排架式抗滑桩、承台式抗滑桩、锚杆式抗滑桩、预应力锚索抗滑桩等多种复合抗滑桩型。

5.1　分类与特点

5.1.1　抗滑桩的分类

（1）按材质分类。按材质分为木桩、钢桩、钢筋混凝土桩和组合桩。

（2）按桩身截面形状分类。按桩身截面形状分为圆形桩、管桩、方形桩、矩形桩和"工"字形桩等。

（3）按施工方法分类。按施工方法分为打入桩、静压桩、就地灌注桩。就地灌注桩又分为沉管抗滑桩、挖孔抗滑桩两大类。水利水电工程高边坡采用抗滑桩进行边坡治理时，常采用挖孔抗滑桩，在成孔方式上又分机械钻孔和人工挖孔。

（4）按结构型式分类。按结构型式分为排式单桩、桩板式抗滑桩、排架式抗滑桩和承台式抗滑桩。

1）排式单桩：排式单桩是抗滑桩的基本形式，即在滑坡的适当部位，每隔一定距离布置一根桩，形成一排或数排的若干单桩。

2）桩板式抗滑桩：为增加支挡斜坡的稳定性，防止受荷段桩间土体下滑，在桩间增设挡土板，构成桩和板组成的桩板式抗滑桩（见图5-2）。

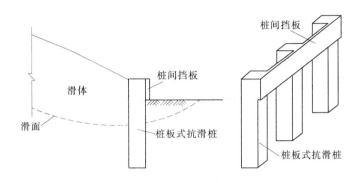

图5-2　桩板式抗滑桩图

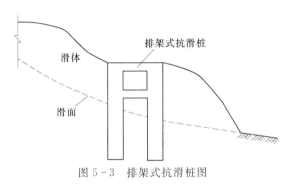

图5-3　排架式抗滑桩图

3）排架式抗滑桩：排架式抗滑桩是由两根竖桩与两根横梁连接成的整体桩体（见图5-3）。

4）承台式抗滑桩：由若干单根桩的顶端和混凝土板联成一组共同抗滑的桩体（见图5-4）。当承台上增设有挡墙和拱板，就构成椅式抗滑桩墙（见图5-5）。椅式抗滑桩由内桩、外桩、承台、上墙和拱板组成。

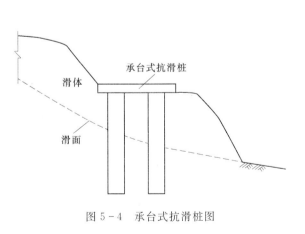

图5-4　承台式抗滑桩图

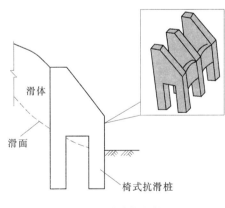

图5-5　椅式抗滑桩图

（5）按桩的受力状态分类。按桩的受力状态分为全埋式抗滑桩、悬臂式抗滑桩和埋入式抗滑桩（见图5-6）。

（6）按桩头约束条件分类。按桩头约束条件分为普通抗滑桩和预应力锚索抗滑桩等。

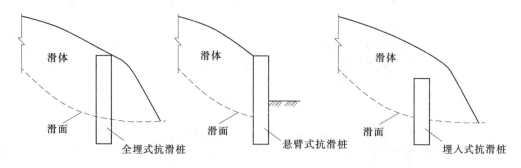

图 5-6　全埋式、悬臂式与埋入式抗滑桩图

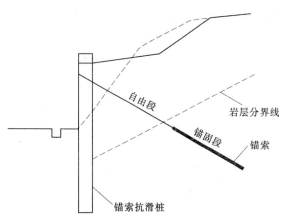

图 5-7　预应力锚索抗滑桩图

普通抗滑桩只有当滑坡体发生了变形或移动而时才承受荷载，是一种被动的支护，即"被动桩"。预应力锚索抗滑桩是在普通抗滑桩的基础上发展起来的，为改善抗滑桩的受力状态，减少桩身内力和变位，在桩顶或桩身一定位置布设一排或多排预应力锚索，锚索的内锚段穿过滑体锚固于稳定地层中，借助锚桩提供的阻滑力和锚索提供的锚固力形成联合抗滑结构（见图 5-7）。预应力抗滑桩通过施工预应力，主动为滑坡体提供抗滑力，是"主动桩"。

5.1.2　抗滑桩的特点

（1）从桩的材质看，木桩是最早采用的桩，可就地取材、易于施工，但桩长有限，桩身强度低、寿命短，一般用于临时工程或应急抢险工程的浅层滑坡的治理。钢桩的强度高，接长方便，施打容易、快速，应用广泛，但受桩身断面尺寸限制，横向刚度较小，造价偏高。钢筋混凝土桩断面刚度大，抗弯能力高，施工方式多样，可打入、静压、机械钻孔就地灌注和人工成孔就地灌注，广泛应用于大型滑坡体的治理中，其缺点是混凝土抗拉能力有限。

（2）从施工方式看，机械成孔的混凝土抗滑桩具有钻孔速度快，劳动强度低，安全性相对较好，桩径可灵活选择，适用于各种地质条件。但机械成孔对道路、工作面的要求高，尤其是高陡边坡处理工程，机械进入和架设困难较大；在冲击岩层或者遇孤石时成孔速度慢；在岩层面起伏较大部位桩孔容易偏斜；机械钻孔的废弃泥浆不易收集干净，现场施工环境差；桩底沉渣不易控制；施工用水也对边坡的稳定有一定影响。人工挖孔混凝土抗滑桩断面尺寸较大（目前国外最大桩径已达 8.0m，国内最大桩径已达 5.0m），且具有操作工艺简单、施工方便、不需要大型机械设备、能同时进行多桩施工、可直接检查桩的外形尺寸和直观确认地质情况，受力性能可靠、施工质量容易保证且施工成本低等优势，适用于结构较密实的土或岩石层边坡工程处理。但人工挖孔作业人员须下井作业，桩径或边长应大于 1.2m 才能进行作业；人工挖孔施工不适用于易发生流沙、涌水、塌方的地层和存在有毒、有害气体的地层。另外，成孔太深，上下提土占用时间较长，工效相应降低，且孔底空气稀薄，容易造成安全事故，也不宜采用人工挖孔。

（3）从结构型式看，单桩结构简单、受力作用明确，但抗滑能力较小；排架式抗滑桩转动惯量大，抗弯能力强，桩壁阻力较小，桩身应力较小，在软弱地层有较明显的优越性；锚索抗滑桩是桩与锚索共同抵抗滑坡体的推力，桩身的应力状态和桩顶变位大大改善，能够节省原材料，降低造价，是一种较为合理、经济的抗滑结构。

5.2 施工

鉴于水利水电工程的边坡规模较大，对桩的要求高，采用抗滑桩进行边坡治理时，广泛使用钢筋混凝土灌注桩，以下主要介绍此类抗滑桩施工方法。

5.2.1 施工程序

钢筋混凝土抗滑桩是一项质量要求高、施工工序较多，并须在一个短时间内连续完成的地下隐蔽工程。因此，施工应严格按程序进行。在桩序的安排上，当抗滑桩为群桩布置，且相邻桩间距小于 2 倍桩径（或小于 2 倍桩截面最大边长）时，宜按跳桩分序的方式施工，待Ⅰ序桩身混凝土灌注完毕且达到设计强度后，再进行相邻的Ⅱ序桩的施工。

5.2.2 成孔方式选择

应根据具体的地形、地质情况、桩径和桩长、工期要求等选择成孔方式。

当施工作业面较为平坦，便于机械设备作业，且桩孔内土层主要为淤泥质土、黏性土、砂性土、砾（卵）石等松散性土层或软岩；或桩孔内地下水位较高；或桩径较小、桩深较长；应优先选用机械成孔工艺进行施工。反之，当作业面地形陡峻，不便于钻孔机械作业；或桩孔内地层主要为岩石层，需要爆破开挖；或开挖断面较大且为矩形断面时，宜优先选择人工开挖成孔的施工方式。

实践中，在水利水电工程中采用抗滑桩进行滑坡体治理时，一方面是治理对象多为陡峻山坡，其地形和地质条件决定了施工作业面不便于钻孔机械作业，且桩内往往需涉及岩石爆破作业；另一方面，对于山体的滑坡治理，其地下水往往较低或受地下水的影响较小，桩的断面形式多为矩形，适宜采用人工开挖成桩的施工方式。所以，在常见的采用抗滑桩治理山体滑坡的实例中，其成孔方式多为人工开挖成孔，《滑坡防治工程设计与施工技术规范》（DZ/T 0219—2006）也提倡抗滑桩的成孔方式以人工挖孔为主。

5.2.3 机械成孔

当抗滑桩采用机械成孔时，由于成孔机具的多样化（见表 5-1），成孔的工艺多种多样，本节仅对常见几种机械成孔方式的施工要点作一简述。

表 5-1　　　常用成孔施工机具的主要技术指标及适用的成孔方法表

序号	设备名称及型号	主要性能指标				适用成孔方法
		钻孔直径 /mm	深度 /m	钻进速度 /(m/min)	电动机功率 /kW	
1	螺旋钻孔机 ZKL1500	1500	40		83	机动推钻
2	螺旋钻孔机 ZKL800-C	800	12～18	1	55	机动推钻
3	螺旋钻孔机 ZKL600	600	15.5		45	机动推钻
4	螺旋钻孔机 RT3/S	2200	42		118	机动推钻
5	螺旋钻孔机 LZ	300～600	13	1	30	机动推钻
6	钻孔机 TEXOMA700Ⅱ	1828	18		100	机动推钻
7	打井机 YS-100 型	600～1100	40		7	机动推钻
8	潜水钻机 KQ-1500	800～1500	80		37	潜水钻成孔
9	潜水钻机 KQ-3000	2000～3000	80		111	潜水钻成孔
10	潜水钻机 LB	800～3000	70		40～75	潜水钻成孔
11	潜水钻机 RRC-20	1500～2000	50		2×14	潜水钻成孔
12	正循环钻机 GPS-10	400～1200	50		37	正循环成孔
13	正循环钻机 GQ-80	600～800	40		22	正循环成孔
14	正循环钻机 XY-5G	800～1200	40		45	正循环成孔
15	正、反循环钻机 QJ250	2500	100		95	正、反循环成孔
16	正、反循环钻机 GJC-40HF	1000～1500	40		118	正、反循环成孔
17	正、反循环钻机 BRM-2	1500	40～60		22	正、反循环成孔
18	反循环钻机 S480H	1000～4800	100		75	反循环成孔
19	反循环钻机 MD150	3000～5000	200		110	反循环成孔
20	反循环钻机 FX-360	1500～3000	65		2×40	反循环成孔
21	钻斗钻机 20HR	1200～2000	27～42		49	钻斗钻成孔
22	钻斗钻机 TH55	1500～2000	30～40		88	钻斗钻成孔
23	钻斗钻机 RTAH	1200	28		11	钻斗钻成孔
24	钻斗钻机 R18	3000	62		183	钻斗钻成孔
25	冲抓钻机 20-THC	450～1200	40		48＋88	冲抓锥成孔
26	冲击钻机 CJD-1500	1500～2000	50		118	冲击钻成孔
27	冲击钻机 KC-31	1500	120		60	冲击钻成孔
28	冲击钻机 CZ-30	1200	180		40	冲击钻成孔
29	冲击钻机 CJC-40H	700	80		118	冲击钻成孔

（1）螺旋钻成孔。螺旋钻成孔设备由桩架、动力头、螺旋钻杆、叶片及导向机构等组成。螺旋钻按其螺旋体的长短，分为长螺旋钻与短螺旋钻两种。整个钻孔全为螺旋叶片钻进时为长螺旋钻，反之为短螺旋钻（见图 5-8）。螺旋钻成孔直径最小为 300mm，最大可达 1500～2800mm。

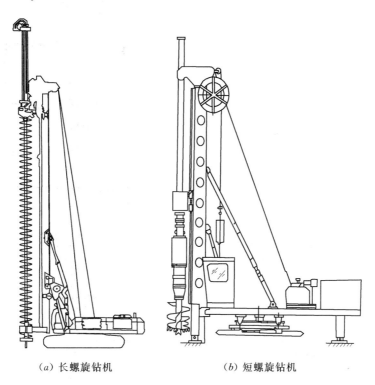

（a）长螺旋钻机　　　　　　（b）短螺旋钻机

图 5-8　螺旋钻机示意图

采用螺旋钻成孔，施工设备简单，施工方便，施工速度快，成孔精度高，且振动与噪声较小，特别适宜土质边坡的干作业成孔。螺旋钻成孔施工要点如下。

1）螺旋钻可实施干作业、湿作业，当土质较好、地下水位较低时，宜优先采用干法施工；采用湿作业时，应采取措施（如泥浆护壁）确保孔壁不发生塌孔。

2）桩机的垂直度在开钻前必须调直，开钻机时应先慢后快，减少钻杆的摇晃，及时纠正钻孔的偏斜或位移；钻进过程中如碰到石渣或石块等硬物导致钻杆晃动，应提钻查清原因后再钻。

3）确定合适的转速，如果转速偏低，则土屑不能自动沿叶片上升，需后续土屑推挤前期土屑上移，土屑与叶片面产生较大的摩阻，功率损耗大；反之，如转速过高，土屑来不及排出，则造成土屑推挤阻塞，形成"土塞"，不能继续钻进。

4）适当控制钻进压力及给进量，以少进刀为宜，一般控制每一转进尺 10～30mm 为宜。

5）成孔结束后，及时清除孔底虚土。干作业时可在孔底处空转清孔，直至虚土被清出为止。如为湿作业成孔，则可用泵吸或取土筒进行清孔。

（2）斗筒式钻机成孔施工。斗筒式钻机成孔施工是利用带有斗筒式钻头的钻杆及斗筒式钻头的自重，将切削的土屑刮入斗筒内，再把斗筒提升至孔外，借助斗筒的特殊机构卸土，重复上述过程逐渐形成桩孔。斗筒式钻机由桩架、动力头、钻杆及斗筒式钻头等组成，两种不同形式的斗筒式钻孔灌浆桩直径可达 600～3000mm，深度可达 70～80m，斗筒式钻机见图 5-9。

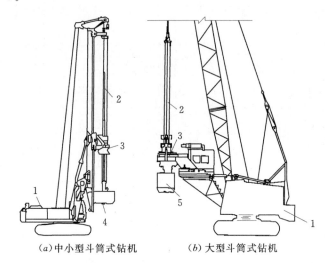

（a）中小型斗筒式钻机　　　　（b）大型斗筒式钻机

图 5-9　斗筒式钻机示意图
1—桩架；2—钻杆；3—动力头；4—斗筒钻头；5—斗筒

斗筒式钻机成孔施工要点主要有以下几点。

1）确保桩架、钻杆的垂直度，并根据不同的土质选择不同的钻头。对于黏土、砂质黏土，可选用锅底式钻头；砂卵石层、黏岩可选用带刀刃的钻头；大块石、孤石可选用锁定式钻头。

2）成孔时应控制好钻头上下升降的速度。速度过快孔底易产生负压，导致底部孔壁部分虚土塌孔。钻斗提升速度可参考表 5-2 取值。

3）根据不同的土层控制钻头转速，在软土中转速可稍高，在硬土、砂卵石层中应适当放慢。钻头转速可参考表 5-3 取值。

4）成孔结束后，如孔底淤泥较多，可用专用泥浆斗捞出，也可在钢筋笼放入之前，用泥浆泵或气举法吸出。

表 5-2　　　　　　　　　　钻斗提升速度参考值

桩　径 /mm	满钻斗提升速度 /(m/s)	空钻斗提升速度 /(m/s)
800	0.97	1.21
1000	0.86	1.02
1200	0.75	0.83
1500	0.57	0.83

表 5 - 3   钻 头 转 速 参 考 值

土层地质状况	标贯（N 值）	转速/（r/min）
表层土	—	0～10
黏土类粉质黏土、淤泥质粉质黏土、淤泥质粉质黏土、粉质黏土夹粉砂、粉质黏土	≤30	0～20
砂质粉质夹粉砂、粉土、粉砂、粉质黏土类	30＜N≤50	0～15
粉细砂、粉砂、含砾、中粗砂	≥50	0～8

（3）正、反循环钻成孔施工。正、反循环钻成孔施工均采用泥浆护壁，正循环成孔时，用泥浆泵将泥浆经钻杆中心孔注入孔内，废泥浆及渣土从孔壁与钻杆间的空隙流出，依靠重力流入沉淀池，重新稀释后的泥浆再注入孔内以维持孔内泥浆面的标高；反循环成孔时，泥浆从孔壁与钻杆间的空隙注入，带渣土的泥浆由泵或空气（气举法排浆）经钻杆中心孔排至沉淀池，废浆经处理后，重新注入孔内使用。正、反循环钻成孔施工工艺见图5-10。

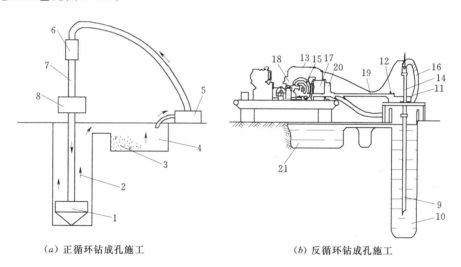

（a）正循环钻成孔施工   （b）反循环钻成孔施工

图 5 - 10   正、反循环钻成孔施工工艺示意图

1—钻头；2—泥浆循环方向；3—沉淀池及沉渣；4—泥浆池及泥浆；5—泥浆泵；6—水龙头；7—钻杆；

8—钻机回转装置；9—钻杆；10—钻头；11—旋转台盘；12—液压马达；13—液压泵；

14—方型传动杆；15—砂石泵；16—吸渣软管；17—真空柜；18—真空泵；

19—真空软管；20—冷却水槽；21—泥浆沉淀池

正、反循环成孔施工要点如下。

1）根据不同的土（岩）层，合理选择钻头。对于黏土、砂土及砾砂可选用翼状或鱼尾状钻头，对于风化岩或岩层应选用牙轮式钻头，对砂卵石层要配以筒式钻头。

2）掌握泥浆指标。从稳定孔壁考虑，比重稍大较为有利，但是会降低出泥效率，对清渣及灌注混凝土也不利。黏度过低对稳定孔壁及携带渣土不利，过高则影响钻进速度，降低钢筋握裹力，增加水下混凝土灌注难度。泥浆性能指标一般控制为：密度 1.3～1.4g/cm³，黏度 20～30s，含砂率不大于 6％。

3）时刻保持孔内液面标高不低于地下水位。由于排浆与注浆的速度不是均衡的，孔内浆面往往时起时落，应时刻观测，使浆面维持在地下水位上下一定的范围。对地下水位接近地面标高的钻孔，宜将护筒接高，使其高出地面，以确保浆面高于地下水位。

4) 加强孔底清淤。成孔结束后，孔底淤积虚土在钢筋笼放入前须采用砂石泵、高压清水、气举法等清孔方式清除干净。为确保质量，有时在钢筋笼放入后，灌注混凝土之前做第二次清孔。

(4) 潜水钻成孔施工。潜水钻机是一种旋转式钻机，其防水电机变速机构和钻头密封在一起，由桩架及钻杆定位后可潜入水、泥浆中钻孔。注入泥浆后通过正循环或反循环排渣法将孔内切削土粒、石渣，排至孔外。

潜水钻成孔施工要点如下。

1) 孔口埋设厚4~8mm的圆形钢板护筒，护筒内径应比钻头直径大200mm。护筒在黏性土中埋深不宜小于1.0m，在砂土中埋深应大于1.5m，然后钻机就位，潜水钻头应对准护筒中心，要求平面偏差不大于±20mm，垂直度倾斜不大于1%。钻机就位后应保持平稳，不发生倾斜、位移。

2) 钻孔时，调直机架挺杆，在护筒中注入拌制好的泥浆，开动机器钻进，钻进过程中根据土层变化随时调整泥浆的相对密度和黏度，直至设计深度。

3) 在黏土和粉质黏土中成孔时，可注入清水，以原土造浆护壁，排渣泥浆的相对密度应控制在1.1~1.2之间；在砂土和较厚的夹砂层中成孔时，泥浆相对密度应控制在1.1~1.3之间；在穿过砂夹卵石层或容易坍孔的土层中成孔时，泥浆的相对密度应控制在1.3~1.6之间。

4) 孔内吊放钢筋笼后应进行二次清孔，即在钢筋笼内插入混凝土导管（管内有射水装置），通过软管与高压泵连接，开动泵使水射出，孔底的沉渣即悬浮于泥浆之中，再用掏渣桶将之清除。

(5) 冲击钻成孔施工。冲击钻成孔系用冲击式钻机或卷扬机悬吊冲击钻头（又称冲锤）上下往复冲击，将硬质土或岩层破碎成孔，部分碎渣和泥浆挤入孔壁中，大部分成为泥渣，通过掏渣筒掏出成孔。适用于有孤石的砂砾石层、漂石层、坚硬土层中使用。

冲击钻成孔要点如下。

1) 先在孔口设6~8mm钢板圆形护筒或砌筑砖护圈，护筒或护圈内径应比钻头直径大200mm，深一般为1.2~1.5m。然后冲击式钻机就位，冲击钻头应对准护筒中心，对中偏差不大于±20mm。

2) 冲击施工开始时，应低锤密击，锤高0.4~0.6m，并及时加块石与黏土泥浆护壁，使孔壁挤压密实，直至孔深达护筒下3~4m后，将锤提高至1.5~2m以上，转入正常连续冲击。每冲击1~2m，应采用泥浆循环或抽渣筒排渣法进行排渣1次，并随时测定和控制泥浆密度，向孔内补充泥浆，以防亏浆造成孔壁坍塌。

3) 在排渣的同时，检查成孔的垂直度情况。如发现偏斜应立即停止钻进，采取措施进行纠偏。对于变层处和易于发生偏斜的部位，应采用低锤轻击，间断冲击的办法穿过，以保持孔形良好。

4) 在冲击钻进阶段注意始终保持孔内水位高过护筒底口0.5m以上，以免水位升降波动造成对护筒底口处的冲刷，同时孔内水位应高于地下水位1m以上。

5）成孔后，采用下挂0.5kg重铅锤的测绳测量孔深，核对无误后，进行清孔和混凝土灌注施工。

5.2.4 人工开挖成孔

抗滑桩采用人工挖孔时，其流程见图5-11。

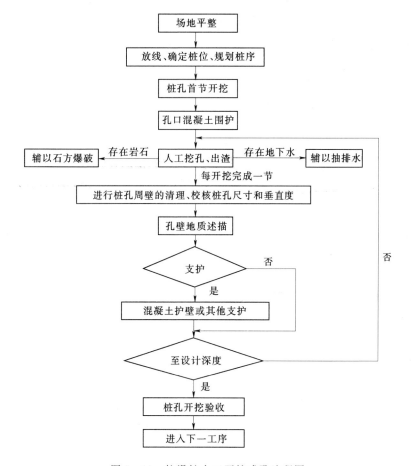

图5-11 抗滑桩人工开挖成孔流程图

（1）桩孔开挖。

1）开挖准备。开挖前应对场地进行平整场地，做好施工区的地表截水、排水及防渗工作，完成供风、供水、照明设施施工，做好出渣提升设备的设计及准备工作。通过测量放线，定出桩位，首节开挖完成且锁口混凝土达到设计强度后，将控制桩孔中心的十字线引测至锁口混凝土的顶面。在桩序的规划上，采用间隔方式开挖，每次宜间隔1～2孔。

2）开挖分节。桩孔应分节开挖，第一节的开挖深度60～100cm，开挖平面范围除满足桩孔设计断面尺寸外，还应满足孔口围护结构（即混凝土锁口）及孔壁支护结构尺寸的要求。第一节完成后，在孔口安装井架和提升设备（卷扬机以及起吊用箩筐或特制的活底箱、桶等），搭好孔口防雨篷。以后每一节开挖，开挖断面尺寸为桩的设计结构尺寸加所需的护壁结构厚度。开挖深度应根据岩土体的自稳性、可能的日生产进度和模板高度，经过计算确定。一般自稳性较好的可塑—硬塑状黏性土、稍密以上的碎块石或基岩，开挖分节深度可为 100~120cm；软弱的黏性土或松散的、易垮塌的碎石层或有地下水时，分节深度宜为 50~60cm，且分节层面不应位于土石层变化处和滑床面处。

3）开挖方法。松散层段原则上以人工采用短镐、铲、锹开挖为主，孔壁不必修成光滑的表面，以利增加桩壁摩擦力。基岩或坚硬孤石段可采用少药量、多炮眼的松动爆破方式，但每次剥离厚度不宜大于 30cm，开挖基本成型后再人工刻凿孔壁至设计尺寸。岩石完整时，周边应实施光面爆破；在滑动面以下土质坚硬的地方，为加快施工进度，也可实施爆破松土。炮眼深度视地层松紧、岩石软硬程度、桩截面尺寸和开挖分节的高度而定，一般为 80~120cm；地层紧密、岩石坚硬或桩截面尺寸小时则采用浅孔，反之则可适当加深。孔内装药深度不超过炮眼深度的 1/3，井内开挖渣料采用渣斗或特制铁桶人工装渣，卷扬机起吊出渣。卸至孔口后随即采用斗车或装载机装车卸至指定弃渣场，不得堆放在滑坡体上，以防止诱发次生灾害。

4）排水。桩孔开挖过程中应及时排除孔内积水。当滑体的富水性较差时，可采用坑内直接排水；当富水性好，水量很大时，宜在桩孔外进行降排水；同时，应在孔底渗水集中一侧勤掏、深掏泵坑，采用潜水泵或深井泵将渗水及时抽排至孔外，使孔底积水始终低于开挖工作面。如遇强透水层时，每节开挖高度不超过 50cm。如出现流砂，可在护壁钢筋网外侧塞稻草、棉纱、海绵等以挡住泥砂流出。如果孔壁有明显垮塌或孔底有隆起变形迹象，应暂停开挖，人员迅速提升上井，必要时应回填石渣予以"平压"，在该节周边实施注浆后再恢复开挖施工。

（2）孔壁支护。孔壁支护应按设计要求进行施工，孔口的第一节在开挖后，应做混凝土锁口。锁口结构顶面高程宜高出地面 30~50cm，厚度不小于 20cm，混凝土强度等级不低于 C20（见图 5-12）。浇筑混凝土的同时，在锁口结构顶面预埋钢筋或钢管，形成安全围护结构，围护结构顶部高程高于地面不小于 120cm。

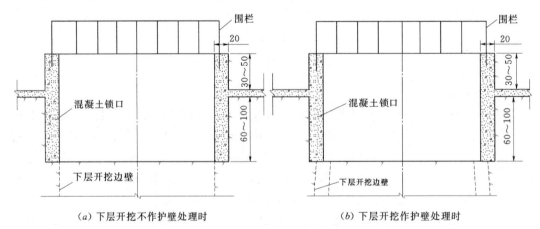

（a）下层开挖不作护壁处理时 　　　　（b）下层开挖作护壁处理时

图 5-12　首节开挖与锁口、护壁处理图（单位：cm）

之后的每一节施工，应开挖一节，及时支护一节，护壁的单节高度根据一次最大开挖深度确定。当设计未明确护壁要求时，可根据施工条件、地质及地下水情况等因素，采取不同护壁方式。通常情况下，护壁结构以钢筋混凝土护壁为主，但如地质条件较差，出现涌砂或淤泥夹层时，为安全起见，常改用钢框架背板支撑、钢护筒支撑。当确认该开挖层孔壁为相对完整的岩石层时，可只作混凝土喷护甚至可不进行支护。抗滑桩人工开挖成孔常用护壁支护形式比较见表5-4。

表5-4　　　　　　　抗滑桩人工开挖成孔常用护壁支护形式比较表

支护形式	适用条件	优点	缺点
钢筋混凝土	各种岩质、土质边坡都能适用	安全性好，受力性能好	混凝土需养护至龄期方可受力，支护制约开挖进度
钢衬板	松散坡积岩和土质边坡，桩体不宜太深	安全性好，可预制，现场安装快	桩体太深时钢材消耗量大，在岩体中受力不均匀
钢木支撑	各种岩质、土质边坡都能适用	灵活性大，适应性强	安全性较差，井下配料施工条件差
喷锚	井壁总体稳定性较好	施工速度快，适应性强	安全性较差，井壁渗水时不易和井壁黏附，施工条件差

支撑支护的中心线与桩位中心线吻合，以免造成桩孔偏斜。各种支撑均要与孔壁密贴顶紧，并不得侵占抗滑桩设计结构断面。当采用现浇钢筋混凝土护壁时，注意事项如下。

1）混凝土壁厚一般为10～20cm，宜采用C20细石混凝土。需配筋时，一般配置直径不小于8mm的构造钢筋，但在土层松软或浇筑层位于滑动面处，该浇筑层护壁混凝土中的钢筋应适当加强。

2）由于竖向钢筋在分节开挖面部位不切断，因此每节周边的开挖深度应适当低于本节所规划的开挖底面高程。在钢筋安装时，底部留出竖向钢筋搭接接头，并采用细砂回填平整作为浇筑护壁混凝土的底模。护壁侧模可采用木模、定型钢模板、竹胶板或定制模板等，模板之间用卡具、木方支撑固定（见图5-13）。

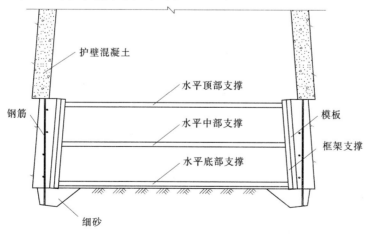

图5-13　护壁混凝土浇筑仓位准备示意图

3）如存在地下水，在孔壁渗水集中的部位，支模前应采用排水管妥善引排，且在护壁混凝土浇筑前后，均需不间断地抽排水，使地下水稳定在护壁混凝土浇筑层之下。

4）混凝土采用现场搅拌，坍落度一般为 6～8cm，要求混凝土和易性好，易振捣密实。由于每节混凝土的浇筑工程量一般较小，可采用开挖出渣的提升料斗将混凝土缓缓下送至浇筑仓位附近，人工铲运混凝土入仓，入仓时做到对称、四周均匀，防止模板偏移。

5）护壁混凝土要振捣密实，接头处混凝土应待其稍干后应予以压实，确保上下节混凝土良好衔接。

6）当混凝土强度达到 1MPa（常温下约 24h）后，如果还需要继续向下开挖，可仅先拆除支撑系统，进行下一节的开挖，在下一节开挖完成后，再将本节的模板拆除，转至下一节的模板安装；如本节已至设计桩底高程，则拆除所有模板和支撑系统，转入桩身混凝土施工。

7）拆模后如果发现护壁混凝土存在蜂窝、漏水等现象，应及时补强以防造成事故。

5.2.5 桩身混凝土浇筑

桩孔达到设计深度后，清除孔底残渣，经验收合格后，方进行下一道工序的施工，即桩身混凝土浇筑。

对于在泥浆护壁保护下所形成的机械钻孔，应采用水下灌注方法进行混凝土施工；对于其他方式所形成的钻孔，当桩孔内积水难以排干时，水下部分孔段可按水下混凝土灌注方式施工，出露水面以上后，再改用水上混凝土浇筑方式施工；当桩孔通过抽排水可相对保持干燥时，应按水上混凝土浇筑方式施工；桩孔内灌注水下混凝土可采用压浆混凝土法（预填骨料后，压注水泥浆）、混凝土泵入法及导管法施工，但用得最多的是导管法。

（1）钢筋制作与安装。当施工现场具备吊装条件时，可预先根据设计要求加工成钢筋笼，然后采用吊机分节吊入桩孔内安装。钢筋笼的分段长度根据吊机的技术参数确定，一般不超过 20m。钢筋笼的主筋上每隔一定间距要焊接定位"耳环"，用于固定钢筋的保护层厚度。下钢筋笼时应对准桩孔中心，人工将其稳住以减小其晃动幅度，然后缓慢匀速下落，避免撞击孔壁。采用分节吊装钢筋笼时，可将先吊入段在孔口处设"钢扁担"临时固定，然后吊起第二段与其进行焊接拼装，之后，一同微微吊起，抽出"钢扁担"，将整段钢筋笼垂直吊入孔内，重复以上吊装程序直至所有钢筋笼吊装结束。

当现场不具备吊装条件时，钢筋制作完成后，在现场进行安装、绑扎。为减少孔内焊接作业量，箍筋宜在现场加工，竖向筋运入孔内现场接长。竖向筋的连接方式可选用双面搭接焊、对焊、冷挤压、直螺纹套筒等方式连接。桩孔内进行钢筋焊接时，空气一般会较为混浊，能见度低，不利于安全作业；直螺纹套筒连接可以提前加工，成本也较低，且有利于加快进度，竖向钢筋接头宜优先采用直螺纹套筒连接。接头需错开布置，竖筋的搭接处不得设在在土石分界和滑动面（带）处。

（2）模板工程。地面以下的抗滑桩一般不需要立模，如抗滑桩顶高于地面，则地面以上抗滑桩部位应按桩的形体尺寸组立模板。模板可采用组合钢模板进行拼装，辅以木枋、层板等模板。

（3）混凝土浇筑。抗滑桩的混凝土浇筑分水下混凝土浇筑和水上混凝土浇筑两种方式。

A．导管法水下混凝土浇筑。桩孔内浇筑水下混凝土可采用压浆混凝土法（预填骨料后，压注水泥浆）、混凝土泵入法及导管法施工。这里介绍使用最多的导管法。

a．现场准备。孔内钢筋笼下放完毕后，即可安装上部混凝土储料漏斗和导管。储料漏斗的容量应大于桩孔首批封底混凝土的方量；储料漏斗的底部与钻孔孔口之间的距离，应大于一节中间导管长度，以便于提管和拆管作业。导管一般采用长 $2\sim4m$ 的无缝钢管拼接，不同桩径可参考表 5-5 选择导管内径；导管接头设密封圈，内壁应光滑、圆顺，内径一致，接口严密，具有足够的抗拉强度，能承受自重和盛满混凝土的重量；导管使用前应进行试拼和水密、承压和接头抗拉试验，并按自下而上顺序编号；导管组装后其底部至孔底的距离宜为 $250\sim500mm$，轴线偏差不超过孔深的 0.5%，并不大于 10cm，且须用球塞、检查锤做通过试验。

表 5-5　　　　　　　　　导管内径选用表　　　　　　　　　　单位：mm

桩径	500~800	800~1200	1200 以上
导管内径	200	250	300

b．混凝土配合比。为提高混凝土的流动性，避免堵管，混凝土骨料宜选用天然骨料，粗骨料的最大粒径不得大于导管直径和钢筋主筋最小净距的 1/4，且应小于 40mm。水灰比宜为 $0.5\sim0.6$，坍落度宜为 $16\sim20cm$，砂率宜为 $40\%\sim50\%$，水泥用量不宜少于 $350kg/m^3$。除此之外，还需重点把握混凝土的初凝时间，先结合桩的最大深度、混凝土浇筑工艺等因素确定单个桩孔混凝土浇筑所需时间，如果混凝土初凝时间小于单个桩孔混凝土浇筑所需时间，则应在混凝土中添加缓凝剂，使其初凝时间大于浇筑施工所需时间，从而保证初期浇筑的混凝土不在顶托上升的过程中出现初凝。

c．混凝土浇筑。为使混凝土具有良好的保水性和流动性，混凝土拌和时，应合理确定水泥、石子、砂和水的投料顺序，总拌和时间控制在 $60\sim90s$ 内。混凝土浇筑前应对坍落度、含气量、入模温度进行检测，检测合格后方可灌注。混凝土可采用罐车运输或混凝土泵车泵送，吊车配合导管提升。待混凝土漏斗装满混凝土后方可拔球，利用首批混凝土灌入孔底的巨大冲击力溅除孔底沉渣，达到清除孔底沉渣的目的。同时立即探测桩孔内混凝土面高度，计算出导管埋置深度，导管初次埋置深度应在 0.8m 以上。浇筑过程要求连续、快速，应避免停电、停水，每根桩的浇筑时间不应超过表 5-6 的规定。在浇筑过程中，当导管内混凝土不满、含有空气时，后续混凝土要徐徐灌入，以免在导管内形成高压气囊，挤出管节间的橡皮垫，导致导管漏水。

表 5-6　　　　　　　　　抗滑桩的浇筑时间控制参考表

浇筑量/m³	<50	100	150	200	250	≥300
浇筑时间/h	≤5	≤8	≤12	≤16	≤20	≤24

d．导管提升。混凝土浇筑过程中应注意观察管内混凝土下降和孔内水位升降情况，及时测量孔内混凝土面高度，调整导管埋深，正确指挥导管的提升和拆除，力求导管的埋置深度应始终控制在 $2\sim3m$。当孔内混凝土进入钢筋骨架 $4\sim5m$ 以后，适当提升导管，减小导管埋置长度，防混凝土浮托力过大导致钢筋笼上浮。如发生钢筋笼上浮，

应立即停止浇筑混凝土，并准确计算导管埋深和已浇混凝土面的标高，提升导管后再进行浇筑。导管提升时应保持轴线竖直和位置居中，逐步提升。如导管法兰卡挂钢筋骨架，可转动导管，使其脱开钢筋骨架后，再移到钻孔中心。导管提升后具备拆除某节导管时，拆除动作要快，时间一般不宜超过 15min，要防止螺栓、橡胶垫和工具等掉入孔中。已拆下的管节要立即清洗干净，堆放整齐。循环使用导管 4～8 次后应重新进行水密性试验。

e. 桩顶处置。在浇筑将近结束时，由于导管内混凝土柱高减小，浇筑压力降低，而导管外的泥浆及所含渣土稠度增加，相对密度增大。如在这种情况下出现混凝土顶升困难时，可在孔内加水稀释泥浆，并掏出部分沉淀土，使浇筑工作顺利进行。在拔出最后一段导管时，拔管速度要慢，防止桩顶沉淀的泥浆挤入导管下形成泥心。为确保桩顶质量，在桩顶设计标高以上应加灌 1m。

B. 水上混凝土浇筑。对于干燥无水或渗水量较小（孔底地下水上升速度不大于 6mm/min）、孔底积水厚度小于 100mm 的桩孔，或桩孔下部因渗水量较大但已通过水下混凝土浇筑至水面以上时，可按照水上混凝土进行浇筑。浇筑作业前认真检查机具工作状态和材料的质量，严格混凝土配合比，控制好坍落度。在搅拌混凝土时，严格按照混凝土的配合比进行配料。混凝土的坍落度控制在 5～7cm 范围内。混凝土可采用混凝土泵输送，用串筒下料，每节串筒长度 1～1.5m，用挂钩连接，串筒的下口与混凝土面的距离宜为 1～1.5m，防止粗骨料与水泥砂浆离散，出现离析现象。桩身混凝土浇筑应连续进行，不留水平施工缝，每浇筑 40～50cm 厚度时，应插入振动器振捣密实一次，振捣时按操作规程进行，保证混凝土质量，并检查桩顶钢筋位置。桩孔中有水时应采用水泵排干，浇筑时根据地下渗水的情况确定混凝土的坍落度，如地下涌水量较大，应采用集中投料，浇筑前先投 50～100kg 水泥，如浮浆的厚度超过 40cm，应用水泵将浮浆抽掉。浇筑过程中应尽量加快浇筑速度，保证混凝土对孔壁的侧压力大于渗水压力，防止水渗入孔内。桩孔在开挖期间所设的临时支撑，如不能作为桩身的一部分，应在浇筑过程中不断由下至上一一拆除，并尽量减少浇筑混凝土与拆除支撑之间的干扰，以利加快浇筑速度。混凝土施工中应指定专业技术人员填写混凝土施工记录，详细记录原材料质量、混凝土配合比、坍落度、拌和质量、混凝土的浇筑和振捣方法、浇筑进度和浇筑过程中出现的问题，以备检查。对出露地表的抗滑桩应按有关规定进行养护，养护期一般应在 7d 以上。

5.3 质量控制

5.3.1 质量检验及质量评定标准

（1）质量检验内容。抗滑桩的质量检验内容包括原材料质量、桩孔开挖、护壁、钢筋制作与安装、桩身混凝土浇筑质量检验。

原材料进场要验收，要有出厂合格证和质量检验报告，并要求按照有关规范要求对其质量进行抽检。

桩孔开挖质量主要检查桩孔开挖中心位置、开挖断面尺寸、孔底高程、孔底浮土厚度等项目。

护壁质量主要检查材料的强度、护壁的厚度及其与围岩的结合情况、护壁后净空尺寸、壁面垂直度等项目。

钢筋制作安装的质量主要检查钢筋的型号、规格、数量、安装位置、间距、保护层厚度、接头位置及焊接情况等。

混凝土浇筑的质量主要检查混凝土的种类、强度、密实度、混凝土与护壁的结合情况、桩顶高程等。

（2）桩身整体质量检测。桩身整体质量可以用动力检测或钻孔取芯的方法进行检测，抗滑桩的桩身整体质量检测数量按照表5-7控制。

表5-7　　　　　　　　　抗滑桩的桩身整体质量检测数量表

序号	防治工程级别	检 测 数 量		检查方法
		占总桩数/%	最少数	
1	Ⅰ	10	5	动力检测或钻孔取芯检测
2	Ⅱ	8	4	
3	Ⅲ	3	2	

（3）质量评定标准。以下四项为质量评定标准的保证项目。

1）成桩深度、锚固段长度和桩身断面应达到设计要求。

2）实际浇筑混凝土体积不应小于计算体积，桩身连续完整。

3）原材料和混凝土强度应符合设计要求和有关规定。

4）钢筋配置数量应符合设计要求，竖向主钢筋或其他钢材的搭接应避免设在土石分界和滑动面处。

抗滑桩施工允许偏差项目见表5-8。

表5-8　　　　　　　　　抗滑桩施工允许偏差项目表

序号	检查项目	允　许　偏　差	检　查　方　法
1	桩位	±100mm	每桩，经纬仪、尺量
2	桩的断面尺寸	−50mm	尺检，每桩上、中、下各计1点
3	桩的垂直度	$H \leqslant 5m$，50mm $H > 5m$，0.01H 但不大于250mm	每桩吊线测量
4	主筋间距	±20mm	每桩2个断面，尺量
5	箍筋间距	±10mm	每桩检查5~10个箍筋间距，尺量
6	保护层厚度	±10mm	每桩沿护壁检查8处，尺量

5.3.2　施工质量控制要点

（1）孔位。在现场地面设"十"字形控制网、基准点，随时复测、校核。

（2）成孔。采用机械成孔时，成孔设备就位后，必须平正、稳固，确保在施工中不发生倾斜和移动、松动。要求现场施工和管理人员充分了解、熟悉成孔工艺、施工方法和操作要点，有事故预防措施和事故处理方案。同时，规范施工现场管理。在终孔和清孔后，应进行孔位和孔深检验。桩径检测可用专用球形孔径仪、伞形孔径仪等进行测定；孔深用专用测绳测定，钻深可由核定钻杆和钻头长度来测定；孔底沉淀厚度可用沉渣测定仪测定。桩位偏差可用经纬仪、钢尺和定位圆环测定。垂直度偏差可用定位圆环、测锤和测斜仪测定。也可采用长为4～6倍桩径、截面尺寸同桩截面的钢筋笼作为检孔器吊入钻孔内检测。

采用人工挖孔时，每开挖一层，通过孔口引中垂线至孔底，检查桩身（包括孔壁支撑结构）净空尺寸和平面位置（包括护桩稳固情况）。同时，每开挖一节还应及时进行岩性编录，仔细核对滑面（带）情况，如实际情况与设计有较大出入，应将情况及时反馈给建设单位和设计人员，研究处理措施。

（3）钢筋制作安装。钢筋加工首先要检查钢筋型号、规格是否符合设计要求。钢筋笼制作主要控制其形体尺寸、钢筋间距及接头布置。现场绑扎钢筋的加工主要控制形体尺寸。钢筋笼整体吊装时，主要控制钢筋笼整体位置、保护层厚度。整体位置及保护层厚度控制主要是在钢筋笼主筋外侧设钢筋定位器或定位"耳环"，以控制主筋的保护层厚和钢筋笼的中心偏差。钢筋笼沉放时要对准孔位、扶稳、缓慢放入孔中，避免碰撞孔壁，到位后立即固定。钢筋笼吊放入孔定位允许偏差为：钢筋笼定位标高±50mm；钢筋笼中心与桩中心10mm。钢筋笼主筋保护层允许偏差：水下浇筑混凝土时为±20mm，非水下浇筑混凝土时为±10mm。现场绑扎的钢筋主要控制钢筋位置、间距、接头布置、保护层厚度等，钢筋位置及保护层厚度控制主要利用样架及钢筋支撑固定，钢筋分布要均匀，间距符合设计要求，钢筋接头布置、焊接长度或其他接长方法，均应符合钢筋混凝土相关施工规范的规定。

（4）混凝土浇筑。混凝土的配合比严格按混凝土施工规范进行，严格控制其坍落度。水下浇筑混凝土主要控制导管的布置、提升速度及下料强度。导管初次埋置深度应在0.8m以上，浇筑过程中导管的埋置深度应始终控制在2～3m，浇筑过程要求连续、快速。成孔质量合格后，水上混凝土浇筑要用串筒下料，严格控制下料高度不超过2m，防止混凝土分离。混凝土下料要均匀，振捣要及时、密实。混凝土桩顶应适当超过设计桩顶标高。浇筑过程中，每根桩应留有1组试件，且每个台班不得少于1组试件。

5.4 施工安全与环境保护措施

5.4.1 施工安全措施

施工安全工作除加强安全教育、培训、进行安全技术交底，配备必要的安全防护用品，加强安全管理工作外，还应有针对性做好以下工作。

（1）施工临时用电。

1）施工现场用电设备应实行一机一箱（配电箱）、一闸一漏（漏电保护器）；漏电保护装置与设备相匹配，严禁用同一个开关箱直接控制两台及以上的用电设备。

2）人工开挖成孔时，井下照明必须使用36V以下安全电压。现场配备发电机，在系统电源出现故障时，保证孔内照明、抽排水工作及孔内人员安全撤离。

（2）机械成孔施工。

1）钻机就位后，对钻机及其配套设备，应进行全面检查。

2）各类钻机在作业中，应由本机操作人员操作，其他人不得登机。操作人员不得擅自离岗。

3）每次拆换钻杆或钻头时，要迅速快捷，保证连接牢靠。

4）采用冲击钻孔时，应随时检查选用的钻锥、卷扬机和钢丝绳的损伤情况，钢丝绳的断丝超过 5％ 时，必须立即更换；卷扬机套筒上的钢丝绳应排列整齐。

5）使用正、反循环及潜水机钻孔时，对电缆线要严格检查。

6）采用冲抓或冲击钻钻孔，应防止碰撞护筒、孔壁和钩挂护筒底缘。提升时，应缓慢平稳。钻头提升高度应分阶段（按进尺深度）严格控制。

7）钻孔过程中，必须设专人，按规定指标，保持孔内泥浆的稠度及其液位，以防坍孔。

8）钻机停钻，必须将钻头提出孔外，置于钻架上，严禁将钻头停留孔内过久。

（3）人工挖孔施工。

1）孔口护壁应高出地面 30cm 以上，护壁顶不得放置物品和站人，防止土、石、杂物滚入孔内伤人；孔口四周必须搭设围栏，并悬挂桩基标示牌和安全警示牌。挖出的土方应及时运走，不得堆放在孔口四周 1.5m 范围内；孔口周边至少 0.6m 范围应进行环形硬化，以便于渣土清理及后续钢筋笼、混凝土浇筑工作的开展。

2）配备取用方便的安全爬梯作为下井人员安全上下的措施，同时也供孔内作业人员应急出孔。爬梯应从孔口放至作业面，禁止使用吊桶、人工拉绳或脚踩护壁上下。

3）配备足够的排水设备，每班作业前对抽水设备的漏电保护装置进行检查并做好记录，发现问题及时更换。孔底排水时，作业人员应到地面以后再合闸抽水，抽水完毕即关闭电源，严禁孔内带电作业。

4）桩孔下施工人员在井下施工连续工作不宜超过 4h。作业人员必须按规范佩戴安全防护用品，戴安全帽，脚穿长筒套鞋，挖掘坚硬岩石时要带上耳塞、风镜，严禁在孔内吸烟。

5）施工机具应定期进行维护、保养。每天施工前及作业中，必须对投入使用的机具做全面检查，升降设备应装有必要的安全装置，如刹车、吊钩防脱器、断绳保险器及限位装置等。

6）人工开挖桩孔深度超过 10m、腐殖土较厚时，应加强通风，并应经常检查孔内有害气体浓度。当 CO_2 或其他有害气体浓度超过规范允许值时，应停止作业，加大对孔底通风，待孔底的有害气体浓度检查合格后方可下井作业。

7）孔深超过 4m 时，应在距井底 2.5～2.8m 处设置一道防护板。吊运作业时，孔底作业人员应紧贴护壁站立在防护板下，以防落物伤人。防护板的设置位置应随孔底进尺深度逐节下移固定，始终保持设置高度距孔底 2.5～2.8m。

8）出渣应采用安全不漏洒的吊斗，吊钩采用安全闭合钩，吊绳必须使用钢丝绳，其安全系统须满足相关规范要求，钢丝绳不允许有断丝，卷筒上的钢丝绳不得放完，至少保留三圈。装料时，大块石头宜先破碎后装运。吊运时，应保持垂直平稳，不准斜吊、急速起吊或晃动。

9）采用现浇混凝土护壁时，必须挖一节，护一节。孔底作业人员在作业过程中，应提高警觉性，随时注意井内的各种情况及突发意外，如地下水、流沙、流泥、塌方、护壁变形、有害气体及不明物等，发现问题应及时撤回到地面，并报告有关人员处理解决。

10）雨天严禁下井作业。

（4）人工挖孔桩爆破施工。人工挖孔桩爆破作业应严格遵守《爆破安全规程》（GB 6722—2014），有针对性地做好以下方面的安全工作。

1）必须选择合理的爆破参数，控制爆破规模，不断总结、调整完善方案，防止爆破破坏支护结构，影响孔壁安全稳定。

2）爆破器材宜吊运进入孔内，禁止人工从爬梯背运爆破器材。

3）当出现流沙、泥流、有大量溶洞水及高压水涌等情况时，应严禁装药爆破。

4）孔内爆破后，应立即通风排烟，待孔内有害气体浓度降至允许值后，爆破人员方可下孔检查爆破情况。

5）对出现的盲炮、瞎炮应立即处理，处理瞎炮时不得撤除警戒。

6）爆破对支护结构产生破坏时，应及时修复。

（5）钢筋安装。

1）当采用钢筋笼整体吊装时，起吊前应有专人检查吊点、吊钩、索具等，且应进行试吊检验。吊装时严禁人员在钢筋笼下走动，起吊速度应均匀，下落时应低速稳放。大风时禁止吊装，吊运吊装设专人统一指挥。

2）当在现场进行钢筋制作安装时，井内作业工人应着装简便，穿防滑鞋，戴好安全帽，高空作业应挂安全带，当孔内有人作业时，孔口必须有人监护；钢筋安装应从下往上逐层安装，安装一层固定一层；用于固定钢筋的架立筋必须有足够的刚度和强度，可用锚筋牢固固定在孔壁上；孔内钢筋绑扎平台必须固定在护壁上，不能固定在已绑扎好钢筋笼的箍筋上；井内焊接时，必须向孔内送风，作业人员须及时轮换。同时，应对井内临时木支撑、木制施工平台等易燃材料进行遮挡，以防焊渣溅洒引发火灾。

（6）混凝土浇筑。

1）当采用导管法进行水下混凝土浇筑时，泥浆池、桩孔周边应安装警示灯，挂警示带，设安全标志；导管安装对接过程中应注意手的位置，防止手被导管夹伤；吊车提升拆除导管过程中，应注意吊钩位置，以免被吊钩砸伤；导管提升后继续浇注混凝土前，应检查其是否垫稳或挂牢。

2）当采用常规方式浇筑水上混凝土时，相邻10m范围内的桩孔应停止施工，孔内不得留人；料斗应牢固固定于孔口，不得有晃动、摇摆现象，放料人员必须对准料斗放料，防止混凝土溅落孔内伤人；孔内作业时，孔口应有2人以上配合并监护井内情况，孔口人员必须挂好安全带，密切注意孔内一切情况，保持与孔底的密切联系，根据孔内人员指示，及时提升振捣器，低压照明灯等。

5.4.2 环境保护措施

（1）施工期间噪声的防治措施。采取相应措施以使施工噪声符合《建筑施工场界环境噪声排放标准》（GB 12523—2011）的要求。抗滑桩如采用机械成孔时，在可供选择的施工方案中尽可能选用噪声小的施工工艺和施工机械。在临近居民区的施工区域，将噪声较大的机械设备布置在相对远离居民区的位置，或设置隔音屏障，并且在夜间休息时间内停止噪声较大机械设备的作业施工，以免影响附近居民休息。

（2）施工期间粉尘（扬尘）的污染防治措施。定时派人清扫施工便道路面，减少尘土量。对可能扬尘的施工道路、场地定时洒水，并为在场的作业人员配备必要的专用劳保用品。对堆存在施工区的水泥、粉煤灰、外加剂等易于引起粉尘的细料或散料应予遮盖，运输时亦应予遮盖。汽车进入施工场地减速行驶，以减少扬尘。

（3）施工期间水污染（废水）的防治措施。加强对施工机械的维修保养，防止机械使用的油类渗漏进入地下水中或河流。

一般施工用水经过滤沉淀池或其他措施处理后排放，使沉淀物不超过施工前河流、湖泊的随水排入的沉淀物量。

5.5 工程实例

5.5.1 工程概况

江坪河水电站地处湖北省鹤峰县走马镇，位于溇水上游河段，工程枢纽由混凝土面板堆石坝（最大坝高219.0m）、右岸泄水建筑物（包括隧洞式溢洪道和泄洪放空洞）、左岸引水发电系统等建筑物组成。

引水隧洞进口底板位于弱风化的 $\in_2 g$ 地层上，顶板位于弱风化的 $\in_2^{1-1} k$、$\in_2 g$ 地层分界线附近。进水口边坡分布 $\in_2^{1-1} k$、$\in_2^{1-2} k$、$\in_2^{1-3} k$ 地层，其中 $\in_2^{1-1} k$、$\in_2^{1-3} k$ 为薄—中厚层灰岩夹泥质、白云质灰岩，$\in_2^{1-1} k$ 层出露于边坡的中下部和坡脚，$\in_2^{1-3} k$ 出露于边坡坡顶；$\in_2^{1-2} k$ 为泥灰岩、泥质、白云质灰岩，该层顺层溶蚀、溶滤严重，存在溶蚀、溶滤垮塌堆积层，岩体呈强风化状，出露于边坡的中上部。进口边坡洞脸坡为顺向坡，中上部出露 $\in_2^{1-2} k$、$\in_2^{1-3} k$ 层强风化岩体，且有F11断层切割，对边坡稳定不利，边坡为切脚开挖，稳定性较差。

江坪河水电站引水系统进水口顺层坡处治布置见图5-14。

2010年10月，在引水系统进水口平台开挖至设计高程（403.80m）后，分析监测数据发现，其进水口边坡存在顺坡滑移的趋势。为此，在该进水口平台上增设了抗滑桩、护坡格构梁和预应力锚索等抗滑工程措施（见图5-14）。抗滑桩共分为A、B两排，每排8根，A排桩编号分别为ZA1、ZA2、…、ZA8，B排桩编号分别为ZB1、ZB2、…、ZB8。抗滑桩横断面为3m×5m的矩形，垂直向下，深度为37～49m不等。护坡格构梁位于抗滑桩上游侧的临河边坡上，包括7排横梁和7排纵梁，共28榀格构。格构规格均为7m×4.5m，格构梁横断面为0.6m×0.8m。纵横梁交汇处布置2000kN级预应力锚索，共41根，单根锚索长40～55m不等。

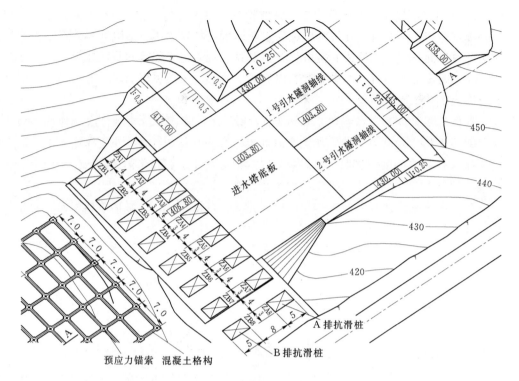

（a）平面布置图

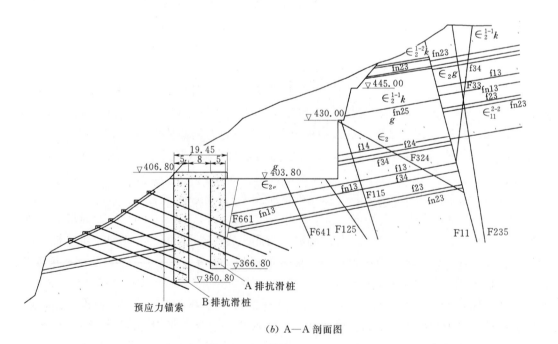

（b）A—A剖面图

图 5-14　江坪河水电站引水系统进水口顺层坡处治布置图（单位：m）

以下仅介绍该顺层坡处理的抗滑桩施工部分。

5.5.2 施工布置

（1）拌和系统布置。在抗滑桩施工作业面附近布置 JS－350 型强制式搅拌机 1 台，以满足桩内喷混凝土施工所需，抗滑桩桩体混凝土由主体工程拌和系统拌制。

（2）施工道路布置。水平交通利用进水口开挖的道路可以满足抗滑桩渣料开挖及混凝土浇筑的水平运输的需要。

垂直运输主要采用卷扬机吊运。在抗滑桩第一节开挖完成并进行混凝土锁口后，采用型钢搭设支架，安装 5t 慢速卷扬机、定滑轮，配 $0.15m^3$ 料斗将开挖渣料自桩底提出孔口（见图 5－15）。在开挖及混凝土浇筑过程中，也可将料斗拆除，改挂安全吊篮作为施工人员进出工作面的交通工具。钢支架、卷扬机及配套的安全绳、料斗挂钩、安全吊篮等经计算满足相关安全规范要求。

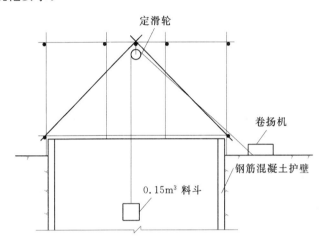

图 5－15　抗滑桩开挖垂直运输图

（3）施工供风布置。供风布置主要为钻机造孔及通风、排烟、除尘、提供压缩空气。抗滑桩孔段均为岩石层，需进行钻孔爆破，采用手风钻进行湿式造孔，配备 1 台 $20m^3/s$ 和 3 台 $3m^3/s$ 移动式柴油机动力的空压机，分别用胶管接至各掌子面供风；施工过程中的通风、排烟、除尘，采用空压机向工作面送风。

（4）施工供水、排水布置。施工供水主要供应基岩面清理、喷射混凝土拌和及混凝土养护用水，于进水口底板处砌筑一个 $15m^3$ 蓄水池，集附近地表冲沟水至蓄水池中，用软管从蓄水池中接至各工作面取用，用水量较大时，辅助运水车运水至现场以满足施工需要。

施工排水分为地表排水和桩内排水。地表排水：在 A 排桩下游侧及 A 排、B 排桩中间，垂直引水洞轴线方向平行布置两条 300mm×300mm 的截水沟；在 A 排、B 排桩两端，平行引水洞轴线方向布置两条同等参数的排水沟，与两条截水沟相接，截排水沟内侧抹 20mm 厚的砂浆，将截水沟内积水排向抗滑桩上游侧边坡。桩内排水：抗滑桩内积水主要为作业面施工用水、降水及基岩面渗水。每次爆破后于桩内设置一个 500mm×500mm×300mm 的集水坑，以 QS25－56/3－7.5 型潜水泵将桩内积水排至孔外，保证干地施工。

（5）用电布置。用电布置主要为卷扬机、桩内排水、混凝土振捣、混凝土搅拌、照明等设备供电。从引水洞进水口高程 475.50m 平台 400kW 变压器低压端引线至施工现场。同时，配置自发电设备，保证在系统停电情况下孔内作业人员安全提升出井和混凝土浇筑连续施工。设置总配电箱、分配电箱、开关箱实行三级配电，漏电保护装置与设备相匹配，井下照明使用 36V 以下安全电压。

5.5.3 施工工艺及方法

（1）抗滑桩石方开挖。抗滑桩为 3m×5m 的矩形，深度 37～49m 不等。考虑到相邻两桩之间岩石只有 4m 宽，且大坝趾板混凝土浇筑时混凝土运输车需从 ZA6～ZA8 处通行，拟采用跳桩分两批开挖的方式进行施工。每批均 8 个，分别为 ZA1、ZA3、ZA5、ZA7、ZB2、ZB4、ZB6、ZB8 和 ZA2、ZA4、ZA6、ZA8、ZB1、ZB3、ZB5、ZB7。

由于开挖涉及石方爆破施工，抗滑桩采用人工开挖成孔。抗滑桩开挖施工顺序为：测量放样→接风管至工作面→钻孔→装药联网→拆风管→起爆→通风排烟→出渣→护壁或支护→下一循环作业。

开挖前先将桩口位置浮渣全部清理至基岩面，测量放点后开始钻孔施工。第一层开挖完成后立即进行锚筋及混凝土护壁施工。锚筋参数为 $\phi25mm$、$L=1.5m$，入岩 1.35m，间排距为 800mm×800mm 沿桩身四周布置。混凝土护壁厚 200mm、高 3.5m，顶部高出桩口 0.5m，混凝土护壁横断面净空 3m×5m（见图 5－16）。

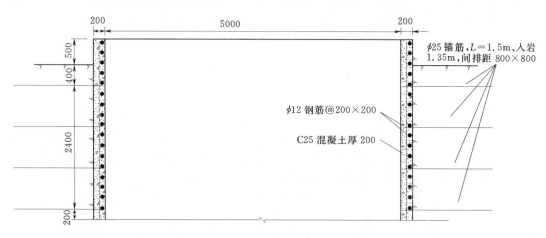

图 5－16　抗滑桩混凝土护壁示意图（单位：mm）

为保证抗滑桩开挖满足设计要求，后续每个开挖循环钻孔前先进行测量放样，确定出开挖轮廓线。根据定出的轮廓线以及爆破孔布置（见图 5－17）进行布孔，炮孔孔位用红油漆在工作面面上标出。采用 YT28 手风钻进行湿式造孔，钻孔深度 2m，采取直孔掏槽方式、周边光面爆破、非电毫秒雷管微差延时爆破网络起爆。

爆破后，将风管伸入桩孔内进行通风排烟，在烟尘消散后，进入工作面进行爆后检查，发现拒爆现象及时处理。待确认工作面安全后，解除警戒。

孔内爆破石渣采用人工挖渣，配 0.15m³ 料斗经卷扬机提升至孔口，卸至孔口周边，采用装载机配合 15t 自卸车运至指定渣场。

（2）随机锚杆施工。由于抗滑桩开挖层主要为岩石层，每一节开挖后，除第一节进行了混凝土锁口外，其他各节仅需对岩石破碎带和局部不稳定岩体进行随机支护。随机支护参数为：锚杆 $\phi 25mm/\phi 28mm$、$L = 3m/4.5m$、入岩 2.85m/4.35m，锚固材料为水泥锚固剂。经现场监理工程师指定锚杆孔位后，采用 YT-28 型

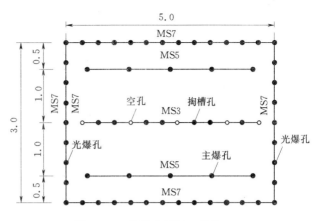

图 5-17　炮孔布置图（单位：m）

手风钻造孔，孔径 42mm，钻孔孔深 3m/4.5m。钻孔验收合格后，装填水泥锚固剂，将锚杆插入孔内，用大锤将锚杆捶至孔底，保证入岩深度。

（3）混凝土施工。抗滑桩开挖完成后，岩壁以高压水对基岩面进行冲洗，并采用污水潜水泵将水排出桩外。

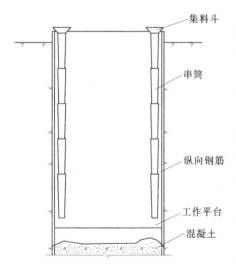

图 5-18　混凝土仓位准备示意图

在进水口高程 403.80m 平台的工棚内进行钢筋加工，加工成型后转运至作业面使用。钢筋的垂直运输利用井口布置的卷扬机运至作业平台。因抗滑桩混凝土为一次性浇筑成型，无法搭设排架。钢筋安装时利用已焊接横向钢筋搭设简易施工平台，施工平台随工作面上升而上升。竖向钢筋采用套筒连接，横向钢筋采用焊接，同一断面接头按规范要求错开布置。为防止钢筋变形，已安装就位的钢筋与井壁随机锚杆焊接形成整体。

在混凝土浇筑时，为防止混凝土在入仓时产生骨料分离，抗滑桩桩体混凝土采用两条串筒入仓。为安全起见，除串筒与串筒之间采用挂钩连接外，每节串筒均采用铁丝临时固定于纵向钢筋之上，临近浇筑工作面利用钢筋网搭设工作平台，作为串筒移动、混凝土平料、振捣等的工作平台。

平台随着混凝土的浇筑上升，逐渐上升，其仓位准备见图 5-18。

混凝土集中拌和，采用混凝土搅拌车运送至现场，直径卸料于集料斗，经串筒至浇筑工作面，人工站在工作平台进行平料。混凝土铺层厚 30cm，采用软轴振捣器梅花形振捣密实，以混凝土表面无气泡、不明显下沉且表面泛浆为准，不漏振、不欠振、不过振。

5.5.4　资源配置

单桩开挖循环进尺为 1.0m/d，单桩开挖支护、钢筋绑扎、混凝土浇筑分别为 45～50d、15～20d、5～6d，除混凝土浇筑按连续施工外，其他项目仅在白天作业。抗滑桩总

工期为 150d，其机械设备及劳动力配置分别见表5-9、表5-10。

表 5-9　　　　　　　　　　机械设备配置表

设备名称	型　号	单　位	数　量
手风钻	YQ-28手持式	台	6
移动式空压机	20m³/min	台	1
装载机	ZL50	台	1
自卸汽车	15t	辆	4
平板运输车	8t	辆	1
混凝土搅拌车	8m³	辆	3
油罐车	8t	辆	1
混凝土搅拌机	JS350	台	1
混凝土喷射机	TK-961	台	2
钢筋弯曲机	GJ7-40	台	1
电焊机	BX1-300	台	2
卷扬机	5t	台	2
潜水泵	QS25-56/3-7.5	台	6
插入式振捣棒	ϕ50	台	8

表 5-10　　　　　　　　　　劳动力配置表

序号	工　种	人数/人	序号	工　种	人数/人
1	压风工	2	7	装载机操作手	2
2	风钻工	6	8	混凝土工	10
3	卷扬机操作手	8	9	钢筋工	20
4	驾驶员	10	10	测量员	2
5	混凝土喷护工	6	11	普工	10
6	炮工	6	12	合计	82

5.5.5　处理效果

在进水口平台上增设了抗滑桩、护坡格构梁和预应力锚索等抗滑工程措施后，通过对其长期监测的数据分析，该顺层坡已趋于稳定。

6 混凝土洞塞

6.1 布置与特点

6.1.1 布置

混凝土洞塞是在边坡岩体中沿着（切断）或横穿软弱结构面布置，用素混凝土或钢筋混凝土回填的洞塞的统称。它是一种置于岩体内部，对不利结构面中的软弱岩体进行置换或锚固，从而提高其强度、完整性、抗剪能力及传力能力的加固治理措施，主要结构型式有水平洞塞、竖（斜）井洞塞等。通常把沿（或切断）软弱结构面布置，将滑动面上下盘岩体嵌固在一起洞塞称为抗剪洞；把横穿滑动面水平或略向坡体内倾斜布置，将滑动面上下盘岩体锚固在一起的洞塞称为锚固洞。抗剪洞在结构上除要求有一定的高度，在滑动面上下两盘岩体内还要有一定深度，洞周围岩应坚硬完整，在提高主滑动面抗滑能力的同时，还要保证滑动面不沿抗剪洞与岩体结合面产生新的滑动。锚固洞的受力特点类似于滑动面上的普通锚杆，在滑动面上下盘岩体内应有足够的锚固长度。根据《水电水利工程边坡设计规范》（DL/T 5353—2006）的规定，抗剪洞在滑动面上下盘坚硬岩体内嵌固的深度均不应小于3m，锚固洞在滑动面上下盘坚硬岩体内锚固长度，一般不应小于2倍洞径。在控制性滑动结构面的上下盘岩体中伴生有与该结构面走向近似的裂隙结构面时，通常联合布置抗剪洞、锚固洞（也称抗剪键）进行综合治理，避免抗剪洞发生绕过控制性结构面而沿伴生裂隙贯穿破坏。竖（斜）井可以沿软弱结构面布置，对软弱结构面用混凝土进行置换，也可以布置于完整岩石中，使上下层的混凝土洞塞相互连接成整体，还可兼作上下层的施工通道。为了保证混凝土洞塞与周边岩体接触良好，受力均匀，在混凝土回填或衬砌完成后，必须进行回填灌浆，必要时对洞周的围岩可进行固结灌浆。通常利用混凝土洞塞等作为灌浆工程的通道，对其周围岩石进行固结或防渗处理。锦屏一级水电站对左岸边坡断层 f42-9 处理，其抗剪洞、锚固洞布置见图 6-1。

6.1.2 特点

混凝土洞塞具有以下特点。

（1）加固深度不受限制。传统边坡加固措施的加固深度一般小于80m，而混凝土洞塞不受结构体本身和施工条件的限制，可深入岩土内部直达加固部位。特别适合于滑动面位置明确、倾角较陡、埋置较深、岩体总体坚硬完整的边坡加固，是边坡深部构造破碎带处理常使用的方法，在水利水电工程的高边坡及高拱坝抗力体加固中应用较多。

（2）与地面工程施工干扰较小。混凝土洞塞施工一般通过交通洞直接进入山体内部，与地面工程施工的相互干扰较小。

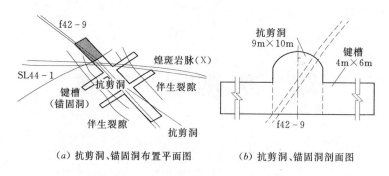

(a) 抗剪洞、锚固洞布置平面图　　　(b) 抗剪洞、锚固洞剖面图

图 6-1　抗剪洞、锚固洞布置示意图

（3）在大型水电工程边坡加固中，混凝土洞塞常常是立面上多层次、平面上多数量的空间布置，洞塞密集分布于建基面至边坡山体内数百米范围内，洞中开洞、洞井交错，洞塞之间施工相互干扰和制约，施工程序复杂，施工组织难度大，安全风险大。

（4）混凝土洞塞是在地质条件较差情况下的地下洞群施工，开挖、支护、通风及交通布置都较困难。

（5）混凝土洞塞的施工交通布置比较困难，常结合工程总体交通布置修建支路、开挖施工支洞、布置竖（斜）井作为施工通道。

6.1.3　应用情况

20 世纪 50 年代末，流溪河拱坝（最大坝高 78m）右岸边坡软弱带的加固中，共布置了 6 层平洞，4 条竖井，对右坝肩进行格构置换处理；从 20 世纪 70 年代开始，先后在凤滩、天堂山、龙羊峡、安康、乌江渡、紧水滩等水利水电工程中应用混凝土洞塞对边坡进行处理，取得良好效果；近年来国内建设的高坝，如龙滩、小湾、锦屏一级等水电站，联合运用混凝土洞塞、高压固结灌浆、预应力锚固等措施，成功地处理了大型复杂高边坡。

早期的混凝土洞塞总体规模相对较小，断面一般也不大，大多数断面面积小于 $40m^2$，属中小断面洞塞，灌浆深度较小，灌浆压力也比较低。随着施工水平的提高和边坡规模的扩大，单洞的断面面积有增大的趋势，断面积达到 $100m^2$ 左右，单洞的长度一般为 $100\sim200m$。灌浆深度和压力都比以前增加，灌浆深度一般为 $10\sim15m$，重要工程相邻两层混凝土洞塞在顺断层方向的灌浆孔相互搭接。灌浆压力达到 $5\sim6MPa$。例如，锦屏一级水电站左岸抗力体不良地质带置换平洞，分布于建基面及以里 $50\sim200m$、顺河 $80\sim200m$ 的范围，在高程 1885.00～1670.00m 范围内分为 5 层布置，包括各类灌浆平洞、排水平洞、施工主（次）通道、抗剪传力洞和断层 f5、煌斑岩脉（X）网格置换洞等大小洞塞共 68 条，总长约 11.8km，岩体挖空率高（采空率平面投影高达 50%）；灌浆总量近 100 万 m^3，灌浆钻孔深度一般 10～15m，最大达到 60m，灌浆压力孔口段为 0.8～1.2MPa，最大灌浆压力为 5.0MPa，灌浆工程量大。小湾水电站左岸抗力体地下置换洞从高程 1160.00～1220.00m 共布置 4 层，其中高程 1220.00m 与 1200.00m 之间有竖井相连，洞井总长约 1204m，右岸抗力体地下置换洞高程 1030.00～1210.00m 共布置 10 层，置换洞总长 2146m。左岸、右岸抗力体灌浆总共约 20 万 m^3，灌浆钻孔深度 5～25.5m，多为

15m。灌浆压力孔口段为 3.0MPa，最大灌浆压力为 5.0～6.0MPa。随着西南地区水利水电工程的开发，高边坡越来越多、边坡工程地质越来越复杂，混凝土洞塞在边坡加固中必将发挥更大的作用。

国内外部分水利水电工程边坡加固使用混凝土洞塞情况及配套措施见表6-1。

表 6-1　　　国内外部分水利水电工程边坡加固使用混凝土洞塞情况及配套措施表

序号	坝名	所在地	坝高/m	建成时间/(年.月)	混凝土洞塞应用情况及配套措施
1	流溪河	中国广东	78	1958	右岸软弱带处理，共设置6层平洞4条竖井进行格构式置换，并固结灌浆
2	坎班比	安哥拉	68	1963	右岸顺河断层设置混凝土井塞
3	姆拉丁其	南斯拉夫	220	1970	传力洞塞7个，断面5m×7m，长50～67m
4	颇塔斯	西班牙	114	1974	右岸平缓断层，深入岩石110m设抗剪洞塞、置换洞塞，断面4m×4m并灌浆处理
5	龙羊峡	中国青海	178	1979	为解决右岸坝后F168上岩体、左岸F191以外岩体及其下游防护墙的稳定问题，布置纵向抗剪洞塞2个，断面4.5m×9m；抗剪井塞5个，直径6m，深40m；锚固洞塞23个，断面2.6m×2.5m、3m×3m两种
6	凤滩	中国湖南	113	1979	左岸2层水平夹泥，纵向抗剪洞塞置换深38m，右岸3层水平夹泥层，混凝土洞塞置换，固结灌浆
7	乌江渡	中国贵州	165	1983	解决右岸老虎嘴岩体稳定问题，横向布置抗剪洞塞，结构（长×宽×高）3m×6m×12m、3m×8m×12m两种
8	紧水滩	中国浙江	108	1989	右岸边坡断层进行了少量洞塞置换、固结灌浆
9	海棠	中国云南	42	1992	左右岸坝肩有顺河向垂直结构面，为解决传递推力和抗剪，布置传力洞塞，支撑井塞、固结灌浆
10	天堂山	中国广东	72	1993	右岸F18置换深约15m，右坝头F15处采用了3个传力洞塞处理、固结灌浆
11	漫湾	中国云南	132	1995	处理左岸坝后潜在滑坡体，布置抗剪井塞、抗剪洞塞及井洞联合结构共约100件（含2m×2m等小断面抗剪洞塞），井塞断面一般为3m×5m，深一般30m；洞塞断面一般为3m×5m，长约32m
12	安康	中国陕西	128	1995	2个锚固洞，断面2.5m×3.5m，深度分别为15m和17m
13	拉西瓦	中国青海	250	2010.8	为增加左坝肩下游的承载力和抗滑能力，沿断层Hf3和hf7走向共设置了7条抗剪置换洞，断面为城门洞形，开挖4.5m×6m（宽×高），总长约446m
14	龙滩	中国广西	216.5	2009.12	对右岸高程382.00～450.00m的不稳定边坡进行加固，在高程382.00～470.00m布置了6层主锚固洞，锚固主洞内布置有多条锚固支洞，同时利用高程406.00m和382.00m的排水洞改造为锚固洞，锚固洞断面为城门洞形，断面从2.5m×3m至4m×4.5m不等

序号	坝名	所在地	坝高/m	建成时间/(年.月)	混凝土洞塞应用情况及配套措施
15	小湾	中国云南	292	2010.8	左岸主要是针对横河断层F11、f12及顺河向断层f34和蚀变带E8等地质缺陷处理,共布置了4层置换洞,主要为10m×10m的主洞及锚入山侧新鲜完整岩体内的正交支洞。右岸主要是对拱座加固处理和置换F11、F10、E4、E5等蚀变岩体,共布置10层,层间高程差约20m,并用竖井连接
16	锦屏一级	中国四川	305	2014.7	对左岸边坡受f5断层及煌斑岩脉(X)等影响的坝肩大块不稳定体进行处理,设置了三层抗剪传力洞共5条,城门洞形9m×10m(宽×高),在抗剪洞中部设十字形键槽,键槽断面4m×5m;f5断层处理设置换平洞2条,断面宽7～13m,高10m;设置斜井4条,斜井长15m,宽度按照嵌入上下盘各1m控制;煌斑岩脉(X)置换平洞3条,断面7m×10m;斜井4条,长12m,宽度按照嵌入上下盘各1m控制

6.2 施工规划

混凝土洞塞施工总体规划的主要内容应包括施工总布置、施工通道布置、施工通风布置、施工程序、施工方法、进度控制施工环境保护和文明施工规划等内容。其方法和内容与其他地下工程的施工规划相类似。本节仅简单介绍施工通道布置、施工程序与进度控制以及施工排水。

6.2.1 施工通道布置

大型水利水电工程边坡加固的混凝土洞塞,大多是布置在边坡岩体中的空间结构,水平洞塞与井塞交叉布置,立面上布置多层,平面上布置多个。因此,施工通道布置比较困难,施工通道也直接制约着施工进度和施工质量等。一般按照进度要求和山坡外的道路状况,分区域组织施工。通道布置的原则如下。

(1)施工通道要满足施工总布置、进度计划、施工程序等的要求。

(2)内场施工道路宜与主体工程施工的道路相结合,局部修建施工支路。山体内施工通道应满足混凝土洞塞分区分层施工的需要,洞塞高程与施工支路相近的,可从山坡的施工支路修建施工支洞与洞塞相连,工程量较小,与施工支洞高差较大的洞塞,宜修建竖井或斜井与施工支洞相连。

(3)施工通道应满足各层洞塞施工通风、排水等布置和人员、材料、设备等施工交通的需要,具体尺寸应根据其承担的任务需要确定。

小湾水电站拱坝的右岸抗力体布置了10层混凝土洞塞,按照高程分成三个区域施工,从右岸高线、中线、底线公路分别修建施工支路,然后再修17条施工支洞、4个竖井与各层混凝土洞塞相连,满足通风、排水和施工交通需要。施工支洞为城门洞形,尺寸为4m×(5～10)m,竖井尺寸为3m×(4～6)m。小湾水电站右坝肩抗力体混凝土洞塞布置见图6-2。

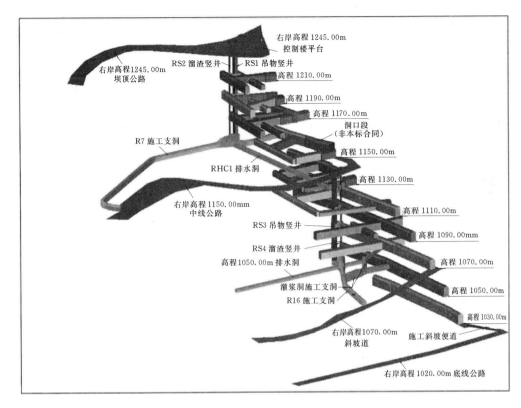

右岸高程 1245.00m
控制楼平台
RS2 溜渣竖井 — RS1 吊物竖井
右岸高程1245.00m
坝顶公路
高程 1210.00m
高程 1190.00m
高程 1170.00m
洞口段
（非本标合同）
R7 施工支洞
高程 1150.00m
RHC1 排水洞
高程 1130.00m
右岸高程 1150.00mm
中线公路
高程 1110.00m
RS3 吊物竖井
高程 1090.00mm
RS4 溜渣竖井
高程 1070.00m
高程 1050.00m 排水洞
灌浆洞施工支洞
高程 1050.00m
R16 施工支洞
高程 1030.00m
右岸高程 1070.00m
斜坡道
施工斜坡便道
右岸高程 1020.00m 底线公路

图 6-2　小湾水电站右坝肩抗力体混凝土洞塞布置图

6.2.2　施工程序与进度控制

水利水电工程边坡加固的混凝土洞塞，其功能主要体现在两个方面：一是提高边坡的抗滑稳定性；二是提高拱坝抗力体岩体传递荷载和抵抗变形能力。施工程序与进度安排应遵守以下原则。

（1）当边坡中布置有多层混凝土洞塞时，为了尽量减小洞塞开挖对边坡或抗力体施工期稳定的影响，控制洞塞施工相互之间的影响，一般要求分序施工。根据地质情况及边坡初始稳定状况，立面上同序开挖的洞塞宜间隔 1～2 层或间隔高差 20～30m，平面上同序开挖的洞塞宜间隔 1～2 个洞塞或 20～30m 水平距离。锦屏一级水电站大坝抗力体置换平洞开挖施工程序基本原则为：同高程相邻洞塞开挖错开 30m（大于 3 倍洞径）可平行施工，层间洞塞高差达 40m 可不加限制。

（2）水平洞塞与竖（斜）井洞塞交叉布置时，宜先施工水平洞塞，再施工竖（斜）井洞塞。竖（斜）井宜间隔开挖，同时开挖的相邻竖（斜）井应间隔一定的距离。锦屏一级水电站同时开挖的竖（斜）井要求最小间距不小于 50m。

（3）相邻洞塞的开挖工作面要求错开一定的距离，爆破起爆要错开一定的时间，尽量减小爆破振动影响；洞塞爆破作业面应滞后相邻施工洞段的混凝土作业面至少 20m，爆破对相邻作业面的振动影响按照《爆破安全规程》（GB 6722—2003）允许振动标准控制。锦屏一级水电站大坝左岸抗力体处理时，施工区域内各开挖工作面不得同时爆破，不同开挖面爆破起爆时间间隔不应小于 5min，沿断层 f42-9 布置的抗剪洞，开挖爆破对相邻洞塞允许振动速度为 3～5cm/s，不到《爆破安全规程》（GB 6722—2003）许用值（7～15cm/s）的一半。

（4）高边坡中的混凝土洞塞，一般应按照从上至下的程序组织施工，上层洞塞完成后再进行下层洞塞的施工。在条件允许时，混凝土洞塞应安排在边坡工程开挖前完成；工期紧张时，混凝土洞塞可与边坡平行施工，但施工进度要与边坡的施工进度相协调，确保施工期边坡安全稳定。例如，锦屏一级水电站左岸坝肩高程 1885.00m 以下边坡的开挖工程，在高程 1883.00m、1860.00m、1834.00m 布置了 3 层抗剪洞，设计文件要求该 3 层抗剪洞的施工程序从上至下进行，下层抗剪洞开挖必须在上层抗剪洞开挖、支护、衬砌、回填混凝土、灌浆完成后才能进行，主要目的是防止在抗剪洞施工过程中，造成断层 f42-9 破碎带上下两面临空，爆破振动相互影响而发生坍塌。随着左岸坝肩高程 1885.00m 以下边坡的向下开挖，沿断层 f42-9 剪出口阻滑区的岩体将会逐步挖除，导致断层 f42-9 在开挖坡面出露，边坡的稳定条件恶化，只有在高程 1883.00m、1860.00m、1834.00m 3 层抗剪洞及锚索联合支护下，边坡才能满足持久工况稳定要求。因此，设计要求高程 1885.00m 以下边坡开挖，应在上述 3 层抗剪洞施工完成后进行，边坡锚索支护也应紧跟开挖面进行。在实际施工时，由于现场施工进度滞后，混凝土洞塞与边坡开挖必须平行施工才能满足总进度要求，结合施工中出现的具体情况，经计算论证，技术要求调整为：边坡开挖至高程 1885.00m 时，应完成高程 1883.00m 抗剪洞的施工；边坡开挖至高程 1825.00m 时，应尽量完成高程 1860.00m 抗剪洞的施工；边坡开挖至高程 1810.00m 时，必须完成高程 1860.00m 抗剪洞的施工；在进行高程 1810.00m 以下开挖的过程中，应尽快完成高程 1834.00m 抗剪洞的施工。

（5）加固抗力体的混凝土洞塞，一般按照自下而上的程序组织施工，进度安排要与坝体混凝土施工进度相协调，保证抗力体满足受力需要。例如，小湾水电站左岸、右岸坝肩抗力体混凝土洞塞施工，各层洞塞的混凝土的完成时间，要求超前于相邻坝体混凝土 40m 高差。

（6）各类灌浆工程应满足工程总体进度要求。按照《水工建筑物水泥灌浆施工技术规范》（DL/T 5148—2012）的要求，应按先回填灌浆后固结灌浆再帷幕灌浆的顺序进行，回填灌浆应在衬砌混凝土达到设计强度的 70% 后进行，固结灌浆宜在该部位的回填灌浆结束 7d 后进行。

6.2.3　施工排水

混凝土洞塞追踪或穿越断层破碎带布置，根据其结构特点，要求施工时要尽量防止水流渗入软弱结构面，而断层破碎带往往有渗水流出。因此，要重视施工排水工作。混凝土洞塞置于边坡岩体中，有时排水布置较困难，应在总体规划时综合确定排水方案。

6.3　洞塞开挖

6.3.1　开挖特点

大型水电工程高边坡加固的混凝土洞塞，一般布置在地质条件比较差的边坡中，与常规洞塞开挖相比有以下特点。

（1）洞塞开挖要追踪断层破碎带进行，地质条件差。混凝土洞塞的作用原理主要是对断层破碎带的软弱岩石进行置换处理。因此，要求开挖位置要追踪断层破碎带进行，开挖尺寸要根据地质情况进行动态调整，使软弱结构面基本位于混凝土洞塞的中间位置，洞塞要求嵌入软弱结构面两侧完整岩体内一定的深度。

（2）混凝土洞塞的开挖壁面不要求很高的平整度。洞塞的开挖壁面有适度的不平整，更有利于回填混凝土与洞壁岩体的结合。

（3）混凝土洞塞开挖时对爆破振动的控制要更严格。因洞塞布置在地质条件差的边坡中，往往多个洞塞、多个工序同时施工，相互干扰大，应更加严格控制爆破振动对边坡、围岩、洞塞混凝土及灌浆施工的影响。比如锦屏一级水电站沿断层 f42-9 布置的抗剪洞，开挖爆破对相邻洞塞的允许振动速度为 3～5cm/s，不到《爆破安全规程》（GB 6722—2003）许用值（7～15cm/s）的一半。

6.3.2 平洞开挖

混凝土洞塞多处于地质条件较差的部位，开挖施工总体上应遵守"短进尺、弱爆破、勤观测、跟进支护"的原则。

（1）开挖分层与方法。小断面（断面面积小于 $20m^2$ 或跨度小于 4.5m）洞段可采取全断面开挖，大中型断面洞段可采取分层开挖的方法施工，一般分 2～3 层开挖。为了便于机械化出渣和风水电的布置，根据岩层地质情况，上层的开挖高度一般宜为 4～6m，中下层的开挖高度为 3～4m。追踪断层破碎带的洞段，宜采用分层导洞法开挖，先在上层开挖导洞，进行超前地质探查，然后进行上层扩挖、支护，再进行下层的开挖、支护。锦屏一级水电站左岸抗力体不良地质带置换平洞典型开挖断面分层见图 6-3。

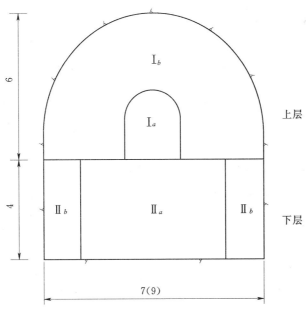

图 6-3　锦屏一级水电站左岸抗力体不良地质带置换平洞
典型开挖断面分层示意图（单位：m）

（2）钻孔爆破方式。洞塞开挖钻孔可采用门架式平台配合手风钻钻孔，断面尺寸 5m×5m 以上的洞塞亦可采用凿岩台车造孔。全断面开挖的洞塞及大型、中型断面洞塞的上层开挖，一般钻设水平孔，按照中心掏槽孔，周边光爆孔，中间崩落孔的方式布置；大型、中型洞塞层、下层的开挖，一般钻垂直钻孔，按照中间抽槽，两侧预裂或光面爆破，洞底用光面爆破收底的方法施工，也可采用水平钻孔爆破的方法施工。

（3）出渣方式。出渣方式可根据洞塞尺寸的大小选定。小型洞塞一般可选用扒渣机、装岩机、小斗容的反铲（0.15～0.3m³）、装载机（0.5～1.0m³）或人工装渣，小型自卸车或电瓶车装运到集渣点，在集渣点用大型挖装设备挖运至弃渣场。大型、中型洞塞可选用斗容 2.0～3.0m³ 的装载机或斗容 1.0m³ 左右的反铲装渣，15～20t 的自卸车运渣至弃渣场。

小湾水电站抗力体置换洞一般岩体中的洞塞分 2～3 步开挖，断面 6m×6m 以上的洞塞先进行 2m×2m 超前地质探洞开挖，每次开挖 5～7m 后进行地质跟踪鉴定，确定下一步洞轴线、断面，然后分两层进行开挖支护，上层开挖高度约为 4m，下层开挖高度为 2～3m，开挖后再次进行地质跟踪，确定岩基面是否满足设计要求，必要时进行下部扩挖。断面小于 5m×5m 的地下洞塞，采用全断面开挖法。蚀变岩体置换洞分 3 步开挖：先进行 2m×2m 超前地质探洞开挖，每次开挖 5～7m 后联合地质跟踪，开挖 20～30m 后，再分两层进行开挖支护。置换洞塞开挖出渣采用 2m³ 装载机或 0.15m³ 反铲装渣，1t 自卸车或 0.3m³ 装载机水平装运至溜渣竖井口，井底安排 3m³ 侧卸装载机装配合 15t 自卸车，将石渣运输至指定渣场。

6.3.3 竖（斜）井的开挖

边坡加固中竖（斜）井混凝土洞塞，大多与水平混凝土洞塞相连，且地质条件较差，为确保施工安全，竖（斜）井开挖前应先对洞（井）口进行支护。在竖（斜）井底部有通道的情况下，宜优先采用反井法施工，即先反井钻机施工导井，然后扩挖成井；在井深较小，底部无通道时，亦可采用正井法施工，即从上至下全断面开挖成井。

6.3.3.1 井内交通布置

（1）斜井内交通布置。用反井法施工斜井时，石渣通过反井溜至井底出渣，一般沿井底板布设单轨运输车运送人员、材料、设备；用正井法施工斜井时，人员、材料、设备和石渣都依靠轨道运输，一般沿井底板布设双轨运输通道。运输轨道随工作面的下降向下延伸；斜井内应设置爬梯作为人员的备用交通通道，爬梯应牢固锚固在斜井底板上，两侧设护栏。轨道交通运输系统应有安全控制措施，每隔 50～100m 设置一个防溜车自动安全隔挡。

（2）竖井内交通布置。用反井法施工竖井时，竖井内交通可以靠井壁布设建筑施工升降机或吊笼，也可在井中心布设吊笼。靠近井壁布设吊笼时，宜在井壁上安装型钢作导轨，在竖井中心布设吊笼时，应设置柔性导绳。用正井法施工竖井时，通常在井中布设吊斗运输材料、设备和石渣，靠井壁布设建筑施工升降机作为人员交通，并设置爬梯作为人员的备用交通通道。

（3）提升卷扬机应采用无级变速卷扬机，提升能力应为计算最大提升力的 1.5～2.0 倍，提升速度宜为 40～50m/min。

6.3.3.2　反井法

（1）导井施工。①导井的布置；用反井钻机施工导井，导井的布置应考虑竖（斜）井断面的大小和钻孔精度等因素，一般布置在竖（斜）井的断面中心或视反井钻机的钻孔精度（目前的工艺水平，钻孔偏斜率在1‰左右），布置在中心偏向底拱的位置；②导井的施工；用反井钻机施工导井，先在导井中心从上至下钻一个的导孔，然后用扩孔钻头从下至上扩挖导井；国产设备的导孔直径在190～270mm之间，常用216mm，扩挖的导井直径在900～1520mm之间，常用的是直径1400mm；③导井的扩挖；当竖（斜）井断面较大，直径1400mm的导井断面偏小，为确保溜渣顺畅，一般还要用爆破的方法对导井进行扩挖，使导井的直径扩大至3.0m左右；导井的扩挖可采取从上至下的扩挖方法，也可采取从小导井中自下而上打辐射状的下斜孔，采取自下而上分段进行爆破。

（2）竖（斜）井的扩挖。①扩挖方法；竖（斜）井的扩挖应在导井贯通后进行，一般从上至下的进行扩挖；长斜井井内交通通道拆装复杂，宜一次扩挖成型；断面较大的短斜井扩挖可分上、下半洞分步扩挖；竖井应全断面一次扩挖成型；斜井扩挖的施工掌子面宜与轴线大致垂直，便于控制钻孔方向，而且扒渣量最小；②钻孔爆破方式；竖（斜）井的扩挖宜用手风钻造孔，斜井钻孔宜在扩挖台车上进行；施工前应进行爆破试验，确定钻孔爆破参数，施工过程中应根据地质情况变化及爆破效果，不断调整优化爆破参数；扩挖循环进尺宜为80～250cm，Ⅱ～Ⅲ类围岩取大值，Ⅳ～Ⅴ类围岩取小值；爆破孔一般环形布置，中间主爆孔排距宜为70cm左右；孔距宜为80～120cm，周边光面爆破孔孔距50cm左右；主爆孔采用排间微差起爆，周边孔用光面爆破，爆后岩石的块度不应超过导井直径的1/3，防止堵塞溜渣反井；③渣料处理；断面较小的井塞可由人工扒渣，大断面的井塞可采用小型反铲扒渣；扒渣作业应制定安全措施，防止人员、设备掉入溜渣井；反井法施工的石渣通过反井溜至井底的施工支洞，用装载机或反铲装车，自卸车运输至弃渣场；要求渣料要及时挖运，防止堵塞反井出口；④溜渣井堵塞的处理；一旦溜渣井被堵塞，要查明原因，制定处理方案，防止出现安全事故；如果堵塞点距离下井口较近，可以用竹竿等把炸药送到堵点附近引爆，利用爆破振动和冲击波使堵塞物松动、坠落；若堵塞点离导井上口较近，可在人工拴好安全绳的情况下，把堵点上的细渣清理至露出大块石，把炸药塞入大块石之间进行爆破处理；严禁人员直接进入堵点下方进行处理。

6.3.3.3　正井法

（1）开挖方法。Ⅱ～Ⅲ类围岩斜井开挖可全断面一次钻孔爆破；Ⅳ～Ⅴ类围岩斜井宜分层进行开挖，先挖上层，后挖下层，下层滞后上层一排炮；竖井宜全断面一次爆破开挖。

（2）钻孔爆破方式。斜井、竖井开挖一般使用手风钻钻孔，钻孔方向与井轴线平行。斜井开挖应设置开挖作业平台。Ⅱ～Ⅲ类围岩开挖循环进尺200～300cm；Ⅳ～Ⅴ类围岩循环进尺80cm左右。爆破按照中心掏槽、中间崩落、周边光爆的方式进行。每次下挖前应对上次开挖的断面进行检查，欠挖部位及时处理。

（3）出渣方式。井的尺寸较小时，采用人工装填渣斗，当井的直径大于10m时，宜用扒渣机装填渣斗，斜井内由卷扬机牵引渣斗，运输石渣至集渣点，竖井内采用卷扬机吊运石渣至集渣点，井外用挖装设备挖运至弃渣场。

6.4　洞塞支护

洞塞支护常用的方法有喷射混凝土、锚杆、钢构架、超前小导管灌浆等。

6.4.1　支护原则

（1）洞口、井口根据岩石地质状况选择支护方法，并应先支护后开挖。

（2）洞段和井段应根据岩石的地质情况选择支护方法和时机，并应按照新奥法施工的原则适时进行支护，充分利用岩体自稳能力，防止岩体卸荷松弛失稳。

（3）Ⅰ类、Ⅱ类围岩中跨径较小洞井一般不需要进行系统支护，跨径较大的洞井一般素喷3～5cm混凝土，个别不稳定块体及时用随机锚杆支护。

（4）Ⅲ类围岩一般需要进行系统支护，打系统锚杆、喷厚8～12cm的挂网混凝土。系统支护距开挖掌子面的距离应控制在20～30m范围之内。

（5）Ⅳ类围岩必须加强支护，如系统锚杆、挂网喷混凝土或喷钢纤维混凝土，有时还需架设钢构架或格栅拱架支护，系统支护距开挖掌子面的距离应控制在10～15m范围之内。

（6）Ⅴ类围岩不仅要加强支护，必要时还应采取超前支护措施。平洞可采取超前锚杆、小导管灌浆等方式超前支护，竖（斜）井可先灌浆，后开挖，系统支护措施与Ⅳ类围岩类似，并应紧跟开挖作业面进行施工。

按照锦屏一级工程的经验，Ⅳ～Ⅴ类围岩出渣结束后立即喷厚5cm钢纤维混凝土或素混凝土对作业面进行封闭。当工作面出现较大渗水且有围岩掉块时，一般先不出渣，仅先用反铲对工作面进行必要的安全处理和清理，立即喷钢纤维或素混凝土封闭。Ⅳ类围岩的系统支护，可根据现场情况滞后掌子面5～15m进行。Ⅴ类围岩的系统支护滞后掌子面5m左右。开挖揭露后需进行钢支撑支护时，先喷厚5cm素混凝土，再架立钢支撑支护，并及时打锁脚锚杆孔，采用水泥卷锚固剂灌注锚杆，再按设计挂钢筋网，及时进行喷混凝土作业。喷混凝土务必将钢支撑喷密、表面饱满，使其处于良好共同受力状态。钢支撑支护后不能替代系统锚杆，系统锚杆施工可滞后15d左右施工。当岩石破碎，锚杆成孔困难时，可采用凿岩台车钻直径65mm锚杆孔，用台车辅助插杆，或者使用自进式锚杆支护。前一种方法效果较好，但成本较高，且占用设备资源，使用自进式锚杆能达到快速支护的目的，但自进式锚杆的密实度仅能达到60%～75%，且锚杆杆体抗剪能力有所降低，使用要征得设计和监理同意，重要部位还要加密锚杆。断层f5置换斜井开挖前进行了超前固结灌浆。

6.4.2　支护施工方法

（1）喷射混凝土。喷射混凝土支护的施工方法参见本书第2章。

（2）锚杆。锚杆分为系统锚杆、随机锚杆和超前支护锚杆。系统锚杆是根据岩体整体稳定要求，在岩面上按一定规律布设的锚杆，其施工参数设计图纸有详细规定，原则是按图施工。随机锚杆是根据局部岩块的稳定情况，临时增加的锚杆，其施工参数要根据现场实际情况确定，并要求及时施工，防止不稳定岩块坍落。超前支护锚杆是为提高洞顶岩体的稳定性，在碎裂结构的块状围岩或互层状结构的围岩中，在洞顶一定的范围内与洞轴线成 30°左右的仰角，超前于开挖作业面施工的砂浆锚杆。锚杆的施工方法参见本书第 3 章。

（3）钢构架。钢构架是用型钢或钢格栅制作的钢结构支撑。在围岩破碎或强、全风化的Ⅳ类、Ⅴ类围岩中，常紧随开挖作业面采用钢构架和喷射混凝土对洞塞围岩进行联合支护。钢构架施工要点如下。

1）应按照洞塞开挖形状和轮廓尺寸制作钢构架。钢构架安装前，应按照设计要求及相关规范检查其制作质量。

2）钢构架应与洞轴线垂直，构件应保持在一个平面内，立柱应支立于可靠的基础上，柱基较软时应设垫梁或封闭底梁，不得支立于浮渣上，每榀钢构架至少应与 3 根锚杆焊接固定，钢构架与岩面之间必须楔紧，相邻钢构架之间可用直径 22mm 以上钢筋连接牢靠。

3）钢构架与岩面之间的空隙必须用喷射混凝土充填密实，除伸缩型钢构架的伸缩节部位外，喷射混凝土应覆盖钢构架。

（4）超前小导管灌浆。在破碎、软弱、散粒结构的岩体中，因其自稳性能极差，在断面开挖前进行超前小导管灌浆，通过灌浆处理，洞顶岩体与导管组成一个棚架，使洞顶岩石不会在开挖过程中马上塌落，开挖后紧随工作面进行钢构架及喷锚支护。

1）小导管的长度一般深入未开挖区 3～5m，间距 30cm 左右，与洞轴线的外倾夹角 3°～5°，导管之间的搭接长度 1.0m 左右。

2）小导管用外径 40～60mm、壁厚 3.5～5.0mm 的热轧无缝钢管，小导管前端长度 20cm 做成尖锥形，尾部焊接直径 6mm 钢筋加劲箍，管壁上每隔 150～200mm 按照梅花形布孔钻眼，眼孔直径为 8～10mm，尾部长度 300mm 不钻孔，作为止浆段。

3）围岩中用凿岩机钻孔，孔径比小导管外径大 3～5mm。小导管安装用锤击或钻机顶入，顶入长度不小于钢管长度的 90%，并用高压风将钢管内的沙石吹出。

4）注浆前应先喷混凝土封闭掌子面以防漏浆，并进行压水试验，检查机械设备是否正常，管路连接是否正确。灌浆压力宜为 0.2～0.7MPa，以掌子面围岩稳定，不严重漏浆为原则，灌浆压力应大于地下水压力。

5）灌浆宜采用不低于 32.5 的普通硅酸盐水泥，浆液水灰比为 0.6：1～1：1，宜添加水玻璃等速凝剂，浆液由稀到浓逐级变换。为加快注浆速度和发挥设备效率，可采用群管注浆（每次 3～5 根）。从拱顶顺序往下注浆，先注无水孔，后注有水孔；先注水小的孔，后注水大的孔。

6）灌浆压力达到设计压力，单孔注入量小于 3L/min，延续灌注 5min 可结束灌浆。

7）开挖过程中应观察浆液充填、渗透半径等情况，为下一步修改注浆参数提供依据。

6.5 混凝土回填

洞塞回填混凝土属大体积混凝土，从配合比的设计、分层分段、入仓手段、仓面工艺、温度控制等方面，都必须按照大体积混凝土的有关施工技术要求施工。

6.5.1 配合比设计

配合比设计应尽量降低混凝土的水化热，提高混凝土的工作性能。胶凝材料宜优先采用中热硅酸盐水泥、大坝水泥等水化热较低的水泥；掺合料可选择粉煤灰、火山灰等；

外加剂宜掺高效减水剂、缓凝剂等，泵送混凝土还可掺入泵送剂；也可掺入适量的氧化镁，配置微膨胀混凝土，减小混凝土的收缩；除泵送混凝土外，骨料宜优先选用三级配。

6.5.2　浇筑分期、分段与分层

（1）分期。洞塞回填混凝土的浇筑，有不分期浇筑和分期浇筑两种方式。当混凝土洞塞断面比较小，开挖时不需要进行衬砌也能保持围岩稳定，洞塞周围岩石不进行灌浆处理

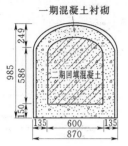

图6-4　锦屏一级水电站水平
洞塞混凝土分期浇筑示意图
（单位：cm）

或灌浆要求不太高的情况下，回填混凝土浇筑通常不分期。当混凝土洞塞断面较大，需要紧随开挖工作面进行混凝土衬砌才能保持围岩稳定，或洞塞周围岩石灌浆工程量大、要求高的情况下，回填混凝土通常分两期浇筑，一期先进行混凝土衬砌，待灌浆完成后再进行二期混凝土回填。一期衬砌混凝土的厚度，应能保证洞塞围岩的临时稳定和满足灌浆压力要求，衬砌后的洞塞断面应满足后期施工的操作空间和施工通道的要求。锦屏一级水电站水平洞塞混凝土分期浇筑见图6-4。

（2）分段与分层。长度较长、断面较大的水平洞塞，混凝土宜按照分段、分层的方式浇筑，小断面洞塞亦可分段全断面一次浇筑。洞塞混凝土分段长度应根据结构特点、温度收缩和浇筑能力等因素确定，浇筑分段长度一般为10～15m。混凝土施工缝的布置有两种方式，一种是对齐布置，不同施工分层的施工缝处于同一断面上，如小湾水电站抗力体混凝土施工缝就没有错开，观测结果施工缝张开较大，进行了接缝灌浆处理；另一种是施工缝错开布置，一期、二期混凝土的施工缝错开布置，错开距离不小于1.0m；二期混凝土各层的施工缝也错开布置，错开距离亦不小于1.0m。施工缝错

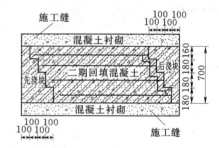

图6-5　锦屏一级水电站抗剪
洞分层浇筑示意图
（单位：cm）

开布置后，一般不再进行接缝灌浆。锦屏一级水电站抗力体混凝土的施工缝就是错缝布置。混凝土分层的原则，第一层的厚度宜为1.5～2.0mm，其余各层厚度不大于3m。为便于施工排水，可先浇筑垫层混凝土。锦屏一级水电站抗剪洞分层浇筑见图6-5。竖（斜）井混凝土洞塞的衬砌混凝土，一般随着开挖工作面进行施工，分层高度视围岩稳定情况而定，一般为1.0～3.0m；二期回填混凝土一般从下至上分层浇筑，分层高度宜为3.0m左右，回填混凝土与衬砌混凝土的施工缝应错开布置，错距宜为1.0m左右。

6.5.3　混凝土运输与入仓方式

洞塞混凝土运输和入仓方式视浇筑环境条件进行选择，主要有：罐式混凝土运输车＋混凝土泵；罐式混凝土运输车＋Mybox管＋混凝土泵；自卸车＋皮带输送机等方案。当

道路条件较好，汽车能直接运输至仓面附近，水平运输可用罐式混凝土运输车运输，混凝土泵入仓，或用自卸车运输，皮带输送机入仓。当汽车不能直接到达仓面附近，混凝土需经竖井跌落运输到仓面时，常用罐式混凝土运输车运送混凝土至竖井口，竖井中的跌落运输常用 Mybox 管，入仓手段采用泵送混凝土。泵送混凝土一般为二级配，坍落度大，胶凝材料用量多，不利于混凝土温度控制。皮带机入仓方式可靠，可浇筑三级配混凝土，有利于混凝土温度控制，成本较低，但洞塞顶层的混凝土一般仍需要用泵送混凝土入仓，比较麻烦。

6.5.4 仓面施工工艺

混凝土浇筑前，应清理工作面，清除岩基上的杂物、泥土及松动岩石。岩石较完整的部位可用高压水冲洗，岩石破碎，遇水易风化、泥化的部位应采用高压风冲洗。基岩漏水的部位应有专门的引排水措施。水平洞塞的平面模板以组合钢模为主，局部辅以木模板，顶拱用钢拱架立模，钢管脚手架支撑。竖（斜）井衬砌模板可以用定型钢模板。钢筋按照设计要求加工、安装。施工缝进行毛面处理，在基岩面和老混凝土面上浇筑混凝土前，应先铺一层厚 2～3cm 的水泥砂浆或小级配混凝土或同标号的富浆混凝土。混凝土一般宜采用平铺法浇筑，浇筑厚 30～50cm，采用台阶法浇筑时，台阶宽度不应小于 2m。平洞浇筑用混凝土泵送入仓时，泵送混凝土的导管布置在钢筋支架上，接引至仓号最里端 1.0m 处，为方便拆装，仓内的导管宜采用 1.0m 的短管；为最大限度保证混凝土浇筑的密实度，最后一层浇筑时，混凝土导管的安装尽量靠近顶拱，最后一批混凝土浇筑时，可用模板临时将仓面分隔成小块，先把里端封头浇筑满，再后退浇筑，尽量使顶层浇满；皮带机入仓时，卸料高度超过 2m 时应设置串筒，防止混凝土分离；设置廊道的部位，廊道两侧应平衡下料。加强振捣，确保混凝土密实。混凝土终凝后，应按规定进行养护。

6.5.5 温度控制

混凝土温度控制措施主要包括：合理进行分段、分层浇筑，层间间歇时间不少于 5～7d；采用预冷混凝土，对运输过程采取保温措施，减小运输过程混凝土的温度回升，控制混凝土入仓温度；入仓的混凝土及时平仓振捣，减少气温倒灌；在混凝土中埋设冷却水管进行通水冷却，降低混凝土的最高温升，使其内部温度降至设计要求的灌浆温度；选择低温时段浇筑等。每个工程可根据具体情况和设计要求，全部或部分采用以上措施。

小湾水电站抗力体的地质缺陷处理，设计要求洞塞混凝土内部允许最高温度不超过 45℃，混凝土降温速度不大于 1℃/d，通水冷却结束的标准是混凝土温度降至 19～20℃。主要采取了以下措施：①优化混凝土配合比，通过降低水泥用量、控制水化热；②合理控制浇筑分层分块及间歇时间，洞塞混凝土采取分段浇筑，分段长度不超过 15m，浇筑洞塞一期回填混凝土时，混凝土浇筑层厚 3.0m 左右，间歇期 3～5d；井塞混凝土浇筑层厚不超过 6.0m，间歇期 3～5d；③混凝土均采用搅拌车运输，在汽车顶部设活动防晒篷布，减少运输过程中温度回升；④在高温季节应尽可能利用早、晚或夜间气温较低的时段进行浇筑，加快混凝土入仓覆盖速度，尽可能缩短混凝土浇筑时间；⑤冷却水管水平和垂直间距根据各洞塞的断面尺寸、预留灌浆洞位置及衬砌厚度确定,水平和垂直间距一般为1.0~1.1m,单根冷却水管长度不大于200m。衬砌厚度小于1.0m时不需布置冷却水管;锦屏一级水电站混凝土洞塞冷却水管埋设见图6-6;⑥混凝土浇筑过程中即开始通水冷却,单根水管冷却水流量控制在20~25L/min,每24h变换1次水流方向;冷却水进口水温与混凝土最高温度之差不超过25℃,前期通自然江水冷却,混凝土温度降至30~35℃后,改通制冷水冷却;

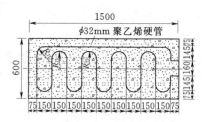

图6-6 锦屏一级水电站混凝土洞塞冷却水管埋设示意图(单位:cm)

⑦混凝土内部温度测量采用通水测温、闷水测温、仪器测温的3种方法相结合,以评定混凝土温度是否冷却到设计要求。通水测温是使用温度计测量冷却水管进出水口的水温,从开始浇筑至混凝土达到最高温度的升温阶段,每4h测量1次进口和出口水温,降温阶段每6h检测1次进口和出口水温。闷水测温要求将冷却水管中的水闷温3~4d,然后用压缩空气将管内积水缓慢吹出,每根水管的水用水桶承接,测量每桶水的水温,取每桶水水温的平均值作为测量结果。仪器测温要求从仪器埋设开始至混凝土达到最高温度为止,每4h测读1次,之后第一周每日测1次,第二周以后每周测1次,直至混凝土达到设计温度。

6.6 灌浆施工

混凝土洞塞中主要有回填灌浆、固结灌浆。水平混凝土洞塞结构型式一般采用城门洞形,顶拱部位难于浇筑密实,一般都在顶拱一定的范围进行回填灌浆;当洞塞周边围岩地质条件较差或受到爆破震动影响较大时,往往利用混凝土洞塞作为施工通道,对洞塞周边的断层、蚀变带、结构面及开挖爆破松弛岩体区域进行固结灌浆加固。通常应先进行回填灌浆,然后进行固结灌浆。

6.6.1 回填灌浆

洞塞回填灌浆主要是对衬砌混凝土与基岩之间的空隙及一期、二期混凝土之间的空隙进行灌浆(见图6-7)。洞塞回填灌浆应在其回填混凝土或衬砌混凝土达到70%设计强度后进行。当衬砌为素混凝土时,可直接从衬砌混凝土中打孔,当衬砌为钢筋混凝土时,可以在混凝土中预埋灌浆管,对衬砌混凝土与基岩之间的空隙进行回填灌浆,这种情况的回填灌浆与常规水工隧洞回填灌浆方法一样。不分期浇筑的小型洞塞顶部及分期浇筑的大型洞塞一期、二期混凝土之间的

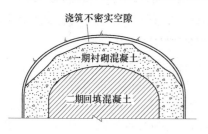

图6-7 水平洞塞回填灌浆区域示意图

空隙的回填灌浆,通常在浇筑最后一层回填混凝土时,进行埋管回填灌浆,这种回填灌浆与常规水工隧洞封堵埋管回填灌浆类似。

（1）灌浆孔的布置。洞塞回填灌浆孔一般布置在顶拱中心角90°～120°范围之内，每排孔数依洞塞直径大小而定，直径小于5m时可为1～3个孔，排距2～6m。围岩塌陷、溶洞、超挖较大等特殊部位必须布置回填灌浆孔和排气管，排气管出口应在空腔的最高处，以利于排水、排气。钻孔灌浆孔径不宜小于38mm，孔深宜进入岩石10cm，对混凝土厚度和混凝土与围岩之间的空隙尺寸应进行记录。埋管灌浆主管管径为38～50mm，排气主管管径38mm，支管管径均为25mm，管头应深入围岩5cm，进、出浆管口布置与打孔孔位类同。

（2）灌浆分区、分序。打孔回填灌浆应分区分序施工。每个灌浆区段长度不宜大于3个衬砌段，区段的端部应在混凝土施工时封堵严实。回填灌浆应按分序加密的原则进行，灌浆孔可分为两个次序，奇数排为Ⅰ序，偶数排为Ⅱ序。为了保证灌浆效果，两序孔中都应包括顶孔。埋管回填灌浆一般一个浇筑段作为一个灌浆区段，灌浆一般不分序。

（3）灌浆方法。回填灌浆采用纯压式灌浆法。打孔方式的回填灌浆，应当遵循先Ⅰ序后Ⅱ序、先灌低处后灌高处的原则。施工开始时，先钻Ⅰ次孔，然后自低处孔向高处孔顺次进行灌浆。当低处孔灌浆时，高处孔先取排气和排水作用，后期排出浆液，当排出浆液达到或接近注入浆液的浓度时，则封闭（塞住）低处孔，改在高处排浆孔继续灌注，依此类推，直至最后一孔。Ⅰ序孔完成后，按同样的程序进行Ⅱ序孔的钻孔、灌浆。埋管灌浆的区段的端部应在混凝土施工时封堵严实，灌浆施工应自较低的一端开始，向较高的一端推进。

（4）灌浆压力。洞塞在衬砌混凝土完成后进行回填灌浆时，回填灌浆的压力应视混凝土衬砌厚度和配筋情况而定，对于素混凝土衬砌可采用0.2～0.3MPa，钢筋混凝土衬砌可采用0.3～0.5MPa。洞塞混凝土一次浇筑完成后进行回填灌浆时，灌浆压力可适当提高。

（5）灌浆浆液。一般情况下，回填灌浆的浆液均采用纯水泥浆，水泥的强度等级不低于32.5，浆液水灰比可为0.6∶1～0.5∶1。空腔大的部位宜灌注水泥砂浆或高流态混凝土，水泥砂浆的掺砂量不宜大于水泥重量的200%，Ⅱ序孔应灌注纯水泥浆。

（6）灌浆结束标准与封孔。在设计压力下，灌浆孔停止吸浆后，延续10min即可结束灌浆。孔口返浆的灌浆孔，结束灌浆时应先关闭孔口闸阀再拆除管路，防止灌入孔内浆液倒流出来。灌浆完毕后应使用干硬性水泥砂浆将钻孔封填密实，孔口压抹齐平。

（7）回填灌浆质量检查。回填灌浆工程质量检查可采用检查孔注浆试验或取芯检查的方法。注浆试验在该部位灌浆结束7d后进行，钻孔取芯检查应在该部位灌浆结束28d以后进行。检查孔应布置在顶拱中心线、脱空较大和灌浆有异常情况的部位，宜每10～15m布置1个或1对检查孔，孔深应深入围岩10cm。单孔注浆试验法检查，用灌浆相同压力向检查孔内注入水灰比为2∶1的水泥浆，初始10min内的注入浆量不大于10L为合格。双孔连通试验法检查，在指定部位（通常应当是拱顶）布置2个间距为2m的检查孔，用灌浆相同压力向其中一个孔注入水灰比为2∶1的水泥浆；另一个孔的出浆流量小于1L/min为合格。检查孔取芯样检查，在拱顶钻检查孔获取岩芯，观察岩芯、浆液结石充填饱满密实情况，满足设计要求为合格，根据工程条件和要求可选用一种或两种检查方法。

6.6.2 固结灌浆

混凝土洞塞的固结灌浆应在回填灌浆完成7d后进行。固结灌浆孔的布置、孔深、灌浆压力等参数根据地质情况确定，通常混凝土与围岩的接缝灌浆与固结灌浆合并实施。

（1）灌浆孔的布置。固结灌浆孔一般沿洞塞周围辐射布置。孔深根据加固的目的、围岩的破碎程度和加固范围确定。仅为加固开挖爆破影响范围的围岩时，钻孔深入围岩的深度一般为3～6m，当利用混凝土洞塞作为施工通道，对洞塞周边较大范围的岩体进行加固时，孔深根据需要确定，有的上下层洞塞的固结灌浆相互衔接。小湾水电站抗力体固结灌浆孔深为5～25.5m，大多为15m，锦屏一级水电站抗力体固结灌浆最大达到60m。灌浆孔环距15°～30°（控制钻孔间的最大间距3～4m），排距一般为2～4m。在断层、破碎带等局部地段，孔深可适当加大，孔排距适当减小。钻孔的方向除特殊情况需考虑岩石的层理或主要裂隙的方向外，一般均按径向或垂直于基岩表面布置。

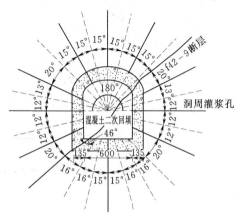

图6-8 锦屏一级水电站混凝土洞
塞固结灌浆典型布置图
（单位：cm）

锦屏一级水电站混凝土洞塞固结灌浆典型布置见图6-8。

（2）灌浆分序。洞塞围岩固结灌浆常采用"环间分序，环内加密"的方法施工。环间一般分两序，基数环为Ⅰ序，偶数环为Ⅱ序，围岩特别破碎也可分三序，如1环、4环、7环为Ⅰ序，2环、5环、8环为Ⅱ序，3环、6环、9环为Ⅲ序；环内的基数孔为Ⅰ序孔，偶数孔为Ⅱ序孔。竖（斜）井灌浆一般从低处向高处灌浆，可采用"环间分序，环内加密"的方法施工，也可以不分序，由低向高逐孔施工。广州抽水蓄能电站竖井高压固结灌浆没有分序施工，已经多年运行正常，实践证明可行。

（3）灌浆孔施工。围岩固结灌浆孔的孔径一般为38～56mm，钻孔可用风动凿岩机、液压凿岩机、潜孔钻机、地质钻机等钻孔机械，竖（斜）井中的灌浆孔在灌浆平台上施工，宜选用轻型钻孔设备。素混凝土衬砌洞段可直接钻进，钢筋混凝土衬砌洞段一般宜在混凝土中预埋灌浆管（钢管或PVC管），预埋管内径应比钻孔直径大20mm以上。预埋管管口应有明显标志，便于拆模后寻找。

（4）钻孔冲洗与压水。固结灌浆孔钻进完成后，应使用压缩空气或压力水冲洗钻孔内岩粉和泥渣，冲洗压力为灌浆压力的80%，并不大于1MPa。地质条件复杂或有特殊要求时是否需要冲洗以及如何冲洗，宜通过现场试验确定。灌浆前可选取不少于总孔数的5%孔，在裂隙冲洗后按单点法的要求进行压水试验，其他孔可结合裂隙冲洗进行简易压水试验。当围岩地质条件差，遇水后会软化或带来其他不利影响时，不能进行压水试验，甚至也不能灌注较稀的浆液。

（5）灌浆方法。围岩固结灌浆可采用纯压式灌浆法和孔内循环灌浆法。常压固结灌浆（灌浆压力小于3MPa），灌浆孔入基岩段深度小于6m时，可全孔1次灌浆，基岩段较深或不良地质洞段的灌浆孔宜分段灌注。常压固结灌浆宜采用单孔灌浆的方法，但在注入量较小洞段同一环上的灌浆孔可并联灌浆，孔数不宜多于 3 个，孔位宜保持对称。高压固结灌浆（灌浆压力不小于 3MPa），应从浅入深分段进行灌浆，第 1 段段长宜为 2.0～2.5m，采用常压（灌浆压力 2.0～3.0MPa）进行灌浆，第 2 段段长 3.0m 左右，第 3 段及以后各段段长 5m（最长一般不超过 7m），按照设计规定的压力进行灌浆，也可以从第 1 段至第 3 段，逐渐增加至设计规定的灌浆压力。高压固结灌浆至少应待孔口段的低压固结灌浆待凝 4h 后再进行，保证孔口段灌注的水泥浆初凝，提高孔口段的承载力，防止高压灌浆抬动破坏。灌浆压力的具体选定与岩石条件有关，应通过试验确定，并加强岩体和洞塞衬砌混凝土的抬动观测，防止岩体抬动破坏。

（6）灌浆浆液。固结灌浆通常灌纯水泥浆液，可采用普通硅酸盐水泥。当地下水具有侵蚀性时，应采用抗侵蚀水泥。水泥的强度等级应不低于 32.5。浆液水灰比通常可采用 2:1、1:1、0.6:1 或 0.5:1，用 2:1 浆液开灌，由稀至浓灌注。开灌水灰比应视基岩吸浆量大小选择，吸浆量大，可选用 1:1 的浆液开灌。

（7）灌浆结束条件与封孔。常压固结灌浆各灌浆段的结束条件为：在设计压力下，当注入率不大于 1L/min 后，继续灌浆 30min 即可结束。高压固结灌浆压力大，水泥浆液析水快，凝结时间短，若屏浆时间过长，灌浆塞可能无法拔出。因此，高压固结灌浆的结束标准应通过试验确定。固结灌浆结束后应按照规范规定，采用"全孔灌浆封孔法"和"导管注浆封孔法"进行封孔。封孔用水泥应与灌浆水泥相同，并宜加入减水剂、膨胀剂，以改善浆液、砂浆的施工性能，提高浆液结石的抗渗防裂能力。

（8）灌浆工程质量检查。围岩固结灌浆工程质量检查，可采用压水试验法，有条件时宜测定围岩灌浆前后的弹性波波速或弹性（变形）模量，地质条件复杂且重要的地段也有采用声波、地震波或电磁波 CT 层析成像等方法检查。压水试验检查应在该部位灌浆结束 3d 后进行，有条件时宜在 7d 后进行。检查孔的数量不宜少于灌浆孔总数的 5%。当进行压水试验检查时，试验采用单点法，压水压力为灌浆压力的 80%，并不大于 1MPa。合格标准为：85% 以上试段的透水率不大于设计值，其余试段的透水率不超过设计值的 150%，且分布不集中。岩体弹性波波速检查应在灌浆结束 14d 以后进行，弹性波测试可采用单孔声波法和跨孔声波（或地震波）法。一般需要测定灌浆前和灌浆后的波速，以对比经过灌浆以后岩体性能改善的程度。洞塞围岩经固结灌浆后弹性波和弹性模量应当达到的指标或应提高的比例，因岩石性质和工程要求各有不同，应当具体工程具体确定。

6.7 质量、安全、环保要点

6.7.1 质量工作要点

6.7.1.1 洞塞开挖

（1）洞塞开挖应追踪断层破碎带等软弱结构面进行，使软弱结构面基本处于洞塞的中间位置。当软弱结构面位置、尺寸发生变化时，应及时调整开挖位置和尺寸。

（2）洞塞开挖爆破应有专门的爆破设计，爆破参数应根据地质条件的变化及时调整。爆破参数改变应经爆破设计人员批准。

（3）严格控制钻孔孔位、孔深和孔向，提高钻孔利用率，防止欠挖，减少超挖。

（4）严格按照爆破设计装药、连网、起爆。

（5）竖井、斜井的开挖，在下层开挖前应对上层开挖断面进行测量检查，欠挖部位及时处理。

6.7.1.2 洞塞支护

（1）洞塞大多处于地质条件差的岩体中，支护施工跟随开挖工作面及时进行。

（2）喷射混凝土主要控制基面清理、混凝土配比、喷射过程等环节的质量。①基础面要求清理干净，验收合格；②原材料符合设计和规范要求，并严格称量，按照设计混凝土配合比配置混凝土，混凝土拌和料要拌制均匀、随拌随用，不用放置时间过长的拌和料和收集的回弹料；③按照分块、分层、从下至上的原则施工；喷射过程中控制好喷头与受喷面距离、角度、运行轨迹等，并保证喷射的连续性；喷层厚度应设置控制标杆，确保厚度符合设计要求；待强一定时间后及时养护。

（3）锚杆支护主要控制其加工、钻孔、安装、灌浆等环节的质量。①锚杆的材质及加工尺寸符合设计要求；②孔位、孔深、孔向满足设计要求；③锚杆入孔深度、外露长度符合设计要求，杆体居于孔中心；④锚杆四周浆液饱满，拉拔力满足设计要求。

（4）钢构架支护主要控制其加工、架立、固定等环节的质量。①钢构架的轮廓尺寸符合洞塞开挖形状，材质及制作质量符合设计和相关规范要求；②钢构架架立与洞轴线垂直，构件在一个平面内，固定牢固，立柱的基础稳固；③相邻钢构架连接牢靠；④钢构架与岩面之间的空隙充填密实。

（5）小导管灌浆主要控制钻孔、导管制作、安装、灌浆等环节的质量。①钻孔孔位、孔深、倾角、搭接长度符合设计要求；②小导管的材料、加工质量、安装要求符合设计要求；灌浆孔的吹洗、灌浆压力、浆液配比、结束标准等环节符合设计和相关规范的要求。

6.7.1.3 回填混凝土

（1）原材料质量符合设计及规范要求。

（2）严格按照配合比称量、配料，并拌和均匀。

（3）基础面清理干净，验收合格。

（4）钢筋规格、数量、位置、接头等符合设计及规范要求；模板位置正确，架立稳固；埋件的数量、位置等符合设计要求，保护可靠。

（5）混凝土按照要求摊铺均匀，振捣密实，养护及时。

（6）按照设计要求，各类温控措施落实到位。

6.7.1.4 灌浆

（1）钻孔灌浆的孔位、孔深、孔向符合设计要求，埋管灌浆时管路畅通、固定牢固、标识清楚。

（2）钻孔清洗、压水符合规范要求，灌浆结束后钻孔封堵符合规范要求。

（3）灌浆压力、浆液浓度、结束标准等符合规范要求。

（4）检查孔布置、数量符合规范要求，检查方法正确，结果满足设计和规范要求。

6.7.2 安全、环保工作要点

混凝土洞塞施工，应加强人员安全教育、培训，严格落实有关持证上岗、安全用电、安全防护、环境保护等政策、法规，重点做好以下几方面的安全、环境保护工作。

（1）洞塞开挖应先完成锁口支护，再进行开挖。

（2）竖（斜）井井口应设置安全防护栏杆和拦石坎，防止掉物伤人。

（3）竖（斜）井的卷扬机牵引、提升系统，应有限位、过载保护，触地缓冲，紧急制动，停电保护等安全装置。斜坡运输轨道应有防滑措施，牵引绳应与轨道中心线一致，并设有地滑轮承托。运输设备应定期进行安全检查。

（4）洞塞开挖要严格按照《爆破安全规程》（GB 6722—2014）的要求组织爆破，确保爆破安全。

（5）加强通风排烟及有害气体监测，提高作业面的环境空气质量。

（6）每次爆破后及时清理处理危石，并应严格按照设计要求及时进行支护，未完成规定的支护措施前，不得继续开挖。

（7）施工用的平台、排架应有专门设计，并经验收后才能使用。高空作业及反井法施工的井内作业人员应挂安全绳。

（8）导井不溜渣时应用临时盖板覆盖。

（9）高压风管、灌浆管路接头应可靠，防止脱接伤人。

7 挡 土 墙

7.1 分类与特点

挡土墙是用来支撑天然边坡或人工填土边坡，以保持边坡稳定的建筑物。其作用分为：防止边坡遭遇雨水冲刷、卸荷崩塌、地下水侵蚀、滑移等破坏及收缩坡脚，规则坡体，减少占地等，广泛应用于水利水电工程的边坡支护、场内交通、场地工程、渣场防护、隧洞进出口等。

7.1.1 分类

挡土墙的分类：依据结构型式可分为重力式挡土墙、悬臂式挡土墙、扶壁式挡土墙、空箱式挡土墙、锚杆（索）式挡土墙等；依据所采用的建筑材料可分为混凝土挡土墙、钢筋混凝土挡土墙和浆砌石挡土墙等。

7.1.2 结构特点

重力式挡土墙依靠自重来保证其在土压力作用下的稳定，是传统的也是最常用结构型式（见图 7-1）。重力式挡土墙多采用混凝土浇筑，也可用砖、块石或片石砌筑而成，一般做成简单的梯形截面［见图 7-1 (a)、图 7-1 (b)］，当墙较高时，可做成半重力式挡土墙或衡重式挡土墙［见图 7-1 (c)、图 7-1 (d)］。

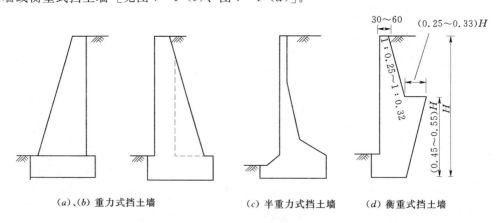

（a）、(b) 重力式挡土墙   (c) 半重力式挡土墙   (d) 衡重式挡土墙

图 7-1　重力式挡土墙图（单位：cm）

根据墙背倾斜方向的不同，重力式挡土墙断面形式可分为仰斜式、垂直式、俯斜式、凸形折线式（凸折式）和衡重式等几种（见图 7-2）。

悬臂式挡土墙由底板和固定在底板上的直墙构成，主要依靠底板上的填土重量来维持

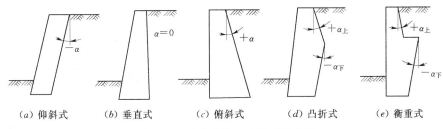

(a) 仰斜式　　(b) 垂直式　　(c) 俯斜式　　(d) 凸折式　　(e) 衡重式

图 7-2　重力式挡土墙断面形式图

挡土墙的稳定。底板分为趾板和踵板两部分。扶壁式挡土墙是沿悬臂式挡土墙的直墙，每隔一定距离加一道扶壁，把直墙与踵板连接起来的挡土墙。

悬臂式和扶壁式挡土墙构造简单，受力明确，施工方便，墙身断面小（见图 7-3）。通常采用钢筋混凝土结构，挡土高度在 8m 以下时可采用悬臂式 [见图 7-3（a）]；挡土高度大于 8m 时则可采用扶壁式 [见图 7-3（b）]。布置场地受限制时也可采用悬臂式灌注桩挡土墙（见图 7-4）。

空箱式挡土墙利用空箱内充填土、砂的重量来维持稳定（见图 7-5）。

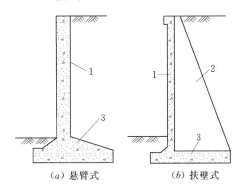

（a）悬臂式　　　　（b）扶壁式

图 7-3　悬臂式、扶壁式挡土墙示意图

1—墙体；2—扶壁；3—底板

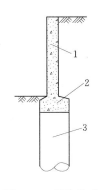

图 7-4　灌注桩式
挡土墙示意图

1—墙体；2—帽（冠）梁；
3—灌注桩

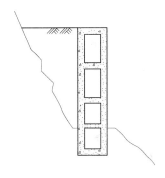

图 7-5　空箱式挡土墙示意图

锚杆（索）式挡土墙是由钢筋混凝土板和锚杆组成，依靠锚固在岩（土）层内的锚杆的水平拉力以承受岩（土）体侧压力的挡土墙（见图 7-6）。

7.1.3　材料及特征

重力式挡土墙一般采用现浇混凝土、浆砌块（片）石、浆砌料石砌体、干砌块（片）石、普通黏土砖砌体、混凝土预制块及埋石混凝土等。

悬臂式和扶壁式挡土墙主要用钢筋混凝土材料。根据现场实际情况，对于小型、应急或临时工程，也可以用型钢、木料等作为承载墙体。

锚杆式挡土墙的墙身材料一般为钢筋混凝土，由现场浇筑的整体式墙面板或预制装配式墙面板与多排小锚杆组成。锚杆式挡土墙的拉结锚杆形式根据墙后地质条件、边坡条件和荷载选用，一般有以下几种形式：普通砂浆锚杆、中空锚杆、预应力锚杆和锚索、混凝

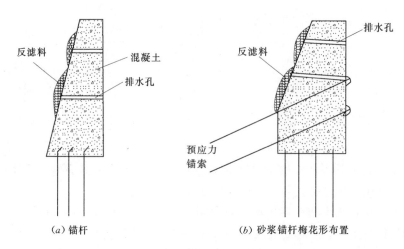

(a) 锚杆   (b) 砂浆锚杆梅花形布置

图 7-6　锚杆式挡土墙图

土墙面板等。

7.2　墙基施工

7.2.1　基础类型

挡土墙常用的基础形式有：扩大基础、换填基础、台阶基础，有时也采用拱形基础。对于较深的软基，大型挡土墙可采用桩基、锚桩以及沉井等（西南地区一些重力式低坝基础也采用群桩）。

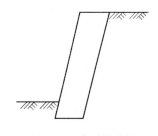

图 7-7　常用基础图

绝大多数挡土墙都直接修筑在天然地基上，常用基础见图 7-7。当地基承载力不足，地形平坦而墙身较高时，为了减小基底应力，增加抗倾覆稳定性，常常采用扩大基础，即将墙趾或墙踵部分加宽成台阶，或两侧同时加宽，以加大承压面积。

当基底压应力超过地基承载力过多时，需要加宽值会较大，为避免加宽部分的台阶过高，减少底部工程量，宜采用钢筋混凝土底板。

挡土墙基础形式按设置深度分为浅基础和深基础，按开挖方式分为明挖基础和挖孔、钻孔基础。

7.2.2　基底处理方法

除对软土地基进行换填处理外，当基底为土质（如碎石土、砂砾土、砂性土、黏性土、砂砾石等）时，应将其整平夯实。对于岩石地基中有孔洞、裂缝及断层破碎带时，应视裂缝的张开度分别处理，可以采用水泥砂浆或细石混凝土、水泥—水玻璃或其他双液型浆液等加固；若基底岩层有外露软弱夹层时，宜在墙趾施工前对夹层做封面保护或清理换填混凝土。

对基底软弱或土质不良地段，可采取下列方法进行处理。

（1）换填法。换填法适合于无地表水或地表水排干后能进行旱地作业的区段。施工时，挖除软土，排干积水，换填砂砾、碎石、矿渣或灰土等质量较好的材料，使基底压力扩散均匀地传递到下部软弱土层中（见图7-8）。

（2）挤密法。挤密法有粗砂挤密桩、碎石挤密桩、石灰挤密桩、水泥石灰挤密桩等。工艺内容是用振动或冲击机具将套管打入土层形成孔，用砂、碎石或生石灰灌入孔中，然后逐步提升套管，同时振动使填料密实成桩。挤密桩根据施工环境、地下水位和地基土的工程性质选择不同的挤密桩。

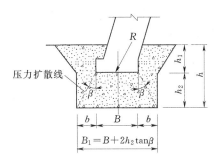

图7-8 换填法常用基础图

砂桩及碎石桩加固深度较大，适用于各种原状土层。石灰桩适合于潮湿土质。

（3）抛石挤淤法。抛石挤淤适用于淤泥质地层，且淤泥深度较大，开挖困难的地段。采用不易风化的石料，石料大小随软土稠度而定。工艺内容是将石料从基础一端的中部向两侧堆码，使软土向另一端及两侧挤出，石料出露后用重型压路机压实。当地形不平时，抛石从地势高的一端向地势低的一端进行，以利于淤泥排放。抛石碾压完成后，在抛石层上填一层砂砾反滤层后再做基础。这种方法施工简便，不必抽水挖淤，适用于厚度较小（一般为3～5m）的软土层。

（4）土工合成材料法。土工合成材料常用的是土工格栅。在地基承载力不足时，铺设土工格栅可以有效地分散上部荷载，提高地基承载力和稳定性。

（5）旋喷桩法。分别选择不同加固材料（生石灰、水泥、粉煤灰或混合料），干喷或加水喷射，采用旋喷技术与原位地基土强制搅拌混合后，使地基土和加固材料发生物理、化学反应，从而使软土结硬，形成整体性强、水稳性好和具有足够强度的复合地基，从而达到增加地基承载力、减少地基沉降量的目的。

（6）排水固结法。排水固结法是运用堆载预压，挤出土中的部分水分，从而达到挤紧土颗粒和提高地基强度的目的，由排水系统和加压系统两部分组成。为了缩短预压时间，可加设竖向排水通道（如砂井、袋装砂井和塑料排水板等）或铺设砂垫层，也可结合真空预压，使工程进度加快。砂井直径多为30～40cm，间距2m左右，砂垫层厚度为0.5～1m。

（7）振冲碎石桩法。振冲碎石桩法适用于软弱黏性土，也可在砂土中应用。各类填料的粒径不大于5cm，含泥量不大于10％。用振动、冲击等方法在软弱地基中成孔，再将碎石挤压入孔中，形成密实的碎石桩体，提高地基的承载力。

7.2.3 基础土石施工

开挖前，应作好场地临时排水措施，雨天坑内积水应随时排干。规划好施工道路，并在基坑四周做好安全防护措施。特别是深基坑开挖，应严格控制弃土堆位置，并对在坑边四周堆放建筑材料、停放设备要有专门规划。基坑开挖尺寸，应满足基础施工的要求，基坑底四周大于基础外缘0.5～1.0m，以利于结构施工。渗水基坑应考虑基坑排水设施（包括排水沟、集水坑、管网）和基础模板等大小而定。

在松散软弱土质地段，基坑不宜全面开挖，应划分槽段，采用跳仓开挖，并按要求进行临时支护，以防基坑坍塌。在天然地基土层上挖基如深度在5m以内，施工期较短，基底处于地下水位以上，且土的湿度正常，构造均匀，其开挖坑壁坡度可参考表7-1选定。当基坑深度大于5m时，应加设平台，上部边坡适当放缓，这不仅利于基坑边坡的稳定，又利于基坑开挖。

表7-1 基坑坑壁建议坡度表

坑壁土类	坡　　度		
	顶缘无荷载	顶缘有静载	顶缘有动载
砂类土	1：1	1：1.25	1：1.5
碎卵石土	1：0.75	1：1	1：1.25
砂性土	1：0.67	1：0.75	1：1
黏性土、黏土	1：0.33	1：0.5	1：0.75
极软岩	1：0.25	1：0.33	1：0.67
软质岩	1：0	1：0.1	1：0.25
硬质岩	1：0	1：0	1：0

（1）土石方开挖基本要求。开挖前对基坑位置进行测量，并对深度、长度进行复核。开挖完成后各项参数除应符合设计要求外，还应根据挡土墙基础形式、材料和施工方法，考虑墙体脚手架、钢筋模板、建筑材料等施工需要。岩石地基采用爆破开挖时，应进行爆破设计，按照控制爆破要求进行施工，并进行必要的边坡支护。原地面坡度较陡的岩石地基，需开挖成台阶型。必要时要插打锁脚锚杆或基础竖向锚杆。对可利用的开挖料，应进行回采规划，堆积在附近作墙后回填用，多余部分或废料应堆积在弃渣场，并按照环保要求进行渣场防护。基坑开挖完成后应尽快实施基础施工，特别是土类地基应连续进行开挖，尽量避免遭受雨水浸泡和晾基。土类地基开挖后，应进行压实，压实度应符合要求。开挖施工应尽快进行，防止因停滞、拖延工期导致边坡失稳。

（2）土石方回填基本要求。墙后回填土料必须符合要求，一般应采用粗砂、碎石等作回填料。当回填料黏粒含量较高时，应按要求进行分区和处理。回填作业应连续进行，分层填筑压实。压实作业前应进行分层压实工艺试验，确定分层厚度、含水量和施工组织方法，并验证现场检测压实度的方法。填筑施工的含水量控制、虚铺厚度、压实设备和方法等严格按照压实试验确定的参数实行。土石方开挖程序及适用条件见表7-2。

表7-2 土石方开挖程序及适用条件表

开挖程序	安　排　步　骤	适　用　条　件
自上而下开挖	先开挖岸坡，后开挖基坑，或先开挖边坡和开挖底部	用于施工场地狭小、开挖量大且集中的工程部位
上下结合开挖	岸坡与基坑或边坡与底部上下结合开挖	用于有较宽的施工场地和可以避开施工干扰的工程部位
分期或分段开挖	按照施工时段或开挖部位高程等进行安排	用于边坡条件差时跳槽或分段、分期开挖或有特殊要求的项目

7.3 砌体挡土墙施工

砌体墙身主要用于重力式、衡重式挡土墙。砌体包括浆砌片石、浆砌块石、混凝土砌块、浆砌粗料石等。

7.3.1 砌体材料

(1) 石料。砌筑挡土墙所用石料根据其形状，分为片石、块石、粗料石等3种。石料应是结构密实、石质均匀、弱风化、无水锈、无裂缝的硬质石料，石料强度等级一般不小于MU25，浸水挡土墙及严寒地区，不应小于MU30，镶面石的强度等级也不应小于MU30。

片石应具有两个大致平行的面，其厚度不小于15cm，宽度及长度不小于厚度的1.5倍。挡土墙表面用的片石应表面平整，尺寸较大，且色泽相近并应稍加修整。

块石指形状大致方正，有多个较为平整的大面，至少有一个大面形状规则、四条边较整齐。最大一组对立面之间厚度不小于20cm，宽度宜为厚度的1～1.5倍，长度约为厚度的1.5～3倍，不规则的尖锐边角应敲除。块石砌筑时应大面朝外，内部的石块大面朝下。

粗料石是由岩层或大块石料开裂并经粗略修凿而成，外形方正成六面体，厚度20～30cm，宽度为厚度的1～1.5倍，长度为厚度的2.5～4倍，表面凹陷深度不大于2cm。用做镶面的粗料石，丁石长度应比相邻顺石宽度至少大15cm。修凿面每10cm长须有鏨路约4～5条，侧面修凿面应与外露面垂直，正面凹陷深度不超过1.5cm，外露面应有细凿边缘。宽度为3～5cm。

(2) 混凝土砌块。混凝土砌块是用水泥混凝土预制而成，一般按块体的高度分为小型砌块、中型砌块和大型砌块。小型砌块高度为180～350mm，中型砌块高度为360～900mm，大型砌块高度大于900mm。强度等级分为MU10、MU15、MU20。挡土墙所用砌块一般为小、中型砌块，其强度等级不低于MU10。

(3) 砌筑砂浆。砂浆按其用途不同可分为砌筑砂浆和抹面砂浆两类。对于表面不平整的块石、片石砌体，砌筑砂浆用砂的细度模数要大一些，有时还需要增加细石混凝土填缝坐浆。预制砌块的砌筑砂浆及抹面砂浆用的砂细度模数小一些，保证抹面平整、光洁。

砂浆的材料组成由水泥、砂、水及外加剂按一定比例拌和而成。水泥混合砂浆用水泥、石灰、砂与水拌和而成。石灰砂浆用石灰、砂、水拌和而成。为了满足流动性、抗冻性、防渗性、保塑等要求，砂浆中常掺入外加剂，以改善砂浆的技术性能。

为提高砂浆的和易性，在砂浆拌制时，可掺加石灰、粉煤灰、磨细矿粉、磨细石粉等掺合料作为胶结材料，可配制成各种混合砂浆，以达到提高质量和降低成本的目的。砂浆流动性可参考表7-3选用。

表7-3	砂浆流动性选用值（稠度）	单位：cm

砌体种类	干热环境或多孔松散料	湿冷环境或密实材料
砖砌体	8～10	6～8
普通埋石砌体	6～7	4～5
振捣埋石砌体	2～3	1～2
矿渣混凝土砌体	7～9	5～7

为改善和提高砂浆的抗渗、抗冻、保水、保塑等性能，有利于施工的同时满足使用功能的要求，节省胶凝材料的用量，一般均在砂浆拌和时掺入外加剂。

7.3.2 基础砌筑

基坑完成后，按基底纵轴线结合横断面放线复核，确认位置、标高正确无误后，方可进行基础砌筑，砌筑方法同墙身。

（1）砂浆的拌制及运送。拌制前应检测原材料含水量，并根据含水量调整各种材料的实际用量。

拌制完成的砂浆，流动性应符合施工要求，在施工中应经常进行检查。现场简易判断方法，将砂浆用手捏成小团，松手后不松散或挂刀后不由灰刀上流下为度。当流动性变小时，不得直接向成品砂浆中加水增加流动性，应按相同水灰比向砂浆中加水泥浆，当现场天气变化较快时，可在拌和砂浆时掺加减水剂改善砂浆性能，现场已经初凝的砂浆不得再加工使用。

大型挡土墙施工时，砂浆应用机械搅拌，计量准确。拌和时，宜先将 3/4 的用砂量与 1/2 的用水量与全部胶结材料在一起稍加拌和，形成水泥裹砂胶团，然后加入其余的砂和水。搅拌时间一般为 3~5min，最少不小于 2.5min，时间过短或过长均不适宜，以免影响砌筑质量。

小型挡土墙工程用砂浆可以人工拌和。砂浆用人工拌和时，宜在铁板上进行，需 2~3 人操作，拌和次数不应少于 3 次，至砂浆颜色均匀一致为止。

拌制砂浆应根据施工条件、施工能力、施工难度合理确定一次拌和量，已加水拌和的砂浆，应于初凝前全部用完，宜少拌快用。一般宜在 3~4h 内使用完毕，气温超过 30℃ 时，宜在 2~3h 内用完。在运输过程中或在储存器中发生离析、泌水的砂浆，砌筑前应重新拌和。

与混凝土同用一套拌和系统拌制砂浆时，拌制好的砂浆应用小容量混凝土搅拌运输车运输，在施工现场有专门的分料容器存放。在现场拌制应用滚筒式拌和机，现拌现用。砂浆运输到现场后，应检查其稠度和分层度，稠度不足或分层的砂浆必须重新拌和，符合要求后才能使用。

炎热天气或雨天运送砂浆的容器应加以覆盖，以防砂浆凝结或受雨淋。冬季施工时，应对砂浆进行保温，防止受冻。

（2）基础砌筑关键环节。砌筑前，应将基底表面风化、松散土石清除干净。基底为岩层或混凝土基础时，应先将基底表面清洗、湿润，再坐浆砌筑，保证第一层砌块与基底黏结牢固，提供可靠的抗弯拉能力和抗剪能力。基底为土质时，可直接坐浆砌筑，特别是在雨季施工时，应于基坑挖至设计高程，立即满铺砌筑一层。风化的岩石基坑时，基础砌筑时四周不留空隙，应用砂浆或细石混凝土将缝隙灌满，尽可能使砌体基础与四周岩体形成整体。

采用台阶式基础时，台阶转折处不得砌成竖向通缝，砌体与台阶壁间的缝隙应用砂浆或细石混凝土灌满捣实。在岩层破碎、土质松软或有水的地段，应采取措施防止基坑被水淹，做好排水，或选择旱季分段集中施工。

基础完成后，应尽早回填，以小型压实机械分层压实，并在表面留 3% 的向外斜坡，防止积水渗入基底。

7.3.3 墙身砌筑

浆砌块（片）石的砌筑方法有坐浆法、抹浆法、挤浆法和灌浆法四种。

（1）坐浆法。根据砌筑石块的形状和与砂浆结合的表面情况，将砂浆按需要的厚度均匀地铺筑在基础上，再放置砌块，利用砌块自重将砂浆压紧，用力敲击石块并将灰缝捣实，使砌块完全稳定在砂浆层上，直至灰缝表面出现水膜。为了控制砂浆厚度，防止放置石块后砂浆挤出砌体范围，可以先试放，估计出砂浆用量。

采用坐浆法砌筑时，每层石块应选高度大致相同的石块，每一层应用砂浆砌平整理。具体砌法是先铺一层砂浆，将石块安放在砂浆上，用手推紧。每层高度视石料尺寸确定，一般不应超过 40cm，并随时选择厚度适宜的石块，用作砌平整理，空隙处先填满较稠的砂浆，用灰刀或捣捧捣实，再用适当的小石块填塞紧密。然后铺上层砂浆，以同样方法继续砌上层石块。

（2）抹浆法。抹浆法适合于较小的石块砌筑，用抹灰板在砌块面上用力涂上一层砂浆，尽量使之贴紧，然后将砌块压上，辅助以人工插捣或用力敲击，通过挤压砂浆使灰缝平实。

（3）挤浆法。综合坐浆法和抹浆法的砌筑方法。除基底为土质的第一层砌块外，每砌一块，均应先铺底浆再放砌块，然后经左右轻轻揉动几下后，再轻击砌块，使灰缝砂浆被压实。在已砌筑好的砌块侧面安砌时，应在相邻侧面先抹砂浆，后砌石，并向下及侧面用力挤压砂浆，使灰缝挤实，砌体贴紧。

采用挤浆法砌筑时应分层砌筑，分层的高度宜在 50～100cm 之间（约 2～3 层）。层间的砌缝应大致找平，即每隔 2～3 层找平 1 次。分层内的每层石块，不必铺通层找平砂浆，而可按石块高低不平形状，逐块或逐段铺浆勾缝。分层内各层间石块的砌缝应尽可能错开，分层与分层间的砌缝则必须错开，不得贯通。

（4）灌浆法。把砌块分层水平铺放，每层高度均匀，空隙间填塞碎石，在其中灌以流动性较大的砂浆，边灌边捣实，至砂浆不能渗入砌体空隙为止。

砌石工艺控制方法如下。

（1）浆砌石砌筑工艺控制。砌筑前应将砌块表面泥垢清扫干净并洒水湿润，基础顶面也应洒水湿润。

砌筑时必须在各外露面立杆挂线或样板挂线，保持各外露面线型顺直整齐，并按图纸要求的坡度逐层收坡。靠填土侧的表面大致平顺，保证砌体的挡土作用和能力。

每层砌筑时砌块底面应坐浆饱满，立缝灌浆捣实，不得有空隙和立缝贯通现象。在每天砌筑工作完成，或砌筑过程中因故中断时，应保证收工层按技术要求砌筑完成，并将砌好的砌块层孔隙用砂浆填满。第二天砌筑或复工再砌时，将下层表面清扫干净，洒水湿润。对于较长的挡土墙，应按照伸缩缝或沉降缝分段砌筑，各段水平缝应一致。分段砌筑时，相邻段的高差不宜超过 1.2m，以减少不均匀沉降的发生。砌体表面的灰缝，应宽度一致，形成连贯的灰缝，灰缝砌筑时留出深 1～2cm 的缝槽，以便砂浆勾缝。隐蔽面的砌缝可随砌随刮平，不另行勾缝。

浆砌片石的一般砌石顺序为先砌角石定位，再砌面石控边，最后砌腹石成墙。角石应有相邻两个面为大面，且夹角基本符合图纸要求，体型方正，大小适宜的石块，砌筑前应试放调整，或适当加工成型。角石砌好后即可将线移挂到角石上，再砌筑面石确定边线。面石砌筑时，隔一定距离应留一个运送填腹石料的缺口，砌完腹石后再封砌缺口。也可以将外露大面比填土侧大面高一层，外露面面石砌筑完成后再砌筑腹石及填土侧面石。腹石宜采取往运送石料方向倒退砌筑的方法，先远处，后近处。腹石应与面石一样按规定层次和灰缝砌筑整齐、砂浆饱满。每层砌筑与相邻层次纵横立缝错开不小于8cm，防止因立缝太近或贯通导致砌体发生贯穿性裂缝，砌缝宽度一般为2～3cm。

浆砌块石施工一般采用坐浆法和挤浆法。砌筑时先铺底层砂浆并湿润石块，安砌底层块石。分层平砌，石块大面向下，顺序同浆砌片石：先砌角石，再砌面石，后砌腹石，上下竖缝错开，错缝距离不应小于8cm，镶面石的垂直缝应用砂浆填实饱满，不能用稀浆灌注。填腹石亦应采用挤浆法，先铺浆，再将石块放入挤紧，垂直缝中应挤入1/3～1/2的砂浆，不满部分再分层灌入砂浆捣实。厚大砌体，若不易按石料厚度砌成水平时，可设法搭配成较平的水平层，块石镶面。为使面石与腹石连接紧密可采用丁顺相间，一丁一顺排列，有时也可采用两丁一顺排列。

浆砌块石施工时注意，块石应平砌，应根据墙高进行层次配料，每层石料高度大致齐平。用作镶面的块石，表面四周应加以修整，外大内小，以利于安砌，镶面石应丁顺排列。镶面石灰缝宽为2～3cm，不得有干缝和瞎缝，上层、下层竖缝应错开不小于8cm。填腹块石水平灰缝的宽度不应大于3cm，垂直灰缝的宽度不应大于4cm，灰缝也应错开，灰缝中可以填塞小石块，以节省砂浆。

砌筑过程中应注意：每层镶面料石均应按规定的灰缝宽度及错缝要求配好石料，再用铺浆法顺序砌筑，边砌边填立缝，并应先砌角石。按砌体高度确定砌石层数，砌筑粗料石时依石块厚薄次序，将厚的砌在下层，薄的砌在上层。

当一层镶面石砌筑完毕后，方可砌填腹石，其高度与镶面石齐平。如用水泥混凝土填心，则可先砌2～3层后再浇筑混凝土。每层料石或预制混凝土砌块均应采用一丁一顺砌置，砌缝宽度均匀，当为粗料石时缝宽不应大于2cm，混凝土砌块时缝宽不应大于1cm。相邻两层的竖缝应错开不小于10cm，在丁石的上层和下层不得有竖缝。水平缝为通缝。竖缝应垂直，砌筑时须随时用水平尺及铅垂线校核。

砌筑时砌块及砂浆的供应方法因地制宜。大型工程的垂直运输用吊车、装载机、滑梯、溜槽等，小型工程采用"土洋结合"的办法。对于多台阶挡土墙，马道较宽，运输车辆易于抵达工作面时，可用简单的马凳跳板直接运送。当台阶较多、距运输通道地面较高时，可根据工地条件采用悬臂式回转吊机，固定式动臂吊机或桅杆式动臂吊机，各种木质扒杆或绳索吊机等小型起重设备及铁链、吊筐、夹石钳等捆装设备运送；当工程量较大时，可采用卷扬机带动轻轨斗车上料或摇头摆杆式垂直提升。高边坡垂直运输必须编制安全施工专项方案并按规定程序获得批准。石料及砂浆运送见图7-9。

（2）干砌石施工工艺控制。干砌是靠石块间的摩擦力和挤压力相互作用使砌体的砌石互相咬紧的施工方法。由于它不用砂浆胶结，所以坚固性和整体性较差，施工比较困难。

1）干砌程序。基底检验及砌体放样同浆砌块（片）石。先试砌，将片石在底面或接砌面上试砌，找出不平稳部位及其大小；再用手锤敲去较尖凸部位，但不要残留薄片及断

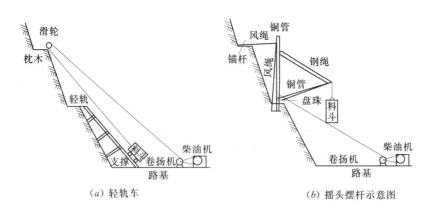

（a）轻轨车　　　　　　　　　　　（b）摇头摆杆示意图

图 7-9　石料及砂浆运送图

裂松脱石块。正式砌筑，翻开片石，在不平稳部位用大小适宜的石块垫实，然后翻回片石。如位置不当，可用小撬棍或凿子拨移，并用手锤敲击，使片石坐稳。填槽塞缝，用大小适宜的石块，以手锤敲击填实缝隙，务必使砌石稳固。当下层砌完后，再砌上层。

2）工艺要点。石块尺寸须符合规格要求，外层石块要尽量大，很薄的边口需敲除，面石需稍加修整。铺砌时大面朝下，应自下而上分层进行，采用丁、顺、嵌、楔，使块（片）石间嵌挤紧密，空隙处应用大小适宜的石块填塞紧密，但不得在一处集中填塞小碎石，以免影响墙身稳定。要考虑上、下及左、右间的接砌，应将面石的棱角修整，以利砌筑和美观。分层干砌时应在同一层间隔一定距离干砌一块长度方向竖直的直石，穿过层间缝，以便上、下层咬接。干砌顺序应先外后内，并要求外高内低，以防石块下滑。干砌挡土墙当墙高度较大时，最好用块石砌筑。当墙高超过 5m，或石料质量较差时，可在墙高中部设置厚度不小于 50cm 的浆砌水平层，以增加墙身的稳定性。

7.3.4　沉降缝、伸缩缝砌筑

沉降缝、伸缩缝的宽度按图纸要求，缝内填料按要求的时间和方法安装，临时工程图纸无要求时，一般缝宽 2～3cm。为保证接缝的作用，沉降缝必须铅垂竖直，两种接缝缝面两侧砌体表面需要平整，不能搭接，必要时缝两侧的石料须加修凿。

砌筑接缝砌体时，应根据设计要求的接缝位置设置，采用跳段砌筑的方法，使相邻两段砌块高度错开。并将接缝处作为一个外露面，挂线砌筑，使接缝达到平直的要求。

接缝中尚需填塞防水材料，防止砌体漏水。当用胶泥作填缝料时，应沿墙壁内、外、顶三边填塞并捣实；当填缝材料为沥青麻筋或沥青木板时，可贴置在接缝处已砌墙段的端面，也可在砌筑后再填塞，但均需沿墙壁内、外、顶三边填满、挤紧。不论填哪种材料，填塞深度均不得小于 15cm，以满足防水要求。

7.3.5　其他部位

外观有要求的重要建筑物的浆砌石挡土墙墙顶宜用粗料石或现浇混凝土（C15 以上）做成顶帽，其厚度通常为 40cm，顶部帽檐悬出的宽度为 10cm 左右；一般建筑物的挡土墙，墙顶层应用较大块石砌筑，并以 M5 以上砂浆勾缝且抹平，砂浆层厚 2cm。干砌石挡土墙顶部厚 50cm 内，宜用 M2.5 的砂浆砌筑，以利墙身稳定。

圬工表面应勾缝，以防雨水渗漏，并增加结构物的美观。

砌体勾缝应牢固、美观，当勾凸缝时，其宽度、厚度应基本一致。如未设计勾缝，应随砌随用灰刀将灰缝刮平、压实。

7.3.6 砌体养生

对浆砌砌体应加强养生，以利于砌体砂浆强度增长。养生时，对新砌圬工告一段落或收工时，须用浸湿的草帘、麻袋等覆盖物将砌体盖好。一般气温条件下，在砌完后的10～12h以内，炎热天气在砌完后2～3h以内即须洒水养生。养生时间根据环境条件一般不少于7～14d。养生时须使覆盖物经常保持湿润，在一般条件下（气温在15℃及以上），最初的3d内，昼间至少每隔3h浇水1次，夜间至少浇水1次；以后每昼夜至少浇水3次。新砌圬工的砂浆，注意在硬化期间不应使其受雨水冲刷或水流淹浸。在养护期间及混凝土强度增长允许受力前，不得在砌体上抛掷或凿打石块。已砌好但砂浆尚未凝结的砌体，不可使其承受荷载。现场如有砌石块在砂浆凝结后因扰动有松动现象，应予拆除，刮净砂浆，清洗干净后，重新安砌。拆除和重砌时，不得撞动邻近石块。

7.4 混凝土挡土墙施工

7.4.1 施工工艺流程

混凝土挡土墙施工工艺流程见图7-10。

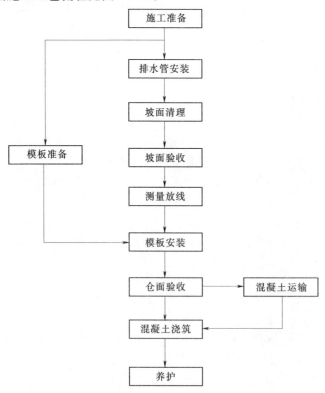

图7-10 混凝土挡土墙施工工艺流程图

7.4.2　仓面准备和检查

混凝土浇筑施工前，应清除仓面积水。用测量仪器进行点线和高程的放样，并校验、复核模板边线，确保边线的正确。岩石基础上首层混凝土浇筑，应将坡面的浮渣清理干净，并用高压风或水冲净岩石基础；在老混凝土上浇筑混凝土，应检查老混凝土表面凿毛情况，必要时应补充凿毛；土基则清理浮土，并检查基底压实情况。

清理钢筋、模板上的水泥浆和污物，检查模板表面脱模剂，封堵模板接缝，检查拉杆松紧度和保护层垫块位置，检查预埋排水管位置和固定情况，还应完善人工进出仓道路和安全设施，检查夜间施工照明设施。

7.4.3　模板制作、安装与拆除

（1）模板设计与制作。模板可以采用竹胶模板和标准钢模板。模板及支撑系统应进行强度和稳定性验算，并表面光洁、无变形翘曲、空洞、疤痕、锈蚀和破损。对于不规则部位，不能采用标准配板时，自行加工的木模板或重复使用的型钢模板，应与标准模板拼装紧凑、严密。模板及支撑系统应结构简单，受力明确，安拆方便，就位准确，满足强度、刚度和稳定性要求，现场加工的异形模板使用前应进行试拼装。模板制作黏度满足《水电水利工程模板施工规范》（DL/T 5110）的要求。

（2）模板安装。有钢筋的混凝土挡土墙，应在钢筋安装验收合格后，安装模板。首层混凝土的模板应放置在找平层上，或用砂浆局部找平，使模板底部不漏浆。采用竹胶模板时，先定位支撑系统，再将模板吊在支撑系统上，人工放置就位，穿拉杆固定。采用钢模板时，先把模板逐块拼装成大块，用拉杆初步定位在横竖围檩上。一仓混凝土的立面模板安装完成后，再精调、固定模板。模板安装后应复核尺寸、形状和位置，接缝应严密，不能漏浆。模板安装精度满足《水电水利工程模板施工规范》（DL/T 5110）的要求。混凝土浇筑前，应在安装好的模板内侧表面涂刷脱离剂。安装好的模板应坚固牢靠，在混凝土浇筑过程中专人检查，随时加固，保证不会发生松弛、变形。

（3）模板拆除。模板拆除的时间应根据气温、混凝土强度等级和模板拆除难易程度而定，原则是不能过早拆除模板，应确保拆模后不会造成混凝土的变形和掉块，挡土墙模板一般是非承重模板，当已浇混凝土强度达到5MPa以上时，方可拆除模板。拆除模板应小心操作，不得损坏混凝土，尽量使模板少受影响。

7.4.4　混凝土施工

（1）混凝土运输。根据施工条件、入仓手段确定运输车辆。采用吊罐入仓时一般用自卸车运输；采用混凝土泵入仓时一般用混凝土搅拌运输车运输，采用溜槽、溜筒等入仓时可以根据条件选用运输工具。混凝土卸料入仓的高度不应超过2m，卸入仓内的混凝土，应确保均匀，不离析，不泌水。混凝土的运输及等待时间不得超过初凝时间减去仓内作业时间，夏季和冬季应对运输车辆采取遮阳、防雨、保温措施。

（2）混凝土浇筑。混凝土浇筑前必须进行仓面设计，确定分层厚度、浇筑顺序、台阶宽度和温控措施等。混凝土分层浇筑和振捣厚度不大于50cm。混凝土浇筑铺料振捣必须在下层混凝土初凝之前完成。对于重力式混凝土挡土墙应采用插入式振捣器进行振捣，对轻型结构混凝土挡土墙应采用附着式振捣器为主，配以插入式振捣器辅助作业。混凝土入仓后，应

尽快平仓振捣完毕，并连续施工铺设上一层。有温控要求的混凝土，在仓内作业中应有小环境温控措施。混凝土浇筑应连续进行，如因不可避免的原因（如停水、停电等）造成中断时，其间歇时间不得超过混凝土的初凝时间，超过此时间时，应按施工缝处理。在施工缝处继续浇筑混凝土时，必须符合以下要求。①在已经硬化的混凝土表面上浇筑混凝土时，应清除已浇筑混凝土表面的水泥薄膜和松动石子，并冲洗干净表面，充分湿润，不得积水；②浇筑新混凝土前，原混凝土表面宜先铺一层厚度为 2mm 的水泥浆或 2cm 的同配比水泥砂浆；③新浇混凝土必须充分振捣，保证新老混凝土结合紧密。混凝土振捣要密实，不漏振，严格按照相关施工技术规范要求进行振捣。每一振点的振捣延续时间，根据混凝土级配、坍落度、振捣棒功能和浇筑层厚确定，振捣标准以表面呈现浮浆并不下沉为宜。插入式振捣器的移动距离不宜大于振捣器作用半径的 1.5 倍，振捣器距模板距离不应大于振捣器作用半径的 1/2。

混凝土在浇筑过程中，应按规定在仓位现场留取混凝土试块。在混凝土施工初期，为尽早了解混凝土的性能，可少量留取 3d 或 7d 混凝土试块，提前试压。

（3）混凝土养护与温控措施。新浇筑的混凝土，应及早进行养护，并在强度达到 70% 以前予以连续有效养护，混凝土表面不得忽干忽湿。应根据气温变化进行洒水、养护剂、湿麻袋等养护，保持混凝土的湿润状态。养护用水应符合混凝土施工规范要求，不得使用不合格的水用来养护混凝土。大体积混凝土浇筑，应按气候条件采取温度控制措施，并根据需要测定混凝土表面和内部温度，将温差控制在设计要求范围之内，当设计无具体要求时，通常内外温差不宜超过 25℃。寒冷季节，混凝土拌制、运输、浇筑过程中应采取加温、保温等措施。平均气温低于 5℃ 时，不得对混凝土洒水养护；气温低于 0℃ 时，应采取保温措施。炎热季节，在拌制、运输、浇筑混凝土的过程中，应采取有效降温、防晒措施，以保证混凝土质量。

7.4.5　埋石混凝土挡土墙施工

现场测量控制和复测完成，混凝土配合比、埋石比例及计量工具和方法应经过批准。

埋入的块石应新鲜、干净、表面无水锈、夹层、泥污等杂质。石块埋入量根据挡土墙体积、作用和混凝土性能确定，并不超过设计允许的埋石量。一般重力式挡土墙墙身埋石不超过总墙体体积的 25%，基础和下部比例可以大一些。埋入石块时不可乱投乱放，石块在混凝土中应分布均匀，净距不小于 100mm，距结构侧面和顶面的净距不小于 150mm，石块不得成堆叠放，石块之间混凝土应振捣密实。

施工缝的位置应在混凝土浇筑之前确定，宜留置在结构受剪力和弯矩较小且便于施工的部位，并应按规定要求进行处理。

7.5　其他类型挡土墙施工

7.5.1　钢板桩挡土墙

钢板桩是由相邻的单块桩板靠两边键槽互相紧密衔接锁固而成为护围结构或支挡结构，具有强度高、结合紧密、防渗性能好、施工简便、进度较快、可减少基坑土方开挖量、重复利用率高等优点，广泛用于建（构）筑物深基础的防水、围堰、坑壁支护中。

（1）施工准备工作。钢板桩进场后，应进行分类，做外观检查并进行编号，以确保施工过程中不混乱，打桩作业够顺利进行。应对规格、形状、有否变形、锁口是否标准等进行检查，有不合格之处应予以矫正。合格的钢板桩应符合下列验收标准：高度允许偏差±3mm；宽度相对偏差±3mm；绝对偏差分别为＋10mm，－5mm；用与锁口同规格的短板桩（长1.5～2.0m）对锁口作通过性检查，不宜过紧，也不过松；弯曲和挠度用2m长锁口样板能够顺利通过全长，挠度应小于1‰；桩端应平整，倾斜须小于3mm；桩尖形状正常，槽口符合要求。

打设前应将桩尖处的凹槽底口填以锯末等物封闭，避免泥土挤入。锁口要涂黄油或其他油脂。用于永久工程的桩表面应涂红丹和防锈漆。

（2）钢板桩存放与搬运。对已检查合格的钢板桩，在存放时应水平摆放，每块钢板桩下应均匀分布小方木，防雨设施完好。在起吊、搬运时，应选择吊点位置，防止由于自重而引起变形和锁口损坏，避免碰撞。

（3）转角桩制作。当钢板桩挡土墙的平面形状有转折时，需要加工转角板桩。转角板桩由标准板桩纵向按需要的角度切割，再焊接成需要的转角。加工时注意锁扣朝向，两侧锁扣应平行。

（4）导向支架安装。导向支架有型钢支架（H形钢、工字钢、槽钢）和木支架两种，使用时必须牢固可靠。导向支架的入土深度和结构型式应经计算确定。导向支架分为单侧导向支架和两面导向支架。双面导向支架一般为多层支架，导向板之间的净距以比两块板桩的组合宽度大8～10mm为宜，底层导向支架的安装高度离地面1m左右。

（5）打桩方式选择。应根据土层和地质条件、维护结构型式、场地环境选择打桩方式。一般打桩方式有三种，其使用方法和主要优缺点见表7-4。

表7-4　　　　　　　钢板桩的打桩方式使用方法和主要优缺点表

打桩方式	施 工 要 点	优 点	缺 点
单桩打入法	以1块或2块钢板桩为一组，从一角开始逐块（组）插打	施工简便，可不停顿地打，桩机行走路线短，速度快	单块打入易向一边倾斜，误差累计不易纠正，墙面平直度难以控制
双层围檩打桩法	在地面上一定高度处离桩轴线一定距离，先筑起双层围檩架，然后将钢板桩依次在围檩中全部插好，待四角封闭合拢后，再逐渐按阶梯状将板桩逐块打至设计标高	能保证钢板墙的平面尺寸、垂直度、平整度	施工复杂，速度慢，不经济，封闭合拢时需异形桩
屏风法	采用单层围檩，每10～20块钢板桩组成一个施工段，插入土中一定深度形成较短的屏风墙。对每一个施工段，先将其两端1～2块钢板桩打入，严格控制垂直度，用电焊固定在围檩上，然后对中间的钢板桩再按顺序分1/2或1/3板桩高度打入	能防止钢板桩过大的倾斜和扭转，减少打入的累积误差，可实现封闭合拢。由于分段施打，不影响临近钢板墙的施工	插桩的地上高度大，要采取措施保证墙的稳定和操作安全

（6）钢板桩打入。打桩前，首先将经过准备符合标准的钢板桩用起重机吊运到桩位现场，并按要求逐根（逐组）将全部钢板桩插好。然后依次分层打入至设计标高，在能够确保垂直沉入的前提下，每根或每组板桩也可以一次打到设计深度。

下插钢板时，板桩的锁口要对准，每插入一块板桩即套上桩帽，并在桩帽上加硬木板，先轻锤击数下，使其垂直（用两台经纬仪进行垂直度控制）插稳。每段开始沉入的一两块板桩，应随时检查打设的平面位置、方向、垂直度，保证其精确度，以起导向样板作用。每入土 1m 就测量 1 次，达到设计深度时，立即用钢筋或钢板与导向支架临时焊接固定。

打桩时，在入土前 3m，用钢丝绳稳住钢板桩，钢丝绳依据桩的下沉速度而放松，及时测量钢板桩方向，并适度放松钢丝绳利用桩机回转或导杆前后移动，校正桩的垂直度。超过此深度，导杆易损坏和变形，则严禁用桩机回转或行走来纠正桩的垂直度。打桩过程中，应及时检查每根桩的入土质量，发现偏移或垂直度不合规定，必须立即纠正，直至符合要求。

（7）拔桩。作为临时围挡结构的钢板桩挡土墙，在使用完后可以用拔桩机拔出，重复使用。

拔桩机优先采用振动拔桩法。起吊装置应采用带有支撑门架的起重机，应选择从受力较小处开始拔桩，如挡土墙的直线段、河流中桥墩围堰的下游侧等，先拔出 1～2 两根（组）桩，而后逐根（组）拔出，直至拔完为止。

拔钢板桩时，应按沉入次序的相反方向起拔。夹具在夹持板桩时，应尽量靠近相邻未拔出的一根，减少阻力，较易起拔。在液压夹具将桩夹持后，需待压力表显示的压力达到额定值，方可指挥起拔。当桩拔离开地面 1～1.5m 时，可停止振动，将吊桩用钢丝绳拴牢，继续启动桩锤将桩拔起。当桩拔起接近地面，在桩尖距地面还有 1～2m 时，应关闭桩锤，由起重机直接将桩拔出。

桩被完全拔出后，在吊桩钢丝绳未吊紧前，不得将夹桩器松掉。

拔出的钢板桩应清除泥土和污垢，涂刷防锈漆进行维护，以备再用。维护好的钢板桩要存放在透风干燥、不被雨淋的仓库。摆放应平整，不得挤压，不能过高，层与层之间要放木板隔开平放。

（8）注意事项。钢板桩接长时，应采取坡口焊，沿焊接面全长焊接。相邻的两根钢板桩的接长焊缝位置应错开 1m 以上，并应远离打桩锤接触点。

根据工程规模、工期确定打桩设备后，就可以确定打桩段长。小型工程，用一台打桩机时，顺序插打钢板桩，不分段。在合拢前调整角度或加工接头合拢段钢板桩。

采用两台以上打桩机施工时，需要根据现场条件、通行情况、结构型式确定每台打桩机的打桩段长。选择合理的打桩段长可以在保证工期的前提下，保证钢板桩合拢精度。分段越多，合拢点越多，调整的机会就多，每处合拢点误差易控。打桩段长越大，分段越少，合拢段越少，累计打桩误差就大，调整和控制难度就大。

为避免累计偏差和轴线位移过大，应尽可能采取短的流水段长度，增加合拢点。同时，采取先边后角的打法，既保证端面相对距离，也不影响墙内围檩支撑的安装精度，对打桩累计偏差，可在转角外作轴线修正。

7.5.2 锚杆挡土墙的锚杆施工

预应力锚杆或锚索的材料应选用钢绞线、高强度钢丝或高强螺纹钢筋，普通锚杆的杆体用Ⅱ级或Ⅲ级钢筋。注浆材料的水泥用普通硅酸盐水泥或抗硫酸盐水泥。细骨料应选用粒径小于2mm的中细砂，采用符合要求的水质。

保护钢绞线的塑料套管应具有足够的强度，保证在钢绞线加工和安装过程中不致损坏，塑料套管应有必要的化学稳定性，与水泥砂浆和防腐剂接触无不良反应。隔离架应由不锈钢、塑料或其他对杆体无害的材料制作，不得使用木质隔离架。

防腐材料在锚杆服务年限内，应保持其耐久性，在规定的工作温度内或张拉过程中不开裂、变脆或成为流体，不得与相邻材料发生不良反应，应保持其化学稳定性和防水性，不得对锚杆自由段的变形产生任何限制。

在锚杆施工前，应根据设计要求、土层条件和环境条件，合理选择施工设备、器具和工艺方法。

根据设计要求和机器设备的规格、型号，平整出保证安全和足够施工的场地。锚杆锚索、施工需搭设工作平台，工作平台应坚固，能够承受钻机、张拉设备和施工材料及人员的荷载。

锚杆作业包括成孔、插入锚杆、灌浆、张拉锚固。施工方法参见第3章。

7.6 墙背填筑及排水施工

7.6.1 墙背填筑施工

（1）填料选择。

（2）回填区基底处理。挡土墙后回填区的基底处理主要是挖除树根、清理地表松软层。回填区原地面的坑、洞、穴等，应用原地的土或砂性土回填并压实。地表清理后，应平整、压实。当松软层较厚时，应分层压实。

填土料的选择应根据防渗、排水要求及土料来源等方面的因素综合考虑，选取抗剪强度指标高的土料。处于防渗段的填土宜选用黏性土料，非防渗段的黏土可选用无黏性土料。填土料不应含植物根茎、砖瓦垃圾等杂物，也不宜选用淤泥、粉砂、细砂、冻土块、膨胀土等作填土料，土源紧张确需采用时应采取相应的处理措施。

（3）填筑与压实。墙背填料的填筑，需待砌体砂浆强度达到75%以上时，方可进行。挡土墙墙后填土应按照分层摊铺、碾压的方式进行，摊铺厚度根据土料的性质、压实度要求及碾压设备性能确定、压实度要求较高的部位。

正式填筑前，应使用与正式施工相同的压实机具和材料做填筑碾压试验段，确定材料的虚铺厚度、施工含水量和碾压遍数，并作为正式填筑时的施工依据。挡土墙后土质回填应略向墙后土坡方向倾斜，并做好与土坡的衔接，处理好与墙后排水系统的关系，最好能同步上升。作水电站的拌和厂、营地、进场公路等重要设施的挡土墙，墙后填土的作业程序、回填速度应专门论证。

距离挡土墙2m范围内的填土，不得使用大型振动设备，应采用蛙式打夯机、振动平板夯等小型压实机具碾压，每层压实厚度不得超过15cm。

7.6.2 反滤层、填缝料与排水孔施工

（1）反滤层。反滤层是设在挡土墙与墙后填土之间的透水层。反滤层与墙身排水孔相连，保证墙后填土中的水分渗出而不至于将土粒带出。

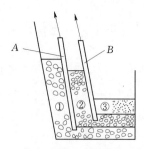

图 7-11 用隔板铺设反滤层图
A、B—隔板；①、②、③—大小不同的粒料

挡土墙墙后反滤层由多层反滤料组成，反滤层可选用砂砾石，由 2～3 层（每层厚度 15～25cm）均质透水性材料组成，相邻层平均粒径之比一般为 8～10 倍，最小不应小于 4 倍，各层滤料颗粒不均匀系数不宜大于 4，小于 0.15mm 颗粒的含量不应大于 5%（按质量计）。各层反滤层的粒径宜分别在 50～35mm、30～15mm、10～0.5mm 之间，各层不得混杂，并筛选干净。为了保证各层厚度，施工时可用薄隔板按各层厚度隔开，自下而上逐层填筑，逐层抽出隔板（见图 7-11）。反滤层施工与墙后填土一同逐层上升，一并压实。当回填土黏粒含量较高时，则应在土体中设排水盲沟和渗井，或者间隔一定距离设置水平砂砾层作排水层，排水层应控制细粒料含量，盲沟、渗井及排水层与墙后反滤层相连。排水层，其作用是疏干墙后填土中的水分。砂砾排水层宜选用中砂、粗砂，要求级配良好，颗粒的不均匀系数不大于 5，含泥量不超过 3%～5%。防水、排水设施应与墙体施工同步进行，同时完成。

对于墙背排水不良或有冻胀可能时，或特别情况下墙前作为拌和站料仓时，宜在填料与墙背间填筑一条厚度大于 30cm 的竖向连续排水层，在底部设排水暗沟导出渗水，以疏干墙后填料中的水。排水层的顶、底部应用厚 30～50cm 的不透水材料，如胶泥封闭，以防止水的下渗。竖向排水层见图 7-12。

挡土墙墙背一般不设防水层，但在严寒地区应做防水处理，一般先抹 2cm 厚 M5.0 砂浆，再涂以厚 2cm 的热沥青。

（2）填缝料。为了防止挡土墙特别是重力式挡土墙因地基不均匀沉降或温度变化引起裂缝，需设置变形缝（沉降缝和伸缩缝），并应在缝内填塞填缝料。填缝料的作用是封闭墙体，防止墙后水土流失。柔性挡土墙及板式挡土墙一般不专门设变形缝。

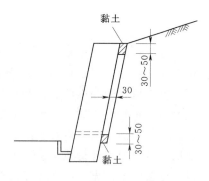

图 7-12 竖向排水层图（单位：cm）

填缝料应有较高的塑性和适应变形能力。常用的填缝材料有沥青软木板、沥青甘蔗板、沥青麻筋及胶泥等。重要建筑物的挡土墙和冻害严重的地区，填缝料应选用沥青麻筋或涂以沥青的软木板等具有弹性的材料，小型挡土墙可以用胶泥作为填缝料。

（3）墙体排水孔。挡土墙应根据墙后渗水量在墙身适当的高度布设排水孔。最下一排排水孔应高出地面 30cm 并高出墙前排水沟水位 30cm。河岸浸水挡土墙，最下一排排水孔底部应高出正常河水位 30cm。衡重式挡土墙，还应在衡重台的高度设置一排排水孔。

干砌挡土墙可不设排水孔。

排水孔断面尺寸可视排水孔间距和排水量大小而定，可为 5cm×10cm、10cm×10cm、15cm×20cm 的矩形孔或直径为 5～10cm 的圆孔，间距一般为 2～3m，浸水挡土墙为 1.0～1.5m，上下排水孔应错开布置。

当墙身为浆砌或现浇混凝土时，应在墙身施工时按设计要求预留排水孔或预埋排水管。浆砌砌块一般采用矩形排水孔，现浇混凝土一般采用圆形排水孔。排水孔在墙身断面方向应有 3%～5% 的向外坡度，以利于墙后渗水的迅速排除，排水孔与反滤层结合处应有防止堵塞的措施。

最下一排排水孔的位置应尽可能低，以排除填土区底部积水。当墙前有排水沟、河流等其他设施时，最下排排水孔底部会高出回填土底部，这时应采取截水措施。一般是在墙后填土达到距最低一排排水孔 30cm 左右时，应在最低一排排水孔以下铺防水层后，再进行墙后填土施工。防水层可以用厚 30cm 的黏土压实以防止水渗入挡土墙基础。浆砌石挡墙的排水孔布置应注意错开竖向砌缝，防止因应力集中作用导致挡土墙出现竖向裂缝。衡重式挡土墙排水孔布置见图 7-13，其反滤层与隔水层见图 7-14。当挡土墙为石方开挖边坡的支挡结构时，岩石边坡排水孔应全部伸出墙外，在挡土墙上还须设置另外的排水孔来排除墙身与岩体之间的渗水。

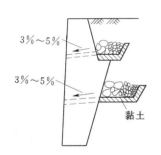 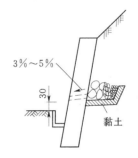

图 7-13　衡重式挡土墙排水孔布置图　　图 7-14　排水孔的反滤层与隔水层图（单位：cm）

7.7　施工质量控制

7.7.1　基础开挖

根据测量放出的开挖线，清除施工区域内的树木、草皮、树根等杂物、障碍物，然后用反铲开挖基础土石方。对于大的孤石和坚硬岩层采用人工打眼放炮，反铲配合清渣的方法进行施工，开挖过程中密切关注边坡稳定性，如发现坑边缘顶面土有裂纹情况出现，应按监理工程师认可的方法及时予以可靠的支撑。土方基坑在距设计基础标高 20cm 左右时改用人工开挖清基，石方基坑应预留保护层。基础开挖的结构尺寸满足设计要求，一般不能欠挖，尽量减少超挖。

基坑开挖应始终保持良好排水，在挖方的整个施工期间都不应遭受水害。

基坑开挖至图纸规定的高程后，如基底承载力达不到设计规定的承载力要求时，应补充勘探，并根据实际地质条件确定处理办法。

7.7.2　砌体质量控制

砌体用石料应表面洁净、无软弱夹层、水锈，石块应为不易风化的弱风化或微新岩石，尽可能用四面基本周正的石料，棱角直顺，节省砂浆。

石料最小尺寸应符合施工规范及设计要求。石料运输、装卸、堆放应防止磕碰掉角、沾染泥土，堆放地点应做好场地排水。

砌筑挡土墙尺寸标准（参考）：基础底面高程允许偏差为±50mm；基础顶面高程允许偏差为±30mm；墙顶高程允许偏差为±20mm；轴线允许偏差为25mm；横断面宽度允许偏差为不小于设计值；总长度允许偏差为±50mm；表面平整度20mm。

砌体应坚实牢固、坐浆饱满，严格控制灰缝宽度，勾缝均匀、层厚一致。表面无明显缺陷，干净、平顺、视觉良好。缝宽符合要求，错缝符合要求。

在砌筑前每一石块均应用干净水洗净保持表面湿润，铺砌前洒水湿润垫层，但不得有积水。在坐浆初凝前，石块应固定就位，石块之间缝隙应用砂浆灌满捣实，砂浆初凝后石块不得扰动。挤浆法砌筑时应注意石块底面坐浆饱满，坐浆法砌筑时应注意使侧面垂直缝灌浆饱满，并用扁铁、抹刀等捣实。

块石砌体应成行铺砌，并砌成大致水平层次，面石应按一丁一顺砌筑，任何层次石块应与上下邻层石块搭接至少80mm，砂浆砌筑缝宽应不大于30mm。如果石块松动或砌缝开裂，应将石块提起，将垫层砂浆与砌缝砂浆清扫干净，然后将石块重铺砌在新砂浆上。面石勾缝深度不小于20mm，应在砌筑砂浆凝固前，将外露砌缝砂浆压刮深度不小于20mm，作为勾缝深度。做好砌体养护工作，在气候适宜时洒水养护不少于14d。冬夏天气应编制专门养护措施并严格执行。

7.7.3　混凝土施工质量控制

现浇混凝土模板与支撑系统应安装牢靠，底层支架应加设扫地杆，墙体较厚时模板拉杆可以锚固在混凝土上，墙体较薄时可以采用对拉拉杆。拉杆间距与模板材料特性和支架形式有关，一般间距60～120cm。底层模板也可以采用外撑加固，外撑模板内侧应设对撑支杆，固定模板位置。有坡度的模板的拉杆方向应考虑能防止模板下沉、上浮，浇筑前应对模板固定螺母进行紧固检查。

钢、木模板接缝应密闭，防止漏浆。模板表面脱模剂应涂刷均匀，并不得污染钢筋。对于高挡土墙模板，应事先准备好模板松动、跑模、下沉、变形等应急补救措施。浇筑前应检查模板接缝严密性、接缝错台、各部位尺寸和表面拼接平整度。

钢筋、模板安装经检查验收后，方可浇筑。混凝土按规范规定，应分层浇筑，插捣密实，不得出现蜂窝、麻面、露筋、空洞。应设专人看护模板，浇筑过程中发现模板变形、漏浆等应及时处理。

混凝土浇筑分层厚度不超过50cm，浇筑方向和台阶宽度应满足混凝土初凝前被覆盖的要求。仓内混凝土表面无积水，泌水排除及时。混凝土下料高度不超过2m，且无离析和大骨料聚集。

应用插入式振捣棒进行混凝土振捣，除第一层外，振捣棒应插入下层50～100mm，小坍落度的混凝土，振捣棒拔出时应缓慢，以免产生空洞。振捣器要垂直地插入混凝土内，插入式振捣器移动间距不得超过有效振动半径的 1.5 倍，并避免与钢筋和预埋构件相接触。

7.7.4 反滤层与排水孔质量控制

反滤料应无杂质、无粉尘，分层清晰，级配合理，堆存场地满足防水要求。反滤料铺筑顺序、厚度满足设计要求。

当墙后坡度较陡时，为了保证反滤料分层与挡土墙墙后坡度一致，应采用薄隔板分开不同粒径反滤料，在同层土料摊铺完成后，撤去隔板。当挡土墙后用土工布作反滤层时，土工布靠填土一侧应布设一层粗砂，防止土粒附着在土工布上影响渗透效果。土工布检测频次应按照施工规范进行。

排水孔间距、孔向、孔深、直径和孔内埋管结构必须按照图纸要求。

7.7.5 压实质量控制

墙后填土的压实度可采用灌砂法、环刀法、核子密度湿度仪法进行检查。墙后填砂砾土、砂砾石等有大颗粒的填料，压实度可以用灌砂法、灌水法检测。

环刀法核子密度湿度仪法仅适用于均质土的压实度检测，灌砂法适用于各种粒径和级配的填料的压实度检测，不连续级配及孔隙率较高的填料，为防止灌砂法的砂粒进入空隙影响检测结果，可以用薄膜灌水方法检测填料密度。

用环刀法和核子密度湿度仪检测填料密实度时，测点位置应位于压实层中部，用灌砂法和灌水法检查填料密度时，检查坑深度同碾压层厚度。

距墙背 1m 范围以内，是填料的特别夯实区，由于机具能力限制，压实度指标不易达到设计要求，应适当减少虚铺厚度，尽可能提高填土压实度，保证墙后填土的承载能力。

压实度应每层检测，并根据面积确定检测点数。检验频率：在距墙背 1m 范围以内，每层 100 延米检验不小于 3 点，小于 100 延米时，可取 3 点；在距墙背 1m 范围以外，每层 500m² 或每 50 延米检验不小于 3 点。

7.8 工程实例

7.8.1 锚杆复合板桩挡土墙

龙滩水电开发有限公司南宁基地职工周转房大楼工程深基坑挡土墙。大楼总建筑面积 49436m²，其中地上 34776m²，地下 14660m²。支护系统平面、断面见图 7 - 15、图 7 - 16。

本工程呈矩形布置在规划红线范围内的地下，工程主体南面为高挡墙护坡及多层住宅，西面基坑外 3.5m 为已建多层住宅，北面高为 100m 的高层建筑（已建），东临青秀路临时停车场。本工程地下四层，基坑周长 255m，面积约 4044m²。采用排桩＋锚杆支护作基坑支护结构。本工程基坑侧壁安全等级为一级，设计使用年限一年。

工程场区局部地下水较丰富，地下室的施工将对基坑变形造成较大影响，地下水控制、保证基坑稳定是基础施工的关键。场地南侧有挡土墙，相对高差约 9m，为了确保基坑周围安全，掌握施工信息，需要对施工全过程进行监测，做到信息化施工，保证基坑施工安全。本基坑支护场地狭小，基坑开挖深度大，土方施工十分困难。因此，在基坑南侧

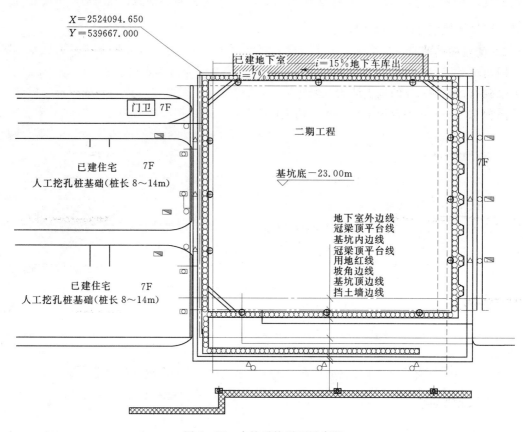

图 7-15 支护系统平面示意图

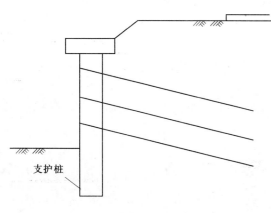

图 7-16 支护系统断面示意图

预留宽 10.0m 二级平台（标高 -11.0m），以做土方施工便道。本工程基坑侧壁安全等级为一级，水平位移限值 0.2％且小于 3mm，地面沉降限值 0.15％且小于 3mm。

根据工程的地质条件，基坑开挖深度以及周边环境等综合因素，不同立面采用相应直径的排桩＋锚杆支护作基坑支护结构，降水采用明沟、降水井降水。

钻孔浇筑桩采用旋挖钻机成孔工艺，桩径 1200～1500mm，设计桩长 28.3m；桩间土采用 $\phi8@200\times200$ 钢筋网，喷射 C20 细石混凝土，混凝土面层厚 100mm；预应力锚索钻孔直径为 200mm，纵向布设 5～6 排锚索，水平间距 1.5～1.7m，锚索为直径 15.24mm（$7\phi5$）钢绞线，钢绞线不允许搭接，其抗拉强度标准值为 1860MPa，采用高强、低松弛的钢绞线，锚索须全长二次注浆，一次常压注浆压力为 0.4～0.6MPa，二次高压注浆压力为 2～3MPa，注浆材料 42.5 普硅纯水泥浆，水灰比为0.4～0.5，注浆体28d龄期强度不低于25MPa，锚索通过腰梁或锚垫板与排桩连接。

7.8.2　衡重式挡土墙

四川雅砻江官地水电站拌和系统场地挡土墙，墙断面为衡重式挡土墙。墙高8m以下的为浆砌石，超过8m的挡土墙为混凝土墙。

高程1344.00m平台挡土墙支护结构见图7-17。

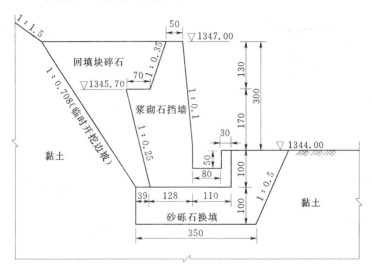

图7-17　高程1344.00m平台挡土墙支护结构示意图（单位：cm）

混凝土挡土墙采用C20混凝土结构。

坡面挡土墙基础开挖成台阶状，台阶高度1m，挡土墙基础埋深为：墙高大于7m时，基础埋深不小于1.5m；墙高不大于7m时，基础埋深不小于1m。地基及墙后填土应夯实。

挡土墙沉降缝设置间距为8～10m，缝内用沥青麻丝或沥青木板沿挡土墙的内、外、顶三侧填塞。

衡重式挡土墙要求及时回填墙后填土，填土的内摩擦角不得小于30°，确保墙身稳定。

8 坡 面 保 护

8.1 分类与特点

水利水电工程坡面防护施工技术发展很快，随着国家对构建和谐社会、人与自然和谐共处的战略要求，人们对绿色环保的环境要求更高，建筑材料得到了空前的创新和发展，对于边坡坡面护坡形式由传统的混凝土护坡、砌石护坡、喷混凝土与挂网喷混凝土护坡发展为贴坡混凝土、石笼与砌体护坡、边坡绿化、边坡柔性防护、喷射混凝土与挂网喷混凝土等五大类。特别是边坡绿化、边坡柔性防护技术的广泛应用，使水利水电工程人工边坡由过去呆板的灰色逐步转变成清新气爽、富有生命活力的绿色。常见边坡坡面保护措施见表 8-1。

表 8-1　　　　　　　　　　　常见边坡坡面保护措施表

序号	坡面保护类型	适 用 条 件	技 术 特 点
1	有垫层料的混凝土护坡	1. 重要的渗水边坡、有抗冲刷要求的永久边坡； 2. 边坡坡度 1:1.5~1:2.5	1. 根据不同结构型式和施工工艺方法，可分成拉模现浇混凝土、机械化衬砌混凝土、模袋混凝土和水下不分散混凝土等； 2. 护坡厚度根据坡比、设计结构型式不同，一般 0.1~0.8m； 3. 较陡边坡的不稳定块体采用锚杆加固； 4. 排水孔间距 2~3m，与岩土接触部位采用无纺布包裹
2	基岩混凝土护坡	1. 重要的渗水边坡、有抗冲刷要求的永久边坡； 2. 边坡陡于 1:1.5	1. 根据不同结构型式和施工工艺方法，可分成拉模现浇混凝土、立模现浇混凝土、多卡翻板模板现浇混凝土、滑框倒模现浇混凝土和液压滑模现浇混凝土等； 2. 护坡厚度根据坡比、设计结构型式不同，一般 0.5~1.0m； 3. 基岩边坡的不稳定块体采用锚杆加固，大型块体采用锚索加固； 4. 排水孔间距 2~3m，与岩土接触部位采用无纺布包裹
3	干砌石护坡	1. 经常有少量地下水渗出的土质边坡； 2. 边坡坡度较缓； 3. 当地有石料来源，可就地取材	1. 干砌片石厚度一般不少于 0.25~0.3m； 2. 护坡垫层不少于 0.1m，垫层材料一般为碎石或混合料； 3. 基础选用较大石块砌筑，基础顶宽不少于 0.5m，基础埋深至侧沟底

序号	坡面保护类型	适 用 条 件	技 术 特 点
4	浆砌石护坡	1. 土质边坡; 2. 边坡坡度1:0.75～1:1.00; 3. 当地有石料来源,可就地取材	1. 护坡厚度视边坡高度及坡比陡缓而异,一般为0.3～0.4m; 2. 施工前必须清理坡面松动土层,冲沟、坑洼处应分层填实; 3. 料石应为质地良好,不易风化的块石或破口卵石,最小外形尺寸不小于20cm; 4. 每隔10～20m设一道伸缩缝,缝宽2cm,缝内填塞沥青木板条或泡沫板; 5. 排水孔间距2～3m,梅花形布置与土接触部位采用无纺布包裹
5	格构框架护坡	1. 强风化或土质边坡; 2. 坡度缓于1:1	1. 框架可采用不同材料和形式,如浆砌石或浆砌混凝土预制块,组式混凝土梁或现浇混凝土框架等; 2. 框架断面一般为深30cm,宽50cm; 3. 空格中种草皮或填碎石或卵石,防冲性能更好; 4. 节点处可设锚杆(索)
6	石笼护坡	1. 经常有大量地下水渗出或有抗冲刷要求的临时边坡; 2. 边坡坡度1:1.0～1:1.5; 3. 当地有石料来源,可就地取材	1. 石笼可采用不同材料和形式,如钢筋石笼、宾格网石笼和合金钢丝网石笼等; 2. 料石应为质地良好,不易风化的块石或卵石,最小外形尺寸应大于石笼网目
7	抛石护脚	1. 不具备干地施工的护坡护脚; 2. 有抗冲刷要求的水下护坡护脚; 3. 截流戗堤的水下固坡固脚	1. 根据水流特性和当地材料条件,抛石可采用大块石、混凝土四面体、钢筋石笼、宾格网石笼和合金钢丝网石笼或石笼串等; 2. 料石应为质地良好,不易风化的块石。石笼所用块石或卵石,最小外形尺寸应大于石笼网目
8	锚杆铁丝网喷射混凝土	1. 适用于坚硬、密实的黏性土,碎石土; 2. 边坡高度及坡度不受限制; 3. 地下水发育时不适用	1. 锚杆锚固深度一般为0.5～1.0m,机制铁丝网孔目为8cm×13cm,或钢筋网网孔间距不大于25cm×25cm; 2. 喷浆厚度不小于8cm,分2～3次施喷
9	喷射基材式边坡绿化	1. 各种土(岩)质边坡; 2. 边坡坡度陡于1:1.5时挂网,缓于1:1.5时不挂网	1. 草种宜采用狗牙草、白三叶、画眉草、百喜草、百幕达、柱花草等或根据当地气候条件试验选择; 2. 分层喷植,第一次喷基质层,第二次喷草种土; 3. 喷植绿化用网,用14号铁丝斜方网
10	铺挂边坡绿化	1. 各种土质边坡; 2. 边坡坡度较缓(缓于1:1.0),且高度较小者; 3. 雨量较多,适于草籽生长	1. 草籽应选用根系发达,茎干低矮,枝叶茂盛,生长能力强的混合多年生草种; 2. 如边坡土不宜草皮生长,应先铺一层10～20cm的黏性土;当边坡坡度陡于1:2时,铺黏土前应将边坡先挖成台阶或沟槽
11	主动柔性防护网	1. 大量滚石、落石的天然边坡; 2. 有表层清渣施工条件	1. 有条件的,施工前尽可能开挖清除坡面浮渣、浮石和表层不稳定块体; 2. 钢绳基座锚杆应布置在凹槽部位,锚杆间距一般不大于4.5m×4.5m; 3. 柔性防护网施工后,表面可植草
12	被动柔性防护网	1. 有滚石、落石的天然边坡; 2. 无表层清渣施工条件	1. 当边坡较高时,可根据地形情况、浮石或石渣分布及数量,按不同高程分段设置被动防护网; 2. 边坡陡峻近直立时,被动防护网可水平布设

8.2　混凝土护坡

现浇混凝土护坡按其结构和工艺一般可分为现浇框架混凝土（框架内植草）护坡、现浇坡面混凝土护坡和水下混凝土护坡三大类。

（1）现浇框架混凝土护坡。适用于抗雨水冲刷的非过流水上边坡的坡面保护。框架形式有方形、菱形、城门形等，框架尺寸一般为300cm×40cm×40cm（长×宽×厚），框架嵌于边坡土体内，框架内可种植草，以防雨水冲刷。通常采用普通钢木模板组模，混凝土根据现场施工条件可现场小型机具拌和，溜筒（或溜槽）、人工转运等方式入仓。

（2）现浇坡面混凝土护坡。现浇坡面混凝土护坡常用于水电站工程的各类进水口和泄（尾）水渠人工边坡、河道护岸、渠道衬砌及抽水蓄能电站库盆边坡等过水部位的坡面保护。一般土质边坡在护坡下设有碎石或沙砾石垫层。坡度较缓的混凝土护坡一般分条块采用无轨拉模工艺施工，混凝土自坡顶设溜槽辅以人工辅助入仓；引水工程渠道衬砌因其混凝土护坡规模大，坡比、坡长较固定，渠道线形流畅，一般采用衬砌机机械化施工。混凝土由搅拌车运输、振动给料机入仓，陡边坡也可采用小钢模翻转模板工艺施工。

（3）水下混凝土护坡。一般有模袋混凝土护坡和水下不分散混凝土护坡两类。模袋混凝土是在大面积连续袋状织物内部充灌流动性混凝土或水泥砂浆，凝固后形成一种整体的、弱透水不透浆的大块硬质抗冲刷护板，以保护岸坡稳定，可适用于流速不大于3.0m/s的水下施工作业。不分散水下混凝土需在混凝土中添加絮凝剂，仅适用于流速低或静水环境下局部修补作业。

以下介绍几种常见结构型式现浇混凝土护坡施工方法。

8.2.1　无轨拉模护坡混凝土施工

8.2.1.1　工艺原理

边坡无轨拉模主要由桁架梁、面板和卷扬牵引系统组成。无轨拉模护坡混凝土的工艺原理，是利用模板自重（可配重）的法向分力平衡混凝土浇筑过程的浮托力，利用定型侧模或已浇混凝土面支撑面模，由固定在坡顶的卷扬机拉升，实现护坡混凝土分块连续浇筑一次成型。拉模面板宽1.0~1.2m，桁架梁的长度比混凝土条带宽度长约1.0m，混凝土条带宽一般为6.0~12.0m。该施工工艺模板设计简单、技巧精巧、实用性强、操作简便，广泛应用于水利水电工程混凝土护坡施工，适用于坡比为1:1~1:2.5甚至更陡的边坡工程。如西龙池抽水蓄能电站上库库盆开挖岩石边坡坡比为1:0.75，采用无轨拉模施工工艺现浇防渗混凝土护坡，取得良好效果。

8.2.1.2　拉模施工方法

拉模法浇筑护坡混凝土，施工内容一般包括仓位清理、排水孔施工、模板工程、钢筋工程、混凝土工程、混凝土养护与保护、施工缝处理等内容，特殊季节施工应采取相应的措施。

（1）仓位清理。根据坡面基础地质条件及设计要求，对于开挖土质边坡或回填边坡，可采用人工挂线削坡整平，或表面铺级配碎石垫平压实；对岩石边坡和已喷混凝土保护的坡面，应进行清扫、冲洗，使基础面保持洁净，局部空鼓，脱落处应清理干净。

（2）排水孔施工。排水孔施工在边坡基础开挖或换填完成后进行。按照设计要求和现场实际进行布孔，一般用手风钻或潜孔钻机钻孔，换填基础采用钢套管钻机钻孔，钻孔直径略大于排水管外径，钻孔经验收合格后，按照设计要求安装排水装置。安装塑料盲沟时，塑料盲沟顶部露出基础面，便于搭接。混凝土部分的排水孔一般预埋 PVC 管，PVC 管上部用铅丝固定在插筋上（有钢筋网的固定在面层钢筋网上），下部套在塑料盲沟上，搭接长度应满足要求，搭接部分的空隙需用棉纱塞实。在混凝土浇筑前，一是用砂浆或混凝土对 PVC 管进行培脚，避免混凝土浇筑过程中因侧压力作用产生移位或者砂浆流入塑料盲沟内导致排水孔失效；二是对管口进行临时封堵，待混凝土初凝后抹面时，清理孔口，并将孔口堵塞物取出，保持排水管畅通。

（3）模板工程。

1）拉模模板。拉模模板系统由桁架梁（兼做作业平台）、面板、防护栏杆、两侧的限位器、装卸式抹面平台、牵引绳及卷扬机等组成。桁架梁一般用型钢焊接而成，根据跨度大小，断面形式一般为矩形或梯形，桁架的刚度要满足面板平整度的要求。面板可采用厚度 4~6mm 钢板与型钢焊接而成，必要时可做成中空的腔体面板，在中空的腔体内注水以增加模板重量来克服混凝土浮托力。在面板左右侧，用钢板焊接高 5cm 的限位器，以避免拉模牵引过程左右侧行程不同导致一侧脱离侧模轨道；在模板正前方两端处，焊接 2 个牵引环，钢丝绳通过牵引环将拉模与卷扬机相连。作业平台一般设在桁架梁的顶部，面层满铺木板或双层竹跳板，主要用于作业人员左右行走；作业平台外侧用钢管焊接成高 1.2m 的护栏；如果施工过程发现拉模重量不足时，还可在桁架梁上放置配重。要求两台卷扬机运行要同步，牵引系统应设置防止模板下滑保险装置，拉模工作见图 8-1。

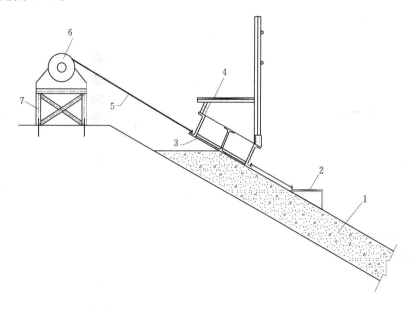

图 8-1　拉模工作示意图

1—已浇筑混凝土；2—收光抹面平台；3—拉模面板；4—工作平台；5—钢丝绳；6—卷扬机；7—卷扬机架

2）侧向模板。侧向模板既要承受混凝土侧压力，还要作为拉模滑轨使用。要求侧向模板不易变形，能多次周转使用，块与块之间连接紧密牢固，组立后要求模板顶面平整，便于拉模拉升。当护坡混凝土的厚度小于30cm时，侧模可直接采用槽钢加侧向支撑的结构模板 [见图8-2（a）]；护坡混凝土厚度大于30cm时，侧模可设计成定型组合式模板，斜撑可设置成调节长短的花篮螺栓 [见图8-2（b）]。

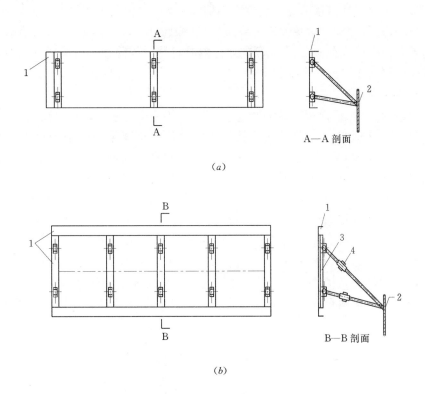

图8-2　拉模侧向模板结构示意图
1—槽钢；2—锚筋；3—组合侧模；4—可调节斜撑

3）模板安装。模板安装前，先进行测量放样，然后按设计坡面边线依次安装地脚端头模板和边坡侧向模板，模板高度较小时采用外支撑固定，模板较高时采用外撑内拉固定。外支撑用地锚紧固，通过调整模板支撑件上的垫片或花篮螺栓来校正模板偏差。控制模板安装精度偏差不大于5mm。模板与坡面之间的接缝采用砂浆填充补缝，确保浇筑混凝土时严密不漏浆。

开仓前，在侧模上均匀涂上脱模剂，便于模板拆除。混凝土浇筑过程中，随时检查模板，并及时加固。

4）侧模的拆除与维护。模板应在混凝土达到规定的强度（一般不小于1.5MPa）后才能拆除，拆模时首先将连接件拆除，再松动地脚螺栓，使模板与混凝土面逐步脱离。脱模困难时，可以在模板底部用撬棍撬动，不得在上口撬动、晃动和用大铁锤等砸模板。拆下的模板、支架及配件应及时清理、维修。

5）拉模施工注意事项。斜坡拉模施工采用顶部卷扬机同步提升装置。施工前，将面模放置到仓位最下端，仔细检查，确保面模与侧模顶部接触紧密。浇筑前，用卷扬机试提升、降落数次，确保面模和卷扬机处于良好工作状态。

（4）钢筋工程。一般混凝土护坡设计没有钢筋网，对于流速大、抗冲刷要求高或特别重要的部位，护坡混凝土一般设计为单层或双层钢筋网，如溢洪道、水电站的尾水渠边坡等。

钢筋按设计要求进行加工安装，保证钢筋安装位置、间距、型号、规格、数量、保护层厚度均符合设计规定。浇筑过程中安排专人维护钢筋网。在仓面上行走时，在仓面上设置用于临时通行的垫板，禁止施工人员直接踩踏钢筋网。维护人员对松脱的节点要及时用铁丝绑扎牢固，确保纵横向钢筋连接牢靠，绝不允许为方便混凝土浇筑擅自移动或割除钢筋。

（5）混凝土工程。

1）混凝土拌和与运输。混凝土拌和必须严格按照试验确定的配合比进行称量配料，确保拌和时间，控制混凝土和易性及坍落度，以保证混凝土性能符合设计要求。出料后应迅速运达浇筑地点，运输过程中不应发生分离、漏浆和严重泌水现象。

2）混凝土入仓。混凝土采用自卸车或搅拌运输车倒入集料口，由坡面溜槽输送入仓，溜槽可采用厚 2mm 薄钢板制作。在溜槽长距离斜坡输料条件下，需采取调整混凝土放料速度、优化混凝土配合比或人工辅助输送等措施避免产生骨料分离现象，一般混凝土入仓坍落度控制在 70～90mm。

3）仓内摊铺振捣。仓内局部辅以人工摊铺到位。浇筑时要薄层均匀平起，每层厚度不大于 30cm，及时振捣，振捣间距 40cm 左右，振捣时混凝土振捣棒应按顺序均匀垂直插入，插入下层混凝土深度约 5cm，缓慢提升，以混凝土表面返浆且不冒气泡为宜，避免漏振、欠振或超振现象发生。振捣过程中注意避免对预埋件、模板等产生扰动，预埋件密集区部位辅以人工振捣密实。提升模板时，不得振捣混凝土。

4）拉模提升。施工过程通过控制两侧卷扬机同步运行使拉模上行，两台卷扬机可各自独立运行调整。初次提升在混凝土浇出模板顶面后进行，模板第一次提升 10cm 左右，以混凝土不起鼓、不流浆为准，之后每隔 10～15min 提升 1 次，每次提升不大于 30cm，2～3 次后进入正常提升阶段；正常拉模一般按照行程 30～40cm 左右提升 1 次，根据气温和混凝土初凝时间以及坡比控制平均滑升速度为 1～2m/h；在停歇待料时，每隔 30min 提升 1 次，提升行程控制在 10cm 以内，避免模板与混凝土黏结。

5）收光抹面。在拉模面板后自带抹面收光平台，跟随拉模面板一同提升。收光平台在必要时也可单独固定提升。收光平台与面模采用单向铰接。收光抹面时，采用人工收 2～3 次；待混凝土完全沉实、表面完全收水、上人有脚印但不下陷时，用糙率较大的木质抹子初压抹平；在初抹后 1～2h 内，混凝土初凝前，待表面稍硬、手按有印时，人工用钢板抹子再复抹 1～2 遍压实抛光即可。

（6）混凝土养护与保护。混凝土浇筑完成 12～18h 后进行洒水养护，高温季节可提前洒水养护。养护可采取在花管上包一层土工布，使水通过土工布均匀地流入混凝土面，保持混凝土表面处于潮湿状态。也可采用覆盖薄膜保水保湿养护，混凝土面水分不足时可揭起顶部薄膜补水，此法可大量节约养护用水，养护效果较好。养护期一般为 14d。

（7）施工缝处理。无轨拉模浇筑边坡混凝土，一般应连续浇筑。如因故中途停止浇筑且停止时间超过混凝土允许间歇时间造成初凝时，缝面应按照施工缝处理。施工缝面可采用人工凿毛或用高压水冲毛，去除混凝土表面的乳皮和浮石，粗砂微露，使混凝土层间结合良好。恢复浇筑时，在施工缝面上要先铺上一层厚 2~3cm 同强度标号的砂浆。

（8）特殊季节施工措施。

1）雨季施工措施。

A. 注意收听天气预报，观察天气变化，与气象部门保持密切联系，根据天气情况安排施工项目。

B. 必须备好防雨材料和设施，浇筑过程若遇大雨，应立即停止混凝土浇筑，已经入仓的混凝土振捣密实，并用塑料布覆盖仓面。雨停后，若浇筑层表面的混凝土尚未初凝，应先排除混凝土表面积水加铺水泥砂浆后续浇，否则按施工缝处理。

C. 做好工作面的排水工作，保持排水沟畅通，配备足够的排水设备并保持完好。

D. 加强机械、电气设备存放点和安装场防雨保护，避免设备受雨水淋和水泡。

2）高温季节施工措施。

A. 合理安排施工，尽量将混凝土施工安排在夜晚进行，避开高温时段。

B. 混凝土入仓温度不宜大于 30℃，浇筑应连续进行，当因故间歇时，其间歇时间宜短。当周围环境温度高于混凝土入仓温度时，应适当提高浇筑速度，尽量缩短混凝土运输时间和运输车暴晒时间。

C. 混凝土面要及时养护，可采取喷雾、洒水、覆盖麻袋等措施，也可采用长流水养护，以控制混凝土表面温度。

3）低温季节施工措施。

A. 低温季节浇筑混凝土应采取可靠的保温措施，一般在混凝土初凝后先覆盖塑料薄膜，混凝土终凝及时覆盖保温材料。

B. 拆模后侧面混凝土应及时覆盖保温材料，以防混凝土表面温度骤降而产生裂缝。

C. 低温季节宜采取覆盖塑料薄或喷洒混凝土养护剂保湿养护，不得采用流水养护。

D. 当气温低于 0℃ 或日均气温低于 5℃ 时，停止混凝土浇筑施工。

8.2.2 衬砌机渠道边坡混凝土施工

8.2.2.1 渠道边坡混凝土衬砌机简介

在国外渠道衬砌设备中，有美国 GOMACO 公司制造的滚筒式、意大利 Massenza 公司的滑模式 MPC-4H 和滚筒式 CF-1000F/S9 大型渠道衬砌机。我国南水北调工程渠道断面大，多采用轨道式振动滑模衬砌机和轨道式振动碾压衬砌机，生产厂家很多。南水北调中线工程推广使用的部分渠道衬砌机性能见表 8-2。

序号	衬砌机型号	技 术 参 数	优 缺 点
1	PHQZJ 系列排振滑模式坡面衬砌机	适宜坡长不大于 34m；坡度不大于 1：1.3；混凝土坍落度 5.5～7.5cm；总功率 64kW；整机重量 5～16t；实际衬砌速度 14m³/h	优点： 1. 采用排振滑模系统，振捣效果好，衬砌混凝土密实度高； 2. 机架采用多节组合，可灵活改变机架长度以满足不同坡长需要； 3. 4 台升降机可实现同步提升，也可单独控制，对轨道平整度要求较低； 4. 拆装方便，适用于建筑物较多需多次倒运的工程。 缺点：相邻分块之间接缝容易形成露石、蜂窝等混凝土质量缺陷，需人工补浆并用插入式振捣棒进行复振
2	SCFM 型振动滑模衬砌机	适宜坡长不大于 35m；坡度不大于 1：1.3；总功率 56kW；整机重量 8～22t；工作厚度 50～400mm；实际衬砌速度 18m³/h	优点：衬砌效果好，对于衬砌厚度厚的渠道尤为明显，施工速度快。 缺点：衬砌机设备较重，对坡长适应能力较差，不能现场改装，机械化程度不高，需要人工辅助抹面；设备价格比较贵
3	PHB/PHZ 轨道式振动碾压坡面衬砌机	适宜坡长不大于 24m；坡度不大于 1：1.25；总功率 47kW；整机重量 5～20t；实际衬砌速度 20m³/h	优点：采用双螺旋布料系统，布料均匀；与布料系统分离的振捣系统，桁架整体重量及刚度较大，克服了 PMCQ650 型衬砌机振捣时易共振的缺点，振捣效果好；价格适中。 缺点：机身体积、自重大，功能分散，搬运、拆卸不方便；坡脚以上 3m 范围内易形成骨料分离
4	HTP－1 型水渠混凝土数字化自动摊铺设备	适宜坡长不大于 40m；坡度不大于 1：1.25；工作宽度 2000mm；工作厚度：50～350mm；整机重量 10～18t；总功率 60kW；理论衬砌速度 72m³/h	优点： 1. 采用 1.0m 分格的螺栓球立体空间桁架结构，加强了设备的稳定性，减少设备振动，方便设备的安、拆、运、储，适用坡长变化较大； 2. 混凝土坍落度（3～8cm）适应范围广，混凝土布料均匀整齐； 3. 采用约束挤压式振捣系统，振捣效果良好，密实度高，提浆丰富，无骨料暴露，效率高
5	ZD50－1330 型多功能自动衬砌机	衬砌板厚 30～300mm；作业车行走速度 2～10m/min；单幅作业宽度 1550mm；总功率 63kW；实际衬砌速度 100～150m²/h	优点： 1. 摊铺机实现了螺旋定量输送，布料均匀，振捣密实； 2. 抹光机采用大直径抹光盘，有助于提高混凝土表面的平整度和光洁度； 3. 自动定位测控系统根据基准线能够自动调整主桁梁，满足坡面坡比和混凝土厚度的设计要求，简单实用
6	PMCQ650 型振动碾压式衬砌机	适宜坡比不大于 1：3；坡长不大于 25m；浇筑厚度 8～40cm；实际衬砌速度 8m³/h	优点：功能集中，机身轻，便于安装、拆卸和搬运，价格便宜。 缺点： 1. 因衬砌机机身轻、桁架刚度小，振捣时机架易发生共振，振捣效果较差，需人工用平板振捣辅助才能达到密实度要求； 2. 混凝土布料、摊铺需人工辅助，抹面压光机械化程度低，需使用大量的劳动力； 3. 施工人员频繁踩踏走动，影响土工膜和保温板稳定，易对渠道基面造成一定破坏

渠道边坡混凝土衬砌机械化系统生产厂家和设计型号较多，原理大同小异，以下结合南水北调中线干线工程的实践应用情况，介绍 PHB/PHZ 系列轨道式振动碾压坡面衬砌机和 PHQZJ 系列排振滑模式坡面衬砌机的工作原理，以及施工程序和施工方法。

（1）PHB/PHZ 系列轨道式振动碾压坡面衬砌机。该设备由 PHB 型渠坡振动布料机、PHZ 型渠坡振捣成型机和人工抹面平台三部分组成。其工作原理为：混凝土经输送带运至布料机接料口，进入箱体内，开动螺旋输料器或皮带输送机把混凝土均匀摊铺到布料机顺坡密布的小料仓内，开动小料仓内的固定振捣棒和布料机纵向行走开关，边布料，边振捣，边行走。当布料 4～5m 时，开动滚筒式成型机，启动衬砌机工作部分，开始二次振捣、提浆、整平。顺序为自下而上，当返回工作时，大辊轴不改变旋转方向，匀速下行至起点，这样就完成了该段的整平工作程序，以后各段工作均按上述操作依次进行。

主要特点：①对混凝土坍落度要求不高，布料速度快，平整度较好；②采用插入式振动格栅工艺振捣，混凝土密实度较好；③设备原理简单，配件易购置，维修方便；④设备价格与同类产品相比价格适中。

缺点：①设备自重大，长期使用挠度大，适宜坡长范围小（不大于 24m）；②由于振动格栅片距土工膜间隔仅 2～3cm，超径骨料有可能造成衬砌后的板面出现横向拉沟，所以混凝土只能采用一级配；③提浆效果差，需再配置抹光机收面。

PHB/PHZ 系列轨道式振动碾压坡面衬砌机见图 8-3。

图 8-3　PHB/PHZ 系列轨道式振动碾压坡面衬砌机

（2）PHQZJ 系列排振滑模式坡面衬砌机。该设备由摊铺机、抹光机和人工桥三部分组成。其工作原理为：顺坡向自下而上铺料滑模施工，滑动面板挂在衬砌机大梁下可沿大梁上下行走，大梁上方设置混凝土布料皮带和分料器，滑动模板上口间隔 50cm 左右布置一排小型振动棒，滑模面板宽 1.2～1.5m，长 3.0m 左右，混凝土振捣后滑模面板缓慢沿大梁向上滑动，浇筑到坡顶后面板升起，随衬砌机大梁沿轨道移至下一条幅，然后自底部重复滑模浇筑，实现对渠道坡面的连续衬砌施工。

主要特点：①采用排振滑模系统，振捣效果好，混凝土衬砌密实度高；②机架采用多节组合，可灵活改变机架长度以满足不同坡长需要；③4 台升降机可实现同步提升，也可单独控制，对轨道平整度要求较低；④拆装方便，适用于建筑物较多需多次倒运的工程。

缺点：①设备对混凝土坍落度要求高，现场坍落度必须控制在 5.5～7.5cm 范围内方可正常浇筑；②相邻分块之间接缝容易形成露石、蜂窝等混凝土质量缺陷，需人工补浆并用振捣棒进行复振。

PHQZJ 系列排振滑模式坡面衬砌机见图 8-4。

图 8-4　PHQZJ 系列排振滑模式坡面衬砌机

综合比较，两种衬砌机各有优劣，工作原理基本类似，生产效率为 24～32m/d，每月可完成渠道单侧边坡衬砌 400～500m。

以 PHQZJ 系列排振滑模式坡面衬砌机为例，其作业剖面见图 8-5，立视布置见图 8-6。

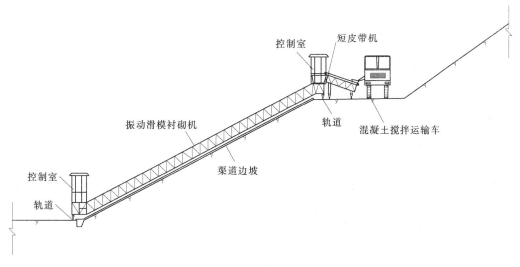

图 8-5　衬砌机作业剖面示意图

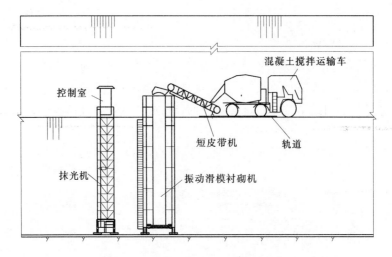

图 8-6　衬砌机作业立视布置示意图

8.2.2.2　渠道衬砌机混凝土施工方法

　　以南水北调输水渠为例，介绍渠道衬砌机浇筑边坡混凝土的施工方法。南水北调中线渠道典型坡面见图 8-7。

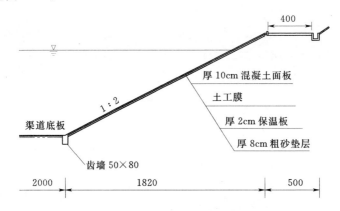

图 8-7　南水北调中线渠道典型坡面示意图（单位：cm）

　　渠道边坡衬砌混凝土厚度 10cm，混凝土配合比由试验确定，采用与衬砌机性能配套的一级配（振动碾压衬砌机）或二级配（振动滑模衬砌机）C25 混凝土浇筑，控制混凝土拌和物出机口坍落度 70～90mm，混凝土初凝时间 4～5h。

　　渠道衬砌机浇筑护坡混凝土主要内容包括：坡面修整、排水系统安装、垫层料铺设、聚苯乙烯保温板铺设、复合土工膜铺设、混凝土浇筑、伸缩缝施工、混凝土养护等，施工中要采取措施防止混凝土裂缝。

　　（1）坡面修整。先采用反铲进行粗削坡，预留 10～15cm 保护层。预留保护层宜采用削坡机削坡整平，削坡后的坡面不平整度用 2m 长的靠尺检测不大于 1cm；采用拉网线人工精确修坡时，坡面不平整度用 2m 长靠尺检测不大于 2cm。

　　（2）排水系统安装。渠坡坡脚设置纵向软式透水排水暗管，间隔 16m 设一道横向连通管，暗管直径 150mm，每隔 16m 设一个逆止式排水器（逆止阀）。

先对齿槽及排水管沟测量挂线，采用人工手持铁锹、洋镐进行开挖，以尽量避免超挖，减轻对边坡和底板侧壁的扰动；沟槽开挖后，采用 M10 砂浆坐浆砌筑坡脚排水管砖隔墙，隔墙墙厚 117mm；排水管为直径 150mm 的合金钢丝骨架纤维网的软式透水管，外包土工布。安装时，纤维网与 PVC 直通或三通连接要采用铁丝绑扎牢固，PVC 管与逆止阀之间的连接采用专用黏结胶黏结；已铺设的排水暗管及附件经验收合格后，用土工布按设计要求包裹排水暗管，边包裹边绑扎，绑扎间距 30～40cm。排水设施安装后，采用砂砾料人工分层回填管沟，回填时充分洒水，并辅以人工夯实，同时做好逆止阀的固定和孔口保护。

坡脚集水暗管与齿槽隔墙结构见图 8-8。

（3）垫层料铺设。

1）摊铺。砂砾料或砂料垫层宜采用布料机或摊铺机铺设，也可采用反铲辅助人工铺设。摊铺时将合格砂砾料或砂料运至渠堤顶处，然后用布料机或摊铺机由坡脚向坡肩将垫层料摊铺在渠坡上。长臂反铲铺料时，应分段放挡板，均匀摊铺布料，人工手持长刮尺挂线找平，控制填料厚度，防止骨料分离，摊铺厚度应高于设计厚度 10～15mm。

垫层料摊铺找平完成后，用雾化设备对粗砂垫层表面进行喷雾洒水，通过水分缓慢下渗，达到整层砂滤层含水率均匀。

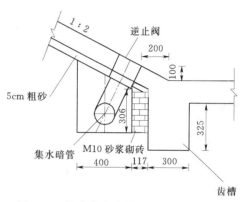

图 8-8　坡脚集水暗管与齿槽隔墙结构图
（单位：mm）

2）压实。坡比为 1:2～1:3 的边坡摊铺厚 25～40cm 的砂砾料，可采取在坡肩安设辘轳牵引振动梁进行分层振实，也可采用平板振动夯夯实。当采用振动梁振实时，振动梁由坡脚向坡肩分层振实，每层填筑厚度不大于 15cm，压痕搭接宽度不小于 50cm，从坡脚向坡肩方向行驶，至坡肩处顺原路返回在坡脚处错距。采用坡顶辘轳牵引平板振动夯夯实时，每层填筑厚度不大于 15cm，夯迹搭接宽度应不小于 1/3 板宽。

渠道坡脚齿槽、渠道与建筑物交叉等部位垫层填筑，采用人工连环套打夯的方法填筑。夯压夯 1/3 夯径，行压行 1/3 夯径，使平面上夯迹双向套压。分段、分片夯压时，夯迹搭接的宽度应不小于 10cm。

压实过程中，人工对出现的坑注及时补平，对凸点及时人工清除。压实后的坡面用 2m 长的靠尺检测，不平整度不大于 10mm。采用灌水（砂）法取样作相对密实度检验，每 600m² 或每压实班至少检测 1 次，每次测点不少于 3 个，且应有坡肩、坡脚部位的测点，检测坑用人工分层回填捣实。

（4）聚苯乙烯保温板铺设。铺设前应按要求进行保温板外观检查，不得使用缺角、断裂、尺寸不够、局部有凹陷的材料。为减少因保温板变形导致铺设后板缝宽度误差，便于板面固定，一般采取错缝梅花形铺设方案，从渠底向渠坡敷设，铺放整齐，板与板之间紧密结合，两板连接处高差不得大于 2mm。保温板敷设后，采用防锈 Π 形钢钉或竹签进行固定，固定材料宜梅花状布置，每块保温板的固定点应不少于 3 个。采用竹签时，竹签顶部应削成帽状，并涂刷环氧树脂，采用橡皮锤将其钉入保温板内，要求竹签顶端低于保温板顶面2～3mm，以防划伤土工布。铺设后要保持板面完整、洁净，不得踩踏、放置重物。

（5）复合土工膜铺设。

1）土工膜铺设。渠道复合土工膜在下层保温板验收后进行铺设，复合土工膜每卷宽6m，长度根据坡面长度定制，铺设时由坡肩自上而下滚铺至坡脚，中间不应有纵向连接缝。铺设时注意张弛适度，采用波浪形松弛方式，富余度约为1.5％。随之拉平后再铺另一幅，左右幅拼接完成后，复合土工膜与保温板面贴实，平整无突起褶皱，并避免人为和施工机械划破。

渠坡和渠底结合部以及和下段待铺的复合土工膜部位预留100cm搭接长度，坡肩处预留50～80cm。铺设齿槽部位的复合土工膜，适度松弛，且与齿槽紧贴。铺设过程中可用编织袋装土覆压，随铺随压，以防止复合土工膜滑移，复合土工膜铺设见图8-9。

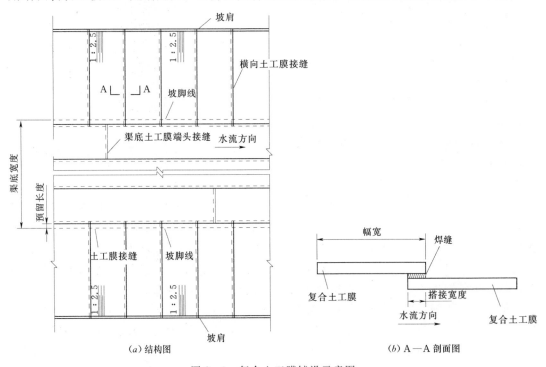

（a）结构图   （b）A—A剖面图

图8-9　复合土工膜铺设示意图

2）复合土工膜连接。连接顺序按照先缝合底层土工布、然后中间膜热熔焊接（双缝焊合）、最后缝合上层土工布进行。复合土工膜的产品标准为《土工合成材料非织造布复合土工膜》（GB/T 17642—2008），焊接点强度按《土工合成材料接头——接缝宽条拉伸试验方法》（GB/T 16989—2013）执行。

采用焊接工艺时，一般焊机温度控制在300～350℃范围内，行走速度控制在0.8～1m/min之间。土工膜焊接前应将接头处的尘土、油污等杂物清理干净，水汽用吹风机吹干，保持焊接面清洁干燥。多块土工膜连接时，接头缝相互错开100cm以上，焊接形成的结点为T字形，不得为十字形。为确保土工膜的焊接头具有可靠的防渗效果，搭接宽度应大于 10cm，焊接头采用双焊缝焊接。双焊缝宽度与土工膜厚度相关，土工膜厚要求焊缝宽度宽，一般每条焊缝宽 10～15mm，焊缝间留有约 10～12mm 的空腔。土工膜焊接完成后，应认真检查焊接质量，利用充气检验法和外观目测法对接缝逐条进行检验，确保无渗漏。焊接接头的充气法检验采用充气检验仪，充气压力值在 0.15～0.2MPa 之间，2～5min 内无明显下降，即为合格。

采用黏结工艺时，土工膜黏结宽度大于 15cm。在土工膜黏结前，将上下层土工膜焊接面上的尘土、油污等杂物清理干净，用吹风机吹干水汽，保持焊接面清洁干燥。将接头土工膜铺平，在其一片的黏结面上均匀涂满胶液（KS 胶），然后将另一片接头与涂胶的黏结面对齐、挤压，并用橡皮锤（或木锤）敲打压平，使黏结面充分结合。在黏结过程和黏结后 2h 内，黏结面不得承受任何拉力，防止黏结面发生错动。复合土工膜黏结应采用专用黏结剂，涂刷黏结剂做到不过厚、无漏涂。黏结接头采用外观目测法检验，对接缝全数进行外观检查，并利用手撕法判断黏结质量，若达不到质量要求则返工处理。

土工布缝合。将上层土工布和中层土工膜向两侧翻叠，将底层土工布铺平、搭接、对齐，进行缝合。土工布缝合采用手提缝包机，缝合时针距控制在 6mm 左右，连接面松紧适度、自然平顺，土工膜与土工布联合受力。上层土工布缝合方法与下层土工布缝合方法相同，土工布缝合强度不低于母材的 70%。

（6）混凝土浇筑。渠道衬砌机浇筑混凝土正式施工前应先进行生产性施工试验，试验长度不小于 100m。检验衬砌机施工性能、生产能力和配套的机械性能，确定衬砌机的运行参数，包括衬砌机的工作速度、振捣时间、抹面压光的适宜时间和遍数以及切缝时间；确定辅助机械、机具的种类和数量，使用各种机械、机具的劳动力数量和定岗、定员；检验混凝土的坍落度、含气量、泌水量、水灰比等适应衬砌机械化施工的情况。生产性施工试验报告批准后方可进行正式施工。

1）准备工作。检查施工现场工作准备情况：土工膜验收合格；校核基准线；拌和系统运转正常，运输车辆准备就绪；模板、工作台车、养护洒水等施工辅助设备状态良好；衬砌机设定到正确高度和位置，空载试运行正常；检查衬砌板厚的设置，板厚与设计值允许偏差为 −5%～+10%。

A. 基准线设置及轨道安装。渠道削坡机、布料机、混凝土成型机、抹面机及人工抹面工作台车共用一根轨道，轨道是衬砌板断面尺寸、坡比、厚度控制的关键；要求轨道基础硬实，避免衬砌机行走时起伏不定，影响混凝土的整体外观质量。轨道平行于渠道中心线铺设，一般上轨道在坡肩模板 0.5m 以外，下轨道位置在坡脚模板 1.0m 以外。

轨道采用钢轨，钢轨宜铺设在枕木或垫板上，枕木或垫板的间距一般控制在 0.8m 以内。轨道垫板可用 40cm×40cm、厚度 1cm 的钢板。轨道铺设前人工挂线清理，并夯实找平轨道基础，控制轨道底高程。严格控制轨道安装的轴线和高程偏差不大于 5mm。

B. 渠道衬砌机安装。不同厂家生产的衬砌机差别较大，安装前要仔细阅读使用说明书，严格按照说明书的要求进行组装。初次安装时应有厂家的技术人员现场指导；安装应遵循"先主体后附件、先机械后电器"的原则进行。

C. 设备调试与试运行。衬砌机安装好后进行设备调试与试运行，调试前应检查连接件是否紧固，各润滑处是否按要求注油；检查电控柜的接线是否正确，有无松动，接地是否正常。

试运行应遵循"先分动后联动、先空载后负载、先慢速后快速"的原则。试运行时应分别调试上下行走装置使其同向；调整上下行走装置的伺服系统或频率，使其同步；试运行应向前行走一段距离，再向后行走一段距离，监测设备的重复精度；检查振动系统是否正常工作。

D. 模板组立。渠道边坡衬砌的侧向模板宜采用宽度与衬砌混凝土厚度相同、相互连接为整体的槽钢；齿槽和坡肩模板优先采用定型钢模板，并与渠道边坡衬砌的侧向模板相连。采用压设砂袋或预制块等固定方法固定模板。混凝土衬砌施工过程中测量人员须随时对模板进行校核，保证混凝土分缝顺直。

2）混凝土布料与振捣。

A. 布料。应安排专人负责指挥布料。布料前试验员现场对混凝土拌和物进行坍落度和含气量检测，布料机入口处坍落度控制在 50～70mm。操作人员先洒水将螺旋布料器或皮带输送机湿润（但无流水）。

采用螺旋布料器布料时，混凝土经输送带运至布料机接料口，进入集料箱，开动螺旋输料器均匀布料。开动振动器和纵向行走开关，边输料边振动，边行走。布料多余时，开动反转功能，将混凝土料收回。布料宽度达到 2～3m 时，开动成型机，启动工作部分开始二次振捣、提浆、整平。施工时料位的正常高度应在螺旋布料器叶片最高点以下，不应缺料。

采用皮带输送机布料时，衬砌机的侧面设有分仓料斗，自行式滑动刮刀分料。施工中应设专人监视各分仓料斗内混凝土数量，及时补充，保持各料仓的料量均匀，防止欠料。

对于振动滑模衬砌机，混凝土是以 3.0m 左右一条幅顺坡向自下而上铺料、振动滑模施工，完成一幅后随衬砌机大梁沿轨道移至下一条幅，然后自底部重复滑模浇筑，实现对渠道坡面的连续衬砌施工。混凝土自坡脚齿槽起，然后坡面，最后坡肩均匀水平布料。坡面布料时，衬砌机仓内应保持充足的混凝土料，料位应高于振捣棒 20cm。

对于振动碾压衬砌机，混凝土是向顺坡面方向的一排小料仓均匀布料，小料仓布满后开动小料仓内的固定振捣棒，振动 10～15s 后布料机水平纵向慢速移动 10～12cm，移动时，保持小料仓料位高于振捣棒 20cm 以上，重复上述动作，边布料、边振捣、边行走，紧随其后的衬砌机振动碾压小车（宽约 3m）自下而上进行混凝土表面的滚动振动碾压平整，抹光台车进行混凝土面的压平抹光，以实现连续衬砌施工。

控制布料厚度，松铺系数一般为 1.1～1.15；控制布料速度与振动碾压速度相适应，布料机与衬砌机之间的待振碾距离宜控制在 5～10m；衬砌机宜匀速连续工作，振动碾压小车的行走速度宜为 3～6m/min；振动小车在行走过程中，发现局部欠料或露石现象时，要及时人工补料，当出现壅料时，应及时人工整平。

B. 振捣。

a. 齿槽部位：在分仓位置预设竖向挡头板（50cm×80cm），紧贴挡头板内侧放置闭孔泡沫板；齿槽部位布满料时，开启 φ50 型振捣器振捣，至表面泛浆不出现气泡，齿槽处混凝土不再向前自流形成自由坡为止。

b. 斜坡面：混凝土浇筑料仓布满料后，开启 $\phi30$ 型固定振动器，控制振捣时间，使混凝土不过振、漏振或欠振。

c. 渠肩平台处：该部位在布满料后，由专人对料进行平整，用 $\phi30$ 型振器进行振捣，并时常用靠尺检查平整度，并拉线确保棱角位置顺直。

渠道边坡混凝土采用衬砌机浇筑见图 8-10。

图 8-10　渠道边坡混凝土采用衬砌机浇筑

3）衬砌施工停机处理。当衬砌机出现故障时，立即通知拌和站停止生产，衬砌机内尚未初凝的混凝土初凝可以继续衬砌。停机时间超过 2h，应将衬砌机驶离工作面，及时清理仓内混凝土，故障出现后浇筑的混凝土必须进行严格的质量检查，并清除分缝位置以外的浇筑物，为恢复衬砌作业做好准备。因其他原因导致中断施工时，应解除自动跟踪控制，升起机架，将衬砌机驶离工作面，及时清理黏附的混凝土，整修停机衬砌端面，同时对衬砌机进行保养。

4）抹面压光。衬砌成型 3～4m 时，便可用桁架式自行抹面机进行首次抹面、收平，进一步提浆。第一次抹面时采用抹面机抹盘对衬砌混凝土面进行平整和提浆，将裸露于表面的小石子压入混凝土中。因第一次抹面时混凝土表面较软，应从坡脚至坡肩进行，抹盘以刚好接触到混凝土表面为宜，抹面机每次移动间距为 2/3 圆盘直径。第二次抹面开始时间，应根据浇筑时间、天气状况、湿度情况确定，一般控制在第一次抹面后 15～25min

进行；第二次抹面仍需使用抹面机，主要是找平，抹面中随时用 2m 靠尺检查混凝土表面的平整度，调整抹面机高度及斜度，保证抹盘底面与衬砌设计顶面重合；第三次抹面在混凝土接近初凝、用手指轻压有压痕时进行，采用人工抹面、压光，清除表面气泡，使混凝土表面平整、光滑、无抹痕。混凝土表面用 2m 长的靠尺检测，不平整度不大于 8mm。抹面压光情况见图 8-11。

（a）抹光机收面

（b）人工收面

图 8-11 抹面压光

（7）伸缩缝施工。渠道边坡衬砌混凝土设纵横向伸缩缝（通缝和半缝）。通缝是贯穿全部混凝土衬砌板厚度的缝，缝间距 16m 或 20m，可利用分仓浇筑时缝面粘贴隔缝板形成，也可采用切割机切缝形成。采用切割机砌缝时，通缝切割深度宜为混凝土板厚的 0.9 倍；半缝间距一般 4m 左右，采用切割机切割形成，切割深度为混凝土板厚的 0.5～0.75 倍。伸缩缝缝宽 2cm，缝间充填伸缩板（聚乙烯闭孔泡沫板），表面 2.0cm 深缝面填充密封胶，常采用的密封胶种类有双组分聚硫密封胶、聚氨酯密封胶、硅酮胶等。

1）切缝。施工宜在混凝土初凝后，混凝土抗压强度达到 1.0～5.0MPa 时进行，以锯片不破坏缝两侧混凝土、缝壁光滑为时间控制标准，宜早不宜迟，以避免大面积混凝土结构产生收缩裂缝。

切缝时按照先横后纵、先通缝后半缝的原则进行施工。采用定制的合金锯片切缝，先在切缝位置用墨斗打线，明显标注伸缩缝位置，以便于控制。

横缝切割：坡面顺坡横缝自下而上，由坡脚向坡肩切割。坡肩上固定一手动辘轳，将辘轳上的钢丝绳与切割机相连。切割时，一人操作切割机，控制切割深度和直线度。另一人控制切割速度，匀速摇动坡肩的辘轳，牵引切割机以适宜的速度向坡肩移动。齿槽处通缝位置无法切透，施工中提前在通缝位置放置隔缝闭孔泡沫板。

纵缝切割：坡面水平纵缝采用简易支撑架支撑切割机进行切割。由坡脚开始向坡肩依次切割。切最下部第一条缝时，在坡脚打钢筋撅或固定木桩，沿坡面支撑带有丝顶托的架管，沿架管顶部铺设水平方向的槽钢轨道，调整丝杆的长度，使其轨道与纵缝平行。切缝时，一人拉动牵引绳、一人手扶切缝机沿导轨水平移动，完成切割工作。切其他缝可在钢管底部垂直于钢管方向焊接一条约 6cm 长的 50mm×50mm 角钢，焊好后，将角钢接头卡在下部切好的一道缝中作为支撑点，其他操作程序同第一道缝施工。

切缝时，应注意刀片与混凝土面垂直，通过抬高或压低刀片来控制切缝深度；作业时，应对作业刀片不间断洒水（流水）降温。

2）伸缩缝清理。宜采用水枪或风枪等清除缝内的浮浆、碎碴等杂质，检查伸缩缝的深度和宽度，对深度不符合设计要求的应做补切缝处理。

3）填充伸缩板。填充前缝壁应保持干净、干燥；采用专用工具将聚乙烯闭孔泡沫板条连续、均匀地压入缝槽内，并确保上部预留 2cm 深度填充密封胶的空间。

4）填充密封胶。为确保密封胶与混凝土之间黏结牢固，注胶前先在干净的基面上均匀刷涂一层界面剂，等待 20～30min 界面剂完全固化后注胶；密封胶开封后，利用真空原理将密封胶吸入注胶筒中，注胶时，将注胶筒中的密封胶连续均匀地推入伸缩缝内，边推边用刮刀将缝面上的密封胶压紧刮平；注胶后及时检查，发现有凹凸不平、气泡、粗糙外溢、表面脱胶、下垂等现象时，应及时修补、处理整齐。

（8）混凝土养护。在混凝土终凝后即开始养护，混凝土养护时间不少于 28d；采用土工布直接覆盖养护法，先在混凝土表面上均匀洒上一层水，再用土工布覆盖在上面，为避免过量洒水导致渠底齿槽与轨道间积水，应采用滴灌的方式保持土工布和混凝土表面处于湿润状态。同时，在完成渠坡混凝土衬砌后及时采取覆土回填、加强坡脚排水等措施，避免坡脚处积水浸泡，以保证坡脚处齿槽的稳定。

（9）衬砌混凝土裂缝预防措施。裂缝产生原因如下。

1）坡脚纵向裂缝。混凝土养护、切缝等施工用水和雨水汇集至坡脚未能及时排除，造成坡脚浸泡，基础土体含水率饱和，发生软化变形，导致衬砌板表面出现裂缝；齿槽内壁采用浆砌黏土砖支挡，和周边砂砾石地层属不同介质，可能造成沉降差异，局部应力集中，衬砌板出现断裂产生裂缝。

2）坡面横向裂缝。浇筑过程中突遇大风，混凝土表面失水过快，蒸发速率大于泌水速率，发生局部塑性收缩开裂。

预防措施如下。

1）渠坡衬砌结束后，利用削坡土料垫高坡脚用于覆盖土工膜的塑料布外端，在坡脚形成一条纵向排水沟，统一排除坡脚汇水，达到保护坡脚不被雨水、养护、切缝积水浸泡软化的目的，以保证齿墙稳定，避免引发冻胀和滑坡，同时还要尽快安排渠底衬砌。

2）尽量避免不良天气条件下进行混凝土浇筑，施工现场要提前准备足够量的塑料薄膜、草帘子、大水桶等相关物件，浇筑完成一段就及时覆盖养护一段。

8.2.3 小钢模翻模混凝土护坡施工

8.2.3.1 翻模模板

边坡护坡翻模模板施工工艺常用于水电站进出水口边坡、船闸上下引航道边坡、船闸闸室直立边坡等衬砌混凝土护坡施工。

边坡护坡翻模模板结构见图 8-12。

模板由面板、竖围檩、横围檩及工作平台组成。翻转模板面板多采用 P3015 组合钢模板拼装、面板间用 U 形卡和普通螺栓固定，围檩采用直径 50mm 脚手架钢管。竖围檩

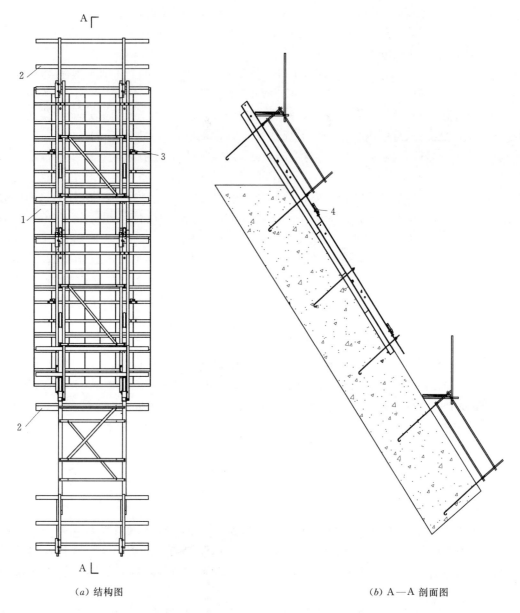

（a）结构图　　　　　　　　　　　　　　　　　　　（b）A—A 剖面图

图 8-12　边坡护坡翻模模板结构示意图

1—翻模模板；2—操作平台；3—左右调节丝杆；4—上下调节丝杆

两根一组，长 150cm、间距 75cm，交错布置，将面板连接成整体后，由锚筋和套管螺栓固定在已浇筑的混凝土面上，随着混凝土浇筑上升互为支撑体。锚筋采用手风钻钻孔，打插在边坡岩石上，梅花形布置，竖向间距 100cm，水平位置与套管螺栓位置一致，间距 75cm。横围檩长 600cm、间距 60cm。

为便于翻模施工作业，模板高度 500～600cm。在模板上口采用钢管和方向扣搭设一个与模板位置一致的宽 90cm 的临时作业平台，便于模板升高组立和混凝土入仓浇筑作业。平台外侧设高 120cm 栏杆并挂安全网。作业平台随浇筑每上升 100cm 升高 1 次。模板下部用套管螺栓搭设钢管脚手排架，形成模板拆除作业平台，该脚手架与模板不得连接。

为方便加快拆、立模板，在混凝土中可加入适量早强剂。

模板是混凝土成型十分重要的组成部分，模板、围檩及其锚固体系必须符合下列规定。

（1）具有足够的强度、刚度和稳定性，能可靠地承受新浇混凝土的重量和侧向压力，以及在施工过程中所产生的荷载。

（2）构造简单，装拆方便，并便于钢筋绑扎与安装，符合混凝土浇筑及养护等工艺要求。

（3）模板拼缝有规律，接缝应严密，不得漏浆。

（4）岩锚插筋位置准确，套管螺栓与插筋焊接牢固。

8.2.3.2 翻模施工要点

根据护坡条带分块宽度要求，每个条带一般设定宽 9.0～12.0m，分先、后浇块。为加快进度可以 2～3 个条带并仓浇筑，分缝采用沥青杉板。

（1）在边坡坡脚处测量放出条带结构边线，并准确标记。

（2）钢筋绑扎。

（3）在基岩面上打锚固件的拉条孔，预埋插筋。

（4）清洗基岩面。

（5）立两边端头模板并加固，靠近基岩处用木模补缝，端头组合模板均以测量放样进行控制，安装好后需经测量校核，直至满足精度要求。

（6）模板安装前先将模板表面清理干净，用角磨机带圆盘刷打磨至无铁锈，无灰尘，刷脱模剂。

（7）模板拼缝：模板接缝必须平顺，缝隙不超过 1.5mm，模板拼缝处采用双面海绵黏胶带嵌缝，如个别模板拼缝宽度超过 1.5mm 时，并增加一层双面海绵黏胶带。粘贴要求平顺无折皱。

模板安拆时应注意的事项如下。

（1）模板拆除时不能强扳硬撬，以免损伤面板。面板如有损伤时，必须及时修复。

（2）在混凝土浇筑过程中，应安排值班木工随时检查，观察模板、拉条等有无异样，如有问题，及时处理。

（3）拆模时，应根据锚固情况分批拆除套管螺栓和围檩，防止大片模板坠落。

（4）拆下不用的模板、钢管及配件应及时清理、维修，并分类堆存，妥善保管。

8.2.3.3 预埋 PVC 排水管安装

在安装模板前，先根据设计要求的位置、标高安装排水管，当 PVC 排水管位置与结构钢筋相碰时，可适当调整排水管的出口位置。然后在模板上定好位置、标高，用红油漆做好记号，并对管口进行临时封堵，待混凝土脱模后，及时清理孔口，并将孔口堵塞物取出，保持排水管畅通。

8.2.3.4 混凝土施工

混凝土浇筑是保证混凝土外观的重要环节。在正式浇筑混凝土前做好技术交底工作，落实操作人员岗位职责、作业班次、交接时间和交接制度，模板拆除后及时洒水养护。

根据现场交通条件、作业环境选择合适的混凝土入仓方式，可分别选用泵送、溜筒（溜槽）、吊罐入仓等浇筑方式。

控制混凝土浇筑速度，以满足翻模连续浇筑要求。混凝土浇筑坯厚以30cm为宜，2h浇筑一坯，控制混凝土浇筑速度每小时上升15～20cm，并做好记录。

8.2.4　格构护坡施工

8.2.4.1　格构护坡的特点及适用条件

格构护坡是利用浆砌块石、现浇混凝土或钢筋混凝土在边坡内做成框架梁，必要时在节点处用锚杆加固的边坡坡面防护技术，格构护坡一般与边坡环境美化相结合，在框格护坡的空格内种植花草可以达到美化景观的效果。

格构护坡技术具有布置灵活、格构形式多样、截面调整方便、与坡面密贴、可随坡就势等显著优点，且框格内视情况可挂网、植草、喷射混凝土进行防护，也可用现浇混凝土板进行加固。

格构护坡一般适用于坡度较缓的土质或风化岩边坡浅表层防护。

8.2.4.2　格构护坡的布置

格构护坡常见的结构型式有浆砌块石格构、现浇混凝土格构，常用的布置形式有4种。

（1）方形：指顺边坡倾向和沿边坡走向设置方格状格构。

（2）菱形：沿平整边坡坡面斜向设置格构。

（3）Y字形：沿顺边坡倾向设置格构条带，沿条带之间向上设置Y字形拱，顺坡向格构条带面设凹形排水沟。

（4）弧形：按顺边坡倾向设置框架条带，沿条带之间向上设置弧形框架，顺坡向格构条带面设凹形排水沟。

8.2.4.3　格构的构造要求

浆砌块石格构水平间距均应小于3.0m，格构断面厚×宽一般不小于30cm×20cm。浆砌块石格构边坡坡面应平整，坡度一般小于35°。现浇混凝土格构，方形和菱形格构水平间距均应小于5.0m，Y字形和弧形格构水平间距均应小于4.5m。一般断面厚×宽不小于30cm×25cm，格构混凝土强度等级不应低于C25。

为了保证格构的稳定性，可根据岩土体结构和强度在格构节点设置锚杆，长度一般3.0～5.0m，全黏结灌浆。若岩土体较为破碎和易溜滑时，可采用锚管（杆）加固，全黏结灌浆，灌浆压力一般为0.5～1.0MPa。

无论是浆砌块石格构还是现浇钢筋混凝土格构，均应每隔10～25m宽度设置伸缩缝，缝宽2～3cm，填塞沥青麻筋或沥青木板。同时，为了美化环境和防护表层边坡，在格构间应培土和植草。

8.2.4.4　格构护坡的施工

格构护坡的施工要点如下。

（1）施工程序宜按照基础开挖、锚杆施工、砌筑或浇筑格构的顺序进行。

（2）格构基础开挖应拉线确定边线，做到开挖边线整齐，砌筑或浇筑格构前，基础底部的浮土应压实或清理干净。

（3）格构护坡坡面应平整、密实，无表层溜滑体和蠕滑体。

（4）格构护坡应嵌置于边坡中，嵌置深度大于格构截面高度的2/3。

（5）浆砌石格构可采用毛石或条石砌筑，但毛石最小厚度应大于150mm，强度应大于MU30，砌筑水泥砂浆强度不应低于M7.5。

（6）混凝土格构宜立模浇筑，可用人工配合溜槽入仓，用插入式或平板振捣器振捣密实。

（7）格构每隔宽10～25m设置伸缩缝，缝宽2～3cm，填塞沥青麻筋或沥青木板。

（8）土质边坡在格构砌筑或浇筑完成后应将其两侧填筑密实。

（9）锚杆施工可参考第3章相关要求进行。

8.2.5 模袋混凝土施工

8.2.5.1 模袋构造及分类

模袋混凝土是用土工织物作模板，在土工织物袋内充填混凝土的一种混凝土施工方法。用双层高强度土工织物（布）制作成袋，并在其内部充灌流动性混凝土或水泥砂浆，凝固后形成一种整体的、弱透水不透浆的大块混凝土防护板。模袋混凝土因其形状可以控制，便于在干地和水下（包括冰层下）施工，一次施工面积大，形成的板整体性强、施工速度快，广泛应用于堤坝、河岸、海岸等水利边坡防护工程，也可应用于堤坝应急抢险堵漏工程等。

模袋使用的土工织物材质有丙纶、涤纶、锦纶、丙一锦纶等。模袋加工方式有机制模袋和简易手工模袋两种。填充物料有混凝土、水泥砂浆、纯水泥浆、砂等。

模袋结构型式有整体式模袋、分离式铰链模袋两种。按作用功能可分为以下几种。

（1）有过滤点（FP型）砂浆模袋，厚度6.5～16.5cm，这类模袋是在过滤点处将上下两片织物连在一起，滤点处不让泵液进入，它可供排除土坡渗水，消除孔隙水压力。这类模袋充填砂浆。

（2）薄型无过滤点（NF型）砂浆模袋，厚度5.0～15.0cm，这类模袋只有接缝排水，充填料用砂浆，适用于无水位骤降和无防渗要求的护坡。

（3）铰链型（RB型）砂浆模袋，有厚度10cm和15cm两种，这类模袋充填砂浆凝固后，形成许多独立而又以尼龙绳相连的块体，块与块间能自由转动，排水通畅，适用于有较大不均匀沉降和地形变化大的坡面或地基防冲。

（4）框架型（NB型）砂浆模袋，目前国内有NB22型（格子空隙22.0cm×22.0cm）和NB36型（格子空隙30.0cm×60.0cm）两种，这类模袋充填砂浆后形成方形或长方形格子，格中可种植花草，既可护坡，又美化环境。

（5）厚型无过滤点（CX型）混凝土模袋，厚度15.0～25.0cm的模袋充填骨料最大粒径10～15mm以下的混凝土，厚度30.0～60.0cm的模袋充填骨料最大粒径25mm以下的混凝土。这类模袋充填混凝土，厚度大，用于重型防护工程，如船闸引航道、海湾、码头护岸。

8.2.5.2 施工材料

（1）模袋。模袋宜采用锦纶、维纶或丙纶制作，其技术性能指标应符合设计要求和《土工合成材料长丝机织土工布》（GB/T 17640—2008）的规定；模袋布不允许有重缺陷，如破损、断砂等，对个别小缺陷点应用黏合胶修补好；模袋上下层的扣带间距应经现场试验确定，一般采用20cm×20cm为宜；模袋上下两层边框缝制应采用四层叠制法，缝制宽度不应小于5cm，针脚间距不大于0.8cm。模袋布的表面缺陷、模袋的规格尺寸和缝制质量宜在工厂进行检查验收。

（2）混凝土。模袋混凝土采用强制式搅拌机拌制，坍落度一般大于18cm。为提高模袋混凝土的流动性和可灌性，混凝土组成材料应满足以下质量指标。

1）水泥。宜采用32.5级和42.5级普通硅酸盐水泥或硅酸盐水泥。

2）粉煤灰。Ⅰ级粉煤灰掺量控制在胶凝材料的10%～15%，最多不宜超过20%；Ⅱ级粉煤灰掺量控制在8%～10%之间。

3）砂。宜采用天然河砂或淡水湖砂，细度模数为2.5～3.5的中粗砂。

4）石子。优先采用天然卵石，采用人工碎石时碎石应经过整形，且粒径要小一些。

5）外加剂。宜选用高效减水、引气、缓凝、增塑等复合型外加剂，掺量通过配合比试验确定，外加剂掺量一般不超过5%。

6）水。采用洁净的淡水，若采用海水须作淡化处理合格后方可使用。

部分国内工程模袋混凝土施工配合比参数见表8-3。

表8-3 部分国内工程模袋混凝土施工配合比参数表（重量比）

序号	工 程 项 目	混凝土施工参数			模袋混凝土厚度 /cm
		标号	粉煤灰：水泥：砂：石子：水	坍落度/cm	
1	广东北江大堤芦苞茨塘堤段护脚	C25	0：1：1.54：1.81：0.52	20～22	20
2	广东北江大堤佛山西南镇堤段护脚	C20	0.25：1：1.88：2.11：0.49	18～20	22
3	上海长江口深水航道斜坡堤护面	C20	0：1：1.6：1.8：0.45	19～21	62
4	广西北海救助基地护岸工程	C25	0：1：2.14：1.98：0.5	18～22	40
5	江西长江永安堤滨江段护岸工程	C15	0：1：2.3：2.5：0.5	19～23	20
6	江苏太湖引排工程白屈港护脚	C20	0.28：1：2.22：2.01：0.52	20～24	15
7	江苏江阴长江大堤护坡	C20	0.28：1：2.5：2.5：0.52	21～23	10/15/20
8	广东流溪河防洪整治工程	C20	0.1：1：1.95：1.80：0.52	21～23	15
9	广西合浦山口高速路填海路堤护坡	C20	0.1：1：1.95：1.80：0.6	22～23	30
10	湖北汉江王甫洲枢纽护岸	C20	0：1：2：2：0.55～0.60	20～23	25

8.2.5.3 岸坡模袋护坡施工

模袋护坡在水上或少部分在水下时按岸坡模袋护坡工艺方法施工，通常采用在边坡上直接先铺模袋后充灌混凝土的方法施工。

施工程序：边坡修整→测量放样→铺设模袋→充灌混凝土→质量检查→护坡边界处

理→养护。

(1) 边坡修整。边坡修整应自上而下铲坡。填土区整坡时，应分层压实，其密实度应达设计要求，并做好新老土坡结合，严禁贴坡回填。模袋混凝土护坡的坡比应符合设计要求。整坡后，坡比允许偏差±5%；坡顶和坡底高程应符合设计要求，允许偏差±5cm；坡面不平整度不大于10cm。

(2) 测量放样。按划分单元，采用测量仪器对模袋铺设坡面测量放样，并放出顶边沟及定位桩位置。

(3) 铺设模袋。首先检查模袋布的外观质量及尺寸等情况，不合格产品禁止使用；模袋铺设应按照从坡顶平台向坡下、先上游后下游、先标准断面后异形断面的次序进行。

模袋铺设前，应设定位桩和拉紧装置（手拉葫芦），以防止模袋下滑。定位桩宜打设在坡顶距模袋上沿1.5～2.0m处，间距1～2m为宜，且每块模袋不少于4根；模袋应预留纵向收缩余量，余量宜通过试验确定，一般为模袋斜坡长的3%左右。

模袋铺展时，模袋宜先卷成卷，一般在其上、下缘管套中穿入钢管，以下缘钢管为轴，将模袋卷成卷，利用人力或绞车顺坡滚铺，慢慢拉入江中，直至设计位置，然后上下两端同时定位固定，同时应边铺边压砂袋或碎石袋。对于受风浪影响较大的坡面，砂袋宜用绳索连接成串，间距一般1～2m。

相邻模袋模袋布与模袋布之间的搭接，水上部分用双股线缝接紧密，水下部分由潜水员在水下把预先缝制在布上的系带相互拴紧。接缝处底部应铺设土工织物滤层，土工织物与模袋布搭接宽度应不小于50cm，并应顺直平整。

(4) 充灌混凝土。充灌前用水泥砂浆润滑料斗、泵体和输送管道内壁，以减少阻力，同时应充分洒水润湿模袋；充灌时，混凝土喷射管插入模袋灌口深度不少于30cm，并应扎紧；充灌应从已充灌的相邻模袋混凝土块处开始，由下而上，从两侧向中间，依次进行；充灌过程中应及时调整模袋上缘拉紧装置。

模袋混凝土泵送距离不宜超过50m，充灌速度宜控制在10m³/h以内，混凝土泵的出口压力以0.2～0.3MPa为宜。每个充灌口充灌混凝土均应连续进行，当模袋内混凝土充灌将近饱满时，暂停5～10min，待水分析出后，再灌至饱满。模袋混凝土充灌找平时，在初凝前可采用人工踩平。水下混凝土充灌时，由潜水员配合控制水下充灌质量。

在灌上部2m模袋时应松开上端的固定桩，让模袋沿坡面充分收缩，然后再灌至坡顶。在充灌完成1.0h后将排水管按设计要求插入。

(5) 质量检查。模袋混凝土充灌后应用探针测量混凝土厚度，其平均值应符合设计要求，允许偏差−5%～+8%；模袋混凝土在充灌口留取试块，每班或100m³混凝土留一组试样，混凝土强度应达设计标准；模袋混凝土充灌后，其顶部宽度允许偏差±20mm，顶部、底部高程偏差−20～+40mm，2m靠尺检查混凝土坡面平整度不大于5cm。

(6) 护坡边界处理。模袋护坡上下游侧向及顶部边界（包括临时边界）必须开沟，把部分模袋混凝土埋入沟中，上游侧沟深15～45cm，下游侧沟深60～75cm，顶沟沟深应大于45cm。待模袋混凝土充填合格后，浇筑顶埝和侧向边沟，压紧模袋。

(7) 养护。混凝土充灌结束待初凝后，及时将模袋表面灰渣清理冲洗干净，洒水养护

7d 以上。

8.2.5.4 水下模袋护坡施工

模袋护坡大部分在水下时按水下模袋护坡工艺方法施工，该工艺按施工程序分为先铺后灌法、先灌后铺法，按施工方法又可分为滑道法、拖排法。通常采用滑道法、先灌后铺的方法进行施工。主要施工技术要点如下。

（1）边坡修整。模袋混凝土护坡的坡比应符合设计要求。整坡后，坡比允许偏差±5%；坡顶和坡底高程应符合设计要求，允许偏差±5cm。

水上整坡时，应自上而下铲坡。填土区整坡时，应分层压实，其密实度应达设计要求，并做好新老土坡结合，严禁贴坡回填。坡面不平整度不大于10cm。

水下整坡时，严禁超挖，如遇坡面杂物及易损伤模袋布的硬物和淤泥，必须清除。如需填方时，宜抛石或用编织袋装小石子，全成设计坡面。坡面不平整度不大于15cm，必要时应由潜水员操作施工。

（2）模袋护坡接头与固定要求。水上模袋相邻布块之间采用绳连对接的方式连接，接缝底部采用幅宽不小于1.0m丙纶无纺布做反滤垫层，接缝保持顺直，并留有充灌收缩的富余量；也可采取后铺的模袋与先铺的模袋实行搭接，搭接宽度不小于30cm。

水下模袋混凝土接头一般采用搭接，搭接宽度100cm。模袋布的铺设位置必须准确无误，各部位高程符合设计要求，水下模袋铺设过程中应有潜水员进行检查，相邻模袋之间不能脱节，如有搭接不好的地方，应用小块模袋补充压实。水下部分一般抛投铅丝石笼固定。

（3）混凝土充灌。充灌前，陆上部分的模袋应洒水润湿；充灌时，混凝土喷射管插入模袋灌口深度不少于30cm，并应扎紧；充灌应从已充灌的相邻模袋混凝土块处开始，由下而上，依次进行，充灌过程中应及时调整模袋上缘拉紧装置。

模袋混凝土泵送距离不宜超过50m，充灌速度宜控制在10m^3/h以内，混凝土泵的出口压力以0.2～0.3MPa为宜。每个充灌口充灌混凝土均应连续进行，当模袋内混凝土充灌将近饱满时，暂停5～10min，待水分析出后，再灌至饱满。模袋混凝土充灌找平时，在初凝前可采用人工踩平。

水下混凝土施工时，在水深超过2.0m情况下，应由潜水员配合控制水下充灌和铺设质量，同时应特别注意人身安全。

（4）模袋滑道法。滑道法就是将滑板安放在工程船上，先在滑板上铺好模袋布，排头挂在锚固桩上并固定，然后通过充灌管路向模袋内充灌混凝土，充灌同时人工踩动助流，保证模袋混凝土充灌饱满，满足设计的质量要求，模袋充灌好后，移动工程船，将充灌好的模袋从滑道沉放就位。滑道一般安装在浮吊船上，滑道的尺寸应根据浮船的大小确定。在长江堤防崩岸治理工程的试验工程中，在浮吊船头设置一座长36m、宽4.1m、高2m的钢结构桁架式滑道，桁架上满铺厚3mm铁板，桁架始端采用铰支座，桁架上设有4个吊点，浮吊起重系统根据工程需要调整桁架的倾斜坡度。单块模袋充满后宽4.0m。混凝土生产可在陆地生产，通过混凝土泵送到船上充填模袋，泵管可用浮桶支撑，也可以在船上生产，用混凝土泵充填模袋。模袋充填好后，由陆上测量人员的指挥船舶定位，使滑道中心线对准模袋铺设中心线。在水下潜水员的协助下，下滑充灌好的模袋，进行模袋混凝土铺设作业。模袋应从岸边向江心方向、从下游向上游铺设，接头部位上游块压在下游块上，后铺块压在先铺块上，填充一块铺设一块。

滑道法施工，模袋饱满与否比较直观，故在深水区水下铺灌模袋混凝土时，该法具有独特的优势，尤其是水下模袋混凝土护坡工程规模大、水域作业面比较宽阔时，滑道法当为首选。但该法的缺点是，国内采用的滑道仅能用作每一单元宽 4～8m 的模袋混凝土排块的施工，相应造成分缝较多，对模袋整体性有一定影响；船的定位较慢，定位准确性不高，施工进度和质量不如水平施工；滑道法作业船占用河（海）道约 90m，对较窄河道有碍通航时，不宜使用该法施工。

（5）模袋拖排法。拖排法就是将空的模袋铺设在平整好的水面以上，护坡基面进行混凝土的充灌，然后通过船舶定位拖入水中铺设方法。这种方法既可用于水下模袋混凝土铺排，也可用作模袋砂软体排施工。为了减少模袋与堤坡的摩擦，避免拖拉作业时破坏已整好的堤坡，可在堤坡上铺一层油布（或编织布），然后在油布上铺模袋。由于油布（或编织布）表面摩擦系数小，拖排时要严格控制好拖拉速度，避免尚未充填的模袋一并滑入水中，增加充填困难，甚至影响充填质量。国内拖排法施工，主要采用锚定在水域内的平底甲板驳以"拉缆"来拖排，在驳船上安装 2 台卷扬机，在岸上安设 1 台经纬仪，指挥驳船定位，使 2 台卷扬机中线与铺设排体中轴线重合，确保排体准确到位。拖排时为了平稳牵引，可采用钢桁架与排体拉环连接，施工船上钢丝绳通过钢桁架进行拖排作业。为便于每块排体搭接，桁架两端应上仰，仰角为 30°为宜。一次拖排模袋的宽度宜为 10m 左右，模袋应从岸边向江心方向、从下游向上游铺设，接头部位上游块压在下游块上，后铺块压在先铺块上，填充一块铺设一块。

（6）水下作业安全措施。模袋混凝土施工水下作业安全措施基本与船抛护坡施工相同，可参考本章第 8.3.3.3 条第（12）项有关内容。

8.3 砌体与石笼护坡

8.3.1 砌体护坡

根据工程规模、重要性要求，砌石护坡又可设计成浆砌石、干砌石、砌预制混凝土块等形式。

8.3.1.1 砌体材料

（1）石料。根据外形规则程度和加工程度，石料分为料石和毛石。

1）料石。分为细料石、半细料石、粗料石和毛料石。

细料石：经过仔细加工后外形规则，表面凹凸不大于 2mm，厚度和宽度均不得小于 200mm，长度不大于厚度的 3 倍的块石。

半细料石、粗料石：表面凹凸不大于 10mm 为半细料石，不大于 20mm 的为粗料石。

毛料石：形状规则的六面体，一般不加工或仅稍加修整，厚度不小于 200mm，长宽尺寸比在 1.5～3 范围内的块石。

2）毛石。分为平毛石和乱毛石。

平毛石：形状不规则，有两个平面大致平行，尺寸在一个方向为 300～400mm，中部厚度不小于 150mm 的块石。

乱毛石：形状不规则，且厚度不小于 150mm 的块石。

常用石材技术性能见表 8-4。

表 8-4   常用石材技术性能表

序号	石材种类	外露面表面凹凸度 /mm	砌筑面表面凹度 /mm	宽（厚）允许偏差 /mm	长允许偏差 /mm
1	细料石	≤2	≤10	±3	±5
2	半细料石	≤10	≤15	±3	±5
3	粗料石	≤20	≤20	±5	±7
4	毛料石	稍加修整	≤25	±10	±15

石材的抗冻试验为：经受 15 次、25 次或 50 次冻融循环试验后，试件无贯穿裂缝，重量损失不超过 5%，强度降低不大于 25%，则为合格。有严重风化、裂纹的石材不得使用。

浆砌石可用毛石砌筑，也可用料石砌筑，干砌石一般用毛石砌筑。规格小于要求的毛石（又称片石）用于塞缝，但其用量不超过该处砌体重量的 10%。

（2）预制混凝土块。

1）预制混凝土块由预制厂预制。

2）混凝土的配合比通过试验确定，满足设计强度和施工和易性要求。每 250m³ 预制块的混凝土取成型试件一组 3 个。

3）预制混凝土块按设计规格尺寸采用定型钢模成形，搅拌机拌制混凝土料，人工铲运入仓，振捣压实抹光。

4）混凝土预制块初凝后洒水养护 7d 以上。

（3）砂浆。

1）使用中粗砂拌制砂浆，要求砂子粒径为 0.15～5mm，细度模数为 2.5～3.0。

2）砂浆采用 0.35m³ 砂浆搅拌机现场拌制。

3）砂浆的配合比通过试验确定，满足设计强度和施工和易性要求。施工中需要改变砂浆配合比时，进行重新试验并报送监理人批准。砂浆的抗压强度检查：同一标号砂浆试件的数量，28d 龄期的每 150m³ 砌体取成型试件一组 3 个。

4）拌制砂浆时严格按试验确定的配料单进行配料，严禁擅自更改，配料的称量允许误差符合下列规定：水泥为 ±2%；砂为 ±3%；水、外加剂为 ±1%。

5）砂浆拌和过程中保持细骨料含水率的稳定性，根据骨料含水量的变化情况，随时调整用水量，以保证水灰比的准确性。

6）砂浆拌和均匀，和易性良好。用搅拌机拌和砂浆时，拌和时间不少于 2～3min，一般不采用人工拌和。局部少量的人工拌和料至少干拌 3 遍，再湿拌至色泽均匀方可使用。

7）砂浆随拌随用，其允许间歇时间通过试验确定，或参照表 8-5 执行。在运输或储存中发生离析、析水的砂浆，砌筑前进行重新拌和，已初凝的砂浆不得使用。

表 8-5　　　　　　　　　　　　　胶凝材料的允许间歇时间

砌筑时气温/℃	允许间歇时间/min	
	普通硅酸盐水泥	矿渣硅酸盐水泥及火山灰质硅酸盐水泥
20～30	90	120
10～20	135	180
5～10	195	—

8.3.1.2　砌石护坡施工

（1）浆砌石砌筑。

1）浆砌石一般使用毛石或料石砌筑，石料必须符合设计要求，且最小厚度应不小于块石护坡厚度的 2/3。石料使用前应洗除表面泥土和水锈等杂质，并洒水湿润，石料使用时表面湿而不干，以确保砂浆与石料间有足够的黏结强度。

2）坡脚齿槽基础砌筑毛石的第一皮石块应坐浆，且将大面向下。块石料应分皮卧砌，并应上下错缝、内外搭砌，不得采用外面侧立石块、中间填心的砌筑方法。

3）边坡砌石施工时设置坡度架和挂线，控制砌体厚度和表面平整度，从下往上在坡面上边铺砂砾石反滤垫层边砌筑。

4）采用铺浆法砌筑，砂浆稠度为 30～50mm，气温变化时适当调整砂浆稠度。同一块浆砌石护坡应水平分层砌筑，不能水平分层砌筑时，必须留置临时间断处，并砌成斜搓。

5）分层砌筑时，应先铺一层坐浆，然后将石块表面平整的大面朝上安放在砂浆上，用手推紧，空隙处先填满砂浆，用灰刀或者捣棒插实，再用片石填塞紧密；然后再铺上层坐浆，以相同的方法继续砌筑；砌筑时，石块应交错、坐实挤紧，尖锐凸出部分应清理敲除。不得采用先摆碎石块后填砂浆或干填碎石块的施工方法，石块间不应相互接触。

6）沉降缝设置应根据设计要求或按 15m 左右长分段砌筑并设置沉降缝，缝宽 2cm，边坡沉降缝一般不作处理。

7）雨天施工不得使用过湿的石块，以免砂浆流趟，影响砌体质量，并做好表面保护。无防雨棚的仓面在日降水量大于 5mm 时停止砌筑作业。

8）浆砌石护坡表面要平整，用 2m 靠尺检查表面不平整度不大于 3cm。

9）浆砌石表面在砌筑后 12～18h 之内及时洒水养护，养护时间一般为 14d。

（2）干砌石砌筑。

1）干砌石一般使用毛石砌筑，石料必须符合设计要求，且最小厚度应不小于块石护坡厚度的 2/3。毛石使用前应清除表面泥土杂质，并作适当修整，剔除尖角薄片。

2）坡脚齿槽干砌石砌体铺砌前，应先铺设一层厚为 100～200mm 的砂砾垫层。铺设垫层前，应将地基平整夯实，砂砾垫层厚度应均匀，其密实度应大于 90%。

3）坡面干砌石砌筑前，应设置坡度架和挂线，控制砌体厚度和表面平整度。砌筑应在夯实的砂砾石垫层上，表面平整的大面朝上，层间以错缝锁结方式铺砌，砂砾垫层料的粒径应不大于 50mm，含泥量小于 5%，垫层应与干砌石铺砌层配合砌筑，随铺随砌。

4）护坡表面砌缝的宽度不应大于 25mm，砌石边缘应顺直、整齐牢固；砌体外露面的坡顶和侧边，应选用较整齐的石块砌筑平整。

5）为使沿石块的全长有坚实支撑，所有前后的明缝均应用小片石料填塞紧密。

6）干砌石护坡表面要平整，用 2m 靠尺检查表面不平整度不大于 3cm。

7）勾缝及养护：按设计要求干砌石护坡需要砂浆勾缝时，勾缝应采用凹缝，采用砂浆强度 M7.5，勾缝深度不小于 20mm，所有缝隙均应填满砂浆。每砌好一段，待砂浆初凝后，洒水养护 7～14d。

8.3.1.3 混凝土预制块护坡施工

施工坡面经削坡处理、整形合格后，即可进行混凝土预制块护坡施工。

（1）预制混凝土块养护达到设计强度后，由汽车从预制场运至各砌筑工作面的坡脚或坡顶，再由人工抬运至工作面。

（2）划分砌筑网格。以基准线为基础，垂直坡面走向每隔 5m 拉竖直线，平行坡面走向每隔 1m 拉水平线，形成 5m×1m 砌筑网格。

（3）按网格线从坡面低处往高处砌筑，砌筑时，块与块之间要镶嵌紧密，分片砌筑完成后洒水湿润，然后用 M7.5 砂浆封填混凝土块间的缝隙并洒水养护 14d 以上，并用混凝土护肩锁紧。

（4）坡面平整度，用 2.0m 靠尺检查，平整度不超过 1cm。

8.3.2 石笼护坡

过去石笼由不同直径的钢筋焊接制作而成，石笼制作费工费料，一般用于应急抢险护坡或临时工程护坡护脚。随着材料的不断发展，20 世纪末我国大量采用优质低碳钢丝、不锈钢丝、合金丝编织成笼（俗称宾格笼），用于制作石笼。合金钢丝网笼质地轻、强度高、柔性大，可根据现场需要，工厂化批量制作成不同大小、形状的网笼，装料简单，施工方便，且耐久性强，不仅可用于应急抢险护坡和临时工程护坡护脚，也广泛应用于水下工程的护坡护脚等。

8.3.2.1 钢筋石笼

（1）钢筋石笼加工。钢筋石笼常用于临时边坡护脚工程，一般采用钢筋制作，按设计要求在钢筋厂加工或现场加工制作成为方形或长方形，长、宽、高约为 1.0～3.5m，为加强石笼框架刚度，多用型钢作骨架形成钢架石笼，每个面用钢筋网点焊固定在钢架上，顶面钢架网在装满石料后与钢架焊接封闭，钢架相接所有接点均用接点板连接焊成整体。钢架周边肋杠（直杠）采用大号角钢，加撑杠（斜杠）采用小号角钢，钢筋网一般采用 $\phi8mm$ 圆钢，网格尺寸为 10cm×10cm。

（2）石笼铺砌的一般要求。

1）钢筋石笼铺砌前，先铺设碎石垫层，厚度应满足施工图纸的要求。铺设垫层前，应将基础平整压实，垫层厚度应均匀，其密实度应大于 90%。

2）为使沿砌体的全长有坚实支撑，所有前后的明缝均应用小片石料填塞紧密。

3）钢筋石笼块石要分层铺设，石笼与石笼之间要错缝砌筑，并采用柔性连接措施相互连接。可用钢丝绳内外将左右、上下的石笼框架串起扎紧，每个钢丝绳接头使用不少于 2 个卡扣。

4）底层钢筋石笼常采用钢筋桩锚碇在基底地层内。

（3）石笼铺砌。边坡护脚石笼一般采用现场装填块石料的方式施工，采用此方式施工的砌石笼尺寸可大一些。石笼框摆放就位后，采用人工或反铲向框内填装石料，要求石料品质坚硬、块度大，符合设计要求，大于网目直径的石料含量应占总装填料的90%以上；石料框装满石料后人工码平，然后盖上顶面钢架网，并与主框焊接牢固；石笼安装完成后，在其表面撒一层碎石料找平，然后错缝进行上一层石笼的施工。

采用预填装石笼方式施工时，根据设备起吊能力，加工好的石笼框最大边长一般不超过1.5m，总重量不超过10t，并在笼框四角应加工起吊吊耳。石笼在块石料场填装封口，要求大于网目直径的石料含量应占总装填料的95%以上；石笼采用自卸车或平板汽车运输至现场后，由25t以上汽车吊吊装就位，摆放紧密整齐；石笼摆放就位后，人工在石笼表面撒布一层碎石渣找平，以填充石笼在运输吊装过程中自密实后形成的空隙，找平后方可错缝进行上一层的钢筋石笼的砌筑。

（4）应用实例。白鹤滩左岸低线公路边坡拦石坎钢筋石笼，外形尺寸为 3.5m×2.5m×2.0m（长×宽×高），采用型钢作骨架，每个面用钢筋网点焊固定在钢架上，顶面一榀钢筋网在装满石料后再与钢架焊接封闭。钢架相接所有节点均用节点板连接焊牢成整体，单个钢架石笼重约30t。钢架周边肋杆（直杆）选用 7.5 号角钢，加撑杆（斜杆）选用 6.3 号角钢，钢筋网选用直径 8mm 钢筋，网格尺寸 10cm×10cm。采用现场装填块石料的方式施工。

8.3.2.2　雷诺护垫及格宾

雷诺护垫及宾格石笼是由金属线材编织的六边形网箱，使用的金属线材直径根据六边形的大小而不同。采用金属镀层的金属线时，线径通常为 2.0～4.0mm，采用 PVC 包覆的金属线时，外径通常为 3.0～4.5mm，外框边缘通常使用比六边网线粗一号的线。

以南水北调中线工程中较广泛采用的雷诺护垫及宾格为例做如下介绍。

（1）材料。

1）雷诺护垫。产品型号有 6×2×0.17GF 型，厚度小。该产品尺寸 6m×2m×0.17m（长×宽×高），每隔 1.0m 被隔板分隔为相对独立的单元格，且隔板为双隔板。网格规格为 6cm×8cm。钢丝镀层：重镀高尔凡（5%铝锌合金＋稀土元素），该护垫钢丝标准见表8-6。

表 8-6　　　　　　　　　6×2×0.17GF 型雷诺护垫钢丝标准表

项　目	绞合钢丝	网格钢丝	边缘钢丝
钢丝直径/mm	2.2	2	2.7
钢丝公差/mm	±0.06	±0.05	±0.08
高尔凡镀量/g	230	215	245

2）格宾石笼。现用宾格石笼有 4×0.5×0.5GF 型、2×1×0.5GF 型、2×1.5×0.5GF 型三种规格，厚度大。

4×0.5×0.5GF 型格宾石笼：产品尺寸 4m×0.5m×0.5m（长×宽×高），每隔

1.0m 被隔板分隔为相对独立的单元格，隔板为单隔板，网格规格为 6cm×8cm。钢丝镀层：重镀高尔凡（5％铝锌合金＋稀土元素），该格宾石笼钢丝标准见表 8-7。

表 8-7　　　　　　　　　　4×0.5×0.5GF 格宾石笼钢丝标准表

项　　目	绞合钢丝	网格钢丝	边缘钢丝
钢丝直径/mm	2.2	2.2	2.7
钢丝公差/mm	±0.06	±0.06	±0.08
高尔凡镀量/g	230	230	245

2×1×0.5GF 型、2×1.5×0.5GF 型格宾，除长、宽尺寸不同外，其他规格及指标同4×0.5×0.5GF 型格宾石笼。

3）钢丝石笼。钢丝力学性能：抗拉强度应在 40~50kg/mm² 之间；延伸率不低于10％，测试所用样品至少应有 25cm 长。

钢丝镀层：重镀高尔凡（5％铝锌合金＋稀土元素），最小镀层量见表 8-6 及表 8-7。镀层的黏附力应达到下述要求：当钢丝绕具有 4 倍钢丝直径的圆柱 6 周时，用手指碾搓，它不会剥落或开裂。

钢丝网格：钢丝网格应由机器预先整体编织成六边形双绞合网格，其连接处是由相互缠绕 3 圈的一对绞合钢丝组成。钢丝网格结构见图 8-13。

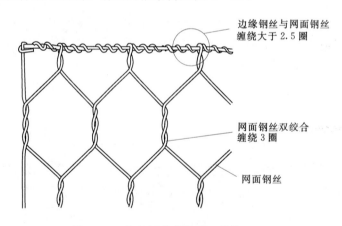

边缘钢丝与网面钢丝
缠绕大于 2.5 圈

网面钢丝双绞合
缠绕 3 圈

网面钢丝

图 8-13　钢丝网格结构图（单位：cm）

为保证整体强度，应采用专业的翻边机械将网面钢丝在边端钢丝上缠绕 2.5 圈以上。

4）笼箱填料要求。雷诺护垫及宾格石笼内填料可用块石或卵石，6×2×0.17GF 型雷诺护垫内填料直径为 0.08~0.17m，4×0.5×0.5GF 型、2×1×0.5GF 型、2×1.5×0.5GF 型格宾石笼内填料直径为 0.08~0.25m。

（2）施工程序。基础开挖→测量放样→笼箱就位→锚筋桩锚定→装填石料→加盖绑扎→前后块石笼明缝填充→笼箱间的柔性连接→上一层砌筑→表面绿化。

（3）施工方法。

1）施工前，对雷诺护垫（或格宾石笼）的材质、规格、制作工艺进行检测，符合设计要求后方可使用。

2）砌筑坡面基础处理合格后，自下而上进行雷诺护垫（或宾格石笼）的护坡施工。坡面长需分层砌筑时，笼箱之间应错缝砌筑，并采用高一级的高强钢丝绑扎。

3）砌筑笼箱由人工根据施工放样位置搬运至砌筑位置。在坡面上展开笼箱，按设计要求就位后，将雷诺护垫及格宾石笼与插入基底地层的钢筋桩绑扎加以固定。

4）采用自卸车将选备好的充填石料运至施工作业面旁边，采用反铲装填石料，石料填充应分层进行，各箱格内石料应均匀投放。填料施工中，高0.17m的雷诺护垫可一次性投满，高0.5m的格宾石笼必须分两次投满，投满后表面以人工或机械砌垒整平。

5）笼箱装满后采用合金钢丝缝合笼箱盖，封盖时先使用封盖夹固定每端相邻结点后，再加以绑扎，绑扎间距按照施工图纸规定。

6）为使雷诺护垫（或格宾石笼）笼箱之间有坚实的支撑，所有笼箱前后的明缝均用小片石料填塞紧密。

7）砌筑完成后，可在表面撒土植草进行绿化，土层最小有效厚度一般不小于10cm。

8.3.3 抛石护脚

8.3.3.1 抛石的特点及技术要求

抛石护坡护脚常见于不具备干地施工且有抗冲刷要求的水下护坡护脚，如大坝下游河岸保护、重要急工险段堤防水下固坡固脚、崩塌岸坡的应急抢险等。

根据施工工艺不同，抛石又可分为陆抛施工和船抛施工两种。陆抛施工一般由自卸汽车将抛石料运抵作业现场，然后由反铲将抛石料抛至预定部位，或由推土机推至作业边坡，抛石料顺边坡滚落至水下坡脚，达到护坡护脚的目的。船抛施工由石驳船或底开驳船将抛石料运抵作业现场，定位后一般采用人工精确抛投，在单位面积抛投量较大的区域，也可采用反铲停在船舶上抛投或船舶底开自动抛投，达到水下护坡护脚的目的。

根据水流特性和当地材料条件，抛石可采用大块石、混凝土四面体、钢筋石笼、合金钢丝网石兜或石兜串等。所用石料要求石质坚硬，遇水不易破碎或水解，不允许使用薄片、条状、尖角等形状的块石及风化石与泥岩等。石料强度宜大于50MPa，软化系数大于0.7，密度不小于$2.65t/m^3$，石料粒径合设计要求。一般采用粒径0.15～0.50m的块石抛投，单块重量不得小于10kg/块。石笼所用块石或卵石，最小外形尺寸应大于石笼网目。混凝土四面体强度应大于C20。按照《水利水电工程单元工程施工质量验收评定标准——堤防工程》（SL 634—2012）的要求，抛石护脚的平面位置及抛投数量应符合设计要求。堤脚防护工程质量检测应沿轴线方向20～50m测量一个横断面，测点的水平间距5～10m，并宜与设计断面套绘以检查护脚坡面相应位置的高差。

8.3.3.2 陆抛施工

陆抛施工适用于临近岸坡的浅水作业区，一般安排在枯水期低水位时段进行，采用长臂反铲作业。抛石施工总的原则是：由外到内、由低到高抛填，边抛石边理顺边坡。

施工程序：开挖作业平台→水下齿槽开挖和削坡→抛前水下地形测量验收→抛反滤料→抛石料→竣工水下地形测量。

（1）开挖作业平台。根据总体施工规划的临时施工道路、施工作业平台布置，进行临时道路修筑和作业平台开挖，作业平台一般高于江水位50～100cm，以适应江水水位变幅和机械干地作业要求。

（2）水下齿槽开挖和削坡。一般按 20m 一段划分作业单元，采用长臂反铲对抛石区齿槽和边坡进行水下开挖，开挖料由自卸汽车运至弃渣场，施工中加强测量监控，防止超挖。

（3）抛前水下地形测量验收。采用 GPS 测量系统及 CAD 成图软件对抛石区水下地形测量后，绘制出水下齿槽、边坡地形图（1∶100 或 1∶200），验收合格后即可进行抛石作业。

（4）抛反滤料。抛反滤料采用长臂反铲自上而下抛填，按计算好的用量分段均匀抛填，防止漏抛超抛。

（5）抛石料。采用长臂反铲按顺序抛投，抛投时反铲铲斗应尽可能靠近抛投点轻抛，边抛投边理坡，同时加强测量过程监控。遵循"先远后近、先下游后上游、先点后线、先深水区后浅水区"的顺序，循序渐进，分层抛投，不得零抛散堆。

四面体、石笼等抛投施工：四面体一般采用自卸汽车由预制场将抛投料运抵作业平台，钢筋石笼、合金钢丝石笼等一般采用现场充填块石料，由推土机推至作业边坡坡顶，抛石料顺边坡滚落至水下坡脚，或由吊机或反铲将抛投料吊运至预定位置。抛笼完成后，根据水下探测情况，用反铲抛大块石将笼与笼接头不严处补齐。

（6）竣工水下地形测量。水下抛石工程结束后，采用 GPS 对抛投区域及相邻的部分水域进行水下地形测量，测点的水平间距 5～10m，并绘制比例为 1∶100（或 1∶200）的水下地形图，将抛前抛后的水下地形图进行对比，确定抛投成果。

8.3.3.3　船抛施工

船抛施工适用于深水作业区，一般安排在枯水期低水位、低流速时段进行。实施前，先进行水下地形测量，划分抛投网格，计算各网格的抛投量，并实地进行水下抛投试验，取得相应的块石冲距与水深、流速、块径之间相关参数，确定抛石船定位抛石方案。采取先上游后下游、先远岸后近岸的抛投顺序，循序渐进、不留空挡、不零抛散堆，达到改善抛石效果和预期的防护目的。

船抛施工主要内容及工艺包括：抛前水下地形测量、施工小区划分、测量放样、抛投试验、定位船定位、石质检查、石料计量、抛石船就位、抛石作业、竣工水下地形测量等，合格后进行下一区段的施工。

水上抛石作业与陆地施工相比，施工组织更加困难，正式作业前应充分做好各项准备工作。主要准备工作包括：①测量仪器及器材，包括 GPS 测量系统、全站仪、回声仪、流速仪、测绳、皮尺、标旗等；②施工设备及器材，包括定位驳船、抛石船、运输船、铁锚、钢丝绳、绞车和铁丝等；③安全设备，包括救生圈、救生衣、导航标、灯、扩音喇叭等和其他一些必需设施。

（1）抛前水下地形测量。采用 GPS 测量系统及 CAD 成图软件对抛石区水下地形测量后，绘制出水下 1∶200 原始地形图。

（2）施工小区（网格）划分。为便于控制水下抛石护岸工程的施工质量，施工前一般将抛石水域划分为矩形网格，按照设计要求计算每个网格的抛石工程量，在施工过程中再按照预先划分的网格及其工程量进行抛投。抛石网格的划分既要便于单元工程验收，又要便于船抛作业。抛石护脚单元工程验收时，验收规范要求质量检测点间距沿堤轴线方向（纵向）20～50m和垂直堤轴线方向（横向）的间距5～10m；水下抛石施工一般采用抛石船横向移位方式完成断面抛石，抛石施工时，石料从运石船有效装载区域两侧船舷抛出。因此，抛投断面的宽度与抛石船有效装载长度基本相同。为便于网格抛石施工，取网格纵向长度与抛石断面宽度一致较为合理。施工通常采用的钢质机动驳船，其甲板有效装载长度18～20m，网格纵向长度可参考这一数值选择。综上所述，可将施工网格划分为10m（垂直堤轴线方向）×20m（沿堤轴线方向）的标准网格，不足10m宽度的抛区可划分为定宽的小区进行施工，根据设计图纸中每个抛区的厚度以及抛前水下地形测量成果，计算出每个网格应抛石数量，编制施工挡位图，作为抛石施工依据。

抛石网格控制点布置见图8-14。

（3）测量、放样。抛石棱体定线放样，在浅水区插设标杆，间距20m；在深水区，无法在水中确立施工位置，因而需在与施工位置对应的岸上设立标志，以确定施工位置，设定位船，通过岸边架设的定位仪指挥船舶抛石。

1）测量放样方法：①在抛区附近的岸边，采用前方交会或后方交会的方法在岸上测

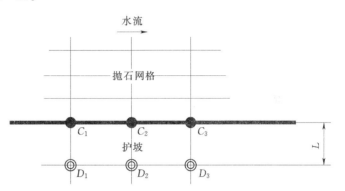

图8-14 抛石网格控制点布置示意图

设一点，由此点放出施工基线；②根据测设的已知点设立一条正基线（平行于抛区长度方向）或斜基线（不平行于抛区长度方向）；③在基线上根据各施工小区的长度放出各基线桩；④由基线桩测设出各断面桩（方向桩），方向桩应垂直于抛区长度方向。

2）测量放样技术要求：①测量放样放出的基线桩与方向桩应与定位船通视良好；②测量采用红外线测距仪；③利用测设点作控制点，采用极坐标法放出基线桩和方向桩，桩位距离误差小于5mm。

全站仪辅助测量船定位见图8-15。

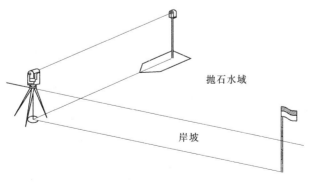

图8-15 全站仪辅助测量船定位示意图

（4）抛投试验。按拟定试验段长度进行生产性抛投试验，用流速仪和回声仪测量施工部位的水流流速 V 和水深 H，并对试抛块称重 W，量测出石块的落距 S，点绘 S 与 $VH/W^{1/6}$ 曲线，推算出冲距公式 $S=KVH/W^{1/6}$ 中的系数 K 值。

试验方法：先对试验区域内的水流流速、水深进行测量，再对每个典型的块石进行称重，然后测定单个块石的漂距，如此重复对不同重量的块石在不同流速、水深条件下进行漂距测定，测出多组数据，最后整理成试验成果，在此基础上通过对试验成果的分析，确定适合于本工程施工水域的经验公式的系数 K 值，或编制适用于本工程区域的"抛石位移查对表"，以此作为抛石船定位的依据。

（5）定位船定位。定位船一般采用 200t 以上的钢质船，定位方法有单船竖一字形定位、单船横一字形定位和双船 L 形定位 3 种（见图 8-16）。

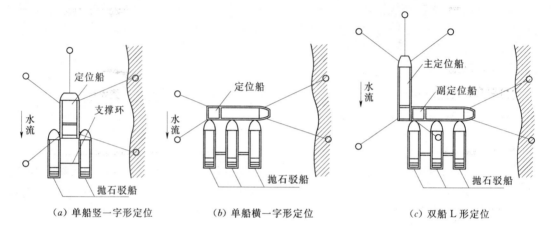

（a）单船竖一字形定位　　　　（b）单船横一字形定位　　　　（c）双船 L 形定位

图 8-16　定位船定位形式示意图

1）单船竖一字形定位适合于水流较急的情况，船只顺流定位比较稳定、安全，一次只能挂靠 1～2 艘抛石驳船进行抛投。定位船沿顺水方向采用"五锚法"固定，在船首用一主锚固定，在船体前半部和后半部用锚呈八字形固定，靠岸侧用钢丝绳呈八字形直接固定于岸上。定位船的移位则利用船前后齿轮绞盘绞动定位锚及钢丝绳使其上游、下游及横向移动。

2）单船横一字形定位适合于水流较缓的情况，一次可挂靠多艘抛石驳船进行抛投。定位船采用"四锚法"固定，在船体迎水侧及背水侧分别用 2 根锚呈八字形斜拉固定，靠岸侧 2 根锚直接固定于岸上。

3）双船 L 形定位综合了前两种定位方式的优点，采用的是将两艘定位船固定成 L 形，主定位船平行于水流方向，副定位船垂直于水流方向。适用于不同水流流速，一次可挂靠多艘抛石驳船进行抛投。主定位船采用"五锚法"固定、副定位船采用"四锚法"固定，靠江心固定于主定位船上，靠岸侧固定于岸上。在同一抛投横断面移位时，主定位船固定不动，绞动副定位船定位锚及钢丝绳使其上游、下游及横向移动。

定位船抛锚定位：定位船锚抛好后，即可进行定位，先将定位船移至要抛投的断面，测出流速和水深，计算出冲距（漂距），冲距加装石船船头空白区距离即为定位船的提前量，利用全站仪进行精确定位。定位船每次移位和定位均应填写定位船定位记录表，并经监理旁站签证。

（6）石质检查。水下抛石要把好石料质量关，块石供应先经试验，确定其符合设计及规范要求，方可选用。一般要求石料石质坚硬、强度大于 50MPa、软化系数大于 0.7、密度不小于 $2.65t/m^3$、粒径 0.15～0.50m、单块重量不得小于 10kg。严禁使用风化石、水解石、碎石等不合格的石料。

（7）石料计量。抛石船宜选用标准船型。石料船到达工地指定地点后，对检查合格的石料进行计量，石料计量可采用量方法或称重法。

量方法就是在船上直接量出石料的体积，再按石料堆放的空隙率，折算成验收方量，此法优点是验收方法简单、速度快，缺点是空隙率难于确定、矛盾多。

称重法就是将船上的石料全部过磅称重，再按 $1.7t/m^3$ 折算成验收方量，此法优点是数量准确合理，缺点是过磅速度慢，影响施工进度。

称重法的另一种形式是运石船按吨位划吃水线的计量方法。划定吃水线是先由航政部门将运输船只的装载吨位和装载吃水线核定，验收时按划定的吃水线计算验收方量，此法优点是验收方法简单方便，缺点是复核吨位的划线工作量大，划定的吃水线在一段时间后容易被改动，船舱空载复核困难等。

在抛石护岸工程中，目前比较普遍的计量方法就是现场量方法，一般以水上量方检测为主。用卷尺直接丈量船载石料堆码体的长、宽、高等外形尺寸，据此计算方量。对于不规则的堆码形状应分断面测量，断面数不少于 3 个，分段计算各段方量后合计总的方量。计算方量测定后，用目测法检查石料堆码密实程度，按照称重试验得出的空隙率，计算石料的实际方量。

二次扣方：运石船量方后到达抛投现场抛投时，如发现有块径小于 0.15m 的碎石、石屑及大于 0.5m 的超径石时，还需进行二次扣方。其间如发现恶意堆码虚方和不合格材质时，也应计入二次扣方。

（8）抛石船挂挡（就位）。根据试验和经验的总结，抛石船船舷处于平行于水流方向时，人工抛投块石覆盖区域的宽度一般为船舷向外约达 1～2m。因此，人工抛石挡位的间距可根据现场水深、流速和抛投试验等情况按 1.0m、1.5m 或 2.0m 选取。

为避免抛石过程中抛石船挡位过大，出现块石抛填不均匀，甚至出现空缺的情况，一般在施工前，应预先按照抛石宽度拟定抛石船横向移动挡位。施工中，一是按照抛石挡位间距在定位船上做出相应标记，以控制抛石船按挡位挂靠和移位，确保不出现抛石空挡区；二是将设计抛石工程量细化为按挡位抛投量，并编制水下抛石挡位记录表，用于施工现场作业调度，挡位石方量抛投误差按 ±5% 控制，以确保施工质量。

若抛石船有效长度小于网格长度，则在抛石过程中采取弥补措施，如将抛石船沿纵向适当移位抛投，或由其他抛石船补抛局部区域等。若抛石船有效长度超过网格长度，则应要求施工人员将块石抛入网格范围内。

（9）抛石作业。抛石作业一般采用经过培训、具有抛石作业资格的人员实施人工抛投。抛石工人作业时必须穿戴救生衣。在抛投强度较大的施工区域，也可采用反铲抛投、开底驳直接抛投。不同抛石方法的适用条件、优缺点对照见表 8-8。

表 8-8   不同抛石方法的适用条件、优缺点对照表

序号	抛石方法	适用条件	优　点	缺　点
1	人工抛投	适用于任何水域的精抛、补抛	抛投精准,特别是薄层抛投、浅水区域抛投优势明显	抛投效率低、挡位间距小、高强度作业影响进度
2	反铲抛投	适用于抛投强度大的深水区、浅水区附近	抛投效率较高、作业范围大、抛投较精准	局部须人工补抛
3	开底驳直接抛投	适用于抛投强度大的深水区、大面积粗抛	抛投效率很高、船体宽度即为挡位间距	抛投不精准,只能在水深区作业,需人工辅助补抛

石驳船进挡挂牢后,开始组织抛投,船只抛投结束,方可解缆离挡。记挡人员及时准确地将抛投量上挡位图,做到各网格实际抛投量控制在设计量的 95%～105% 范围之内。按照"总量控制、局部调整"的原则,贯彻"接坡石抛足,坡面石均匀,备填石抛准,对突出坡嘴处控制方量,对崩窝回流区适当加抛,尽量保证水下近岸水流平顺"的设计意图,遵循"先远后近,先下游后上游,先点后线,先深水区后浅水区"的顺序,循序渐进,分层抛投,不得零星散堆。在实施过程中,应通过挡位抛石的正确调度,使网格的设计抛量严格抛足,浅水区岸坡抛石宜采用民船转运抛投。

对于机械抛投,应监督反铲操作手严格按设计量和船载石方量标记分层挖料、定点抛投,保证平稳移车和均匀抛投到位,严禁沿船舷推抛块石入江;对于人工抛投,应服从施工员现场调度,严格控制挡位内超抛或欠抛现象发生。对因船型不一致(主要是前舱距不一致)或抛石船搭接不好而产生的漏抛区位,以及发现有欠抛现象的部位,应及时采取措施补抛。

(10) 竣工水下地形测量。水下抛石工程结束后,采用 GPS 对抛投区域及相邻的部分水域进行水下地形测量,并绘制比例为 1:200 的水下地形图,将抛前抛后的水下地形图进行对比,确定抛投成果,抛投不足的区域及时安排补抛,并对补抛区域补充测量成图。

(11) 开始下一抛区抛石。

1) 在开始下一个断面施工时又重复前一个施工断面程序。在施工过程中防止漏抛、重复抛和区域外抛。

2) 整个施工段采取一次抛投方案,即每个细小网格单元一次抛投达到设计方量,确保块石到位的准确性、均匀性和密实性。

3) 搞好全过程资料收集、整理,做好施工验收准备。采用图表随时记录方格抛方量,作为移位的依据。统计抛石进度,写出抛石日志,其内容包括:日期、水文、气象、桩号、水位、流速、漂距、定位形式、船次、数量及验收、移位情况等,使抛投作业达到"抛足、抛匀、抛准"的质量要求。

(12) 水上施工作业安全措施。

1) 水上作业的施工船舶开工前要编制详尽的船舶安全管理计划,严格执行《中华人民共和国交通部沿海港口信号规定》,悬挂施工信号,并严格贯彻水上安全操作规程。船舶之间要留有安全距离,尽量避免彼此之间的碰撞。

2) 为了保证施工期间水道的安全畅通,主动与航运管理部门联系,服从统一指挥和调度,设置明显航标和水面浮标,标示出抛石作业区范围及施工船舶和航行船舶的航道,

防止过往船舶闯入施工作业区。

3）水上作业人员必须戴安全帽穿救生衣，工作船或交通艇严禁超员、偏载，并服从船上工作人员的指挥。船、艇应配备适量救生设备。

4）施工船舶除用高频电话在施工频道保持联系外，还必须配备一台 VHF 甚高频无线电话，作为船舶避让的专用通信联络设备，在规定频道上 24h 连续监听过往船舶动态。大型船舶过往时，施工船舶要及早停止作业，采取主动的避让措施，早让、宽让、避免出现紧急局面。

5）水上作业时，值班人员要认真收听记录水文、天气预报，掌握近期及远期的天气情况，并及时向施工船舶指挥人员报告。现场人员除及时掌握预报情况外，还要视实际天气情况，及时收船或拖至港内避风。

6）反铲在上石驳之前，在石驳的甲板上铺设一层厚 5cm 的木板，并用槽钢将反铲固定在石驳上，防止反铲滑动。

7）船舶抛石要有专人指挥，搬运石料要防止坍落伤人，在潜水施工作业区抛石时，要先与潜水员取得联系确认安全后方可施工。

8）船舶装石时，卸石槽出口与船舱或甲板的距离尽量减少，应对船舱或甲板适当增加防护。如船舶空载时出现非正常横倾，要检查舱内是否漏水，消除横倾后才允许继续施工。

8.4　边坡绿化

以往边坡治理，主要关注的是其稳定性，当边坡稳定时，一般让其自然裸露；当边坡不稳定时，对其进行加固处理。随着人们环保意识的增强，边坡工程不仅要求安全稳定，而且要求恢复生态，甚至形成景观。边坡护坡绿化技术也就应运而生，并逐步得到推广和应用。

8.4.1　绿化技术

边坡绿化主要起到稳定边坡、减少水土流失和丰富景观的目的，既可用于土质边坡，也可用于石质边坡，其环保意义明显。边坡绿化可美化环境、涵养水源、防止水土流失和净化空气。目前国内绿化技术，对于自身稳定型边坡，根据不同条件可采用铺草皮、植生毯（袋）、液压喷播、土工格室植草、片石骨架植草、六角空心砖植草等；对于非自稳型边坡，可采用锚杆、锚索和框架地梁等锚固措施先加固边坡，然后铺设草皮或有机材喷播、挂网喷播、挂网喷植混凝土等进行绿化。

8.4.1.1　绿化原理

边坡绿化技术是利用植物涵水、固土等原理，在稳定岩土边坡的同时，美化生态环境的一种实用性技术，是集岩土工程、恢复生态学、植物学、土壤肥料学等多学科为一体的综合工程技术，对治理边坡具有力学方面的植物锚固效应、植物水文效应和植物根系统生态效应等多方面的作用。

（1）植物锚固效应。

1）深根的锚固作用。植物的垂直根系穿过坡体浅层的松散风化层，锚固到深层较稳定的岩土层上起到锚固作用。

2）浅根的加筋作用。在基质及土体中盘根错节的根系，使基质及土体在其延伸范围内成为土与草根的复合材料，草根可视为三维加筋材料。

（2）植物水文效应。

1）降低边坡孔隙水压力。植物通过吸收和蒸腾坡体内水分，可降低土体的孔隙水压力，增加土体内聚力，提高土体的抗剪强度，有利于边坡的稳定。

2）降雨截留、削弱溅蚀和控制水土流失。部分降雨到达坡面之前就被截留，以后重新蒸发到大气或下落到坡面。下落的雨滴被植被阻挡拦截，分散雨滴、减少并削弱雨滴的飞溅能量，从而控制土体的流失。

（3）植物根系统生态效应。发达密集的根系在土壤中穿插、挤压、分割，具有网络作用和根系分泌分解产物的胶结作用，有助于防止边坡的风化剥落。另外，根茎腐解过程中为土壤微生物增加了生物养料，有助于边坡生态环境的恢复，从而走向良性循环。

8.4.1.2 绿化植物种类的选择

坡面植被设计规划时，植物种类选型应考虑的因素如下。

（1）人工辅助自然植物群落的建立。植被护坡技术的首要任务就是建造坡面植物生长的稳定环境，稳定的坡面植物群落最终依靠自然本身的恢复力来实现。

（2）植物种以外来的草本型先锋植物为主，灌木种为辅。

（3）建立坡面植物群落以播种为主，栽植为辅。播种建立的植物群落比栽植建立的植物群落根系发达、不易倾倒、抗拔强度高、抗灾害性强。

不同植物具有不同的基因特性，对环境条件表现出不同的适应性，科学地选择适宜于工程边坡的植物种类应遵循以下原则。

（1）适应当地的气候条件。

（2）适应当地的土壤条件（包括水汽、pH 值、土壤性质等）。

（3）抗逆性（包括抗旱性、抗热性、抗寒性、抗贫瘠性、抗病虫害性等）强。

（4）矮株，根系发达，生长迅速，能在短期内覆盖坡面。

（5）越年生或多年生品种。

（6）适应粗放管理，能产生适量种子。

（7）种子易得且成本合理。

按照中国草坪生态气候区划，根据国内常见草种的根系情况、株高及其对环境适应性，国内不同气候带的部分护坡植物种见表8-9。

表 8-9　　　　　　　　　国内不同气候带的部分护坡植物种表

序号	气候带	地　域	植物种（草坪草、牧草及灌木种）
1	青藏高原带	西藏、青海、四川西部、云南西北部、甘肃南部的广大地区，海拔在3000.00m以上	高羊茅、苞芒麦、垂穗披碱草、多年生黑麦草
2	寒冷半干旱带	大兴安岭东西两侧的山麓、科尔沁草原大部、太行山以西至黄土高原	高羊茅、白三叶、小冠花、无芒雀麦、扁穗冰草、胡枝子、枸杞、紫花苜蓿、紫穗槐
3	寒冷潮湿带	东北松辽平原、辽东山地、辽东半岛	紫羊茅、旱地早熟禾、梯牧草、白三叶、连翘、胡枝子、葛藤

序号	气候带	地 域	植物种（草坪草、牧草及灌木种）
4	寒冷干旱带	西北部的荒漠、半荒漠及部分温带草原地区，即大兴安岭西麓—黄土高原北部—祁连山—当金山—阿尔金山—昆仑山一线以北的寒冷干旱地区	无芒雀麦、扁穗冰草、老芒麦、柠条、怪柳、沙棘
5	北过渡带	华北平原、黄淮平原、山东半岛、关中平原及秦岭、汉中盆地	结缕草、高羊茅、异穗苔草、白三叶、野牛草、紫穗槐、连翘
6	云贵高原带	除四川盆地以外的广大西南高原，一般海拔为 1000.00～2000.00m	结缕草、高羊茅、多年生黑麦草、旱地早熟禾、白三叶、紫叶小檗、小叶女贞
7	南过渡带	长江中下游地区、四川盆地	高羊茅、狗牙根、马唐、多年生黑麦草、白三叶、苜蓿
8	温暖潮湿带	长江以南至南岭分水岭的广大地区	狗牙根、弯叶画眉草、结缕草、假俭草、银合欢、紫荆
9	热带亚热带	海南省、广东省、广西壮族自治区、台湾省和云南省南部	狗牙根、结缕草、假俭草、巴哈雀稗、白三叶、夹竹桃

8.4.1.3 种子预处理技术

大部分植物种子一般可直接播种使用且发芽率高，不需要进行处理，但对于一些发芽困难的，则必须在喷播前进行种子预处理。主要处理方法如下。

（1）冷水浸种法。如苔草属的种子，在播前先用冷水浸泡数小时，捞起晾下再使用。如异穗苔草种子，在播种前作适当搓揉可提高发芽率。

（2）层积催芽法。如结缕草种子，先将种子装入纱布袋内，投入冷水中浸泡 48～72h，然后用 2 倍于种子的泥炭或河沙拌匀，装入铺厚 8cm 河沙的大钵内摊平，再盖河沙 8cm，用草帘覆盖。在室外经过 5d 后移入室内，经 12～30d，见湿沙内的种子大部分裂口，或略露出嫩芽，即可作播种使用。

（3）药剂处理。如结缕草种子外皮有一层附着物，水分和空气不容易进入，发芽困难，需要使用化学药剂进行预处理。先将种子用清水洗净，除去杂物和空秕等，捞起滤干。将氢氧化钠（NaOH）药剂兑成 0.5% 的水溶液盛入不受腐蚀的大容器内，将种子分批倒入药剂中，用木棒搅拌均匀，浸泡 12～20h，捞起种子用清水冲洗干净（或再用清水浸泡 6～8h 后，捞起风干）备用或直接喷播使用。药剂处理种子时，要特别注意药剂浓度、浸泡时间和清洗的干净度，否则会出现药害或达不到预处理目的，另外操作中应注意自身安全，避免腐蚀伤害。

（4）升温催芽法。对直接喷播发芽率低的种子，可将种子放在湿度为 70% 以上、温度为 40℃ 的地方处理几小时，或者在 40℃±5℃ 变温条件下处理 4～5d，可以提高种子的发芽率。

8.4.1.4 种植后的管护措施

种植后的植物必须精心养护才能达到预期效果，应坚持"三分栽、七分管"的原则，除了做到边栽边管外，重点是栽植后一年内的养护工作。

（1）设专人专班，进行日常性养护管理。

（2）洒水。根据气候变化和苗木草坪需水情况进行科学合理的洒水。洒水以不对表土产生冲蚀、溅蚀、流土为准，并应尽可能采用低压、细水（或雾化水）。前期洒水养护一般45~60d，以喷灌水为主，特别在出苗前，每天的洒水次数应根据土壤的湿度确定，保持土壤湿润，促进种子发芽和快速生长覆盖；中期靠自然雨水养护，视土壤湿度情况，每月喷水2次，并追施肥料，促苗转青。

（3）追肥。追肥在齐苗后视情况确定是否进行。追肥分春肥（3—4月）和冬肥（10—11月）两次，可结合喷水追施或干施后浇洒1次水。还可依据实际情况进行叶面追肥。

（4）防病虫害。草出苗后随时观察有无病虫危害，一经发现，需及时喷洒针对性药剂。防治病虫害应遵循"治早、治小、治了"的原则，以提高防治效果。病害防治采用杀菌剂，常用喷水药剂有代森锰锌、多菌灵、百菌清等。使用杀菌剂时，应掌握适宜的喷射浓度。对于虫害，可进行生物防治和药物防治相结合的办法，药剂常用有机磷化合物杀虫剂。

（5）除杂草。播种前、后可使用针对性的除杂草剂；杂草生长已高出主草丛，可采取人工拔除，既防止了杂草与主栽草争光、争水、争肥，又保证草坪美观。

（6）修剪。及时修剪，达到表面平整，边界分明。草坪修剪一般留茬4~6cm。其他严格按照设计要求或有关园林绿化种植技术操作规程进行。

8.4.2　铺草皮护坡

铺草皮是较常用的一种护坡绿化技术，是将培育的生长优良健壮的草坪，用平铲或起草坪机铲起，运到需要绿化的坡面，按照一定的大小规格重新铺植，使坡面迅速形成草坪的护坡绿化技术。铺草皮护坡具有成坪时间短、护坡见效快、施工季节限制少和前期管理难度大等特点。草皮应选择根系发达、茎矮叶茂的耐旱草种，如白茅草、假俭草、绊根草等。

8.4.2.1　适用条件

铺草皮护坡适用各类稳定的土质边坡、强风化岩质边坡。坡比一般不超过1∶1.0，局部可不陡于1∶0.75，坡高一般不超过10m。

春季、夏季和秋季均可施工，春秋两季施工更好。

8.4.2.2　施工方法

铺草皮护坡施工程序为：平整坡面→准备草皮→铺草皮→前期养护。

（1）平整坡面。清除坡面石块和杂物，翻耕20~30cm，若土质不良，则需改良，增施有机肥耙平坡面，形成草皮生长床。铺草皮前应轻拍1~2次坡面，将松软表层土压实，并洒水润湿坡面。

（2）准备草皮。在草皮生产基地起草皮。起草皮前一天需浇水，一是有利于起卷作业；二是保证草皮中有足够的水分且不易破损，并防止在运输过程中失水。草皮一般切成30cm×30cm大小的方块，或宽30cm、长200cm的长条形。草皮块厚度为2~3cm。为保证土壤和草皮不破损，起出的草皮块放在30cm×30cm的胶合板托板上，装车运至施工现场。长条形草皮可卷成地毯卷，装车运输。

（3）铺草皮。铺草皮时，把草皮块顺次平铺于坡面上，草皮块与块之间应保留5cm

的间隙，以防止草皮块在运输途中失水干缩，遇水浸泡后出现边缘膨胀，块与块间的间隙填入细土。铺好的草皮在每块草皮的四角用尖桩固定，尖桩为木质或竹质，长20～30cm，粗1～2cm。钉桩时，使尖桩与坡面垂直，尖桩露出草皮表面不超过2cm。草皮铺满后，再用木锤把草皮全面拍一遍，使草皮与坡面紧贴。

为节约草皮，利用草坪分蘖和匍匐茎蔓延的特点，也可采用间铺法和条铺法。

间铺法：草皮块可切成正方形或长方形，铺装时按一定的间距排列，如棋盘式、铺块式等。这种方法铺草皮时，要在平整好的坡面上，按照草坪形状和厚度，在计划铺草皮的地方挖去部分土壤，然后镶入草皮，使草皮块铺下后与四周土面平齐。经过一段时间后，草坪匍匐茎向四周蔓延直至完全接合，覆盖坡面。

条铺法：将草皮切成宽6～12cm的长条，两根草皮条间距20～30cm平行铺装，铺装时在平整好的坡面上，按草皮的宽度和厚度，在计划铺草皮的地方挖去部分土壤，然后镶入草皮，使草皮与四周土层面平齐。经过一段时间后，草皮即可覆盖坡面。

（4）前期养护。草皮从铺装到适应坡面环境苗壮生长期间都需及时进行洒水，每天洒水次数以土壤湿度而定，以保持土壤湿润为准。

当草苗发生病虫害时，要及时采用合适的杀菌剂防治病害、用合适的杀虫剂防治虫害。

根据草皮生长需要及时追肥。

8.4.3 土工格室护坡

土工格室（见图8-17）是由高强度的HDPE（高密度聚乙烯塑料）或PP（聚丙烯塑料）共聚料宽带，经过强力焊接或铆接而形成的网状格室结构。其工程特性是：①具有伸缩自如，运输可缩叠的特点，施工时可张拉成网状，填入泥土、碎石、混凝土等松散物料后，可构成具有强大侧向限制和大刚度的结构体；②材质轻、耐磨损、化学性能稳定、耐光氧老化、耐酸碱，适用于不同土壤与沙基等土质条件；③较高的侧向限制和防滑性能，具有防变形、有效地增强和分散荷载的作用；④改变土工格室高度、焊距等几何尺寸，可满足不同的工程需要；⑤连接方便、施工速度快。

图8-17 土工格室

土工格室张拉开后多为菱形，也有六角形土工格室，有的在膜片上进行打孔。可根据需要定制生产土工格式，一般格室高度为50～200mm，焊接（或铆接）间距一般为300～1000mm。

8.4.3.1 适用条件

土工格室护坡适用条件同铺草皮护坡。

8.4.3.2 施工方法

土工格室护坡施工程序为：平整坡面→安装土工格室→回填有机客土→喷播草种→盖无纺布→养护成坪。

（1）平整坡面。整平坡面至设计要求，清除坡面石块和杂物，若土质不良，则需置换回填厚度为5~7cm的改良客土，并洒水润湿让坡面自然沉降至稳定。

（2）安装土工格室。在坡面上将叠合的格室拉开，用伸张器将格室间框架连接牢固，菱角处用长20~30cm的竹钉将格室框架在坡面上固定牢固。

（3）回填有机客土。在格室内人工回填改良有机客土，然后适量洒水湿润。

（4）喷播草种。按设计比例配制草种、木纤维、保水剂、黏合剂、肥料、水的混合物料，采用液压喷播机将混合物料均匀喷射到坡面。

（5）盖无纺布。雨季施工，为使草种免受雨水冲失，并实现保温保湿，应加盖无纺布，促进草种的发芽生长。

（6）养护成坪。及时进行洒水保墒养护，催进种子发芽、出苗、成坪，每天洒水次数以土壤湿度而定，以保持土壤湿润为准。

8.4.4 液压喷播护坡

草坪液压喷播是把催芽后的草坪种子与一定比例的水、纤维覆盖物、黏合剂、肥料、染色剂（根据情况的不同，也可另加保水剂、松土剂、泥炭等材料）在容器内混合，利用喷播机离心泵把混合物料均匀地喷洒到经平整过的土（土石）质边坡上的一种边坡绿化技术。液压喷播后形成均匀覆盖层保护下的草种层，多余的水分渗入土表。此时，纤维、胶体形成半渗透的保湿表层，这种保湿表层上面又形成胶体薄膜，大大减少水分蒸发，给种子发芽提供水分、养分和遮阴条件，关键是纤维胶体和表土黏合，使种子在遇风、降雨、浇水等情况下不流失，具有良好固种保苗的作用。另外，喷播物染成绿色，喷播后很容易检查是否已播种以及漏播情况。由于种子经过催芽，播种后2~3d即可生根和长出真叶，很快郁闭成坪起到快速保持水土的作用并且减少养护管理费用。

液压喷播所需材料的性能和配比是喷播植草的关键，一般需要以下材料和设备。

（1）草种。边坡草坪（植被）的主要作用是防止水土流失的同时又能增加边坡绿化景观效果。因此，在草种的选择上首先要考虑适地生长性：即生长成坪快、根系发达且入土深、扩张性强、耐贫瘠、生长强健、抗逆性强等。

（2）木纤维。木纤维是指天然林木的剩余物经粉碎处理后成絮状的短纤维，这种纤维经水混合后成松散状、不结块，给种子发芽提供苗床的作用。水和纤维覆盖物的重量比一般为30:1，纤维的使用量平均约在45~60kg/亩，坡地约在60~75kg/亩。实际喷播时，为显示成坪效果和指示播种位置一般染成绿色。

（3）保水剂。具有高倍率的吸水性能，用于喷播层的保水并给种子萌芽提供水分。保水剂的用量根据气候不同可多可少，雨水多的地方可少放，雨水少的地方可多放，一般为$3g/m^2$。

（4）黏合剂。作用是提高木纤维对土壤的附着性能和使木纤维之间相互黏结，以保证喷播层抗风吹、雨冲。黏合剂的用量根据坡度的大小而定，一般为纤维重量的 3%，坡度较大时可适当加大。

（5）染色剂。喷播时掺入适量的染色剂，可提高喷播时的可见性，易于观察喷播层的厚度和均匀度，同时可改善表面初期形成草地的绿色景观。

（6）肥料。根据坡面的土壤情况添加肥料。一般施入早期幼苗所需的肥料即可（N、P、K 的复合肥）。

（7）泥炭土。这是一种森林下层的富含有机肥料（腐殖质）的疏松壤土。主要用在开挖的边坡上，改善表层土体结构，有利于草坪的生长。

（8）活性钙。活性钙有利于草种发芽生长的前期土壤 pH 值平衡。

（9）液压喷播机。这是进行喷播绿化的关键设备，直接影响喷播的质量和效率。喷播机的功能是：①对液态的混合物进行快速搅拌；②能以足够高的压力将黏稠的糊状混合物喷到施工面。

为了成功实施喷播作业，除了选择良好的喷播材料和设备外，必须遵循合理的喷播程序。一般在罐中先加入水，然后依次加入种子、肥料、活性钙、保水剂、木纤维、黏合剂、染色剂等。配料加进去后需要经过 5～10min 的充分搅拌方可喷播，以保证均匀度。每次喷完后须在空罐中加入约 1/4 容积的清水洗罐、泵和管子，对机械进行保养。

8.4.5　植被混凝土护坡绿化

植被混凝土是一种由水泥、砂壤土、腐殖质、保水剂、长效肥、黏合材料、混凝土绿化添加剂、混合植绿种子组成的植物生长基材，是集合岩石工程力学、生物学、土壤学、肥料学、硅酸盐化学、园艺学和环境生态等学科交叉融合形成的新型实用绿化技术。在实际应用中，对坡度在 55°以上的岩石边坡，根据边坡地理位置、边坡坡度、坡体性质、绿化要求等来确定植被混凝土的材料组分。在施工工艺上与厚层基材施工工艺基本相同：①先在岩体上铺设特制的镀锌铁丝网，并用锚钉或锚杆固定；②再将植被混凝土原料，经搅拌后分两次（底层基材和包含植物种子的面层基材）由喷浆机械喷射到岩石边坡，形成厚近 10cm 的生态混凝土；③喷射完毕后，覆盖一层无纺布防晒保墒，经过一段时间（7～10d）洒水养护，植物就会萌芽长出真叶，1 个月后可揭去无纺布，使植被自然生长。

植被混凝土具有一定的强度（0.45MPa 左右），是良好的边坡浅层"柔性"防护结构，能抵御强暴雨（120mm/h 以内）和径流的冲刷而不出现龟裂。合理的材料组成是植物生长的良好基材，也为物种迅速本地化创造了条件。保水和水肥缓释功能降低了维护管理成本，多品种、立体性、季相好的植物生长状态具有良好的视觉欣赏效果，因而在水利水电工程中被广泛应用，如水布垭水电站岩石边坡（15000m²，最大坡度 73°），三峡水利枢纽工程岩石边坡（51000m²，最大坡度 75°），高坝洲电厂岩石高边坡（12000m²，最大坡度 80°）等。

8.4.5.1　适用条件

各类稳定的岩土质边坡均可应用。常用坡比一般 1∶0.5～1∶1.5，坡高一般不超过 10m。

适宜在春秋两季进行施工，尽量避免在暴雨季节施工。

8.4.5.2 施工方法

植被混凝土施工程序：施工准备→锚杆施工→挂设植生包（植生带）→铺挂铁丝网→喷植被混凝土→覆盖无纺布→养护管理。

（1）施工准备。

1）坡面清理。清除受喷坡面的浮石、杂物、障碍物及坡脚的石渣和堆积物，按要求对坡面进行整理，处理好光滑岩面及倒坡，埋设控制喷层厚度的细钢筋标志。

2）工作平台。采用脚手架钢管搭设承重排架，提供工作平台。

3）植被混凝土的制备。配合比是植被混凝土的关键技术，通常植被混凝土由水泥、土壤、肥料、添加剂及草种、水等材料组成。配合比必须结合当地自然条件选择合适的原材料，组合调配并通过现场试验确定，主要是选择调配土壤、肥料、添加剂。

草种：南方地区一般采用狗牙根、百喜草、假俭草等暖季型草，并适当地混播白三叶、高羊茅、苜蓿等冷季型草种；北方地区则以冷季型草种为主，如高羊茅、早熟禾、紫羊茅、黑麦草等草种，同时还可配入适量的小冠花、沙打旺等增强固土能力。

土壤：一般采用砂壤土和黏土，根据设计指标可以适当改性，如在土壤中添加细砂改善土体结构；添加石灰材料改变土壤的酸碱性，通常要求土壤 pH 值为 6～8；添加纤维材料改善土体的整体连接性等。

肥料：分有机肥和无机肥二大类。有机肥多为腐殖质类材料，如酒糟、锯末、秸秆纤维、谷壳、生物肥等；无机肥多用尿素、三元复合肥等。

添加剂：根据不同用途选用，为方便喷射作业可选用速凝剂、减水剂等，为使植被混凝土具有自然吸水保水功能可添加保水剂等。

水泥：一般采用 32.5 级普通硅酸盐水泥，在保证喷层性能指标前提下，尽量减少水泥和水的用量。

总之，配合比应满足设计指标和现场操作工艺要求，配合比试验成果在施工中应进一步调整优化。植被混凝土配合比可调范围较大，植被混凝土参考配合比见表 8－10。

表 8－10　　　　　　　　　　　植被混凝土参考配合比表　　　　　　　　　单位：kg/m³

材　料	品　种	数　量
水泥	32.5 级	80～100
土壤	黏土	100～200
	砂土	400～500
	纸浆纤维	5～15
肥料	腐殖质	50～60
	无机肥	5～8
外加剂	速凝剂	10～15
	保水剂	0.9～1.2
草种	混合种	3～4
水	清水	40～60

筛分拌和：混合基质中的土壤选定后，需要进行筛制，将杂物、石块除去，大土块打碎过筛自然风干。将水泥、植生土、腐殖土、混凝土绿化添加剂、草种（底层喷植料不加草种、表层喷植料加草种）等原料，在自然干燥的状态下按配合比试验拟定的比例用混凝土搅拌机充分拌和。

（2）锚杆施工。锚杆的钻孔、安装和注浆是很成熟的工艺，详见第3章。

（3）挂设植生包（植生带）。有些植被工艺中，采用了将肥料和营养剂混合适量泥土，装入砂袋中做成植生包、植生带，采用锚钉先均匀地挂设在边坡上，然后再进行喷植被混凝土施工，可缓缓补充营养肥料，能较长的保障后期不脱肥。

（4）铺挂铁丝网。顺坡依次铺挂铁丝网，铁丝网固定在挂网锚杆或辅助锚钉上，固网时两网间平顺连接，不必重叠，用绑丝扎牢，铁丝网下部设置砂浆垫块使网面距离坡面5cm左右，垫块按2m×2m布设，平整度较差的部位适当加密垫块。固网时铁丝网应拉紧，对局部较松的铁丝网用锚钉进行加固。

（5）喷植被混凝土。仓位准备验收合格后，把混合好的基质材料按照配合比加水拌和，搅拌时间不得小于1min；混合料掺用外加剂时，搅拌时间适当延长，使混合料搅拌均匀。

用一般混凝土喷射设备，分两层喷护，第一层为基质土底层，植被喷层厚度按回填土石边坡为6cm、风化边坡及完整岩石边坡为8cm；第二层厚2cm的草种土面层。喷枪口距离受喷面1.0m左右，喷射角度与坡面成40°～50°，喷射施工自下而上；根据喷射情况可调整优化配合比和用水量，以保证植被混凝土的质量。

（6）覆盖无纺布。植被混凝土喷射完毕后，暖季采用无纺布覆盖，低温季节为了提高地温，保证种子发芽所需温度，要覆盖地膜。在施工48h内应防止暴雨冲刷。

（7）养护管理。前期养护60d，以喷灌水为主，经常保持土壤湿润，促进种子发芽和快速生长成坪，中期靠自然雨水养护，视气候情况每月洒水2～3次。

8.4.6 其他绿化护坡方法
8.4.6.1 植生毯

生态植生毯是采用特定的生产机械，将一定规格的植物纤维或合成纤维毯与种子植生带复合在一起的，具有一定厚度的水土保持产品，由生态纤维毡层、两层无纺布层组成。其中生态纤维毡层放在上层无纺布层之上，两层无纺布之间夹有混合后的种子、保水剂和肥料，两层无纺布通过挤压缝合将夹层内的混合物固定。

这种实用技术将植物种子与肥料均匀混合，数量精确，草种、肥料不易移动，草种出苗率高、出苗整齐，建坪速度快；采用可自然降解的纸或无纺布等作为底布，不仅与地表吸附作用强，而且腐烂后还可转化为肥料，无污染、保水保墒。植生毯可以在室内工业化生产，便于储藏、运输，铺植轻便灵活。

适用条件：与铺草皮护坡基本相同，该技术适用于坡度较缓的库区水上土质边坡、工程建筑物上部及其相邻的稳定的土质边坡和料场开挖土质边坡。春季、夏季和秋季均可施工。植生毯施工简易和快捷，有利于维护管理，降低养护管理成本。

施工方法：与铺草皮护坡基本相同，先平整边坡，剔除坡面块石和清理坡面杂物；然后从坡顶起，自上而下摊铺植生毯；采用锚钉或锚卡将植生毯固定在边坡上，锚钉可用长

20～30cm、粗1～2cm的木钉或竹钉；植生毯铺满固定后，再用木锤全面拍一遍，以便植生毯与坡面密贴；洒水养护成坪。

8.4.6.2 植生袋

植生袋是在植生毯的基础上发展而来的一种产品。植生袋是采用专用机械设备，依据特定的生产工艺，把植物种子、肥料、保水剂等按一定的配比定植在可自然降解的无纺布或其他材料上，经过机器滚压和缝合的复合定位工序，形成一定规格的产品。一般规格为40cm×60cm，也可根据工程需要生产定制规格。可采用铺挂、叠砌等方式在陡峭岩石坡面、排水沟、堤坝及框格梁边坡上实施生态修复。植生袋护坡效果见图8-18。

图8-18　植生袋护坡效果

植生袋的适用条件、铺挂方法与植生毯基本相同。当用于陡于1：1.0的陡峭岩石坡面时，宜采用叠砌方法施工，与码砂袋相似。

8.4.6.3 硬质构件绿化

硬质构件绿化技术是在小型混凝土预制构件中预留孔洞，在孔洞内填充植生基材和植物种子的一种边坡绿化方法。将混凝土构件设计成自嵌结构，通过构件的自身咬合，在坡面形成稳定的固坡绿化体系。适用于坡度较缓的土质或土石混合边坡的面层防护及绿化。此类技术包括生态砖、防冲刷绿化构件、自嵌式植生挡土墙等，在堤防、引水渠堤背水边坡、非过流边坡应用较多。常见有预制混凝土六角框格内播草种绿化护坡。

该技术适用条件与土工格室护坡基本相同。预制构件施工方法基本同第8.3.1.3款，框格内填土植草施工方法基本同第8.4.3条。

8.4.6.4 三维植被网护坡

三维植被网是以热塑性树脂为原料，经挤压、拉伸等工艺形成相互缠绕，在接点上相互熔合，底部为高模量基础层的三维立体网垫。适用于植草固土的一种三维结构网垫，类似丝瓜网络状，质地疏松、柔韧，留有90%的空间可充填土壤、沙砾和细石，植物根系可以穿过其间，舒适、整齐、均衡地生长，长成后的草皮使网垫、草皮、泥土表面牢固地结合在一起，由于植物根系可深入地表以下30～40cm，形成了一层坚固的绿色复合保护层。

该绿化技术施工方法大致与土工格室护坡基本相同，一般适用于坡比不超过1：1.25、坡高不超过10m的土质及土石混合类边坡。覆土时，注意将泥土均匀、分层、多次覆盖于三维植被网上，并同时洒水湿润，将网包覆盖住，直至不出现空包，确保三维植被网上泥土厚度不小于12mm。

8.4.6.5 格构框架植草护坡

格构框架的布置、构造和施工技术见第8.2.4条。框架内植草同第8.4.3条。

8.4.6.6 厚层基材喷播绿化

厚层基材喷播是采用混凝土喷浆机把基材与植被种子的混合物，按照设计厚度均匀喷射到需防护的工程坡面的一种边坡绿化技术。它通过在坡面喷附一层结构类似于自然土壤且能够储存水分和养分的植物生长所需的基层材料，营造植物生长环境。该技术由植被生长基技术、植被维持技术和植被组合技术三部分组成。它可结合锚杆（索）、防护网（土工网、铁丝网、纤维网，在高陡边坡结合混凝土或浆砌石格构框架、钢丝网）和植被基材混合物对岩石边坡进行防护绿化，形成与周围生态环境相协调的永久性生态护坡工程，快速恢复边坡的生态景观。

厚层基材喷播的施工程序：平整坡面→锚杆施工→铺挂防护网→基材喷射→铺挂纤维网→液压喷播草种→覆盖无纺布→养护管理。

施工方法基本与第8.4.5条有关内容相同，仅在"基材喷射"和"液压喷播草种"两项技术的选材和配比中与植被混凝土存在明显差异。

（1）基材喷射。喷射方法有干喷法和湿喷法，在此介绍干喷法，即先将原料按施工配比干拌，在喷嘴处加水的喷射方法。

土料过筛：混合基材中黏性红土应进行过筛，筛网直径为1.5cm，把土壤中的杂物和石块筛去，大块土打碎过筛。含水量不宜过大，一般应小于20%，如含水量过大应进行晾晒，具体视喷射机要求。

土与物料的混合：先将椰粉砖提前1~2d用水浸泡膨胀后待用。土和物料的配比应根据土的黏性、坡面情况和采光情况等综合调整。混合料的拌和可利用人工或机械拌和。如土壤较干，可加入适量水，加水标准为拌和后用手抓混合料能成团，松开掉地能散开，物料随拌随喷，不宜放置太久。

高压喷基材：将混合好的基材，用干喷机喷射到坡面上，平均厚度10cm，在防护网外喷射基质厚度保持在4~5cm，不可超过5cm。喷头距离坡面约1.5m左右垂直喷射。喷射时水压要适当。同时，要根据喷出的混合料的情况适当调节水阀控制水量。基材的施工质量应通过基材的厚度、收缩裂缝、流失情况、粒化度、酸碱度、剥离状况等进行综合评价。

（2）液压喷播草种。应根据本地区的气候特点和植被情况，选取适合本地区生长、能在不同季节泛青、根系发达、叶茎低矮的混合优质草种，如高羊茅、狗牙根和百喜草等。

利用液压喷播机将草籽、黏合剂、肥料、保水剂、绿色颜料、纤维素、有机物和水等配制而成的黏性浆体喷射到边坡上。由于喷播的草籽有明显的颜色，所以不会遗漏和重复。一般每平方米用纸浆100g，保水剂25g，混合草种30~40g，黏合剂5g。挂纤维网和草种喷播两种工序可以颠倒。挂完纤维网后要进行坡顶和平台的浆砌片石施工，将坡顶和平台部分的防护铁丝网和纤维网压住。

8.5 柔性防护网

8.5.1 柔性防护网分类与选择

8.5.1.1 柔性防护网特点与分类

柔性防护网又称坡面柔性防护系统（Safety Netting System，简称 SNS），是以高强钢丝为主要构件编织而成的一种轻型边坡防护结构，其抗拉、抗冲及变形能力强，可吸收和分散松动岩体的变形能或滚石的冲击动能，达到主动保护松动岩体或被动拦截滚石的目的。该防护结构简单、质地轻便、占地面积小、工程量少、对天然坡面破坏小、工程造价较低、施工简单快捷、构件维修和更换方便，特别适用于有快速施工要求的坡面防护工程中浅层不稳定边坡的处理。根据柔性防护网结构差异，分为主动防护网和被动防护网两类。

8.5.1.2 柔性防护网的选择

在水利水电工程边坡防护实践中，柔性防护网以其上述特点而被广泛采用，主要用于防护坡面浅层不稳定岩体和滚石。如向家坝水电站右岸高程 380.00m 平台以上原始边坡处理，施工部位全部分布在高、陡边坡及陡崖上，最大高差约 150m，上部是 SNS 主动防护系统，最大高度约 45m，坡度为 90°，多数部位倒悬，作业面积约 12300m²。乌东德水电站左右岸高度近千米的原始高边坡，分别采取了 4 道被动防护网拦截高边坡滚石和石渣。柔性防护网通常考虑地形、地质条件及经济性进行选择。一般有以下两种情况。

（1）坡面浮石。坡面浮石（凸出在边坡表面的孤立的石块）或石渣在条件允许的情况下应尽量清除干净，以防雨季或地震时滚落或下滑，造成危害。如因施工条件等限制，无法清坡和出渣时，可采取以下方式处理：当坡面浮石数量较多时，可采用主动防护网覆盖固定；当坡面浮石数量较少时，坡面可设被动防护网拦截，为降低被动防护网的级别，对少数块度较大的浮石，可结合主动防护网覆盖固定。

（2）坡面松动岩体。坡面松动岩体是指岩体因受地质作用、裂隙切割、表面风化等影响，已松动但还没塌滑的不稳定块体，对其可采取以下方式处理。

1）当坡面破碎岩体不深、块度不大、数量不多时，可视工程需要采用被动防护网拦截防护。

2）当坡面松动岩体块度大、稳定性差、清除难度大时，宜采用主动防护网（或钢筋网）包裹保护。

以上处理方式，事前均需尽量清除坡面浮石及可以清除的松动岩体；封堵松动岩体顶部及周围相关的张开裂隙，以防地表水渗入，恶化松动岩体的稳定条件，并需做好松动岩体及坡面的排水。

应提请注意的是，无论采取何种边坡防护措施，均需根据工程情况和使用要求，布设临时或永久观测仪器，对危险性较大的不稳定岩体或危石，进行施工期和运行期的变形观测，做到心中有数。若发现松动岩体或危石变形异常，要立即采取相应补救及加固措施。

被动防护网布设时，应考虑以下主要情况。

1）高边坡。当边坡较高、采用被动防护网时，可根据地形情况、浮石或石渣分布及数量，按不同高程分段设置被动防护网。

2）陡边坡。当边坡陡峻，特别是近直立时，可考虑采用近水平布设的被动防护网。

3）上缓下陡边坡。可在变坡处布设被动防护网，拦截上部滚石体；下部可根据具体情况采用主动或被动防护网防护。

4）落石速度。被动防护网的布设，要考虑滚落石块的动能及速度。当落石速度超过25～30m/s时，可能会因子弹效应使网面发生穿透性破坏。因此，当预计落石速度过大时，应考虑改用主动防护网防护，或在不同高程分段设置被动防护网，或采取其他防护措施。

8.5.2 主动防护网

8.5.2.1 主动防护网的构造及作用

主动防护网通过锚杆＋支撑绳＋钢绳网和格栅网联合作用，在不破坏和改变原有地貌和植被生长条件的情况下达到防止边坡崩塌落石、抑制岩石风化剥落，进而起到稳定边坡的作用。由于主动防护网可将所受的集中荷载转化为均布荷载，网面受力较均匀，能较充分地发挥钢丝网的整体抗拉强度和变形能力，并可降低单根锚杆的拉拔力；系统是开放的，地下水可自由排出，降低了因地下水位升高而引起的松动岩体或危石失稳的可能性。

主动防护网一般由覆盖结构（防护网片、钢丝绳）、锚固结构（锚杆）及其他安装附件等组成。

（1）覆盖结构。覆盖结构包括防护网片和钢丝绳。

1）防护网片。防护网片强度高且柔性好，具有很高的抗拉和变形能力，包裹在松动不稳定岩体或危石的表面，可一定程度上限制其变形和位移，是本系统的主要受力构件。目前，防护网片有铁丝格栅、钢丝绳网、TECCO 高强度格栅和 SPIDER 螺旋网等四种。这些网采用不同材料进行编织，其力学性能见表 8 - 11。

表 8 - 11　　　　　　　　防护网片的编织材料及其力学性能表

名称	织网材料	直径/mm	强度/MPa	织网材料的抗破断能力	备　注
铁丝格栅	铁丝	2.2	500	差	
钢丝绳网	钢丝绳	8	1770	强	
TECCO 高强度格栅	钢丝	3	1770	一般	
SPIDER 螺旋网	钢绞线	6.4	1770	强	以 3 根 3mm 钢丝扭结

2）钢丝绳。钢丝绳包括缝合绳、支撑绳和边界绳，是网面的支撑结构，是防护结构的主要受力构件，相当于板梁系统中梁的作用，将网面钢丝荷载通过锚杆传给基岩。

主动防护网及结构分别见图 8 - 19 和图8 - 20。

（2）锚固结构。锚固结构主要构件为锚杆，是防护网的固定构件，将钢丝绳传来的荷载传至基岩，长度一般 2～3m。锚杆分柔性锚杆和刚性

图 8-19　主动防护网

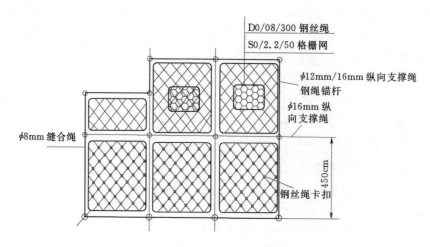

图 8-20 主动防护网结构示意图

锚杆两大类。柔性锚杆的外露端为套环结构，刚性锚杆的外露头为螺杆结构。

柔性锚杆按制作材料不同分为钢丝绳锚杆和钢绞线锚杆两种，一般只在以钢丝绳网为主要覆盖结构的系统中作为主要受力锚杆使用，如 GPS1、GPS2。因其他构件（如支撑绳和缝合绳）与锚杆均采用穿套方式连接，且缝合绳在缝合时一般采用手工操作，因而很难在坡面安装时施加预应力。

刚性锚杆在以钢丝网为主要覆盖结构的系统中作主要受力锚杆使用，其外露端带有螺杆，系统安装时通过对螺母的紧固将锚垫板向坡面压紧，在对锚杆周边的岩土体施加预应力的同时，通过防护网的张紧间接地向坡面的其他区域施加预应力。

8.5.2.2 主动防护网型号及结构配置

常用主动防护网结构配置及防护功能见表 8-12〔《铁路沿线斜坡柔性安全防护网》（TB/T 3089—2004）〕。

表 8-12 常用主动防护网结构配置及防护功能表

型号	网型	结 构 配 置	主要防护功能
GAR1	钢丝绳	边沿（或上沿）钢丝绳锚杆＋支撑绳＋缝合绳	围护作用，限制落石运动范围，部分抑制崩塌的发生
GAR2	钢丝绳	系统钢丝绳锚杆＋支撑绳＋缝合绳，孔口凹坑＋张拉	坡面加固，抑制崩塌和风化剥落、溜坍的发生，限制局部或少量落石运动范围
GPS1	钢丝绳＋钢丝格栅	边沿（或上沿）钢丝绳锚杆＋支撑绳＋缝合绳	围护作用，限制落石运动范围，部分抑制崩塌的发生，有小块落石时选用
GPS2	钢丝绳＋钢丝格栅	系统钢丝绳锚杆＋支撑绳＋缝合绳，孔口凹坑＋张拉	坡面加固，抑制崩塌和风化剥落、溜坍的发生，限制局部或少量落石运动范围，有小块危石或土质边坡时选用
GER1	钢丝格栅	边沿（或上沿）钢丝绳锚杆＋支撑绳＋缝合绳，但用铁线缝合	围护作用，限制落石运动范围，部分抑制崩塌的发生，但落石块体较小且寿命要求较短时选用，以碎落防护为主

型号	网型	结 构 配 置	主要防护功能
GER2	钢丝格栅	系统钢丝绳锚杆＋支撑绳＋缝合绳，孔口凹坑＋张拉，但用铁线缝合	坡面加固，抑制崩塌和风化剥落、溜坍的发生，限制局部或少量落石运动范围，但危石块体较小且寿命要求较短时选用
GTC－65A	高强度钢丝格栅	预应力钢筋锚杆＋孔口凹坑＋缝合绳（根据需要选用边界支撑绳和钢丝锚杆）	系统钢丝绳锚杆＋支撑绳＋缝合绳，孔口凹坑＋张拉，能满足100年甚至更长防腐寿命要求，但其加固能力为70%～80%，不适合于体积大于1.0m³大块孤危石加固
GTC－65B	高强度钢丝格栅	边沿（或上沿）钢丝绳锚杆＋支撑绳＋缝合绳	边沿（或上沿）钢丝绳锚杆＋支撑绳＋缝合绳，能满足100年甚至更长防腐寿命要求，但不适合于体积大于1.0m³大块落石防护

常用主动防护网结构配置及防护功能见表8－13。

表8－13　　　　　　常用主动防护网结构配置及防护功能表

型号	应用范围	结 构 配 置	主要防护功能
LH－1	土质（填、挖）边坡	格栅网（2.2/50）＋锚杆＋营养土＋草籽	抑制风化剥落、美化环境
LH－2	风化剥落、岩石块体小	钢绳网（08/300）＋锚杆＋营养土＋草籽	抑制风化剥落、美化环境
LH－3	泥夹石坡面	钢绳网（08/250）＋锚杆＋营养土＋草籽	抑制滑坡、美化环境
LH－4	风化剥落、岩石块体大	钢绳网（08/400）＋格栅网（2.2/50）＋锚杆＋营养土＋草籽	抑制风化剥落、美化环境
LH－5	岩石块体大、易滑落	钢绳网（08/400）＋锚杆＋营养土＋草籽	抑制岩石滑落、美化环境

注　表中结构配置中括号中的数字表示网型号。

主动防护网结构件一般由工厂加工，以确保产品质量和使用寿命。常见主动防护网构件材料的材质及产品特性见表8－14。

表8－14　　　　　　常见主动防护网构件材料的材质及产品特性表

名称	材质	规格/mm	强度/MPa	防腐处理	防腐工作寿命
柔性锚杆	钢丝绳、钢绞线	$2\phi16$	1770	热镀锌AB级	一般环境30年
刚性锚杆（含锚垫板）	螺纹钢筋	$\phi16\sim32$	350	热镀锌AB级	一般环境30年
支撑绳	钢丝绳	$\phi12$、$\phi16$	1770	热镀锌AB级	一般环境30年
钢丝绳网	钢丝绳	$\phi8$	1770	热镀锌AB级	一般环境30年
TECCO格栅网	高强钢丝	$\phi3$	1770	锌铝合金镀层	一般环境50年
SPIDER螺旋网	高强钢丝	$\phi3$	1770	锌铝合金镀层	一般环境50年
钢丝格栅网	格栅	$\phi2.2$	450	热镀锌AB级	一般环境10年
缝合绳	钢丝绳	$\phi8$	1770	热镀锌AB级	一般环境30年

8.5.2.3　主动防护网施工

为了保证施工安全，施工一般在脚手排架上进行。排架搭设应严格按照监理审批的设计方案和有关操作规程进行。主动防护系统施工应采取从上而下的顺序组织实施。

主动防护网主要施工内容包括：施工准备、锚杆、造孔、扩大孔口凹坑、清孔、钢绳锚杆安装、支撑绳和边界绳安装、铺挂钢丝格栅网、钢绳网、锚垫板安装等。

（1）施工准备。首先是工作面准备。清除工作面上危及施工安全的浮土、浮渣、危石，防止施工过程中人为扰动而发生滚落，对作业面下方造成威胁；对不利于施工安装和影响系统安装后正常功能发挥的局部堆积体和凸起体等进行适当修整；将坡面无特殊保留价值的植被修剪至距离地表 10～20cm 的高度，以方便防护网展铺安装；在坡面上修建好材料转运和人员通行的临时通道；根据坡面地形地貌特点，做好安全防护措施。其次是做好工程所需材料（系统产品、水泥、砂等）的选购及检验，以及砂浆配合比试验工作。

（2）锚杆造孔、扩大孔口凹坑、清孔。采用手风钻钻孔，钻孔方向垂直于岩面，钻孔时应尽量做到钻孔方向与坡面垂直，以便锚杆安装和钢丝绳网及钢丝格栅网的缝合。当受凿岩设备或地形限制时，构成每根锚杆的两股钢绳可分别锚入两个孔径不小于直径 35mm 的锚孔内，形成人字形锚杆，两股钢绳间夹角为 150°～300°，以达到同样的锚固效果。当局部孔位处因地层松散或破碎而不能成孔时，可以采用断面尺寸不小于 0.4m×0.4m 的现浇混凝土块置换不能成孔的岩土段。

钻孔达到要求后对孔口进行扩大钻凿成凹坑（对于低凹处能保证系统安装后能紧贴坡面的部位，可以不钻凿凹坑），一般口径 20cm，深度 20cm，以满足系统安装后尽可能紧贴坡面。连续悬空面积一般不得大于 5m²，否则宜增设长度不小于 0.5m 的局部锚杆，该锚杆可采用不小于直径 12mm 的带弯钩的钢筋或不小于 2 个直径 12mm 的双股钢绳锚杆。

造孔、扩大孔口凹坑完成后，应使用风枪进行清孔（风动洗孔），确保孔内无污染物。

（3）钢绳锚杆安装。钢绳锚杆一般孔深较浅（2.0～3.0m），安装时可采用"先注浆后安装"的方法自上而下施工。一般砂浆的灰砂比为 1:（1～1.2），水灰比为 0.45～0.50，所用水泥标号不应低于 32.5MPa，也可根据施工需要采用水泥净浆安装锚杆。砂浆初凝前，不允许扰动锚杆，养护 3d 后，方可进行下道工序施工。

（4）支撑绳和边界绳安装。支撑绳下料前，应使用软尺（皮尺）准确测量每根支撑绳两端锚杆间的距离，该距离包括凹坑和凸起体的影响，支撑绳下料时其长度应在测得每根长度的基础上两端各增加 1m，即共增加 2m 进行下料。

安装纵横向支撑绳时，首先用与钢丝绳直径相适应的绳卡固定一端（绳卡间距 5～10cm，留长度不小于 20cm 的自由尾绳），然后穿过各锚杆的外露马蹄形环套（钢绳锚杆），并用不小于 5kN 的拉紧力紧绳器或葫芦张紧（其间若长度较长时，可逐段张紧），最后将尾端用绳卡采用与起始端相同的方式固定。张紧后两端各用 2～4 个（支撑绳长度小于 15m 时为 2 个，大于 30m 时为 4 个，其间为 3 个）绳卡与锚杆外露环套固定连接（见图 8-21）。

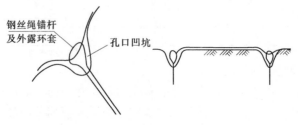

图 8-21 支撑绳与锚杆安装关系示意图

（5）铺挂钢丝格栅网、钢绳网。铺挂时遵循从上至下的原则，以防施工过程中上部滚石等安全事故发生。

铺设钢丝格栅网时相邻格栅网间应有一定的重叠，宽度不小于5cm，两张格栅网间的缝合以及格栅网与支撑绳间用ϕ1.5mm铁丝进行扎结，当坡度小于45°时，扎结点间距不得大于2m，当坡度大于45°时，扎结点间距不得大于1m。

钢丝绳网应尽可能紧贴坡面，每张钢丝绳网均用一根约31m（或27m）的缝合绳与四周支撑绳进行缝合并预张拉（用拉紧力不小于5kN的紧绳器或葫芦张紧缝合绳），缝合绳两端各用两个绳卡与网绳进行固定连接。

若确定的单根缝合绳误差较大时，则多余绳端可延伸到相邻挂网单元，而长度不足时由下一相邻挂网的缝合绳来补充。

（6）锚垫板的安装。新一代主动防护网强调能对防护的岩土体施加一定的预应力，因而采用刚性的螺杆式锚杆，需安装锚垫板。

锚垫板的安装一般从坡面相对低凹处开始，按先低后高的顺序进行。锚垫板安装时将弯钩朝向坡面，套入安装好的锚杆上，然后套入专用的加强型螺母，再用力矩扳手拧紧，即完成锚垫板对系统施加预应力。

8.5.3 被动防护网

8.5.3.1 被动防护网的构造及作用

被动防护网是将以钢丝绳网或环形网为主要构件的柔性栅栏设置在斜坡上一定位置，用于拦截坡面上的滚落石或物件，以避免对下部保护对象造成破坏的一种防护工艺。

目前仍在使用的被动防护网产品型号中主要的差别体现有两处：一是结构型式；二是拦截网的类型。

（1）结构型式。被动防护网主要的结构型式有3种，分别是AX型、CX型、RX型（见图8-22）。

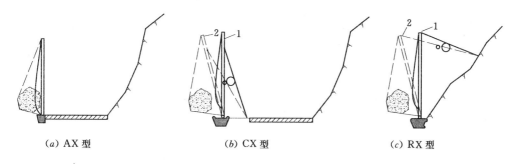

（a）AX型　　　　　（b）CX型　　　　　（c）RX型

图8-22　被动防护网结构型式示意图
1—拦石前钢柱位置；2—拦石后钢柱位置

由图8-22所示，AX型被动防护网采用的是一端刚性固结的结构型式，即将钢柱的根部直接锚固于地表基础而形成的架立结构。这种结构型式最简单，但因钢柱在受荷载作用时其下部承受的弯矩非常大，很容易造成钢柱破坏。因此，这种结构型式的系统防护能级较低。在其他系统中，针对AX型系统的不足在结构型式上都作了两个改进：一是钢柱底部的连接都采用了活动铰接方式，使钢柱具有绕连接件转动的位移能力，从而消除钢柱根部所承受的弯矩，提高其荷载承受能力；二是在钢柱中上部采用了带有减压环的拉锚绳进行拉结，使系统吸收撞击能量的能力极大提高。在 CX 型系统的结构中，上拉锚绳对钢柱的拉结位置在钢柱的中部，系统安装时对空间的要求小，而在 RX 型系统的结构中，上拉锚绳位置拉结在了钢柱的顶端，因而安装时空间要求较大。但 RX 型系统的上拉锚绳的拉结位置和方式更为合理，也更利于系统对荷载的消散，因此是被动防护网的主流防护形式。

减压环的型号有 3 种，分别为 GS-8000、GS-8001 和 GS-8002，其对应使用的钢丝绳直径、能量吸收能力和启动荷载，其参数见表 8-15。

表 8-15 减压环性能参数表

减压环型号	能量吸收能力/kJ	启动荷载/kN	钢丝绳直径/mm
GS-8000	≥30	17~57.5	12~14
GS-8001	≥50	30~95	16~18
GS-8002	≥110	47~142	20~22

注　减压环的启动荷载一般介于其对应钢丝绳最小破断力的 20%~50%。

基座及连接件，均为单一型号标准件，其型号有 GS-7001 和 GS-7005 两种。

（2）拦截网。被动防护网（见图 8-23）采用的拦截网有 3 种，分别是钢丝绳菱形网、钢丝环形网和高强度格栅网。拦截网作为系统主要的拦截构件，其抗拉断能力、抗切割能力以及变形消能能力的大小，将决定其柔性大小，进而影响到系统的防护能级。

图 8-23　被动防护网

被动防护网中采用的钢丝绳菱形网结构型式同主动防护网中菱形网相同，只是在网孔尺寸有所缩小。菱形网是采用 φ8mm 的钢丝绳进行编织，因而构件的抗切割能力较强。因为其网孔为菱形，且网孔的四角采用十字卡扣进行了铆接，在菱形网被张紧的情况下其网孔的变形能力较小，而四角固定所用十字卡扣的抗错动能力和抗拉脱落能力也非常有限，在落石冲击速度达到 25m/s 时容易发生子弹效应，即因落石的速度太快造成防护网局部被击穿的现象。因为菱形网的柔性不佳，菱形网系统只用于不大于 750kJ 的落石拦截。另外，受生产工艺的限制，其防腐工作寿命一般为 15~30 年。

钢丝环形网的每一个环是由多圈 φ3mm 的高强钢丝盘绕而成，编织时环与环之间进行平面嵌套，形成类似弹簧功效的拦截结构。环形网结构的截面面积较大，因而其抗切断能力很强。环形网的网孔为圆形，具有一定的几何变形能力，当某一个环受冲击时自身可以发生几何形状改变，释放一定的空间位移。同时，它也会带动周边的钢丝环参与受力，将荷载分摊、传递到防护网的其他环上。所有环的变形位移叠加在一起，就会对落石产生极大的缓冲，这种结构特征使得环形网比菱形网具有更大的变形空间和更好的柔性，因而其抗冲击能力也更强，作为拦截网的系统可用于更高能级的落石拦截。此外，环形网的这种结构特征使其子弹效应速度也提高到 30m/s。由于编网所用的钢丝可采用超强防腐处理，网的防腐工作寿命也提高到 30～50 年。

高强度钢丝格栅网采用格栅式编织，故网的柔性较好，但织网所用的钢丝仅为 ϕ3mm，其单丝的抗切断能力较差，这种编织方式具有"单点破坏、一线失效"的弊端，因此这类系统一般只用于低能级的落石拦截。这类织织方式防护网的抗穿透能力较差，发生子弹效应的速度一般仅有 15m/s，但这类系统具有防腐能力较强、结构型式轻盈、材料和施工成本很低、后期维护简单等优点，常在某些低能级防护工程中应用。

8.5.3.2 被动防护网型号及结构配置

常用被动防护网结构配置及防护功能见表 8-16［《铁路沿线斜坡柔性安全防护网》（TB/T 3089—2004）］。

表 8-16　　　　　　　常用被动防护网结构配置及防护功能表

型号	网型	结构配置	主要防护功能
RX-025	DO/08/250	钢柱＋支撑绳＋拉锚系统＋缝合绳＋减压环	拦截撞击能 250kJ 以内的落石
RX-050	DO/08/200		拦截撞击能 500kJ 以内的落石
RX-075	DO/08/150		拦截撞击能 750kJ 以内的落石
RXI-025	R5/3/300	钢柱＋支撑绳＋拉锚系统＋缝合绳	拦截撞击能 250kJ 以内的落石
RXI-050	R7/3/300		拦截撞击能 500kJ 以内的落石
RXI-075	R7/3/300		拦截撞击能 750kJ 以内的落石
RXI-100	R9/3/300		拦截撞击能 1000kJ 以内的落石
RXI-150	R12/3/300	钢柱＋支撑绳＋拉锚系统＋缝合绳＋减压环	拦截撞击能 1500kJ 以内的落石
RXI-200	R19/3/300		拦截撞击能 2000kJ 以内的落石
AX-015	DO/08/250		拦截撞击能 150kJ 以内的落石
AX-030	DO/08/200		拦截撞击能 300kJ 以内的落石
AXI-015	R5/3/300	钢柱＋支撑绳＋拉锚系统＋缝合绳	拦截撞击能 150kJ 以内的落石
AXI-030	R7/3/300		拦截撞击能 300kJ 以内的落石
CX-030	DO/08/200	钢柱＋支撑绳＋拉锚系统＋缝合绳＋减压环	
CX-050	DO/08/150		拦截撞击能 500kJ 以内的落石
CXI-030	R7/3/300	钢柱＋支撑绳＋拉锚系统＋缝合绳	拦截撞击能 300kJ 以内的落石
CXI-050	R7/3/300	钢柱＋支撑绳＋拉端系统＋＋缝合绳＋减压环	拦截撞击能 500kJ 以内的落石

注　表中型号后边数字代表被动防护网的能量吸收能力。如"050"表示系统工程最大能量吸收能力为 500kJ，"150"表示系统工程最大能量吸收能力为 1500kJ，依次类推。

被动防护网结构件一般由工厂化加工，以确保产品质量和使用寿命。常见被动防护网构件材料的材质及产品特性见表 8-17。

表 8-17   常见被动防护网构件材料的材质及产品特性表

名称	材质	规格/mm	强度/MPa	防腐处理	防腐工作寿命
柔性锚杆	钢丝绳、钢绞线	2φ16	1770	热镀锌 AB 级	一般环境 30 年
支撑绳	钢丝绳	φ12~22	1770	热镀锌 AB 级	一般环境 30 年
钢丝绳网	钢丝绳	φ8	1770	热镀锌 AB 级	一般环境 30 年
钢丝格栅网	格栅	φ2.2	450	热镀锌 AB 级	一般环境 10 年
缝合绳	钢丝绳	φ8	1770	热镀锌 AB 级	一般环境 30 年
钢柱	工字钢	18~22	235	防锈漆	一般环境 30 年
环形网	高强钢丝	R300	1770	锌铝合金镀层	一般环境 50 年
高强度格栅网	高强钢丝	φ3	1770	锌铝合金镀层	一般环境 50 年

8.5.3.3 被动防护网施工

以某工程 RXI-100 型被动防护网为例介绍其施工方法如下。

（1）被动防护系统参数。被动防护系统主要构成：环形网、钢柱、基座、连接件、带减压环的双支撑绳、人字形上拉锚绳，侧拉锚绳，钢丝绳网和缝合绳。被动柔性网配置参数见表 8-18。

表 8-18   被动柔性网配置参数表

型号	网型	上/下支撑绳 （每跨平均减压环数）	上拉锚绳	侧拉锚绳	下拉及中间 拉锚绳	缝合绳
RXI-100	R9/3/300	φ18mm 双绳，每跨每根 各 1 个减压环	φ16mm 单绳，人字形 布置，每根一个减压环	φ16mm 双绳	φ16mm 单绳	φ12mm

注 钢柱为 20 号工字钢加工而成，侧拉锚杆为 2φ16mm（埋设长度 2.5m）或 2φ16mm（埋设长度 3.0m）钢丝绳锚杆，其余拉锚锚杆为 2φ16mm（埋设长度 2.0m）钢丝绳锚杆。

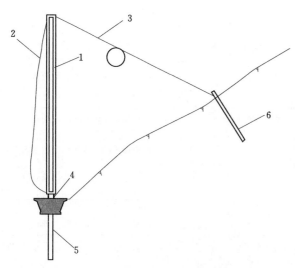

图 8-24 被动防护网典型结构示意图
1—钢柱；2—环形网；3—带减压环的上拉锚绳；
4—钢柱基座；5—基座锚杆；6—钢柱上拉锚杆

按设计并结合现场实际地形对钢柱和锚杆基础进行测量定位。现场放线长度应比设计系统长度减少 3%～8%，对地形起伏较大，系统布置难沿同一等高线呈直线布置时取上限（8%）；对地形较平整规则，系统布置能基本上在同一等高线沿直线布置时取下限（3%）；在此基础上，柱间距留有设计间距 20% 的缩短或加宽调整范围。

被动网是否带钢丝格栅可根据所拦截边坡的块石大小进行调整。

被动防护网典型结构见图 8-24。

（2）施工工艺流程。防护网系统主要由混凝土基础、基座、钢柱、菱形钢丝绳、锚绳、系统支撑绳、钢绳锚杆及减压环等部件组成。基础采用人工开挖，现浇 C20 混凝土；钻孔注浆锚杆采用手风钻钻孔，M20 水泥砂浆灌注；菱形钢丝绳等由人工安装。

施工工艺程序：施工准备→测量放样→基座开挖与锚杆、混凝土施工→基座安装→钢柱与拉锚绳安装→支撑绳安装→钢丝绳网铺挂与缝合→铁丝格栅铺挂。

（3）主要施工方法。

1）基座安装。

A. 基座的基础顶面应平整，一般高出地面不大于 10cm，以使下支撑绳尽可能紧贴地面；基座安装时必须使其挂座朝向坡下。当坡角不大于 45°时，基座面宜保持水平；当坡角大于 45°时，基座面宜向斜坡外倾斜 15°；当基座处地层为坚固基岩时，可充分利用基岩面，钢柱基座面不受前述条件限制，但基座面法向与系统立面的夹角不应大于 30°。

B. 基岩开挖。对覆盖层不厚的地方，当开挖至基岩而尚未达到设计深度时，则在基坑内的锚孔位置处钻凿锚杆孔，待锚杆插入基岩并注浆后才灌注上部基础混凝土。

C. 预埋锚杆并灌注基础混凝土。对岩石基础，上道工序及本工序应为钻凿锚杆孔和锚杆安装，对混凝土基础，亦可在灌注基础混凝土后钻孔安装锚杆。

D. 基座安装。将基座套入地脚螺栓并用螺帽拧紧。

2）钢柱与拉锚绳安装。通过与基座间的连接和上拉锚绳来实现钢柱的固定安装；通过拉锚绳调整钢柱方位满足设计要求，误差不得大于 5°；拉锚绳绳端用不少于 4 个绳卡固定；上拉锚绳上的减压环宜距钢柱顶 0.5～1m。

3）支撑绳安装。

A. 除支撑绳端穿入挂座并用不少于 4 个绳卡固定外，其余同一位置处的两根支撑绳应采用一根穿入挂座内，一根用两个绳卡固定悬挂于挂座外侧的方式交错布置，且同一根支撑绳在两相邻位置处亦应内外交错穿行。

B. 上支撑绳一端应向下绕至基座的挂座上用绳卡固定。

C. 减压环宜位于离钢柱约 0.5m 处，同一侧为双减压环时，两减压环间应相距 0.3～0.5m。

D. 支撑绳固定前应张拉紧，系统安装完毕后上支撑绳的铅直垂度不应超过柱间距的 3%。

E. 并结绳卡的紧固程度严禁完全紧固。

4）钢丝绳网铺挂与缝合。

A. 钢丝绳网只能与支撑绳或临近网边缘缝合连接，严禁与钢柱和基座等构件直接连接。

B. 在两个并接绳卡之间或并接绳卡与无减压环一侧钢柱之间，缝合绳应将网与两根支撑绳缝合缠绕在一起；在并接绳卡与同侧钢柱之间，缝合绳应将网仅与不带减压环的一根支撑绳缝合缠绕在一起。

C. 缝合绳两端应重叠 1.0m 后各用两个绳卡与钢丝绳网固定。

D. 从系统的一端开始，先将缝合绳中点固定在上支撑绳的中间位置缝合绳从中间分别向两侧逐步将网与两根支撑绳缠绕在一起，直到用绳卡将两根支撑绳并接在一起的地方之后，用缝合绳将网与不带减压环的一根支撑绳缠绕在一起，当到达柱顶挂座时，将缝合绳从挂座的前侧穿过（不能缠绕到挂座上），转向下继续将网与相邻网边缘或支撑绳（上支撑绳的与钢柱平行的单绳段）缝合缠绕在一起直到基座的挂座，同样从挂座的前侧穿过并转向该张网后继续缠绕不带减压环的一根下支撑绳直到并结两根支撑绳的绳卡之处，从这里开始又用缝合绳将网与两根下支撑绳缠绕在一起，直到跨越钢绳网下边缘中点 1m 为止，最后用绳卡将缝合绳与钢绳网固定在一起，绳卡应放在离缝合绳末端约 0.5m 的地方。缝合绳的另一半从网上边缘中点开始向右缝合，直到与另一张网交界的地方转向下将两张网缝合在一起，当到达下支撑绳时转向该张网并与两根支撑绳缠绕在一起，最后使左右侧的缝合绳端头重叠 1.0m。

E. 当支撑绳分段设置而使一段拦石网的部分中部钢柱有与其平行的单支撑绳时，由于钢柱间距的非完全均匀布置，钢丝绳网边缘与钢柱不能重合时，此时在缝合完毕后宜用绳卡将钢丝绳网与该单支撑绳段松动连接，连接点间距 1m 左右。

5）铁丝格栅铺挂。

A. 格栅应铺挂在钢丝绳网的内侧即靠山坡侧，叠盖钢丝绳网上边缘并折到网的外侧 10cm 以上。

B. 格栅底部宜沿斜坡向上敷设 0.5m 以上，并宜用土钉或石块将格栅底部压住。

C. 每张格栅间重叠宽度不得小于 5cm。

D. 金属网底部应沿斜坡向上敷设 0.5m 左右，为使下支撑绳与地面间不留缝隙，用一些石块将金属网底部压住。

E. 用扎丝将金属网固定到钢绳网上，每平方米约固定 4 处。

8.5.4　柔性防护网的维护

作为一种边坡灾害的防治用品，柔性防护网的实施地点一般在野外，由于受外界环境的腐蚀、灾害发生的不确定性等原因的影响，其构件可能受到损坏，导致其防护性能可能降低。因此，柔性防护网在使用中需要定时或不定时进行检查、维护，确保其正常、有效地工作。

8.5.4.1　系统的防腐蚀维护

（1）系统构件在生产过程中要做好包装，在运输过程中需装码合理，在装卸和搬运过程中尽量减少拖拽、摩擦，避免构件表面的损伤。对于钢柱等构件，如安装过程不小心造成了构件表面防腐层的损坏，在其安装完成后需用防锈漆对创口进行全面修补。

（2）对于重要工程，为了提高其构件的防腐工作寿命或者工作性能，也可以对其采用混凝土或砂浆包裹的方式处理。如对主动防护网的锚杆外露杆头浇筑混凝土或砂浆墩头进行包裹；在被动防护网安装好后，用混凝土将基座（除连接件以外）覆盖，提高基座的防腐性能。

（3）在系统运营的阶段定期或不定期地进行系统防腐的维护工作。每隔一段时间或系统每发生一次拦截以后，都需要对系统的锈蚀情况进行检查，对表面损伤进行处理。当有肉眼可见的特殊腐蚀作用发生时，应弄清其发生原因，进行针对性处理。若这种非正常的腐蚀作用对构件原始断面的影响超过 10% 时，则可判定锈蚀已明显降低了系统的工作寿命，此时应更换构件或采取其他措施。

8.5.4.2 主动防护网的维护

主动防护网的维护一般每两年进行一次检查即可。检查的具体时间要根据当地的气候特征和滑坡、落石的主要诱因来决定。对于干旱少雨地区、冻融循环和积雪融化的春季可能是灾害的多发季节，检查工作宜在初春进行；而对于多雨地区，宜在雨季到来之前进行检查。发生特大暴雨或持续长时间降雨后，通常容易引起地质灾害，也应对系统进行检查和维护，确保防护系统运行正常。

（1）边坡稳定性检查。对于主动防护网，边坡的稳定状态很大程度上是系统作用功能的整体体现。因此，边坡稳定性应作为系统工作状态检查的首要项目而给予重点关注。特别是 TECCO 主动防护网，它多用于稳定性相对较差的土质或类土质边坡的加固，应更多地关注系统对边坡稳定性加固是否能得到维持。检查中，若发现边坡有局部滑动、开裂、掏空等现象存在，则必须先查明原因，判断是否有进一步恶化的可能，并采取有针对性的处理措施加固边坡。若坡面整体稳定，一般可以通过再次紧固锚垫板、重新施加预应力来使坡面稳定下来，也可能需要增设锚杆，对坡面局部加强锚固处理。

（2）系统构件检查。

1）绳卡检查。检查中看绳卡紧固点附近的钢丝绳上是否有摩擦痕迹，如果有摩擦痕迹，则表明绳卡安装时紧固程度不够，钢丝绳在荷载的作用下发生了滑动。处理方法是对支撑绳予以重新张紧并紧固。

2）网片检查。主动防护网的网片在正常情况下是不存在物理损伤的，但由于偶尔有或大或小的落石发生，可能会引起网片不同程度的功能性损伤。若发现普通格栅发生了破损或撕裂，应对破损区域直接予以修补恢复；若破损严重无法进行修补的，可重新铺装新的格栅，若坡面已有植被存在，并能有效阻碍小块径落石的运动时，就无需再进行普通格栅修复了。

若单张钢丝绳网上在三个网孔的范围内有两根以上的断丝，并出现影响其强度的严重扭曲现象，或不超出二点以上的断绳现象时，可用相同规格的一根钢丝绳段按交叉结合环绕的方式予以修补，以恢复网片的功能指标，在修补时该绳段的交叉点和端点处应分别用不少于 2 个绳卡紧固；若损伤现象超过了上述程度，则应考虑重叠铺设新的钢丝绳网。

GTC 主动防护网主要采用钢筋锚杆结合锚垫板的方式向土层传递施加预应力，因而系统结构中省去了支撑绳，此时锚杆位置处的格栅将产生受力集中，是最易发生破坏的薄弱点，检查中应特别关注。对任何原因引起的格栅断丝，都可采用相同的钢丝制作的压接式卡扣或承载能力更强的钢丝绳来进行修补，在整个断丝的长度范围内用扣结或缝合的方式将该裂口两侧钢丝重新连接起来，使防护网片的功能恢复。断丝区域集中成片发生时，破断的钢丝较多且破口尺寸较大，此时要对其进行等强修补的难度较大，且修复后的网孔很难达到原网孔的防护要求，对此应采用新格栅网重叠铺挂以恢复其功能要求。

对编制工艺类似 TECCO 格栅的 SPIDER 螺旋网，其维护方法同上。

3）锚杆检查。若在检查中发现锚杆有拔出迹象，则说明锚杆的抗拔力不足，应分析产生的原因：①锚杆孔砂浆的灌注是否密实；②锚杆长度是否不足，是否锚入稳定岩土层；③设计时是否对整个系统的抗滑能力考虑不足，或者对坡面潜在破坏形式、规模或范围认识不足，导致锚杆在使用中被拔出。因此，在进行维护时，应在该锚杆附近重新设置满足抗拔力要求的锚杆，在保留原锚杆继续使用的同时，根据需要进行防护系统整体或局部的补强。

对于 TECCO、SPIDER 防护网，当使用中出现小范围内局部岩土体的变形破坏或流失的情况时，会引起格栅的松动或锚杆预应力的丧失，对这种情况的维护，可通过重新拧紧螺母再次施加预应力，并使格栅张紧。如紧固过程中出现螺母行程不够，无法旋紧时，可在螺母与锚垫板间增加垫片；若对松动螺母进行紧固以后格栅仍然松动，应在局部加设辅助锚杆。

8.5.4.3 被动防护网的维护

被动防护网在拦截落石的过程中，由于落石的冲击，某些构件会因为塑性变形、几何变形而发生功能性损伤，使得系统的防护功能下降，应经常对系统的工作状态进行检查，并在系统构件受到损伤时进行维护。一般每年检查 1 次，具体时间要根据当地的气候特征和落石的主要诱因来决定：对于干旱少雨地区，春季的冻融循环和积雪融化可能是引起落石的主要原因，检查工作宜在初春进行；对于多雨地区，雨水的冲刷是引起落石的主要原因，检查工作宜在雨季到来之前进行。同时，在落石的多发性季节里还应对系统工作状态进行不定期的检查，如工程所在地遭遇大雨、暴雨或风暴袭击后，落石可能集中爆发，此时需要对系统进行随机的检查和维护，确保系统工作正常运行。

（1）拦截物的清除。当防护网兜有大块岩石或堆积物，系统受荷载作用而处于张紧状态时，会导致系统的柔性降低，影响到系统的防护能力，对此应及时进行清除。另外，当碎石、土、树枝和落叶等在系统下部大量堆积时，系统的有效防护高度会被降低，同时这些杂物可能对下次落石的运动构筑弹跳平台，增加落石飞越的风险。因此，当系统中各种杂物堆积高度超过系统设计高度的 1/4 时，必须予以清除。对于近水平安装的屋顶式结构系统，当其发生拦截后，部分被拦截物将以荷载形式存于网上，使网面形成锥形下坠，不仅影响到系统的下次使用性能，同时给下部的行驶的车辆和行人带来恐惧感。因此，这种防护系统也须特别注意对拦截物的及时清除。

（2）系统构件的检查。

1）支撑绳。在被动防护网结构中，支撑绳是系统实现整体柔性的核心连接构件，当支撑绳遭到落石直接冲击时，带有锋利边缘的落石可能对其产生切割作用，引起整绳或部分钢丝断裂。在进行支撑绳检查时，当发现有两根以上的钢丝断裂，或有严重弯折扭曲而影响其强度时，应更换发生断裂的局部绳段或整根钢丝绳。

当系统在受到冲击时，由于绳卡的松脱、减压环的变形，引起上支撑绳明显下垂，使得系统有效防护高度明显减小。当上支撑绳的铅垂度超过系统设计高度的 10% 时，应重新对上支撑绳进行张拉收紧并锁定，确保系统的有效防护高度。

2）减压环。作为被动防护网结构的过载保护构件，其保护作用是通过自身的塑性变形来实现的。因此，减压环是系统中的易损件，也是系统中最可能需要经常更换的构件。当减压环受落石直接冲击发生变形破坏时，或其变形伸长的位移超过最大伸长量的 50% 时，就需要更换。

3）柔性网与格栅。这是系统中通常直接受到冲击的部分，也是最易发生损伤破坏的部分。一般按以下原则进行修复。

A. 若格栅发生了破损或撕裂，且系统还有小块落石的防护需求时，则应对破损区域进行修补，如破损区域较大无法修补时，应重新铺挂或更换整张格栅。

B. 若单张钢丝绳网在不超过三个网孔的范围内有两根以上的断丝，出现影响其强度的严重弯折扭曲或不超出 3 点以上的断绳现象时，可用相同规格的钢丝绳段按交叉结合环绕方式予以修补，修补时该绳段的交叉点和端点应分别用不少于 2 个绳卡紧固；若损伤现象严重，则应重叠铺设新的钢丝绳网，对旧网予以更换。

C. 若环形网内钢丝有断裂或有严重弯折扭曲现象影响到其强度时，则首先可采用相同规格的钢丝按相同的圈数盘绕成环修补，也可采用抗破断能力不低于钢丝环的钢丝绳以环绕方式进行修补。若这种损伤现象在一张网内超过了 10 个环孔，则应更换该张网。

4）绳卡。检查中发现绳卡紧固附近钢丝绳上有滑动痕迹时，表明绳卡有所松动或安装时紧固程度不够，应重新收紧钢丝绳并紧固；若钢柱倾角有明显的变化，且拉锚绳上绳卡紧固附近钢丝绳上有滑动痕迹时，则要对该拉锚绳重新进行张拉锁定，调节好钢柱的倾角。如因钢柱倾角的调整影响到上支撑绳的铅垂度或相邻钢柱上拉锚绳的张紧度，则应对其一并进行调整。

5）拉锚绳。当落石直接冲击拉锚绳时，可能引起其局部损伤，当出现两根以上的钢丝断裂或影响其强度的严重扭曲现象时，一般应更换整根钢丝绳。

6）钢柱。防护网的钢柱和基座一般采用了铰接的方式连接，在系统的正常使用情况下，系统薄弱点的连接件很可能发生弯曲或断裂，它也是系统的易损件之一。检查中若发现连接件弯曲角度超过 15°或已发生明显损伤或断裂，必须予以更换。若发生落石直接冲击钢柱，使钢柱发生弯曲且弯曲角度超过 15°，或系统高度降低 10％以上，一般宜更换钢柱；若钢柱弯曲角度大于 30°或有明显损伤或断裂，则必须更换该钢柱。对于落石频率较高的工程，应从设计开始时就考虑对钢柱的加强措施，提高钢柱的抗冲击能力。

7）拉锚锚杆。若检查发现锚杆有拔出迹象，则说明锚杆的抗拔力不足，导致锚杆抗拔力不足的原因大多数情况是施工过程中质量控制不严，少数情况为设计对锚杆深度要求不足。另外，若检查时发现落石直接冲击锚杆外锚段并引起明显损伤或绳股断裂，锚杆的抗拉能力可能受到影响明显减弱。应在该锚杆附近重新设置满足抗拔力要求的锚杆，在保留原锚杆继续使用的同时，对锚杆进行局部的补强。

8）钢柱基础。作为钢柱定位和基座固定的基础，一般情况下是允许发生适当水平位移的，若这种位移量超过了 5cm，则需进行加固处理。

9）基座和地脚螺栓锚杆。若检查基座已发生开裂性破坏，则必须更换，如仅有变形但不影响继续使用，则不必更换。若地脚螺栓锚杆的顶部发生了变形，但不影响向下拧紧时，也不需更换。当基座发生严重变形或开裂且已松动时，应保持跨距在 8～12m，重新调整基座位置，将钢柱移位至新的基座后重新安装系统。

8.5.4.4　维护作业的安全措施

（1）根据工程特点有针对性地制定防护网维护安全措施，设立安全警戒哨，控制作业区下方的人员、车辆、设备通行。

（2）维修前，自上而下对坡面危石进行一次全面清理，清除被动防护网中的落石和堆积物，然后再进行系统维护。

（3）一般情况下，柔性防护网处于一个基本力学平衡状态，任何系统的局部解体都可能导致系统的滑坡、整体或局部倒塌、系统的解体等严重后果，并威胁维护维修人员的安全。因此，无论是主动防护网还是被动防护网的维护或维修都不得将原有系统解体。确需局部解开系统主体时，必须先对防护单元格中的危石进行妥善加固，对工作面下方做好临时防护措施以后才能进行。当需对主动防护网进行大面积维护时，系统拆除工作应按从下往上的顺序进行，在进行结构解体时，先拆缝合绳、防护网，后拆支撑绳。

9 降 排 水

9.1 类型与特点

边坡排水一般分为地表排水和地下排水。地表排水的主要作用是排除边坡及其周边的雨水等各种积水，避免其冲刷边坡、进入边坡岩体，影响边坡稳定。地下排水的作用主要是降低边坡的地下水位，提高边坡岩体的自稳能力。地表排水设施主要有：周边截水沟、排水沟；当排水沟有跨沟交通要求时，可设置成排水暗沟；当排水沟纵向坡比较大或很大时，可设置成急流槽或跌水形式，以利消能、防止沟底遭水流冲刷。当地面有裂缝时常采取地表边坡防水措施，如跨缝构造、填缝夯实等。地下排水设施主要有渗沟、边坡排水孔、渗水井、排水洞和排水孔幕等。在地下水位以下的土质边坡基础开挖施工时，为了提高边坡的稳定性，常用井点降水措施。常见边坡排水设施设置原则及施工要求见表 9-1。

表 9-1　　　　　　　　　常见边坡排水设施设置原则及施工要求表

排水类型	设 置 原 则	施 工 要 求
周边截水沟	1. 周边截水沟主要是汇集并排泄开挖边坡以外的地表径流，应设置在距坡顶边坡开口以外 5～10m 处； 2. 横断面大小根据工程重要性按照 2～20 年一遇的降雨强度确定，断面形状可采用梯形，坡比视岩性而定，一般采用 1:0.3～1:1.5，深度及底宽一般不宜小于 0.5m，沟底纵坡不应小于 0.5%，沟底纵坡大于 15% 时应设置跌水或急水槽。截水沟的长度超过 500m 时应选择适当地点设横向出水口	1. 周边截水沟一般应在边坡开挖前完成； 2. 透水性较大或裂隙较多的岩石边坡，沟底纵坡较大的土质截水沟及截水沟的出水口，均应采取加固措施，防止渗漏和冲刷沟底及沟壁，一般采用浆砌片石或浇筑衬砌混凝土防护
排水沟	1. 排水沟一般采用明沟形式，横断面一般为梯形，断面尺寸根据设计流量确定，坡比可采用 1:0.3～1:1.5，深度与底宽不宜小于 0.5m，沟底纵坡宜大于 0.5%，在特殊情况下可采用 0.3%； 2. 边坡马道（或平台）设排水沟时，马道（或平台）应做成 2%～5% 向排水沟方向倾斜的排水坡度	1. 尽可能采用直线形，转弯半径不宜小于 10m，水平排水沟长度根据实际需要而定，与横向排水沟连接口的距离通常不宜大于 500m； 2. 当纵坡过大产生大于边坡的允许冲刷流速时，应采取表面加固措施； 3. 浆砌石、混凝土排水沟每隔 20～25m 应预留施工缝，缝间填注沥青玛蹄脂
排水暗沟	1. 当排水沟有跨沟交通要求时，排水沟应做成暗沟形式； 2. 排水暗沟可采用现浇钢筋混凝土盖板涵或埋设预制钢筋混凝土管等	1. 排水暗沟基础应坐落在坚硬的岩土层上； 2. 暗沟进出口应做好防冲刷保护措施

排水类型	设 置 原 则	施 工 要 求
急流槽与跌水	1. 急流槽是在很短的距离内，水面落差较大的情况下设置的排水形式；跌水设置在排水高差很大而距离很短或坡度陡峻的地段，主要作用是降低流速和消减水的能量，防止沟底被冲刷； 2. 急流槽的纵坡一般不宜超过 1:1.5，可用片（块）石砌筑或直接用混凝土浇筑形成； 3. 为防止基底滑动，急流槽底面每隔 2.5～5m 可设凸榫嵌入基底中，急流槽过长时应分段，每段长不宜超过 10m； 4. 土质急流槽的纵坡较大时，可设置多级跌水，跌水台阶高度可按地形地质等条件而定，一般不应大于 0.5～0.6m，通常为 0.3～0.4m，台面坡度应为 2%～3%； 5. 跌水槽身一般砌（浇）筑成矩形，但跌水高度大，纵坡较缓时亦可采用梯形断面	1. 急流槽砌筑应使自然水流与进、出口间形成过渡段，过渡段应连接平顺，急流槽底宜砌成粗糙面，或嵌入约 10cm×10cm 坚石块，用以消能，减小流速； 2. 槽壁面厚度：混凝土衬砌大于 0.2m，浆砌石大于 0.3m；急流槽底板厚：跌水高度小于 2m、流量小于 $2m^3/s$ 时，底板厚不小于 0.4m；流量大于 $2m^3/s$ 时，底板厚不小于 0.5m，接头处用防水材料填缝； 3. 跌水可用砖砌、浆砌石或混凝土浇筑，沟槽壁及消力池的边墙厚度：浆砌片石 0.25～0.4m，混凝土 0.2m，槽底厚度 0.25～0.4m，出口部分设置隔水墙
边坡排水孔	1. 边坡坡面排水孔一般为上倾 10°左右的仰孔，孔排距 3m，孔径 50mm 左右，孔深 3.0～10.0m。土质边坡或通过岩质边坡断层破碎带的排水管，一般采用塑料花管，外包工业涤纶过滤布，花管网眼 $\phi5mm$、间排距 3cm×3cm，梅花形布置； 2. 坡面针对地质构造专设的深层减压排水孔，根据排水减压要求确定孔位孔向孔深，一般孔径 50～100mm，孔深一般 20m 以内	1. 排水孔一般应在喷锚支护施工前完成，在喷护时必须做好排水孔孔口保护； 2. 钻孔时，开孔偏差一般不得大于 10cm，方位角偏差不得大于 2°，孔深误差±5cm
挡土墙排水孔	挡土墙应有排水设施，防止墙后积水形成静水压力	排水孔进口应有反滤层，防止堵塞，最下层排水孔出口要高出墙外积水位 0.3m 以上
渗沟	1. 渗沟主要作用是降低地下水位或拦截地下水，适用于地下水埋藏深或无固定含水层的地层； 2. 填石盲沟用于流量不大，渗流不长的地段，且纵坡不能大于 10%； 3. 管式渗沟用于地下引水较长、流量较大的地段。当渗沟长度 100～300m 时，其末端宜设横向泄水管分段排除地下水； 4. 洞式渗沟用于地下水流较大，或缺乏水管的情况	1. 渗沟顶部设封闭层，寒冷地区沟顶填土高度小于冰冻深度时，应设置保温层； 2. 渗沟开挖宜自下游向上游进行，并应边挖边支撑和迅速回填，不可暴露太久，以免造成坍塌； 3. 当渗沟开挖深度超过 6.0m 时，须选用框架式支撑；在开挖时自上而下随挖随支撑，施工回填时自下而上逐步拆除支撑； 4. 为方便渗沟检查维修，每间隔 30～50m 或在平面转角和坡度由陡变缓处宜设置检查井
渗水井	1. 北方地区，当地下水埋藏较深或有强透水层时，地面水流量不大，可修筑渗井将边沟水流分散至距地面 1.5m 以下渗透层中，将地面水通过竖井渗入地下排除； 2. 渗井直径 50～60mm，井内填充材料下层透水范围填碎石或卵石，上层不透水层以下填粗砂或砾石； 3. 填充料应采用筛选过的不同料径的材料，井壁和填充料之间应设反滤层	 渗水井顶部四周（进口部分除外）用黏土筑堤围护，井顶应加筑混凝土盖，严防渗井淤塞

排水类型	设 置 原 则	施 工 要 求
地下排水洞及排水孔幕	1. 排水洞布置在岩体内部，用于疏干边坡岩体渗水，降低岩体内地下水位； 2. 排水洞断面一般为（2.0～3.0）m×（2.5～3.5）m（宽×高），底板设排水沟； 3. 在排水洞内沿轴线方向向上一层洞或山体内布设排水孔，排水孔一般为仰孔，可布置成单排或双排，孔径大于50mm，最小孔排距为2.0m×2.5m，纵向形成排水幕； 4. 排水孔穿过地质缺陷和强风化岩体的孔段，应采用塑料盲管或塑料花管（塑料花管是网眼ϕ5mm、间排距3cm×3cm，梅花形布置且外包工业过滤布的PVC管）对其进行保护，以防塌孔或产生渗流破坏	1. 排水洞施工一般应超前于相同高程的边坡明挖； 2. 排水洞除进出口和地质不良地段一般可不衬砌，需要衬砌时衬砌混凝土应分段浇筑； 3. 底板可浇筑衬砌混凝土或找平混凝土，并设置排水沟、沉沙池、量水堰等； 4. 对排水洞衬砌段的顶拱应进行回填灌浆； 5. 地质条件差的地段排水洞也可采用喷锚支护，并设置周边排水孔； 6. 当排水洞具备条件后宜尽早施工排水孔；当需作孔内保护时，钻孔完成后应随即安装保护管和孔口装置

在地下水位以下进行基础开挖时，如不采取边坡排水措施，容易在边坡上产生地下涌水、流砂等问题，导致开挖边坡失稳。为确保边坡安全，常采用井点降水的方法降低边坡的地下水位。井点降水施工方法见本书第9.5节。

9.2　排水沟施工

9.2.1　排水沟结构

排水沟结构按照地质条件可分为土质沟、岩石沟，按衬砌结构型式可分为三合（或四合）土沟、干砌片石沟、浆砌片石沟和混凝土衬砌沟等。常用排水沟结构型式见表9-2。

表9-2　　　　　　　　　　　常用排水沟结构型式表

类型	示 意 图	适用范围及施工要点
土质沟	（沟内平均流速不大于0.8m/s）	1. 适用于沟内流速很小的排水沟； 2. 开挖时沟底、沟壁均少挖5cm，随挖随夯拍坚实
三合土沟或四合土沟	1cm水泥砂浆抹面 三合土或四合土捶面 （沟内平均流速在1～2.5m/s）	1. 一般用于无冻害及无地下水地段的水沟； 2. 三合土为水泥：砂：炉渣=1:5:1.5（重量比），无炉渣地区可试用石灰：黄土：卵（碎）石=1:3.3:2.3（体积比）； 3. 四合土为水泥：石灰：砂：炉渣=1:3:6:2.4（重量比）； 4. 长流水的水沟用M7.5水泥砂浆抹面

类型	示 意 图	适用范围及施工要点
单层干砌片石沟	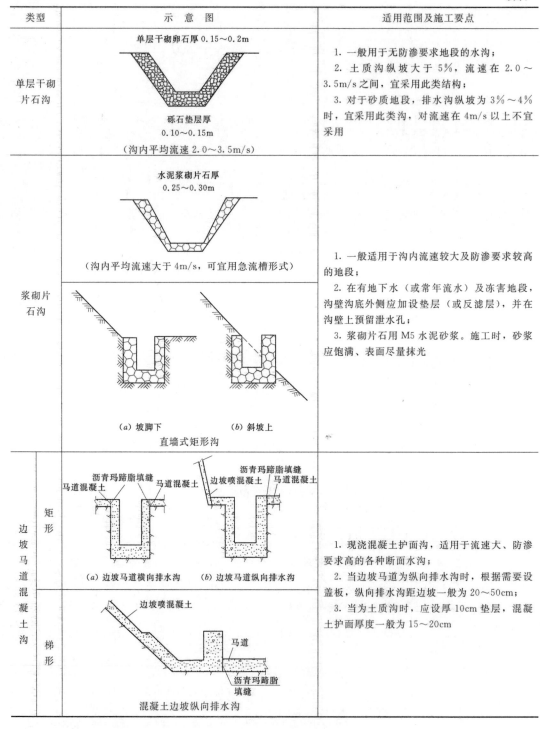单层干砌卵石厚 0.15~0.2m 砾石垫层厚 0.10~0.15m （沟内平均流速 2.0~3.5m/s）	1. 一般用于无防渗要求地段的水沟； 2. 土质沟纵坡大于 5%，流速在 2.0~3.5m/s 之间，宜采用此类结构； 3. 对于砂质地段，排水沟纵坡为 3‰~4‰ 时，宜采用此类沟，对流速在 4m/s 以上不宜采用
浆砌片石沟	水泥浆砌片石厚 0.25~0.30m （沟内平均流速大于 4m/s，可宜用急流槽形式） (a) 坡脚下　　(b) 斜坡上 直墙式矩形沟	1. 一般适用于沟内流速较大及防渗要求较高的地段； 2. 在有地下水（或常年流水）及冻害地段，沟壁沟底外侧应加设垫层（或反滤层），并在沟壁上预留泄水孔； 3. 浆砌片石用 M5 水泥砂浆。施工时，砂浆应饱满、表面尽量抹光
边坡马道混凝土沟 矩形	沥青玛蹄脂填缝 马道混凝土　马道混凝土　沥青玛蹄脂填缝 边坡喷混凝土　马道混凝土 (a) 边坡马道横向排水沟　(b) 边坡马道纵向排水沟	1. 现浇混凝土护面沟，适用于流速大、防渗要求高的各种断面水沟； 2. 当边坡马道为纵向排水沟时，根据需要设盖板，纵向排水沟距边坡一般为 20~50cm； 3. 当为土质沟时，应设厚 10cm 垫层，混凝土护面厚度一般为 15~20cm
边坡马道混凝土沟 梯形	边坡喷混凝土 马道 沥青玛蹄脂填缝 混凝土边坡纵向排水沟	

9.2.2 排水沟开挖

（1）按设计图纸要求及测量定位的中心线，依据沟槽开挖计算尺寸，撒好灰线，标明开挖范围。

（2）对于土质沟，截面较小时一般采用人工开挖，截面较大时采用人工配合反铲开挖，自卸车运输，挖至距沟底标高 10～15cm 时，改用人工开挖。局部坚硬地段采用风镐或手风钻钻爆开挖；对于岩质排水沟，采用手风钻钻孔，周边光面爆破，中间用毫秒微差沟槽爆破。

（3）槽底不能受水浸泡或受冻，槽底局部扰动或受水浸泡时，采用天然级配砂砾石或石灰土回填；槽底扰动土层为湿陷性黄土时，应按设计要求进行地基处理。

（4）沟槽开挖时，沟槽弃渣应尽量堆在工程开挖边坡的一侧，以便随边坡开挖一起出渣运至弃渣场，堆渣坡角距槽口上缘距离不宜小于 1m，堆渣高度不宜超过 1.5m，保证槽壁稳定且不影响施工。

9.2.3 排水沟浆砌石砌筑

（1）根据设计要求的几何尺寸、高程等进行测量放样，经验收合格后进行拉线砌筑。

（2）砌筑用的石料应新鲜、坚硬、干净。砌筑排水沟基础时，先铺一层砂浆，再选用表面干净的片石直接坐浆砌筑，待砌平排水沟底部后再砌排水沟两边沟壁，砌筑底部时注意留出一些片石伸入排水沟两边作为拉结石，保证整个排水沟形成一个整体。

（3）沟壁分层砌筑时，应先铺一层坐浆，然后将石块安放在砂浆上，用手推紧，空隙处先填满砂浆，用灰刀或者捣棒插实，再用小石块填塞紧密；然后再铺上层坐浆，以相同的方法继续砌筑；砌筑时，应长短相间，内外层石块紧咬，石块应交错、坐实挤紧，尖锐凸出部分应敲除。

（4）沉降缝设置。根据施工段长度以 15～20m 分段砌筑并设置沉降缝，沉降缝用沥青马蹄脂或其他防水材料填充。

（5）勾缝及养护。勾缝采用凹缝，勾缝砂浆强度 M7.5，勾缝深度不小于 20mm，所有缝隙均应填满砂浆。每砌好一段，待砂浆初凝后，洒水养护 7～14d。

9.2.4 排水沟混凝土衬砌

（1）测量放样。施工前对其所处位置的原地面进行复测，以核实图纸上结构物尺寸、形状和基础标高是否符合现场实际情况，复测结果满足设计要求后方可进行施工。

（2）垫层混凝土浇筑。基槽验收合格后，混凝土采用泵送或手推车入仓，平板振捣器振捣密实，注意检查平整度。

（3）底板混凝土浇筑。底板模板经验收合格后，混凝土采用泵送或手推车入仓，一次性连续浇筑完毕，确保底板整体性。

（4）沟壁混凝土浇筑。

1）模板安装。沟壁混凝土一般按长度 15～20m 一段，分段浇筑，采用定型钢模或组合模板，注意检查模板刚度及平整度。模板安装必须按照测量放线的轴线及标高，弯道地段加密按 5m 定点，确保水沟线型。模板加固采用内顶外撑，外模采用钢管＋斜撑固定，内模采用钢筋卡槽电焊固定。模板安装完成后检查安装尺寸是否正确，固定是否牢靠，模板拼缝是否严密、模板平整度是否满足设计要求，确保水沟成型断面尺寸及整体外观质量。

2）混凝土浇筑。混凝土采用泵送或手推车入仓，采用泵头 $\phi 30mm$ 左右的软轴式插入式振捣器振捣，控制浇筑分层厚度，浇筑坯厚控制在 30cm 左右，加强模板周边振捣，确保振捣密实。

3）拆模及养护。侧向模板拆除应在混凝土抗压强度达到 2.5MPa 或养护时间达到 36h 以上方可进行，严禁过早拆模。拆模过程要轻敲轻放，避免破坏混凝土外表及模板。混凝土初凝后立即洒水养护，养护时间不少于 14d。

9.3 排水孔施工

9.3.1 排水孔布置

根据排水孔所在的部位不同，一般可分为边坡坡面排水孔、洞内山体排水孔及挡土墙预埋排水管等。边坡坡面排水孔孔径一般不小于 50mm、孔深不应小于 3.0m，钻孔上仰角度不宜小于 5°，孔间排距 3.0~4.5m，梅花形布置。当岩体渗透性弱、排水效果不良时，在山体排水洞洞顶和侧壁布置辐射状的山体排水孔，重要边坡各层排水洞之间的排水孔相连，形成排水帷幕。山体排水孔孔径一般不小于 50mm，大多为 76~91mm，孔深一般不大于 40m。排水孔穿过地质缺陷和强风化岩体的孔段，应采用塑料盲管或塑料花管（塑料花管是网眼 $\phi 5mm$、间排距 $3cm \times 3cm$，梅花形布置且外包工业过滤布的 PVC 管）时孔壁进行保护，以防塌孔或产生渗流破坏。挡土墙墙后排水管采用塑料花管，外包工业涤纶过滤布，花管网眼 $\phi 5mm$ 梅花形布置，排水孔间距一般为 2~3m。

9.3.2 排水孔施工

排水孔应在相应部位的锚杆支护和灌浆工程完成后进行。边坡排水孔一般在边坡支护作业平台上进行，山体排水孔在排水洞内施工。根据排水孔孔径、孔深、孔向选择施工钻机；挡土墙预埋排水管应预先加工，随挡土墙浆砌石或混凝土浇筑备仓按设计要求埋设，墙后花管段按结构要求回填小石、粗砂等反滤层料。

根据排水孔孔径和深度的不同，钻孔入岩深度小于 6m、孔径小于 50mm 的排水孔可采用手风钻钻孔，钻孔入岩深度大于 6m、孔径大于 50mm 可选用潜孔钻机、液压钻机或地质钻造孔。

（1）排水孔施工工艺流程见图 9-1。

（2）钻孔。

1）施工前对钻机、空压机、输风管路等设备进行安装调试，保证其性能满足施工要求。打设倾斜孔时，需先用脚手架钢管搭设钻机施工机架，搭设高度可根据实际孔高确定。为方便施工，在施工人员站立位置上应铺设木板作为施工人员操作平台，钻机和钢管钻架间用铅丝绑扎或焊接固定。

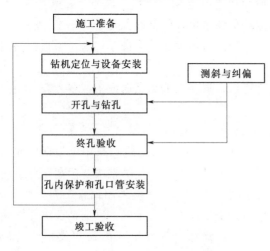

图 9-1 排水孔施工工艺流程图

2）排水孔严格按设计图纸、文件规定统一编号、放样，孔位放样偏差不大于 10cm，孔斜误差不大于孔深的 1%，孔深误差不大于的孔深的 1%。

3）排水孔在施工过程中要严格控制孔斜，钻孔过程中一般每钻进 5m 进行 1 次孔斜测量，开孔 5.0m 及终孔进行孔斜测量复测，当发现钻孔偏斜应及时进行纠偏处理，可根据情况采用加扩孔器扩孔或加大口径扩孔钻进等。

4）排水孔钻孔结束后，将孔内杂物清除，并用高压水冲洗，将岩粉、铁砂及其他杂屑冲洗干净，防止堵塞裂隙，影响排水效果。冲洗直至回水澄清 10min 后结束，并测量记录冲洗后的钻孔孔深，钻孔冲洗后孔底残留物厚度不大于 20cm。

5）对孔位、孔深、斜度进行检查，验收合格后方可进入下道工序。

（3）钻孔记录。在排水孔钻孔过程中发现的各种情况，如涌水、漏水、塌孔、掉孔、卡钻、断裂构造、岩层、岩性变化及混凝土段厚度等均作详细记录，并反映在钻孔综合成果表中，作为确定孔壁保护措施、保护范围的基本依据。

（4）排水管安装。将排水管按设计要求进行安装。坡面排水孔一般仅安装孔口管，清除孔口堵塞物，使排水通畅。对穿过破碎岩层的山体排水孔，还需安装塑料盲管或 PVC 花管（外包工业涤纶过滤布）对孔壁进行保护。

9.4 排水洞施工

9.4.1 排水洞布置

地下水是影响高边坡抗滑稳定的重要因素之一。为有效降低高边坡岩体内地下水位，一般在高边坡岩体内每间隔 20～30m 高差布置一条排水洞，排水洞断面较小，一般为 (2.0～3.0)m×(2.5～3.5)m（宽×高），排水洞施工一般超前于相同高程边坡开挖。

9.4.2 排水洞开挖支护方法

排水洞开挖支护方法见表 9-3。

表 9-3　　　　　　　　　　　排水洞开挖支护方法表

开挖断面（宽×高）/(m×m)	围岩类别	开挖程序及方法	支护程序及方法
(2.0～3.0)×(2.5～3.5)	Ⅳ类、Ⅴ类围岩洞段	采用手风钻造孔，人工装药，毫秒微差联网，乳化炸药爆破，周边进行光爆，单循环进尺 1m；采用扒渣机、0.3m³ 小型装载机或人工装渣，1t 翻斗车出渣至洞口集渣，然后用 3m³ 装载机配合 15t 自卸车出渣至渣场	视需要实施超前锚杆、超前小导管等超前支护措施；视需要进行随机锚喷支护，锚杆 φ20mm，L=1.5m，外露 10cm，喷 C20 混凝土厚 5cm；视需要进行挂网 φ6.5@20×20cm；支护紧随开挖进行
	Ⅱ类、Ⅲ类围岩洞段	采用人工手风钻造孔，人工装药，毫秒微差联网，乳化炸药爆破，周边进行光爆，单循环进尺 1.5m。出渣方式同Ⅳ类、Ⅴ类围岩洞段	视需要进行随机锚喷支护，锚杆 φ20mm，L=1.5m，外露 10cm，喷 C20 混凝土 3cm

9.4.3 开挖施工措施

（1）工艺流程：施工准备→测量放线→钻孔→装药爆破→通风散烟、洒水除尘→安全处理→出渣清底→临时支护→延伸风水电线路，转入下一循环。

（2）施工方法。

1）测量放线。控制测量采用全站仪作导线控制网，施工测量采用全站仪进行。测量作业由专业人员认真进行，定期对控制导线网进行检查、复测，确保测量控制工序质量。每个循环钻孔前先进行设计轮廓线测量放样，并检查上一循环超欠挖情况，检测结果及时向现场施工技术人员进行交底；断面测量滞后开挖面 10～15m，按 3m 间距进行，确保测量控制工序质量。

2）钻孔作业。由熟练的风钻工严格按照设计钻爆图进行布孔、钻孔作业。为了减少超挖，周边孔的外偏角控制在设备所能达到的最小角度。光爆孔和掏槽孔的孔位偏差不得大于 5cm，其他炮孔孔位偏差不得大于 10cm。钻孔完成后，由质检员按"平、直、齐"的要求进行检查，对不符合要求的钻孔重新造孔。

3）装药爆破。排水洞洞径一般都较小，开挖爆破通常采取全断面一次爆破开挖成型的方式。开挖前，首先进行爆破设计，周边采用光面爆破，中间部分先爆掏槽孔、后爆崩落孔，用非电毫秒微差雷管起爆。炸药选用硝铵或乳化炸药。一般掏槽孔、崩落孔药卷直径 35mm，连续装药，周边孔选用直径 25mm 药卷，间隔装药。炮工按钻爆设计参数认真进行施工，装药、联网完成后，由技术员检查装药、联网情况，确认无误后才能爆破。

在爆破参数取得之前，排水洞爆破参数按全断面一次爆破设计，周边采用光面爆破，Ⅱ类、Ⅲ类围岩按单循环进尺 1.50m 设计，Ⅳ类、Ⅴ类围岩按单循环进尺 1.0m 设计。

4）通风散烟。在开挖施工过程中一直启动通风设备通风，保证放炮后在规定时间内将有害气体浓度降到允许范围内。爆破后采用抽风排烟，半小时后洒水除尘，改为压气通风，使洞内空气满足要求。

5）安全处理。爆破后，人工处理掌子面及边顶拱上残留的危石及碎块，保证施工人员及设备的安全。破碎带在进行安全处理后，先喷一层厚 5cm 混凝土，出渣后再次进行安全检查及处理，并进行系统支护及加强支护。在施工过程中，经常检查已开挖洞段的围岩稳定情况，清撬可能塌落的松动岩块。

6）出渣清底。出渣用扒渣机、0.3m³ 小型装载机或人工装渣，配合 1t 翻斗车出渣至洞口集渣场，3m³ 装载机配合 15t 自卸汽车出渣至渣场；人工配合 0.3m³ 小型装载机进行清底。

9.4.4 排水洞支护施工

（1）锚杆施工。锚杆施工采用手风钻造孔，注浆机注浆。锚杆注浆采用"先注浆后安装锚杆"的程序，在孔内注满砂浆后立即插杆。锚杆施工工艺流程见图 9-2。锚杆施工方法可参考第 3 章。

（2）喷混凝土施工。地质条件较差洞段要求喷射混凝土支护及时跟进开挖掌子面，以对围岩及时进行封闭，防止岩石进一步风化。

喷混凝土采用湿喷工艺施工，喷射早强混凝土。由混凝土搅拌机拌制喷混凝土料，搅

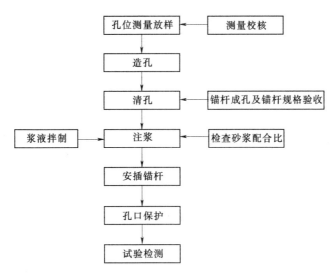

图 9-2 锚杆施工工艺流程图

拌车运至工作面后施喷。喷混凝土作业应分段分片进行施工，按照先边墙、后顶拱依次进行。一次喷射混凝土的厚度按《水电水利工程锚喷支护施工规范》（DL/T 5181）的规定选用。分层喷射时，后一层在前一层混凝土终凝后进行，若终凝1h后再行喷射，应先用风水清洗喷层面。喷射作业紧跟开挖工作面，混凝土终凝至下循环放炮时间不少于3h。喷射混凝土强度采取现场喷混凝土取样试验检查，厚度通过预埋钢筋作厚度标志或钻孔测深检查，外观质量通过肉眼检查评价。

（3）钢支撑（钢格栅）。钢支撑视需要进行。钢支撑用工字钢（钢格栅用钢筋）在加工厂分段分节制作、编号后运至现场人工拼接安装、焊接，节间通过接头板、螺栓连接，钢支撑立柱脚设钢垫板，必要时浇筑基础混凝土。每榀钢支撑间通过槽钢或钢筋连接形成整体，整体与锚杆头焊接，在拱脚及腰部利用锁脚锚杆加固。安装完成后立即用喷射混凝土将其覆盖，覆盖后方可进行下一循环的开挖。

1）钢支撑（钢格栅）制作。钢支撑（钢格栅）按设计要求制作，在加工现场按1:1比例放样，设立1:1胎模工作台，分段制作，按单元试拼装后，运至现场安装。加工要做到尺寸准确，弧形圆顺。

2）钢支撑（钢格栅）安装。安装工作内容包括定位测量、安装前的准备和安装施工。

A. 定位测量：首先测定出线路中线，确定高程，然后再测定其横向位置；钢支撑（钢格栅）设于曲线段时，安装方向为该点的法线方向；安装于直线段时，安装方向与线路中线垂直；每榀的位置定位准确，上下、左右偏差小于±5cm，斜度小于2°。

B. 安装前的准备：运至现场的钢支撑（钢格栅）分单元堆码，安装前进行断面尺寸检查，及时处理欠挖部分，保证钢支撑（钢格栅）正确安装。钢支撑（钢格栅）外侧有不小于5cm的喷射混凝土，安装拱脚前，清除垫板下的松渣，将钢支撑（钢格栅）置于原状岩石上，在软弱地段，采用拱脚下垫钢板的方法。

C. 安装施工：钢支撑（钢格栅）与初喷混凝土之间紧贴。在安装过程中，当钢支撑（钢格栅）与围岩之间有较大间隙时应用垫块塞紧，两排钢支撑（钢格栅）沿周边每隔

1.5m用槽钢或钢筋纵向连接，形成纵向连接系。拱脚高度不够时设置钢板调整，钢支撑（钢格栅）安装完成后和接触的锚杆头焊接牢固，使之成为整体结构。为增加顶拱钢支撑（钢格栅）的承载能力，安装时在钢支撑（钢格栅）底脚垫一块钢板，以减少下陷量。

9.5 井点降水施工

9.5.1 井点种类和适应条件

地下水位以下的土（砂）质边坡基础开挖施工时，地下水对土体作用条件发生变化，土（砂）质边坡在地下水的浸润、润滑、软化、泥化等作用下，易发生流砂、流土等失稳破坏，往往会造成施工的困难，影响工程的进度和质量。常采取井点降水，降低地下水位，保证边坡及施工安全。

井点降水是在边坡基坑的周围埋下深于基坑的井点或管井。它以总管连接抽水（或每个井单独抽水），使地下水位下降形成一个降落漏斗，并降低到坑底以下0.5～1.0m，从而保证可在干燥无水的状态下挖土，不但可防止流砂、基坑边坡失稳等问题，且便于施工。

井点降水主要有轻型井点、喷射井点、射流泵井点、电渗井点、管井井点和深井泵井点等，可根据土的渗透系数、要求降低水位的深度及工程特点选用。各种井点的适应范围见表9-4。

表9-4　　　　　　　　各种井点的适应范围表

序号	井点类型	降低水位深度/m	土层渗透系数/(m/d)	土 体 种 类
1	一级轻型井点	3～6	0.1～80	粉质黏土、砂质粉土、粉砂、细砂、中砂、粗砂、砂砾、卵石（含砂粒）
2	二级轻型井点	6～9	0.1～80	
3	喷射井点	8～20	0.1～50	粉质黏土、砂质粉土、粉砂、细砂、中砂、粗砂
4	射流泵井点	≤10	0.1～50	
5	电渗井点	5～6	0.1～0.002	淤泥质土
6	管井井点	3～5	20～200	粗砂、砾砂、砂石
7	深井泵井点	>15	10～80	中砂、粗砂、砂砾、砂石

以下重点介绍常用的轻型井点、喷射井点、管井井点的工作原理、设备、布置及施工方法等。

9.5.2 轻型井点

（1）适用范围。轻型井点是沿边坡基坑的四周或一侧，将直径较细的井点管沉入深于坑底的含水层内，井点管上部与总管连接，通过总管利用抽水设备由于真空作用将地下水从井点管内不断抽出，使原有的地下水位降低到坑底以下，从而保证可在干燥无水的状态下开挖。

轻型井点适用于渗透系数为0.1～80m/d的土层，而对土层中含有大量的细砂或粉砂

240

层特别有效，可防止流砂和增加边坡稳定，且便于施工。

（2）轻型井点施工布置。轻型井点在施工布置前，需要决定水位降低的深度、排水量以及合理的井管距。可参考有关公式计算，并结合当地经验数据布置。

一般轻型井点抽水最大吸程约为7m（自离心泵轴心起算）。例如水泵的轴心安装在高度高于水面0.7m时，则排水深度不宜超过6m，井点管布置还要考虑边坡基坑的平面大小，当水位降深不大，基坑宽度小于5m，井点管可采用单侧布置 [见图9-3（a）]；当基坑宽大或土质渗透系数较大时，井点管宜按双侧布置，并可布置成环形 [见图9-3（b）]。基坑深度超过6m时，尽可能采用明沟排水与井点相结合的方法，将总管安装在原有地下水位线下。必要时可采用二级井点 [见图9-3（c）]，先用第一层井点管将水位降低，挖基至一定深度（4～5m），再安装第二层井点管。以同样设备降低地下水位，下层井点抽出的水量较上层井点的多，但下降的水位则较第一层少。二级井点最大降水总深约为9m。

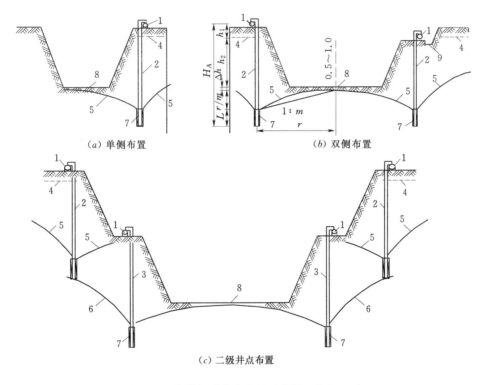

（a）单侧布置　　　　　　　　　　　　（b）双侧布置

（c）二级井点布置

图9-3　各类轻型井点布置示意图（单位：m）

1—集水总管；2—第一级井点管；3—第二级井点管；4—正常地下水位；5—第一级井点地下水降落曲线；
6—第二级井点地下水降落曲线；7—滤水管；8—基坑；9—排水明沟

井点管间距根据土壤渗透系数大小采用0.8～1.6m，井管长度应按地下水位及挖基深度而定，滤管顶端应在基底以下1.0～1.5m，一般井管长8m，包括管端1.5～2.0m的滤水管。要求各井管滤管顶端处于同一高程，最大相差不大于10cm，以免影响降水效果。为充分利用泵的抽吸能力，集水总管标高宜尽量接近地下水位线，并沿抽水水流方向有0.25%～0.5%的上仰坡度，水泵轴心与总管齐平。一套抽水系统设备的工作范围，用V5型真空泵机组时，集水总管总长不超过100m；如用V6型真空泵机组时，集水总管一般不大于

120m。超过此范围时，可在集水总管上设闸阀，分成若干段，各分段布置独立抽水设备。

（3）轻型井点降水设备。真空泵轻型井点降水设备主要包括管路部分和抽水部分（见图9-4）。

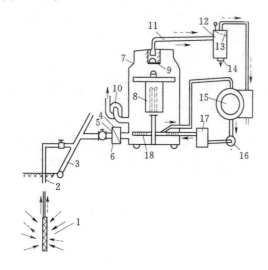

图9-4　真空泵轻型井点抽吸系统示意图
1—滤管；2—井点管；3—总管；4—过滤室；
5—滤网；6—淘砂孔；7—集水箱；8—浮筒；
9—进气管阀门；10—离心泵；11—进气管；
12—气水分离器；13—挡水板；14—放水口；
15—真空泵；16—循环水泵；
17—冷却水箱；18—蛇形管

1）管路部分。包括滤管、井点管及集水总管。

滤管：分普通滤管和射水式滤管两种，均用直径40～50mm无缝钢管制成，长约1.0～2.0m，滤管的滤孔面积约为滤管表面积的20%～25%，滤孔直径约为19mm，孔距30～40mm，滤管外面的防滤设施作法：先用直径3.2mm铁丝缠绕成螺旋形，间距1～2cm，外面再包100目的铜丝网1～2层，用直径1.6mm的铁丝缠绕捆扎，间距1～2cm。为了节约，可用2层尼龙窗纱代替铜丝网。外面再用2～3层棕皮包扎，以直径3.2mm钢丝捆扎，间距也为1～2cm。有的只在滤管外面直接包扎4层棕皮，也起到良好的滤砂作用。滤管顶端设管帽，抽水时防止泥砂吸入管内。

射水式滤管的滤砂措施与普通滤管相同，但射水式滤管可以直接射水下沉埋设。它是在有外管的普通滤管下面，装设一个球形阀门管筒，两者用螺丝套管连接，球形阀门管筒下面设置锯齿形管靴。

井点管：直径与滤管相同，也用无缝钢管制成，长度根据需要确定。井点管上接集水总管，下接滤管，其间用螺丝套管连接。

集水总管：可用直径102～127mm无缝钢管制成。按井点管距离焊装接头短管，以胶管将井管与接头管连接，再用夹箍夹紧。

2）抽水部分。主要包括真空泵、离心泵、冷却小水泵、集水箱、气水分离器及连接管、仪表等。每一套井点系统的主要设备（按集水总管长100m计）见表9-5。

表9-5　　　　　　　　　　每一套井点系统的主要设备表

部分	名称	规　格	单位	数量	附　注
抽水部分	真空泵	V5或V6	台	2	包括电动机，1台为备用
	离心泵	排水量60～80m³/h	台	2	包括电动机，1台为备用
	冷却小水泵		台	1	循环水用
	集水箱		个	1	
	气水分离器		个	1	

部分	名称	规　格	单位	数量	附　　注
抽水部分	真空表		只	2	
	压力表		只	1	
	夹箍	与胶管配套	套	200	
管路部分	滤管	直径 40～50mm	m	200	管长按 2.0m 计
	井管	直径 40～50mm	m	750	管长按 7m 计，包括接头管间距 1.0m
	集水管	直径 102～127mm	m	100	
	胶管	与井管配套	套	100	

（4）轻型井点法施工。

1）埋设井管。井管的埋设，当井点管管端设有射水用球阀时，可直接利用井点管水冲下沉埋设；或另用射水管冲孔或冲孔后再将井点管沉入埋设以及以带套管的射水法或振动射水法下沉。射水管埋设井点管的施工程序如下，其他方法埋设井管时亦可参照。

冲孔时，先用起重设备将直径 50～70mm 的冲管吊起并插在井点的位置上，然后开动高压水泵，将土冲松。冲孔时冲管应垂直插入土中，并作上下左右摆动，以加剧土体松动，边冲边沉。冲孔直径一般为 300mm，以保证井管四周有一定厚度的砂滤层。冲孔深度应比滤管底深 0.5～1.0m，以防冲管拔出时，部分颗粒沉于孔底而触及滤管底部。

冲孔水压根据土的种类而定，轻型井点冲孔水压见表 9-6。

表 9-6　　　　　　　　　　轻型井点冲孔水压表

序号	土　体　种　类	水　压/MPa
1	原状细砂	0.5
2	中粒砂	0.45～0.55
3	黄土	0.6～0.65
4	原状中粒砂	0.6～0.7
5	中等密实黏土	0.6～0.75
6	砾类土	0.85～0.9
7	塑性粗砂	0.8～1.15
8	密实黏土及密实黏砂土	0.75～1.25

井孔冲成后，立即拔出冲管，插入井点管，并在井点管与孔壁之间迅速填灌砂滤层，以防孔壁塌土。砂滤层的填灌质量是保证轻型井点顺利工作的关键，一般选用干净粗砂，填灌均匀，并填至滤管顶上 1～1.5m，以保证水流畅通。井点填砂后，须用黏土封口，防

止漏气。插管有困难时，可拔出重新射水插管。

2）连接井点管与集水管。将已经插入土中的井点管上端用橡胶软管与集水管的连接管头连接起来，并用铁夹箍紧，接头处不得漏气。

3）连接抽水系统。将集水管的三通与已经组装完成的抽水系统连接在一起。

4）开动抽水系统抽水。各部分管路及设备经检查合格后，即可开动真空泵，集水箱内部形成部分真空，真空表指示 53kPa 左右，地下水开始从滤管吸入集水箱，即可开动离心泵，将水排出。排水时要及时调节出水阀，使集水箱内吸水的水量与排出的水量平衡。真空表升至 79.8kPa 时，即表示排水量与地下水涌入量达到平衡。

5）拔管。施工结束，拆除连接管，用吊机将井管拔出。所留孔洞用砂或土填塞，各种机械设备均要进行维修整理，滤管要拆开清洗，重新组装，供以后再用。

（5）井点法施工注意事项。

1）施工场地要做出合理的排水规划，及时排除抽出的地下水及地表水。

2）井点法降低地下水位应连续不间断地进行，否则井点滤管易被堵塞。故机械、电源设备要有保证，真空泵、离心泵都要有备用的。

3）在使用前，各接头处要详细检查，保证严密不漏气；开动前，必须将所有进出口的各种阀门关闭，达到一定的真空度之后，再慢慢开启进水阀，让地下水进来。

4）抽水初期，所排出的水可能夹带一部分细砂，待滤管四周形成了倒滤层之后，水即变为清水，但若滤网孔眼过大或抽水泵水量过大，砂粒仍会不断抽出来，可用调小水管阀门来控制。

5）如发现真空度不够，出水量很少，应首先判断是抽水系统还是管道方面的原因。检查时先关闭进水管的总阀，如真空度能上升到 79.8kPa 以上，说明抽水系统正常；如真空度仍上不去，说明是抽水系统本身的原因，否则为管道部分漏气造成。

6）抽水系统应设在每一组集水管的中间，使各井点进水比较均匀。集水管向抽水管的方向，要保持一定的坡度，使流水畅通。

7）在严寒季节，因故停机或施工完毕，应立即将管道内及机械内存水放尽。井管如不拔出，应将外露部分包扎防冻。

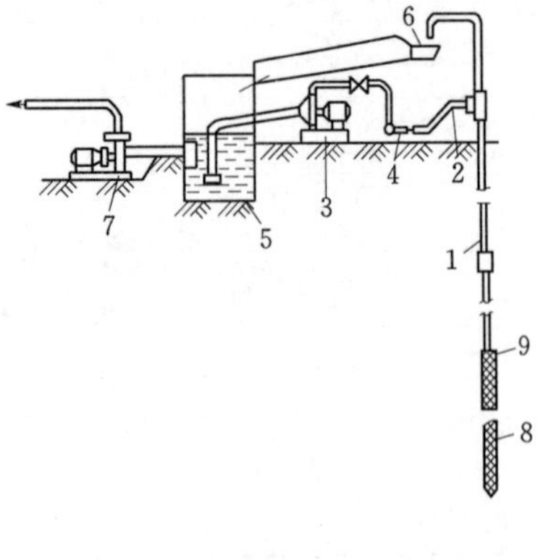

图 9-5　喷射井点布置图

1—井点管；2—连接软管；3—高压水泵；
4—导水总管；5—循环水槽；6—排水槽；
7—低压水泵；8—滤管；9—喷射器

9.5.3　喷射井点

（1）适用范围。当基坑开挖较深，降水深度大于 6m，且场地狭窄，无法布置多级轻型井点时，宜选用喷射井点降水，其降水深度可达到 10～20m。适用于渗透系数为 0.1～50m/d 的砂土层。

（2）喷射井点主要设备。喷射井点是在一级轻型井点的基础上发展起来的，喷射井点管的沉埋安装和轻型井点管相同。

喷射井点管地面以上的设备为：连接软管、高压水泵、导水总管、循环水槽、排水槽和低压水泵等。喷射井点布置见图 9-5。

（3）喷射井点抽水过程。用高压水泵把 7～8 个大气压的高压水从图 9-5 连接软管送进外管，向下经由喷射扬水器的进水窗，向上由喷嘴喷出。喷出时流速急剧增加，压力水头相应骤降，将喷嘴口周围空气吸入急流带走，形成高度真空。管内外压力差使地下水由滤管被吸入井点管并上升至喷射扬水器，经喷嘴两侧与喷嘴射出的高速水流一起进入混合室，并在此互相混合后，经喉管进入扩散室，流速渐减，高速水流具有的速度水头渐转为压力水头，故能经内管自行扬升到地面，经排水槽而流入循环水槽，再由高压水泵抽出并重新变为高压水进行工作。多余的水由低压离心泵排走。如此循环作业，不断将地下水从井点管抽走，地下水位逐渐降低直至达到设计要求的降水深度。

（4）喷射井点的施工和注意事项。基本上与轻型井点相同。

9.5.4 管井井点

（1）适用范围。管井井点即大口径井点，适用于渗透系数大（20～200m/d），地下水丰富的粗砂层、砂砾类土层或用明沟排水法易造成土粒大量流失，引起边坡塌方及用轻型井点不易解决的场合。管井井点排水一般是每个管井埋设滤水井管，每个井管单独用 1 台水泵，不断地抽水，以降低地下水位。

（2）管井布置。沿边坡基坑外围，每隔一定距离设置一个管井，每个管井埋设滤水井管。井管中心距基坑边缘的距离，依据所用钻机钻孔方法而定，当用冲击式钻机泥浆护壁法钻孔时，为 0.5～1.5m；当用套管法时不小于 3m。管井埋设的深度和距离，须根据基坑涌水量等因素而定，其计算方法与轻型井点相同。管井埋设最大深度可为 5～7m，管井间距可为 10～50m。

（3）管井井点主要设备。

1）滤水井管的过滤部分采用钢筋焊接骨架，外包孔眼为 1～2mm 的镀锌钢丝网点焊于钢筋上，长 2～3m。管井井点见图 9-6。

2）吸水管用直径 50～100mm 的胶皮管或钢管，其底部（即进水口处）装有逆止阀，上端装设带法兰盘的短钢管一节。吸水管插入滤水井管，长度应大于水泵抽吸高度，同时应沉入管井抽吸时最低水位以下。

3）水泵：采用离心式水泵，其型号可根据计算需要的排水流量选择。当水泵的排水量大于单孔滤水井管涌水量数倍时，则可另设集水总管，把相邻的相应数量的吸水管连接起来，共用 1 台水泵。

（4）滤水井管的埋设。先用冲击钻机钻孔，一般可用泥浆护壁。钻孔直径比滤水井管外径大 150～250mm。钻孔过程中的破碎岩石和钻渣用抽筒取出，并补充清水保持孔内水压，防止地下水渗入而使孔壁坍塌。碎石和钻渣取出后继续钻进时，

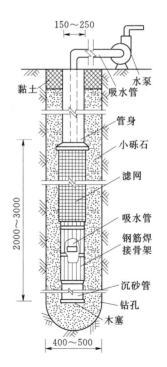

图 9-6 管井井点图（单位：mm）

还需加入适量的黏土，使孔中泥浆不至过稀，这样循环操钻至需要深度为止。经过清孔后，即可将滤水井管放置于孔中心。井管底口用圆木塞堵住，滤水井管与土壁间用3~15mm砾石填充作为过滤层，地面下0.5m处用黏土填充夯实。

（5）排水操作。排水操作时，应经常对电动机、传动机械、电流、电压等进行检查，并对井内水位下降和流量进行观测和记录。

（6）井管的拔出。井管使用完毕，滤水井管拔出时，可先将井口周围深0.3m的土挖除，用钢丝绳将管口套紧，再用人字扒杆配合倒链滑车将井管徐徐拔出。滤水管拔出后，将泥砂洗去可再用，孔洞则用砂砾填充夯实。

9.6 工程实例

9.6.1 三峡水利枢纽永久船闸高边坡排水措施

三峡水利枢纽永久船闸高边坡稳定在综合分析边坡地下水补排关系、渗透特性及水文地质条件的基础上，采取了以地下排水为主，地表截水、防水、排水为辅的综合防治措施（见表9-7、图9-7~图9-9）。

表9-7　　　　　　　　三峡水利枢纽永久船闸高边坡排水措施一览表

施工项目	技术标准和要求
周边截水沟	开口线以外5~30m处开挖截水沟，用浆砌石砌筑，底宽80cm、顶宽180cm、深100cm的梯形断面，并在水面落差较大处设置急流槽
坡面、马道排水沟	在永久边坡设置马道排水沟，截取雨水，防止边坡冲刷，利于边坡稳定；排水沟尺寸一般为45cm×80cm或100cm×160cm，混凝土结构，并在排水高差较大的横向排水沟处设置跌水
边坡喷护封闭	全风化、强风化、弱风化岩采用挂网喷12cm厚C20混凝土；微新岩体喷7cm厚C20素混凝土；马道用20cm厚C15混凝土护面封闭
坡面排水孔	孔径56~91mm，孔深0.5~15m，上仰角5°~15°，孔排距3~5m
山体排水洞（监测洞）	南、北坡各7层，洞尺寸3.0m×3.5m（宽×高），各层洞高差20m，距边坡30~45m，总洞长13km
山体排水幕孔	排水洞内设1~2排上仰排水孔，孔距2~2.5m，孔径91mm，并设反滤和孔口装置（见图9-8）
直立墙壁面排水管网	在混凝土薄壁衬砌墙与岩石接触面上布置纵横间距4m×5m网格状排水管网，竖向排水管为断面直径30cm、拱高20cm、厚7cm的预制混凝土U形管；水平排水管用软式透水管，型号为FH-200型，外包二层土工布（300g/m²）（见图9-9）

9.6.2 天荒坪抽水蓄能电站下库"3.29"滑坡体排水措施

"3.29"滑坡体处理排水措施分外部排水和内部排水两类。

外部排水措施有：在滑坡体表面喷混凝土和用浆砌石封闭，防止地表雨水下渗，并在喷混凝土部位设置排水孔，钻孔深4.0m，孔排距4.0m×5.0m。在浆砌石部位埋设排水管，排水管间距水平为2.0m，垂直5.0m，且在浆砌石下铺设厚15cm排水垫层料。

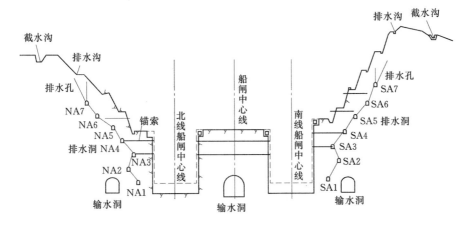

图 9-7　三峡水利枢纽工程永久船闸典型剖面图

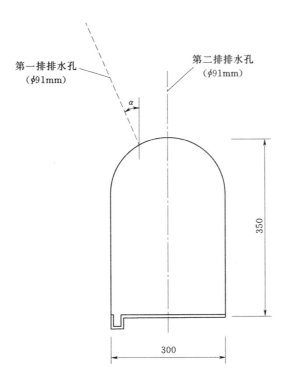

图 9-8　三峡水利枢纽永久船闸排水洞内双排排水孔典型布置图（单位：cm）

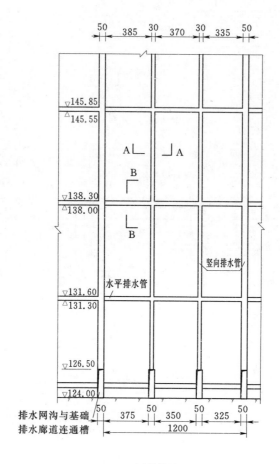

(a) 结构图

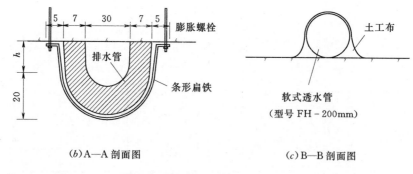

(b) A—A 剖面图   (c) B—B 剖面图

图 9-9　永久船闸衬砌式结构排水网沟局部图（单位：cm）

内部排水措施：在滑坡体高程 350.00～645.00m 之间设置了 5 层排水洞，高程分别为 350.00m、403.00m、475.00m、538.00m、568.00m。排水洞内布置两排上仰排水孔（见图 9-10）。

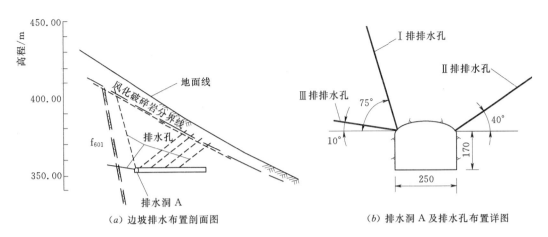

（a）边坡排水布置剖面图 （b）排水洞 A 及排水孔布置详图

图 9-10 "3.29" 滑坡处理工程排水洞 A 及排水孔布置示意图（单位：cm）

10 安 全 监 测

10.1 边坡监测的目的与方法

边坡工程十分复杂，目前的设计理论尚属半经验、半理论的性质，在时间和空间上对边坡工程的安全度做出准确地判断还有很大困难。边坡工程的事故主要是岩土体失稳所致，岩土体失稳是变形发展、积累，从渐变到突变的发展过程。如果能够在岩土体开始变形时得到信息，进行准确地判断，及时采取有效防范措施，便可以防止边坡失稳事故的发生。基于这样的考虑，边坡安全监测应运而生。人们越来越多地把边坡工程安全情况的判断，寄希望于工程建设过程中和竣工后的原位监测，通过监测保证工程的施工和运行安全；同时，又通过监测验证设计，优化设计和提高设计水平。

我国安全监测工作始于20世纪50年代中期，开始是对大坝的安全进行监测，后来逐渐发展到对边坡等岩土工程进行监测。20世纪90年代，随着二滩、三峡、小浪底等大型水利水电工程的开工建设，结合施工和科研，安全监测手段的硬件和软件迅速发展，监测范围不断扩大，监测自动化系统、数据处理和资料分析系统、安全预报系统也在不断地完善，安全监测成为提供设计依据、优化设计和可靠度评价不可缺少的手段，也是施工质量控制的重要手段。经过几十年，特别是近十余年的不断努力，安全监测仪器无论从原理、品种、性能和自动化程度等方面都取得了很大的进展，总体上可以满足实际工程安全监测的需要。目前已有差动电阻式、钢弦式、电容式、电阻应变片式、电感式、电磁式、滑线电阻式等多种监测仪器在安全监测中广泛应用。

10.1.1 监测目的

边坡监测的目的：①评价边坡施工及其使用过程中边坡的稳定程度，并做出有关预报，为业主、施工方及监理人员提供预报依据，对可能出现的险情及时提供报警，合理采用和调整有关施工工艺和步骤，做到信息化施工和取得最佳经济效益；②防治滑坡及可能的滑动和为蠕动变形提供技术依据，预测和预报今后边坡的位移、变形的发展趋势，通过监测可对岩土体的时效特性进行相关研究；③对已经发生滑动破坏的滑坡和加固处理后的滑坡，监测结果也是检验崩塌、滑坡分析评价及滑坡治理工程的尺度；④进行有关位移反分析及为数值模拟计算提供参数。

边坡监测的重点是施工期安全监测，施工期实施重点是及时埋设仪器设备和及时观测。边坡监测项目重点是变形、地下水位和支护效应，但监测项目原则上应根据边坡监控等级进行动态增减。

10.1.2 监测方法

边坡监测方法已由过去的人工皮尺等简易工具的监测手段发展到仪器监测，进而又向自动化、高精度和远程系统发展。边坡监测主要有简易观测法、设站观测法、仪表观测法和远程观测法等4类监测方法。通过这些方法，及时获取有关边坡的变形机理、地质灾害防治、治理效果的反馈和对工程的影响等方面的信息，分析边坡体变形破坏的动态变化规律，进而预测边坡可能发生的破坏，为防灾减灾提供依据。

10.1.2.1 简易观测法

简易观测法是通过人工观测边坡工程的地表裂缝、地表鼓胀、沉降、坍塌、建筑物变形特征及地下水位变化、地温变化等现象，也可在边坡体关键裂缝处埋设骑缝式观测桩；在建筑物（如房屋、挡土墙、浆砌块石沟等）裂缝上设简易玻璃条、水泥砂浆片、贴纸片；在岩石、陡壁面裂缝处用红油漆划线作观测标记；在陡坎（壁）软弱夹层出露处设简易观测标桩等，定期用钢卷尺、游标卡尺、裂缝量测仪等长度量具测量裂缝长度、宽度、深度变化，描述裂缝形态、开裂延伸发展的方向。

该方法操作方便、简单直观，对于已发生灾害的边坡如滑坡等进行观测较为适合，对崩塌、滑坡的宏观变形迹象和与其有关的各种异常现象进行定期的观测、记录、分析，从宏观上掌握崩塌、滑坡的变形动态和发展趋势。即使采用了先进的仪器仪表进行边坡变形监测，简易观测法仍然是不可或缺的有效观测方法。

10.1.2.2 设站观测法

设站观测法是在充分了解地质背景的基础上，在边坡体上设立观测点（成线状、网格状等），在变形区影响范围之外稳定地点设立固定观测站，用测量仪器（经纬仪、水准仪、测距仪、全站仪和摄影仪、GPS接收机等）定期监测滑坡体上测点的三维位移变化的一种有效监测方法，按使用仪器分类又分为大地测量法、近景摄影测量法及GPS测量法。

（1）大地测量法。常用的大地测量法主要监测边坡两个或三个方向的位移变形，包括前方交会法、距离交会法、视准线法、小角法、测距法及几何水准测量法、三角高程测量法等。前方交会法、距离交会法监测边坡的二维（X、Y方向）的水平位移；视准线法、小角法、测距法监测边坡的水平单向位移；几何水准测量法、三角高程测量法监测边坡的垂直（Z方向）位移，常用高精度光学或高精度光电测量仪如精密水准仪、全站仪等仪器，通过测角、测距来完成。

大地测量法具有能确定边坡地表地形变化范围，量程不受限制，能观测到边坡体地表的绝对位移量等三方面优点，因而在边坡的地表监测中占主导地位。此法技术成熟、精度高、监测面广、成果资料可靠，便于灵活设站观测，但也受到地形通视条件的限制和气象条件的影响，工作量大、周期长、连续观测能力较差。

（2）近景摄影测量法。近景（一般100m距离范围内）摄影测量法就是把近景摄影仪安置在两个不同位置的固定测点上，同时对边坡范围内的观测点进行摄影构成立体像对，利用立体坐标仪量测像片上各观测点三维坐标的一种方法。这种方法摄影作业方便，野外作业省时省力，可以同时测定许多观测点在某一瞬间的空间位置，所获得的像片资料是边坡地表变化的实况记录，可随时进行比较，但观测精度与大地测量法相比较低，可以满足崩塌体、滑坡体处于速变、剧变阶段的监测要求，常用于宏观监测中。

（3）GPS测量法。GPS原为军事服务的一项高科技，是由美国国防部负责研制并为美军服务的一个重要系统工程，现由25颗GPS卫星组成，在地球上任何地点任何时刻且在高角度20°以上天空至少可同时观测到4～6颗卫星。地面用户用GPS接收机可接收4颗以上卫星发射来的信号，测定接收机天线至卫星的距离，经技术处理后得到待测点的三维坐标，可用于导航和定位。由于GPS可全天候作业，且不受通视条件的限制，用于大测程监测时精度优势明显，在大型边坡如库区岸坡、坝基高边坡等变形监测中有着广泛的应用前景。

因GPS系统可用于军事，美国对我国存在技术封锁，GPS数据有时存在不稳定不可靠。目前我国为打破技术封锁、技术垄断，正大力发展北斗卫星系统，其系统开发与应用正加速发展，有望在不久的将来，替代GPS用于边坡安全监测。

10.1.2.3 仪表观测法

用精密仪器仪表可以对边坡进行地表和深部的位移、倾斜（沉降）动态进行监测，也可对裂缝相对张、闭、沉、错变化和地声、应力应变等物理参数、环境影响因素进行监测。按所采用的仪表可分为机械式仪表观测法（简称机测法）和电子仪表观测法（简称电测法）。特点是监测内容丰富、精度高（灵敏度高）、量测可调、便于携带，可以避免恶劣环境对测试仪表的损害，观测成果直观、可靠度高，适用于边坡变形的中期、长期监测。

电测法通常采用二次仪表观测，将电子元件制作的电子传感器（探头）埋设于边坡变形部位，通过电子仪表（如频率计）测读，将电信号转换成测读数据。该方法技术比较先进，仪表的原理、结构比机测法复杂，监测内容比机测法丰富，仪表灵敏度高，也可进行遥测，但埋设的电子传感器（探头）易老化，在有地下水等恶劣环境下工作时，一定要选用具有防风、防雨、防腐蚀、防潮、防震、防雷电干扰等性能的电测仪表，使其与使用环境相适用，以保障仪器仪表的长期稳定性和监测成果的可靠度。电测法适用于边坡的短期或中期监测。

一般精度高、量程短的仪表适用于变形量小的边坡变形监测；精度低、量程大、量程范围可调的仪表适用于边坡变形处于加速变形或临崩、临滑状态时的监测。为增加监测的可靠性、直观性，将机测法和电测法结合使用，相互补充、校核，效果最佳。

10.1.2.4 远程观测法

随着电子技术和计算机技术的发展，各种先进的自动遥控监测系统相继问世，为边坡工程特别是崩塌、滑坡的自动化连续遥测创造了条件。电子仪表观测的内容基本上实现了能实现连续观测、自动采集、存储、打印和显示观测数据，甚至具备自动计算、分析、预警、报警等功能。远距离无线传输是远程观测法最基本的特点，由于其自动化程度高、可全天候连续观测，故省时、省力、安全，是安全监测的一个发展方向。

但从目前远程监测使用情况看也反映出一些问题：传感器质量仍不过关，仪器的组（安）装工艺复杂，长期工作稳定性较差，运行中故障率高，很难适应恶劣的野外监测环境（如雨、风、地下水侵蚀、锈蚀、雷电干扰、瞬时高压等），数据传输时有中断，可靠度也使人难于置信，经济上也比较昂贵。

10.2 监测项目选择与布置

10.2.1 边坡监测项目的选定

边坡安全监测项目设置应以实现各部位边坡安全监控目标为前提，同时可根据边坡的规模和特点，设置必要的为提高边坡设计、施工水平的科研服务的监测项目。具体监测项目的选定应根据边坡类型和其所处的不同阶段，结合工程实际情况，参考表 10-1 进行选择。

表 10-1　　　　　　　　　　边坡监测项目选型表

序号	监测类别	监 测 项 目	人工边坡		天然滑坡		
			施工期	运行期	整治前	整治期	整治后
1	外部变形	表面变形	√	√	√	√	√
		表面倾角	√			√	
		地表裂缝	√	√	√	√	
2	内部变形	钻孔深部位移	√	√	√	√	
		勘探、锚固及排水洞等变形	√	√		√	
3	应力应变	预应力锚索（杆）	√	√		√	√
		非预应力锚索（杆）	√	√		√	√
		抗滑支挡结构受力	√	√		√	√
4	渗流	地下水位、渗流量	√	√	√	√	
5	专项监测	爆破振动	√			√	
		声波、地应力	√				
6	巡视检查	裂缝、坍塌、排水、支护、监测设施等	√	√	√	√	√
7	环境量测	降水量、江河水位	√	√		√	

注　√表示选用。

10.2.2 监测仪器选型

监测仪器应根据监测项目来选择，而监测项目应根据工程性质（人工边坡、天然滑坡）、工程阶段（施工期、运行期）和加固方式（锚杆、锚索、抗滑桩、锚固洞及排水设施）来确定。

仪器选型总的原则是：①可靠、实用；监测仪器必须具备精确、可靠，有良好的防水、防潮、防腐蚀、防震、防磁干扰、防雷电等性能，能在温差较大的露天环境下正常工作，且有很好的绝缘度（不小于 $50M\Omega$）；②满足监测精度、量测、直线性和重复性要求，所获得的监测资料能够准确快速地反映边坡变形动态；③尽量选择系统误差小、取值方便的仪器；④初期应选择易于安装实施、监测及时的仪器；⑤中后期可综合考虑仪器的耐久性、自动化性能及稳定性等因素。

随着科学技术的不断进步和对外技术交流的加强，监测仪器发展较快，不断向精度高、性能佳、适用范围广、监测内容丰富、自动化程度高的方向发展。近年来，随着电子摄像激光技术和计算机技术的发展，各种先进的高精度的电子经纬仪、激光测距仪、全站仪、GPS 接收机等相继问世，为边坡工程安全监测提供了新手段。

10.2.2.1　大地变形观测仪器

（1）监测边坡水平变形用的仪器，通常有进行边长测量的精密测距仪，进行角度测量的经纬仪。比如，可选择 D12002（精度 1mm＋1ppm）测距仪进行边长监测，选择 T_3 经纬仪（或 T_2 电子经纬仪进行角度观测）。

（2）监测边坡垂直变形用的仪器，通常有进行水准测量的精密水准仪。选用 N1002 自动安平水准仪进行水准测量，也可直接选用徕卡 TM30 精密监测全站仪进行三维变形综合监测。

10.2.2.2　变形监测仪器

常用边坡变形监测仪器包括多点位移计、滑动测微计、收敛计、测缝计、沉降仪等。

（1）多点位移计。是变位计的一种，又称伸长计或钻孔位移计，主要适用于地下深度大于 20m 的岩石变形测量。可在同一钻孔中沿深度方向设置多达 10 个不同深度的测点。

（2）滑动测微计。是瑞士 Solexperts 公司生产的较为新颖的一种多点位移计，主要适用于确定在岩土体中沿某一方向的应变和轴向位移的分布情况。

（3）收敛计。又称带式伸长计或卷尺式伸长计，主要适用于固定在建筑物、边坡及周边岩土体的锚栓测点间相对变形的监测，监测边坡表面位移情况。

（4）测缝计。是测量结构裂缝开度或裂缝两侧岩土块体间相对位移的观测仪器。按其原理又分差动电阻式、钢弦式、电位器式等，可用于测量边坡基岩的变形情况。

（5）沉降仪。是观测岩土体垂直位移的主要设备，包括横梁管式沉降仪、电磁式沉降仪、干簧管式沉降仪、水管式沉降仪、钢弦式沉降仪等。

10.2.2.3　地下倾斜监测仪器

测倾斜类仪器主要有钻孔倾斜仪（活动式和固定式）、倾斜计（仪）、T 字形倾斜仪、杆式倾斜仪和倒垂线等。

钻孔倾斜仪使用广泛，该仪器精度高、效果好、易保护、受外界干扰小、数据直观且较为可靠、测读方便。但测程有限，由于需要钻探和埋设管道工作，其准备工作投入大、时间长。目前国内使用的钻孔倾斜仪有两类：一类是进口仪器，如美国 Sinco 公司产品；另一类国内产品以航天部门生产的为主。埋设的测斜管一般为铝管和 PVC 管。

倾斜计（仪）按测头采用的传感器不同又分为电阻片式、滑动电阻式、钢弦应变计式、伺服加速度式（力平衡加速度计）四种。

倒垂线一般由监测单位自行设计安装调试，除此之外还有 T 字形倾斜仪、杆式倾斜仪等。

10.2.2.4　应力监测仪器

应力监测仪器主要有压力计和锚索锚杆测力计等，如 GMS 型锚索测力计。由于地应力量测的方法较多，如水压致裂法、应力恢复法等，不同的方法所采用的设备都有所不同，在此不作介绍。

10.2.2.5　渗流渗压监测仪器

渗流量监测采用量水堰，根据具体情况选用以下类型：三角堰适用于渗流量 1～70L/s；梯形堰适用于渗流量 10～300L/s；矩形堰适用于渗流量大于 50L/s。

渗压观测采用渗压计测量。渗压计量程一般为 0～3MPa 不等，根据工程水文地质实际情况选定。

10.2.2.6　其他专项检测仪器

爆破振动影响监测一般包括质点运动参数监测和质点动力参数监测。对于破碎风化岩体，介质振动频率低，可选用低频仪器如 65 型检波器和 CD－1 型速度计；对于坚硬完整岩石，振动频率高，可选取频带高的 CDJ－28 型地震检波器。动应变测量可采用超动态应变仪和英国的 DL2808 型瞬态记录仪。另外，作为测量元件的应变砖应与介质的波阻抗相匹配。松动范围采用声波仪配换能器检测。目前较普遍采用的有 SYC－Ⅱ型岩石声波参数测定仪，可与相匹配的 30kHz 的增压式换能器配合使用。

10.2.3　监测项目布置原则

监测系统布置应控制滑动面、切割面、临空面、边坡加固结构单元，断层带或裂隙密集区应加强监测。总原则是：兼顾全面、统一规划、分期实施。具体要求如下。

（1）监测目的明确、突出重点。通常边坡工程施工和运行期监测的主要目的在于掌握边坡变形、渗流、松动等发展趋势，为加固处理提供依据。边坡安全监测以边坡岩体整体稳定性监测为主，兼顾局部滑动楔体稳定性监测。

（2）监测应贯穿工程活动（施工、运行）全过程。监测最重要的是及时，即及时埋设、及时观测、及时整理分析监测资料和及时反馈监测信息。要实现监测全过程，或利用已有预埋仪器，或施工开挖前完成必要的监测设施，开挖下一个边坡台阶前完成上一个台阶的监测设施。

（3）避免或减少施工干扰。应尽量利用勘探洞、排水洞、排水孔预埋仪器进行监测，利于保护；施工过程中建立参建各方会商机制，进行文件会签；尽量采用抗干扰能力强的仪器；加强仪器观测房、测孔孔口的保护，保护设施力求牢靠。

（4）布置仪器力求少而精。仪器数量应在保证实际需要的前提下尽可能减少；仪器应满足监测的精度和量程；施工期监测的仪器，精度要求可稍低，也可采用简易的仪器；运行期监测仪器要求较高（特别是长期稳定性）；坚硬岩体变形小，应采用精度高、量程小的仪器，半坚硬、软弱或破碎的岩体可采用精度较低、量程较大的仪器。

（5）监测布置应留有余地。监测过程中存在一些不确定的因素，如地质条件不可能十分清楚，随开挖施工发现一些新的地质缺陷，原布置时未估计到的不稳定楔体，以及可能出现一些未能考虑到的问题，应根据实际需要修改和补充布置，留有余地。

（6）安全监测常以仪器量测为主，人工巡视、宏观调查为辅，重点部位少量进行自动化监测。

（7）施工期和运行期安全监测应相互结合、衔接，施工期监测设施能用作运行期监测的必须尽量保留。

10.2.4　监测断面选择

（1）边坡监测通常按断面（或剖面）布置，以监控边坡的整体稳定性为主，兼顾局部的稳定性。监测断面通常选在地质条件差、变形大、可能破坏的部位，如有断层、裂隙、危岩体存在的部位；或边坡坡度高、稳定性差的部位；或结构上有代表性的部位；或做过模型试验、分析计算的典型部位等处。

（2）当监测断面需布置多个时，应根据地质条件、边坡高度、结构要求等确定主次监测断面。

（3）重要断面布置的监测项目和仪器应多于次要断面，自动化程度应高于次要断面，且同一监测项目宜平行布置，如大地测量和钻孔倾斜仪、多点位移计同时布置，以保证成果的可靠性和相互印证。

10.2.5 监测点（网）布置

10.2.5.1 大地测量变形监测网点布置

（1）大地测量变形监测网点布置原则。

1）控制监测网点是进行水平位移和垂直位移观测的工作基点，应设在稳定的地区，避开滑坡体的影响。

2）监测网点在满足控制整个滑坡范围的条件下布置数量适宜，不宜过多；图形强度应尽可能高，确保监测网点坐标误差不超过±3mm。

3）滑坡体上监测点的布置应突出重点、兼顾全面，尽可能在滑坡前后缘、裂缝和地质分界线等处设点。当滑坡上还布置有深部位移（如钻孔测斜仪、多点位移计等）测孔（点）时，大地变形监测点应尽量布置在这些测孔（点）附近，以便相互比较、印证。

4）监测点应布置在稳定的基础上，避免在松动的表层上建点，且测点数宜尽量少，以减少工作量，缩短观测时间。

5）监测垂直位移的水准点应布置在滑坡体以外，且必须与监测网点的高程系统统一。

（2）变形监测网点的布置。为满足监测网点三维坐标中误差不超过±3mm的要求，可以选择两种方案：①建立满足X、Y坐标精度的平行监测网，配合建立满足点位高程精度的精密水准网；②建立满足点位三维坐标精度要求的三维网。当地形起伏大或交通不方便、进行精密水准观测有困难时，宜采用三维网布置方案。

1）水平位移监测网点的布置。水平位移测网点布置方法通常包括：视准线法、联合交会法、边交会法、角前方交会法（见表10-2）。

表 10-2　　　　　　水平位移监测网点布置方法比较表

项　目	布　置　方　法	优　缺　点	适　用　条　件
视准线法	沿垂直滑坡滑动方向布点，两端点为监测网点，中间为监测点	优点是观测工作量小；缺点是对地形要求较高，要求滑坡两侧宜布置网点、网点间能通视、从网点上能看到视准线上所有测点	不适用于范围大、狭长的滑坡或滑坡任何一侧找不到稳定基点的滑坡
联合交会法	在监测点上设站为主，在少数网点上设站为辅	观测精度高、速度快；但要求观测人员素质高，工作量稍大，网点布置要均匀	适用于下监测网点交通不方便、上监测点交通方便的滑坡

项目	布 置 方 法	优 缺 点	适 用 条 件
边交会法	以两个以上监测网点为基准，观测这些网点到某一监测点的距离和高差	观测方便、精度高；但要求测距仪精度高、交通方便	适用于交通方便的滑坡
角前方交会法	在两个以上的监测网点上设站观测某一个监测点	优点是无需去监测点上设站，因而临滑坡前也可以观测；但观测距离远，精度受影响	适合于监测点交通不便和滑坡临滑前的边坡

2）垂直位移监测网点布置。垂直位移监测常用大地测量法，包括精密水准测量法、测距高程导线法，以及精密水准测量法和测距高程导线法联合监测法三种。其测网点布置根据地形条件选定的监测方法确定。

A. 精密水准测量法的监测网点布置：此法直观性好、精度高，适合于较平坦的地区；当比高大时，设站很多、工作量大。当滑坡体的横断面沿等高线走，比高不大时，精密水准测量测线采用沿横断面布置为宜。

作为优化观测方案，也可先按三维网建立监测网点的高程，然后以观测横断面的两端或一端作为工作基点，观测该横断面监测点高差的变化，各横断面水准点的稳定性则用监测网点检查，以形成既能测出垂直变形的相对变化量，又能测出绝对垂直变形量。

B. 测距高程导线法的监测网点布置：测定两点之间的距离以及高度角，以计算两点之间高差的方法。优点是可以直接确定相互通视的两点高差；缺点是要求仪器精度高、观测人员素质好。对于规模大、沿滑动方向窄长且比高大、沿横断面两端布置水准点困难的边坡和滑坡宜采用此法。通常以高程工作基点为基准，采用附合、闭合和支线等组成测线；为保证精度，应尽量使相邻两点间的比高小、距离短。

C. 精密水准测量法和测距高程导线法联合监测法的监测网点布置：对于建筑物多（如居民区）、通公路的边坡，可以采用以高程工作基点为基准，采用附合或闭合的方式组成一条混合测线。如沿公路布设观测水准线，用测距高程导线法连测建筑物上的监测点，两者相互衔接。

10.2.5.2　表面倾斜监测布置

表面倾斜采用倾角计进行监测。

（1）人工边坡测点可布置在边坡马道、排水洞或监测支洞的地表。

（2）对于天然滑坡应在地质调查、确定滑坡主轴及边界的基础上，在剪出口、前缘、主轴和后缘等特征点上布置测点。

（3）对于加固的边坡和滑坡，可在抗滑挡墙、抗滑桩等建筑物的顶部或侧面布置测点。

10.2.5.3　地表裂缝监测布置

地表裂缝张合和位错常用测缝计、收敛计、钢丝位移计和位错计监测，位错计可布置成单向、双向或三向。地表裂缝监测仪器通常跨裂缝、断层、夹层、层面等布置。仪器布置在边坡马道、斜坡或滑坡的地表，或排水洞、监测支洞裂缝等出露的地方。

10.2.5.4　深部水平位移监测布置

深部水平位移监测仪器有钻孔测斜仪。

（1）人工边坡。

1）在滑动面尚未出现时，应采用活动式钻孔测斜仪；当出现滑动面以后，在滑动面的上下安装固定式测斜仪。

2）钻孔测斜仪布置在边坡监测断面的各级马道上。上1个钻孔孔底应达到下一个相邻钻孔的孔口高程。天生桥一级水电站高边坡第2断面监测布置见图10-1。

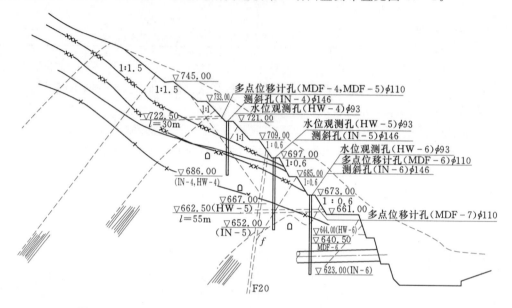

图10-1　天生桥一级水电站高边坡第2断面监测布置图（单位：mm）

3）通常钻孔是铅直布置，当边坡较缓时，钻孔也可近垂直坡面呈斜孔布置，但偏离铅直线不宜太大（10°～15°以内），以防仪器量程损失过多。

4）深部水平位移监测孔宜与大地水平变形测点靠近布置，以便相互比较、印证。

（2）天然滑坡。天然滑坡监测断面一般1个，用于控制滑坡的整体稳定。

1）钻孔倾斜仪孔主要控制滑坡的前缘和后缘。一般在前后缘至少各布置1个钻孔。埋设仪器的钻孔宜尽量利用地质勘探钻孔。

2）应在地质分析、理论计算等预测的基础上将前后缘之间的钻孔，布置在变形大、可能发生破坏的部位，或者地质上有代表性的地段。

3）深部水平位移监测孔宜与大地水平变形测点靠近布置，以利相互比较。当出现一些事先未能预计到的情况（如裂缝、塌方）时，根据需求补充测孔。

4）监测钻孔应穿过潜在滑动面，打到稳定的基岩。

10.2.5.5　沿钻孔轴向位移监测布置

沿钻孔轴向位移监测常采用多点位移计。多点位移计测点远不及钻孔倾斜仪多，钻孔倾斜仪每0.5m有1个测点，而多点位移计在同一个钻孔中一般仅4～6个测点。但多点位移计可远距离测量，便于监测自动化。

（1）多点位移计通常布置在有断层、裂隙、夹层或层面出露的边坡。多点位移计钻孔常成水平略向上成5°～10°的仰角（为便于灌浆，有时也采取5°～10°的俯角）。钻孔孔底应穿过要监测的软弱结构面。

（2）多点位移计与钻孔倾斜仪一般不重复布置，特别重要的工程例外。

10.2.5.6 松动范围监测布置

松动范围监测通常在大型人工高边坡上进行，监测由于边坡开挖中应力释放和爆破动力作用下引起的对岩体扰动的范围，为边坡锚固设计和稳定性计算提供依据。一般采用声波法和声波仪监测，也可以采用地震法和地震仪进行监测。监测布置的方法如下。

（1）双孔测试。

1）除变形监测断面以外，适当增加一些监测断面，以便监测成果更具代表性。

2）在监测断面的每一级斜坡上向山体内平行钻两孔，孔略向下倾 $3°\sim5°$，以便充水耦合。孔距 $2\sim3m$，孔径 $56mm$ 左右，孔深 $5\sim10m$，或预测确定，以采用双孔测试（即穿透）法测试，测点间距 $0.2m$，对重要断面可采取此法。

3）也可利用锚杆孔进行监测，即在安装锚杆前，先进行声波检测。

（2）单孔测试。

1）在选定监测断面的每一级斜坡上向山体内钻单孔，孔略下倾 $3°\sim5°$，以便充分耦合。孔距 $2\sim3m$，孔径 $56mm$，孔深 $5\sim10m$，或预测确定，以采用单孔法测试，测点间距 $0.2m$。对一般监测断面可采取此法。

2）也可利用锚杆孔进行监测，即在安装锚杆前，先进行声波检测。

10.2.5.7 渗流监测布置

地下水是影响边坡稳定的主要外因之一，渗流监测布置方法可根据实际情况确定。

（1）地下水位监测。

1）选择在边坡最高处的山顶向两侧或不同高程马道上打几个深钻孔，进行地下水位长期观测。钻孔应打到含水层底板以下。

2）在监测断面与各排水洞交会处，各布置 1 个测压管，进行重点监测。另外，利用排水洞按一定间距布置一些测压管，作一般监测。

3）当布置有钻孔倾斜仪时，可在每个钻孔倾斜仪孔的孔底布置渗压计 1 支。

（2）排水量监测。

1）在排水洞、交通洞口处设置量水堰。

2）选择典型排水孔，采用容积法监测排水孔的排水量。

10.2.5.8 加固效果监测布置

加固效果监测依据加固措施决定。边坡加固措施有锚杆、预应力锚索、抗滑桩、阻滑键（锚固洞）等。其监测布置方法如下。

（1）锚杆监测。为监测锚杆的受力状态，要进行锚杆应力监测。监测仪器常采用锚杆应力计。

通常选择有代表性的地段（如不同岩层）和各种形式的锚杆（如不同长度、大小）抽样进行。用作监测的锚杆一般布置 3～5 个测点，以便了解锚杆受力状态和加固的效果，了解应力沿锚杆的分布规律。

用于监测的锚杆数量一般为锚杆总数的 3‰～5‰，或根据工程实际需要确定。

（2）预应力锚索监测。预应力锚索监测是对各种张拉力的锚索抽样进行监测。对进行长期监测的锚索，应在锚索的孔口端安装一台锚索测力器，以监测锚固力随时间的变化。由于锚索测力器价格较贵，进行监测的锚索不可能多，进行监测锚索的数量根据工程的需要、工程的重要性和经费的承受能力确定，一般按 3‰～5‰ 抽样进行监测。每个典型地质地段或每种锚索至少应监测 1～2 束。如漫湾水电站工程，原设计进行长期监测的锚索 1000kN 的 3 束、3000kN 的 8 束、6000kN 的 2 束，但实际监测时每种锚索只选取了 1 束。

（3）抗滑桩监测。为了掌握抗滑桩的加固效果和受力状态，常采用钢筋计、压应力计进行监测。

1）监测仪器布置在受力最大、最复杂的滑动面附近。

2）沿桩的正面和背面受力边界面和桩的不同高程布置压应力计，分别监测正面的下滑力和背面岩体的抗力大小及其分布。

3）在抗滑桩正面可能滑动面附近的混凝土受力方向上埋设钢筋计，以求监测到最大（危险）的应力值，钢筋计应埋在主滑面附近。

（4）阻滑键（锚固洞）监测。为掌握阻滑键（锚固洞）加固效果和受力状态，常采用钢筋计、应变计、压应力计等进行监测。沿键（或洞）有代表性的地段选取若干个监测断面进行监测。如隔河岩引水洞进口边坡 406 号阻滑键选取了两个观测断面，沿监测断面周边滑动面出露处的不同方向布置监测仪器，每个断面布置钢筋计两支（水平、铅垂方向各 1 支）、压应力计 1 支、应变计 1 支。钢筋计、压应力计布置在 406 号夹层出露附近位置、洞的背面，应变计布置在夹层出露附近位置、洞的正面。

10.3　监测仪器现场检验与率定

（1）在监测设备安装埋设前，应按监测规程规范要求对全部监测仪器设备进行全面测试、校正、率定。主要检验率定项目包括：传感器力学性能、温度性能、绝缘性能；材料、管线、接头。其检验、率定结果需填写《进场仪器设备检验率定成果表》并编写监测仪器设备检验率定报告。

（2）所有光学、电子测量仪器必须进行检验、率定。

（3）用于检验、率定的设备，必须经过国家标准计量单位或国家认可的检验单位检定、检验合格，并且检验结果在有效期内，逾期必须重新送检。

10.4　常用仪器安装埋设

10.4.1　仪器安装埋设前准备

监测仪器安装埋设施工前应准备充分，准备工作主要包括：技术准备、材料设备准备、仪器检验率定、仪器与电缆连接、仪器编号等。

（1）技术准备。监测工程施工是与其他工程交叉进行的，仪器安装埋设施工，既要达到设计的时机要求，又要克服相互干扰施工环境的影响。因此，仪器安装埋设前，对现场条件要进行全面的分析研究，提出具体措施，在施工过程中还要随时进行研究和调整。

（2）材料设备准备。仪器安装材料设备准备见表10-3。

表 10-3　　　　　　　　　　　　仪器安装材料设备准备表

序号	项目	内　容	说　明
1	土建设备	1. 钻孔和清基开挖机具； 2. 灌浆机具与混凝土施工机具； 3. 材料设备运输机具	在岩土体内部安装埋设仪器时，需要钻孔、凿石、切槽和灌浆回填，机具的型号根据工艺需要确定
2	仪器安装设备、工具	1. 仪器组装工具； 2. 工作人员登高设备及安全装置； 3. 仪器起吊机具和运输机具； 4. 零配件加工：如传感器安装架及保护装置等	1. 根据现场条件和仪器设备情况加以选用； 2. 安装仪器要借助一些附件，这些附件有厂家带的，大多数情况是根据设计要求和现场实际情况自行设计加工； 3. 登高和起吊设备应根据地面或地下工程现场条件选择灵活多用的设备
3	材料	1. 电缆和电缆连接与保护材料； 2. 灌浆回填材料； 3. 零星材料、零配件加工材料、电缆走接线材料和脚手架材料等	1. 电缆应按设计长度和仪器类型选购； 2. 零星材料需配备齐全，避免仪器安装因缺一件小材料而影响施工进度和质量
4	办公系统	1. 计算机、打印机及有关软件； 2. 各种仪器专用记录表； 3. 文具、纸张等	1. 计算机软件包括办公系统、数据库和分析系统； 2. 记录表应使用标准表格
5	测试系统	1. 有关的二次仪表； 2. 仪器检验率定设备、仪表； 3. 仪器维修工具； 4. 测量仪表工具； 5. 有关参数测定设备、工具	1. 二次仪表是与使用的传感器配套的读数仪； 2. 岩土、回填材料和其他材料检验时的材料参数测定设备、工具

（3）仪器检验率定。仪器安装埋设前应按相关的规定进行率定或组装率定检验，按照合格标准选用。

（4）仪器与电缆连接。仪器与电缆的连接是保证监测仪器能长期运行的重要环节之一，必须按要求进行。

1）按仪器至观测站实际需要长度，加上松弛长度进行裁料。松弛长度据电缆所经过的路线要求确定，一般不得少于5%，如有特殊要求，另行考虑。

2）将选好的线端橡胶包皮剪除100mm，按表10-4进行接头线芯的裁剪，然后按图10-2所示进行同色芯线的连接。各芯线连接之后，长度一致、接点错开，切忌搭接在一起。

表 10-4　　　　　　　　　　电缆连接时对接芯线应留长度表　　　　　　　　　单位：mm

芯线颜色	仪器电缆接头芯线长	接长电缆接头芯线长
黑	25	65（85）
红	45	45（65）
白	65	25（45）
绿	（85）	（25）

注　若电缆为四芯时，应用括号内数值，五芯时可依次加长。

3）接头采用高压绝缘胶带包扎好后，用万用表测试1次，如发现异常，立即检查原

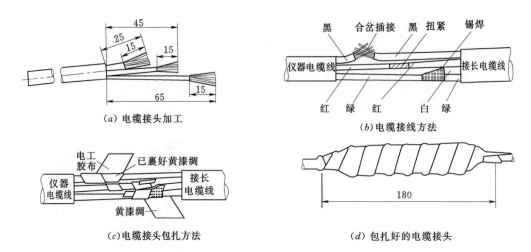

(a) 电缆接头加工

(b) 电缆接线方法

(c) 电缆接头包扎方法

(d) 包扎好的电缆接头

图 10-2　电缆连接工艺图（单位：mm）

因，如果断线应重新连接。

（5）仪器编号。仪器编号比较简单的方法是在有不干胶的标签纸上写好编号，贴在应贴部位，再用优质透明胶纸包扎加以保护。也可用电工铝质扎头，用钢码打上编号，绑在电缆上，用电缆打号机把编号打在电缆上更好。编号必须准确可靠，长期保留。

10.4.2　仪器安装埋设的土建施工

监测工程土建施工包括：临时设施、仪器安装埋设、电缆走线、观测站及保护设施等土建施工。土建工程经验收合格后，才能安装埋设仪器。

（1）表层变形监测仪器安装埋设土建施工。

1）监测网点观测标志浇筑。监测网点观测标志采用钢筋混凝土观测标墩，或选择其他的标准观测墩。标墩基础力求稳固，或除去表面风化层使标墩浇筑在新鲜基岩上；或当地表覆盖层较厚时，应开挖出一基坑，深度不少于1m。同时，在底部打5根2m长的锚杆。标墩应现场浇筑；顶部仪器基盘采取二期混凝土埋设且仪器基盘要求水平。

由于监测网点也是高程工作点，为观测方便，监测网点观测标墩的底盘上要设置一水准标志，水准标志的标心应高出底盘天面5mm左右。监测网点观测标墩见图10-3。

2）水准标志的制作和浇筑。水准标志采用岩石嵌标型，同时浇筑钢筋混凝土指示盘和标盖，水准嵌标见图10-4。土坡采用标准水准标志。

（2）钻孔测斜仪、多点位移计安装埋设的土建施工。

1）钻孔测斜仪、多点位移计需分别钻孔，孔径不小于110mm，孔深根据设计确定。钻孔宜采用地质岩芯钻机，按设计孔位、孔向、孔深钻进，取芯作地质编录，为仪器埋设提供依据。

2）孔口保护墩。为保护孔口，宜浇筑混凝土保护墩，墩高约1m，底约30cm×30cm，顶20cm×20cm。

（3）观测房施工。观测房利用排水洞、观测支洞加门锁作观测房，或另行建房。观测房大小根据实际需要确定。

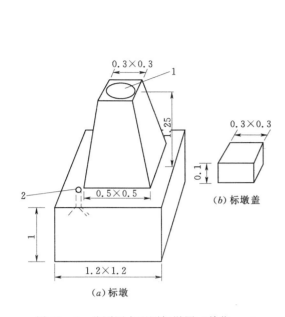

图 10-3　监测网点观测标墩图（单位：m）
1—仪器基盘；2—水准标心

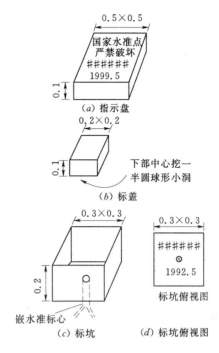

图 10-4　水准嵌标图（单位：m）

10.4.3　仪器安装埋设

10.4.3.1　应变计安装埋设

岩体应变计用以观测岩体内部变形，即由于岩体的应力变化引起的变形相对变化率。应变计在岩体内不应跨越结构面，但在节理发育的岩体内，应变计标距应加长，一般为1～2m。埋设孔（槽）横截面的尺寸在满足埋设要求的条件下应尽可能小。孔（槽）内应冲洗干净，无油污。埋设时应用膨胀性稳定的微膨胀水泥砂浆填充密实。仪器轴向方位误差应小于1°，埋设前后应及时检测。为了防止砂浆影响仪器变形，使应变计与岩体同步变形，应变计中间应嵌一层隔离材料（见图10-5）。应变计组应固定在支架或连接杆上，或埋设在各个方向的钻孔内，单向应变计组可固定在连接杆上埋入钻孔内的不同深度。

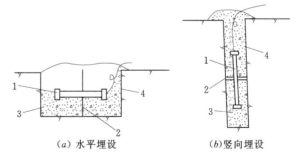

图 10-5　基岩内埋设应变计示意图
1—基岩应变计；2—隔层；3—水泥砂浆；4—岩石

10.4.3.2　测缝计安装埋设

测缝计主要用于监测边坡岩体裂隙的开度变化。测缝计安装埋设时，应确保仪器波纹管能自由伸缩。安装埋设过程中应注意检测，测缝计安装前后电阻比差应小于20（0.01％）。

埋设方法：在岩体内钻孔，使钻孔跨越待测裂缝，将测缝计埋入孔内跨越裂缝处。测缝计加长杆长度应根据岩体结构确定。

10.4.3.3 渗压计安装埋设

渗压计用于观测岩体、土体内的渗透水压力。安装埋设前应做好以下准备工作：①仪器室内处理；仪器检验合格后，取下透水石，在钢膜片上涂一层防锈油，按需要长度接好电缆；②将渗压计放入水中浸泡 2h 以上，使其充分饱和，排除透水石中的气泡；③用饱和细砂袋将测头包好，确保渗压计进水口通畅，并继续浸入水中。

（1）土料填筑过程中埋设渗压计。土料填筑超过仪器埋设高度约 0.5m 后，暂停填筑。测量确定仪器埋设位置，人工挖出长×宽×深为 1.0m×0.8m×0.5m 的坑，在坑底将与渗压计直径相同的前端呈锥形的铁棒打入土层中，深度与仪器长度一致，拔出铁棒后，将仪器取出读一个初始读数，做好记录，然后将仪器插入孔内，注意不得用锤敲打，只能用手加压。将仪器全部压入孔中，再把仪器末端电缆盘成一圈，其余电缆线埋入挖好的电缆沟中并引向观测站，分层填土夯实。

（2）基岩面埋设渗压计。在设计位置垂直钻一集水孔，孔径 50mm，孔深不大于 1m，经渗水试验合格后，将渗压计放入砂袋中并对准集水孔口，砂袋外用砂浆覆盖封闭，砂浆凝固后，即可浇筑混凝土或进行土石填料，电缆引入观测间（见图 10-6）。

在土石填筑体的基岩面上埋设渗压计，也可以采用坑埋方法。当土石料填筑已高于仪器埋设处 0.5～1.0m 时，暂停填筑，测量确定仪器埋设位置。挖去周围 50cm 的填土，露出基岩，在底部铺填厚 20～30cm 中粗砂，把浸泡在水中的仪器取出放入砂中，仪器电缆线绕一圈后，向外引出，再盖填厚 20～30cm 中粗砂，浇水使砂饱和，在上面填土并分层夯实。

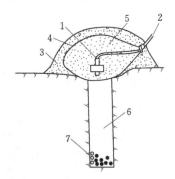

图 10-6　基岩面上渗压计埋设图
1—渗压计；2—电缆；3—砂浆；4—麻布袋；
5—细砂；6—钻孔；7—砾石

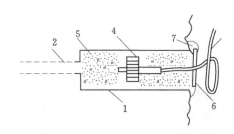

图 10-7　水平浅孔内渗压计埋设图
1—孔洞；2—钻孔；3—电缆；4—渗压计；
5—细砂；6—盖板；7—砂浆

（3）水平浅孔内埋设渗压计。在地下洞室围岩内或边坡基岩表面浅层埋设渗压计，需要用水平浅孔埋设和集水。浅孔的深度为 0.5m，直径 150～200mm，如果孔内无透水裂隙，可根据需要的深度，在孔底套钻一个直径 30mm 左右的孔（见图 10-7），经渗水试验合格后，小孔内填入粗砂或米石，大孔内填细砂，将渗压计埋在细砂中，并将孔口用盖板封上，然后用水泥砂浆封缝，砂浆终凝后即可填筑混凝土或填筑土石料。

（4）深孔内埋设渗压计。按设计要求深度钻孔，孔径 150～200mm。岩体钻孔应做压水试验，埋设位置应根据地质条件和压水试验结果确定。

将渗压计装入细砂包中，先向孔内填入 40cm 中粗砂至渗压计埋设高程，然后放入渗压计至埋设位置，经检测合格后，在渗压计观测段内填入中粗砂，并使观测段饱和，再填入 20cm 细砂，孔口段灌注水泥浆或水泥膨润土浆封闭。

分层测渗透压力时，可在一个钻孔内埋设多支渗压计。相邻渗压计之间用水泥浆灌注进行封闭隔离。

观测点压力时，应将渗压计封闭在不大于 0.5m 的钻孔渗水段内。

钻孔岩体渗透系数很小时，渗压计埋在体积较小的集水孔段内。

（5）测压管安装埋设。在介质渗透系数较大的部位宜采用测压管观测渗透水压力，在重要的观测地段通常同时布置渗压计和测压管进行平行观测。测压管安装类型与方法如下。

1）在设计孔位处造孔，孔径 110～150mm，孔深根据设计要求确定，钻孔应取岩芯，并分段进行压水试验。

2）根据钻孔柱状图、压水试验成果以及观测设计要求，确定测压管进水管段的位置和长度，用于点压力观测的进水管长度应小于 0.5m，进水管下端应预留长 0.5m 的沉淀管段。

3）钻孔底部填入厚 20～30cm，粒径为 5～10mm 的小石垫层。

4）将测压管进水管和导管依次连接放入孔内。在下管过程中管节间必须连接严密，吊系牢固，保持管身顺直。

5）进水管段填入粒径为 10～25mm 的砾石；其上填入厚 20cm 的细砂；上部孔口段填入水泥砂浆或水泥膨润土浆。

6）测压管的进水管段必须保证渗水能顺利进入管内，钻孔遇塌孔或产生管涌时，应加设反滤装置。在完整的岩体中安装测压管时，可不安装进水管和导管，只安装管口装置。

7）分层测渗透压力时，可采用一孔多管式测压管，但要做好各层进水管之间的封闭隔离。

10.4.3.4　多点位移计安装埋设

边坡工程监测用的多点位移计一般在钻孔中安装，用于观测沿钻孔轴向的岩土体位移。钻孔位移计有单点位移计和多点位移。孔内测点（锚头）固定方式有机械式和黏结式两种。测点与传感器连接方式有传递杆连接和钢丝连接，外部均用 PVC 管封闭保护。传感器均安装在孔口，孔内最深的测点应位于稳定岩层中。埋设方法如下。

（1）造孔。

1）测量放样孔位，按设计要求的孔径、孔向和孔深钻孔。钻孔轴线弯曲度应不大于钻孔半径，以避免传递杆（丝）过度弯曲，影响传递效果。孔向偏差应小于 3°，孔深应比最深测点深 1.0m 左右。

2）钻孔结束后用高压水冲洗干净，验孔并检查钻孔通畅情况。

3）距离开挖工作面近的孔口，应预留安装保护设施的位置。

（2）仪器组装。多点位移计安装前需在平整的场地上按设计要求现场组装。

1）传递杆、护管、锚头组装。按设计要求长度进行传递杆连接，如作长期观测时宜在连接头处加少许黏合剂，并在传递杆埋入孔内的一端装上锚头，所有接头处均应加胶。然后在传递杆外安装好护套管（注意：护套管两端一定要用PVC胶黏结牢固，防止漏入水泥浆后导致位移计失效）（见图10-8）。

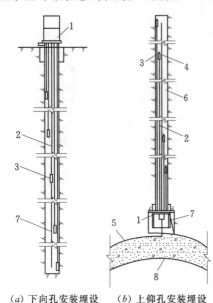

（a）下向孔安装埋设　（b）上仰孔安装埋设

图10-8　多点位移计安装埋设图

1—传感器装置；2—带护管的传递杆；3—测点锚头；
4—排气管；5—电缆；6—水泥砂浆；
7—灌浆管；8—混凝土衬砌

2）排气管和注浆管安装。排气管应长出锚头30cm以上，底端测面用小刀削出3～5个直径3～5mm的小孔，便于排气。排气管和注浆管从孔口侧面斜向插入传递杆外侧孔内。主体外筒和排气管、注浆管用速凝砂浆固定牢固。

（3）主体组装。主体连接位移传感器安装见图10-9。先将4个金属连接套管拧入外筒下端的4个孔中，再将主体保护罩卸下，把安装好锚头的传杆和护管按计算好的长度连接好，在PVC护管与主体连接管处套上一根长10～15cm、直径18mm的热缩管。逐一将上端留出无护管的传递杆穿过金属连接管和外筒，在上端用连接块与传感器连接，连接后应按估计值设置一定的预拉量（量程的70%）预拉，在连接部分用上下2个螺母与位移计拉杆紧固，同时将PVC护管套在金属连接管上，并用套入的多少微调传递杆拉杆的预拉长度。传感器预拉后可用一长度与预拉相等的竹片、木条之类固定传感器拉杆。然后检查每个传感器的编号和频率及所对应的传递杆长度，做好记录。将传递杆的护管用胶与金属连接管连接后用外包热缩管热缩，准备整体安装。

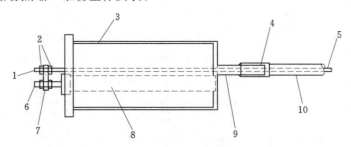

图10-9　主体连接位移传感器安装图

1—传递杆；2—紧固螺丝；3—主体外筒；4—金属连接管；5—传递杆（不锈钢）；6—位移计拉杆；
7—连接块；8—位移传感器；9—热缩管；10—PVC护管

（4）安装。将组装好的多点位移计抬运到安装位置。10m以内的孔可先在安装孔内注入一定量的水灰比为0.5：1水泥浆，然后将组装好的多点位移计插入孔中（上斜孔除外）；深孔安装应随传递杆装入排气管，排气管应长出最深的锚头30cm以上。排气管和注浆管从孔口侧面斜向插入传递杆外侧，主体外筒和排气管、注浆管用速凝砂浆固定牢固后，上好保护罩，待砂浆凝固后用注浆设备向孔内注入水灰比为 0.5：1 水泥浆，当排气管中有浓水泥浆溢出时，封住排气管口停止注浆。下斜孔注浆时不用安装排气管，把仪器装好就位后在孔测面扩开一沟槽，用一根长于孔深直径 15mm 的软管插入孔底，边注浆边不断向上拔管，直至注满。待水泥浆凝固即可测读初始读数。

（5）资料测取。测取资料时先拧下保护罩，分别测量各点频率，每点返复测 3 次以上，做好记录。

10.4.3.5 固定式测斜仪安装

固定式测斜仪埋入后，可实现长期远程自动测斜和动态监控，用于人不易到达的区域或需自动监测的项目。但由于固定式测斜仪价钱昂贵，一般在一个测斜孔中只选几个典型深度安装。

（1）垂直固定式测斜仪安装。

1）钻孔内安装。固定式测斜仪安装见图 10-10，将一组传感器测头水平放置，使每支仪器的轴线在同一条直线上，按设计要求调整好标距（一般 3～10m），并调整每支传感器的测角方向处于相同平面内，注意传感器同一组颜色接线所对应的测量线处于同一侧向，固定好传感器使其不可扭动，用配备的正反牙螺母连接各组传感测头。在连接过程中，各组传感测头仅沿轴线方向平移，不得有圆周向移动时旋紧正反牙螺母。连接时，螺纹上可适量涂以 AB 胶或厌氧胶，用钢尺准确测量各测点的深度，按顺序编号做好记录。待胶凝固后，即可埋设。

孔内采用吊装埋设，在孔口端固定好接杆尾部，使仪器串联组自由悬垂于钻孔中心位置，然后回填膨润土球或原状土。回填过程每填深 3～5m 进行 1 次注水，使膨润土遇水后能与孔壁紧密，使传感测头可靠定位。露出地表的连接（吊装）杆应妥善保护，可对地表连杆段浇筑混凝土墩台进行保护。

2）测斜管内安装。在装有测斜管的测孔内先用活动测斜仪试放 1 遍，确认与设计一致方可。每只倾斜仪的传感器与安装附件连接完好。传感器的两端各配有一只处于同一平面内的导向定位装置。单只传感器使用时倾斜仪为一组完整的准测斜仪，两导轮之间的间距即为测斜仪的"标距"（500mm）。多只传感器串联使用时，需按图 10-10 所示将单只传感器分别用连接配件在现场连接固定可靠，使每只测斜仪的导向轮处于同一平面内，然后按顺序连接放入，注意滚轮的方向和电缆编号，做好记录，确认后封堵孔口，管口浇筑混凝土墩台进行保护。

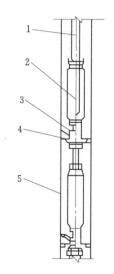

图 10-10　固定式测斜仪
安装示意图
1—导轮；2—倾斜仪；
3—连接杆；4—芯屏蔽电缆；
5—导轮及支架

3）注意事项：①安装时必须切记仪器正值、负值变化的方向，便于资料分析和判断；②正确选取仪器的额定测量范围；③仪器在接长测量电缆时请注意防水密封的可靠性；④仪器闲置 12 个月以上时，使用前应重新率定。

（2）水平固定式测斜仪安装。与垂直测斜管埋设方法基本一样，只是将垂直孔改成水平孔，注意槽口方向即可。

10.4.3.6　倾角计安装埋设

倾角计用于观测岩土体表面的转动角位移，或其内部某位置的转动角位移。

便携式倾角计观测时，事先将基准板固定在地面或地下洞室的岩面上。定期测量每一块基准板的表面斜度，以确定转动变形的大小、方向和速率。非便携式倾角计，将传感器固定在观测点的表面上，直接取读数，也可以设置遥测读数器。

根据观测要求不同，倾角计基准板在岩土体表面上可以水平安装，也能垂直安装。以下介绍水平安装的基准板的安装与观测。对于垂直安装的倾角计基准板，其安装、观测的要求与水平安装类似，可按仪器说明书中要求埋设，也可参照以下方法进行。

（1）测量定位测点位置。

（2）在测点处清理出 50cm×50cm 的基面。

（3）用水泥砂浆或树脂胶等黏结材料将基准板牢固地固定在基面上，同时调整一组定位销的方位与待测方向一致，方位角精度为 ±3°。

（4）安装基准板保护装置。保护装置的尺寸应大于传感器框架的尺寸。

（5）在风化岩层或完整性差的岩土体表面安装基准板时，应采用锚杆将基准板基座固定，然后在基座上安装基准板和保护装置。

（6）观测地下岩体结构等位置的转动位移时，可用钢管埋到经灌浆扫孔后的钻孔中，将基准板固定在钢管顶部。

（7）基准板安装结束后，应记录测点高程、平面坐标、各组定位销的方位。

（8）倾角计基准板安装固定后，应及时观测倾角计稳定的初始读数，作为观测基准值。

10.4.3.7　锚杆应力计安装埋设

钢筋计用于监测锚杆应力时，称为锚杆应力计。装上锚杆应力计的锚杆称为观测锚杆。锚杆应力计安装埋设要求如下。

（1）根据设计要求造孔。钻孔直径应大于锚杆应力计最大直径。钻孔方位应符合设计要求，孔弯应小于钻孔半径。钻孔应冲洗干净，并严防孔壁沾油污。

（2）按照观测设计要求裁截锚杆长度。选用螺纹连接的锚杆应力计，需要在裁截后的锚杆上先焊接螺纹接头，然后再与锚杆应力计用螺栓连接，接头与锚杆应保持同轴。

（3）观测锚杆组装。将锚杆应力计按设计深度与裁截的锚杆对接，同时装好排气管。需要对焊的锚杆应力计，应在水冷却下进行对焊，锚杆应力计与锚杆应保持同轴。

（4）组装检测合格后，将组装的观测锚杆缓慢地送入钻孔内。安装时，应确保锚杆应力计不产生弯曲，电缆和排气管不受损坏，锚杆根部应与孔口平齐。

（5）锚杆应力计入孔后，引出电缆和排气管，装好灌浆管，用水泥砂浆封闭孔口。

（6）安装检测合格后，进行灌浆埋设。一般水泥砂浆灰砂比为 1:1～1:2，水灰比为 0.38～0.40。灌浆时，应在设计规定的压力下进行，灌至孔内停止吸浆时，持续 10min 即可结束。砂浆固化后测其初始值。

10.4.3.8　锚杆测力计安装

锚杆测力计用于观测预应力锚杆预应力的形成和变化。测力计安装包括安装测力计和观测锚杆的张拉锁定，即测力计安装后加载的过程。

（1）观测锚杆张拉前，将测力计安装在孔口垫板上。带专用传力板的测力计，先将传力板装在孔口垫板上，使测力计或传力板与孔轴垂直，偏斜应小于 0.5°，偏心应不大于 5mm。

（2）安装张拉机具和锚具，同时对测力计的位置进行校验，合格后开始预紧和张拉。

（3）只作施工监测的测力计，应安装在外锚板的上部。

（4）观测锚杆应在对其有影响的其他工作锚杆张拉之前进行张拉加荷。张拉程序一般应与工作锚杆的张拉程序相同。有特殊需要时可另行设计张拉程序。

（5）测力计安装就位后，加荷张拉前应准确测得初始值和环境温度。反复测读，3 次读数差小于 1‰（F·S），取其平均值作为观测基准值。

（6）基准值确定后分级加荷张拉，逐级进行张拉观测。一般每级荷载测读 1 次，最后一级荷载进行稳定观测，以 5min 测 1 次，连续 3 次读数差小于 1‰（F·S）为稳定。张拉荷载稳定后，应及时测读锁定荷载。张拉结束之后，根据荷载变化速率确定观测时间间隔，进行锁定后的稳定观测。

（7）长期观测锚杆测力计及电缆线路应设保护装置。

10.4.3.9　锚索测力计安装

（1）根据孔口基岩情况和边坡形状，按要求补打锚杆以增强抗滑稳定性，按要求绑扎支座钢筋，再安装锚垫板与孔口套管，安装时用水平尺检查校正锚垫板与钻孔轴线必须垂直，钢套管的轴线与钻孔轴线必须重合。

（2）安装锚索测力计时，锚索按顺序进行从锚索测力计中心穿过，不得在孔内交叉。

（3）安装过程中应不断对锚索测力计进行监测，并从中间锚索开始向周围锚索逐步加载，避免锚索测力计偏心受力或过载。在安装过程中稍有偏差都有可能造成安装偏心，一旦偏心过大将会造成测值误差或失败。

（4）影响锚索测力计安装偏心的主要因素有以下几点。

1）钻孔的精度。主要是孔的同心度。钻孔同心度不好，直接导致锚索安装后直线度不好，锚索在张拉过程中会与孔壁之间产生摩擦，从而带来张拉过程中的锚固力损失。

2）编索的质量。锚索体编制要按照设计要求用隔离支架固定钢绞线，钢绞线和灌浆管路都要相互平行，不得有交叉、扭转等现象，防止张拉时钢绞线及灌浆管路相互产生摩擦。

3）穿索的质量。由于索体很长，在送索过程中，索体可能产生扭转，张拉时钢绞线之间产生摩擦。

4）锚固端的施工质量。锚固端的施工质量决定锚固端的强度，强度不够将导致锚索在张拉过程中锚固端产生位移，从而达不到预期张拉效果。

5）锚墩的施工质量。锚墩在张拉过程中直接受力，并使锚索受力合理地传递给岩体，锚墩的强度必须满足张拉要求，锚墩制作时应保证混凝土与岩土紧贴，并保证承压面与钻孔轴线垂直。

6）锚索测力计与锚垫板的同心连接。为了使锚索测力计与钻孔同心，应在锚梁上人工焊接固定板，防止锚索测力计在张拉过程中会产生滑移。

7）锚索测力计与张拉千斤顶的同心。锚索张拉过程中靠千斤顶提供作用力，而千斤顶本身的自重较大，如果千斤顶与测力计不同心，则在张拉过程中千斤顶与测力计之间产生偏移或滑移，势必造成测试所得的锚固力与千斤顶的出力有差别。可以在工作锚和测力计之间增加一个同心环，保证测力计与千斤顶同心。增加同心环后，测试结果表明对纠正偏心的效果非常明显。

8）预紧时的顺序。锚索在张拉前应先进行预紧，将孔内的单根钢绞线拉直，预紧应按对称的原则进行，否则会产生偏心。

（5）注意事项。

1）仪器应在额定测量范围内工作。

2）根据现场需要接长电缆时，接头处的防水密封要可靠。

3）仪器闲置 12 个月以上时，使用前应重新进行标定。

10.4.4 观测电缆走线

电缆走线有明走电缆、暗走电缆。明走电缆包括：明管穿线、缠裹和裸束等；暗走电缆包括裸束埋线、缠裹埋线、埋管穿线、钻孔穿线和沟槽敷设等。

（1）施工期电缆临时走线，应根据现场条件采取相应敷设方法，并加注标志，注意保护，选好临时观测站的位置。

（2）电缆走线敷设时，应严格按照电缆走线设计图和技术规范施工，尽可能减少电缆接头。

（3）在电缆走线的线路上，应设置警告标志。尤其是暗埋线，在暗线位置范围设置明显标志。设专人对观测电缆进行日常维护，并健全维护制度。

（4）电缆跨施工留缝时，应有 5～10cm 的弯曲长度。穿越阻水设施时，应单根平行排列，间距 2cm，均要加阻水环或阻水材料回填。在填筑过程中，电缆随着填筑体升高垂直向上引伸时，可采用立管引伸，管外填料压实后，将立管提升，管内电缆周围用相应的料填实。

（5）电缆敷设过程中，要保护好电缆头和编号标志，防止浸水或受潮；应随时检测电缆和仪器的状态及绝缘情况，并记录和说明。

10.4.5 仪器安装埋设后工作

为了便于对观测仪器的维护管理和对观测资料的整理分析，为工程安全做出准确的评估，使观测资料发挥应有的作用，仪器安装埋设后，必须做好下列各项工作。

（1）仪器安装埋设记录。仪器安装埋设记录应贯穿在全过程中，包括：准备工作、仪器安装埋设、观测电缆走线、工程施工等。记录要求力求翔实，真实反映仪器安装埋设过程情况。

（2）编写仪器安装竣工报告。仪器安装、埋设竣工报告内容：①监测工程设计概况；②监测工程施工组织设计概述；③仪器设备选型、仪器装置图及仪器性能明细一览表；④安装、率定和监测方法说明（含率定结果统计表）；⑤土建施工情况；⑥仪器安装埋设竣工图、状态统计表及文字说明；⑦仪器初始状态及观测基准值。

（3）仪器安装埋设后的管理。

1）建立仪器档案。仪器档案内容一般包括：名称、生产厂家、出厂编号、规格、型号、附件名称及数量、合格证书、使用说明书、出厂率定资料、购置商店及日期、设计编号及使用日期、使用人员、现场检验率定资料、安装埋设考证图表、问题及处理情况、验收情况。

2）仪器设备的维护管理。建立维护观测组织，编制维护观测制度和维护观测技术规程。

10.5 观测实施

监测仪器安装埋设测得初始状态数据，确定基准值之后，仪器便进入正常的工作状态，开始观测运行。正常观测时，首先应确定观测频率，制定仪器操作规程、观测数据处理要求和常规资料整理方法与报告内容，建立观测运行管理程序。

10.5.1 观测基准的确定

各种观测数据的计算都是相对计算，所以每个仪器必须有个基准值。基准值也就是仪器安装埋设后开始工作前的观测值。基准值确定是否适当直接影响以后资料分析的正确性，基准值确定必须考虑仪器安装埋设的位置、所测介质的特性、仪器的性能、环境因素以及一系列变化或稳定情况等，结合初期数次观测数据，最终确定基准值。

（1）应变计基准值的确定。应变计在岩体内埋设12h以上，水泥砂浆终凝后或水化热基本稳定时的测值可作为基准值。

（2）测缝计基准值的确定。测缝计埋设后，混凝土或砂浆终凝时的测值可作为基准值。

（3）位移计基准值的确定。位移计安装埋设后，根据仪器类型和测点锚头的固定方式确定基准值的观测时机，一般在传感器和测点固定之后开始测基准值。采用水泥砂浆固定的锚头，埋设灌浆后24h以上的测值可作为基准值。基准值观测应取3次连续读数，其差值小于1‰时的平均值。

（4）倾角计基准值的确定。倾角计基准板安装固定之后，观测其稳定的初始值，取连续3次读数差小于1‰时的平均值作为基准值。

（5）测斜仪基准值的确定。测斜仪导管安装埋设灌浆24h后，经3次以上稳定观测，2次测值差小于仪器精度，取其平均值作为基准值。

（6）渗压计基准值的确定。以仪器埋设后的初始测值作为基准值。

（7）锚杆应力计基准值的确定。以锚杆埋设灌浆24h后的初始测值作为基准值。

10.5.2 观测频率

仪器观测分为正常观测和特殊观测两种。正常观测是按照规定的时间间隔进行，测得各种参量随时间的连续变化情况。特殊观测是根据工程需要，在施工和运行的有代表性的时刻或某种因素导致参量发生异常变化时进行的观测。

常用仪器的观测频率，一般在仪器安装埋设后测定基准值，初期（施工期）每天1～2次，施工影响消除之后按参量变化速率调整。

边坡工程监测的观测频率，除设计和工程的特殊规定，一般按以下要求执行。

10.5.2.1 大地变形观测

（1）人工边坡。

1）水平位移监测网每两个月至1年观测1次，各测点水平位移每月观测1次。首次观测应在最短时间内连续、独立观测2次。

2）边角交会测量要求，是使最后一次水平位移监测点位移量的误差，在施工期不大于±0.5mm；在运行期不大于±3.0mm。

3）按《国家一、二等水准测量规范》（GB/T 12897）中二等水准测量精度进行垂直位移测量，每月观测1次。首次观测应在最短时间内连续独立观测2次。

4）特殊情况下适当加密。

（2）天然滑坡。

1）监测网每年观测1次。

2）监测点一般每年观测4～8次。即每年旱季两个月观测1次，雨季1个月观测1次，或每年4月、7月、8月、11月各观测1次。

3）监测网和监测点的首次值观测应连续观测2次。

4）要求监测网点坐标的误差不大于±3mm；监测点坐标的误差不大于±5mm。

5）观测频率应根据实际的需要和经费的可能适当加密。

（3）国内外若干滑坡的变形量及精度见表10-5。

表10-5　　　　　　　　　国内外若干滑坡的变形量及精度表

序号	滑坡名称	变　形　量/mm	观测精度/mm
1	中国黄河李家峡 一号滑坡	1984—1987年：上部20～80；中部250～320；下部130～350	5～10
2	中国黄河龙羊峡	30～150	10
3	中国长江新滩滑坡	缓慢期19～24mm/月；发展期87～133mm/月； 加剧期110～279mm/月；滑坡前期1个月6～10mm/月	
4	中国长江黄蜡石滑坡	20～100	
5	意大利Vaiont滑坡	滑坡前一天400mm/d；滑坡当天800mm/d	5～10
6	中国清江慕坪滑坡	水平方向：17～1725	≤5
7	中国清江茅坪滑坡	水平方向：200～500；垂直方向：0～145	≤5

10.5.2.2 表面倾斜观测

埋设完以后一周开始观测读数；第一周内每天观测1次；取得初始稳定值后每周观测1次；遇异常情况，视实际需要加密观测。

10.5.2.3 钻孔测斜仪观测

（1）钻孔灌浆后24h开始读数，每天观测1次，达到初始稳定状态后开始正式观测读数。

（2）在施工期间，3～5d观测1次，或根据变化速率调整。

（3）爆破前后各观测1次。

（4）运行期间7～10d观测1次。

（5）遇特殊情况，视实际需要适当加密观测。

10.5.2.4 多点位移计观测

（1）对于注浆固定的锚点，应待安装灌浆后 24h 开始观测初始读数。然后每天观测 1 次。

（2）在施工期间，3～5d 观测 1 次，或根据变化速率调整。

（3）爆破前后各观测 1 次。

（4）运行期间 7～10d 观测 1 次。

（5）遇特殊情况，视实际需要适当加密观测。

10.5.2.5 岩体松动范围观测

工程开挖结束后一次性观测稳定值。工程开挖过程中，根据开挖阶段进行观测，最后进行稳定观测或留作长期观测。

10.5.2.6 加固效果监测

用于加固效果观测的仪器，在加固前测一稳定值，加固过程中进行阶段观测，加固后测一稳定值后转入正常观测，开始 1d 测 1 次，或根据物理量变化速率调整测次。

10.5.3 边坡监测观测

各种仪器的读数应按照仪器说明书进行测读，数据用专用表格记录。观测应系统、连续地进行，严格遵守观测频率的规定。每次测读数据时，必须与前次测值对照检查，读数值应是稳定值。发现异常情况，必须及时进行复测，分析原因，记录说明。

观测误差有过失误差、系统误差、随机误差 3 种，对误差的控制要消除以下原因。

（1）仪器设备经常率定、修正其各部分的误差。

（2）定期对仪器设备率定、检修，确保性能稳定，消除仪器设备各种物理性质变化产生的误差。

（3）定期对基准点检测，修正由温度、腐蚀、震动等因素引起的基准点移动。

（4）制定操作技术规程、进行人员培训、更换人员和仪器时做好交接、克服观测方法不同和人员设备不同而产生的误差。

（5）若仪器性能超限，应及时检修更换，避免引起的误差。

10.5.4 巡视检查

仪器监测是边坡监测的主要手段，但由于经费和技术等原因，仪器监测毕竟有限，不可能覆盖整个边坡。因此，作为仪器监测的补充，进行人工现场巡视检查也是十分必要的。

（1）巡视检查可分为日常巡查、年度巡查和遇有险情的临时巡查，应根据施工期、运行期具体需要组织进行。建立制度，并认真做好记录。

（2）巡视检查的频度应根据上述第（1）条的不同情况制定。正常情况下巡视间隔大，施工期、雨期（汛期）、遇险情时加密巡视。

（3）根据第（1）条的不同阶段组织有关人员参加。参加人员应熟悉工程情况，并具有必要的专业经验。

（4）除对边坡普遍巡视外，应重点察看边坡前缘、主要断裂出露处和监测设施。

（5）察看地表的裂缝发生和发展情况、岩体的坍塌情况、地下水的渗出和变化情况，以及监测设施有无损坏情况等。

10.5.5 观测成果图表的绘制

观测的原始数据一般需要计算转换成物理量。不同的仪器，其物理量计算方法也不同。出厂仪器说明书中一般都有物理量的计算方法。根据各种不同的观测项目，使用不同的观测仪器所测的结果及所反应的物理量的变化大小和规律，绘出各种图表。

(1) 物理量随时间变化的过程曲线图。

(2) 物理量分布图，如物理量沿钻孔分布图、断面分布图、平面分布图等。

(3) 物理量相关关系图，如物理量与空间变化关系图、物理量之间的相关关系图、原因参量和效应参量相关关系图。

(4) 物理量比较图。

同时，还应绘制与上述各种图相关的数据表和数据与图一览表等。

10.5.6 监测成果报告

监测阶段成果简报，是把观测所得的成果用文字、图表系统地展示出来，让有关人员对工程的现状有较清楚的了解，两者的监测时间长短不同，在报告中的内容也有区别。监测时间越长，掌握的资料越多，对工程安全度的论述就越充分。监测成果报告应重点反映分析、判别边坡变形稳定趋势等方面的内容，并提出处理建议。监测成果分析内容一般包括以下几个内容。

(1) 根据各物理量的变化过程线，说明该监测结果的变化规律、变化趋势，是否会向不利方向发展。

(2) 将观测资料，特别是变化过程线，与理论计算值或与其他同类的物理量的变化进行比较，判断有无异常现象。

(3) 判别观测值异常的方法：①用观测值与设计值比较；②用目前的观测值与以前各次观测值比较；③与相邻建筑物的相同观测的物理量进行比较；④用一段时间以来各阶段的物理量的变化量，特别是变化趋势进行分析；⑤用各种物理量相互验证，进一步分析比较与工程安全度相适应的各种物理量之差。

(4) 根据资料对工作状态及存在安全隐患的部位和性质进行评价，并分析其发展趋势，提出加强观测意见，及对边坡运行、维护、加固处理意见或险情的处置建议。

10.6 安全预报与反馈

10.6.1 安全预报的内容

边坡的安全预报可以包括以下几方面的内容：①预报边坡滑塌的时间；②预报边坡滑塌的范围（或方量）包括：滑坡的长、宽、深；③预报边坡滑塌的速度：特别是预报边坡是否属高速滑坡；④预报（库岸）滑坡引起的江水涌浪高度和影响的范围（距离）。

重点是预报滑坡发生的时间。因为知道了时间，就可以在滑坡前采取措施，提前组织人员紧急撤离，避免发生人员伤亡等重大损失。

10.6.2 安全预报的标准

安全预报可以根据以下各种物理量：①边坡位移（或变形）的大小；②渗透压力的大

小；③抗滑桩或预应力锚杆受力的大小；④岩体声发射次数的多少。

最常用的是依据边坡位移大小来进行预报。预报用的位移，通常是取自边坡后缘拉裂缝的位移或滑动面的位移。滑动面的位移通常是钻孔测斜仪监测的滑动面或边坡中竖井揭露的滑动面直接测定的相对位移。

安全预报标准或允许临界（位移）值是很难确定的，要用一个位移允许值来确定各种边坡是否滑坡是十分困难的。因为边坡的稳定性受边坡本身的形态、边界条件、岩性、岩层产状、岩体构造、环境影响、荷载作用的影响。在有监测资料时，先前已经达到（发生）过且表现为相对稳定状态的位移（或速率）值，在条件没有明显变化的情况下，一般可以作为随后（未来）允许达到的一种安全界限。采用位移的"先验法"得出允许临界值的方法同样可以用于渗压，抗滑桩或预应力锚索的荷载以及声发射等临界值的确定。

10.6.3 边坡工程的监测反馈

常用的边坡工程监测成果反馈方式有以下几种。

（1）监测简报是最常用的快捷反馈方式，可以用定期或不定期发出简报的形式，将监测对象的情况、出现的问题、工作意见或建议及时通报有关各方。监测简报在施工期一般1~2周出一期，特殊情况下应加密，运行期监测一般1~2个月出一期，汛期或蓄水期应加密。

（2）年度结果报告。

（3）监测成果综合分析报告。

10.7　安全监测自动化

10.7.1　安全监测自动化简介

自动监测系统可以按预定的频率获取数据，对观测数据进行初步证实，并进行一整套自动检测，确认传感器和系统运行是否正常，实现实时、直线连续控制。

自动监测不仅观测数据收集不需要人工，而且能够将测量数据与模拟的数据模型的同类预测数据联机和实时进行比较，以便检查它们之间的差别是否在给定的允许范围内。经过比较认为是正确测量数据就存储起来，而对不规律的和不满足设计基本假定的数据则给予提醒（报警）注意。管理部门处于待命状态，并根据反常现象的重要性制定不同等级的"技术报警"。据此可以进行深入的分析和人工巡视调查。自动监测系统类似一种"技术过滤器"，使得专家的注意力集中在那些性态异常的边坡上。

自动化监测要求对边坡最终决定性的安全评价要由人工完成，而且必须定期进行人工巡视检查。自动化监测系统也可能发出错误的报警，所以，应当安装两个以上的报警系统，只有当几个系统都报警时才能采取紧急行动。

10.7.2　安全监测自动化方案

在设计工程安全监测自动化系统时，应当考虑的基本原则和功能要求如下。

（1）自动化系统可以覆盖整个工程，也可以在重点部位、控制单元或某些关键的仪器等部分采用自动化监测。

（2）系统应具有多功能的硬件、软件，能兼容各类传感器。系统采集的数据应包括地质、试验、设计、施工、环境等方面的观测数据信息，并能联网，要有操作灵活的数据库。

（3）系统应设有人工观测接口，以便在系统完建之前或系统发生故障时，进行人工补测；在系统正常运行时进行校测。

（4）系统应有离线输入口。包括动态观测数据，大地测量网数据的一次性转输和人工测值的键盘输入。

（5）系统必须确保对重要信息能够实现联机实时的安全监控，以便得到恰当可靠的安全评价和预报。

（6）系统应便于操作，宜具有人工智能特性，建立知识库和多种功能的方法库。

10.7.3　安全监测自动化实例

山体滑坡会带来非常大的危害，因此，通常需要综合多种方法进行监测。包括滑坡体整体变形监测，滑坡体内应力应变监测，外部环境监测如降雨量、地下水位监测等。变形监测是重点，是判断滑坡的重要依据。

拉西瓦水电站滑坡监测采用徕卡 GNSS 自动化监测系统，对水电站大坝附近的山体进行 24h 不间断地监测，掌握山体沿特定方向的水平位移和沉降的数值；全部监测的数据和结果都在 GeoMoS 中自动集成处理，通过对监测数据分析研究，得到山体的各项数据指标，从而在一定程度上为大坝的正常运营提供了安全保障。

拉西瓦水电站滑坡自动化监测系统组成：GeoMoS＋Spider＋12 台 GNSS，即包括 Spider 数据采集器 1 台、GeoMoS 数据处理器 1 台，监测型 GPS/GNSS 数据采集接收机 12 台。

Spider 用于数据采集、管理和计算，GeoMoS 用于数据分析和系统集成，可以远程监视和控制接收机的配置、状态和数据。监测数据经过 Spider 全过程自动化处理，直接输入到 GeoMoS 数据库进行数据图形分析和第三方软件访问。

拉西瓦水电站滑坡监测系统见图 10-11。

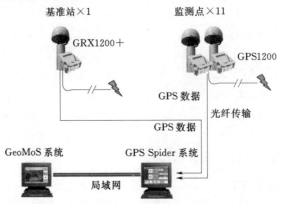

图 10-11　拉西瓦水电站滑坡监测系统示意图

10.8 工程实例

10.8.1 漫湾水电站左岸边坡安全监测

漫湾水电站坝区为一单薄的条形山脊，三面临江，岸坡较陡，坝轴线上游天然地形 $40°\sim45°$，下游 $35°\sim42°$。山坡第四系堆积较薄，仅 $0\sim3m$，大部分地段地面有基岩出露，基岩为三叠纪中统忙怀组（$T_{22}m$），岩性为流纹岩，新鲜流纹岩致密坚硬、块状。坝址因临近澜沧江断裂带，流纹岩受区域构造作用，不仅岩体具镶嵌碎裂结构的特征，而且次级破裂结构面（断层、挤压面和节理裂隙等）很发育，特别是顺坡节理，是控制边坡稳定的主要因素。

由于受左岸地形地质的限制，使水工建筑物布置相当紧凑，从上游的 2 号导流洞进口至下游出口的沿江 1km 的岸边都有边坡工程。从"三洞"进口地段的边坡开挖、坝前（底孔）边坡、坝基、厂房、水垫塘、"三洞"出口地段等边坡工程几乎连成一片。其中大坝、厂房和水垫塘等建筑物范围 315m 长度，边坡开挖高度 $60\sim120m$，开挖坡度 $42°\sim35°$，与顺坡结构面相同。"三洞"出口地段天然坡高约 225m，当开挖切断结构面后，边坡将产生失稳，滑移面将由软弱结构面组成"优势倾角"，倾角为 $40°\sim35°$。显然，左岸边坡工程的安全施工与稳定是整个工程建设的关键。

水电站左岸边坡在开挖过程中，于 1989 年 1 月 7 日在左坝肩发生约 10.6 万 m^3 的塌滑，1989 年 9 月 19 日"三洞"出口在高程 994.00m 以上又发生约 5 万 m^3 的塌滑。此后，根据计算得出"三洞"进口至"三洞"出口约 820m 长范围内有 440m 为不稳定边坡，必须采取工程处理措施，才能确保边坡的永久安全。根据下滑力计算结果，共设置了抗滑桩 36 个、锚固洞 64 个、各种预应力锚索 2297 索，以及其他的工程处理措施。同时，开展了对边坡稳定性的监测工作。自 1989 年 4 月至 1991 年 11 月，在坝横 0−020～0＋400（"三洞"出口），高程 1026.80m 至 921.00m 的广大范围，共埋设测斜孔 11 个，多点位移计 5 支，100t 级预应力锚索测力计 3 支，300t 级预应力锚索测力计 1 支，600t 级预应力锚索测力计 2 支，在 4 个锚固洞和 1 个抗滑桩内，埋设钢筋应力计 37 支，压应力计 10 支，渗压计 3 支。

漫湾水电站左岸边坡监测工作历时 3 年，为设计与施工提供了大量的极有价值的资料，对大坝安全施工与加固处理起到了重要的作用。

（1）左岸边坡自 1989 年 1 月 7 日塌滑以后，经数月加固处理，在坝横 0＋000.00～0＋060.00m、高程 999.00m 以上范围内，在完成预应力锚索、砂浆锚杆、锚固洞等抗滑工程的总抗滑力比理论计算的下滑力小的情况下（包括动荷载），低于缆机一侧的 5 支测斜管的水平变位和 3 支预应力锚索测力计的荷载变化均较小，表明经过加固后边坡是稳定的，故在 7 月下旬启动缆机和浇筑大坝得以实现。

（2）1989 年 5 月 7 日，在离漫湾水电站 300km 左右的耿马一带发生了 6.2 级地震，漫湾地震台记录本地区为 4 级，当天下午和 8 日、9 日，连续对已埋设好的 1 号、2 号、3 号 3 个测斜孔进行观测，其结果是在地震后的水平位移略有增加，但在 10d 之后又恢复到原来的基本状态。表明地震对左岸边坡未造成影响。

漫湾水电站左岸边坡内部观测平面及剖面布置见图 10−12 及图 10−13。

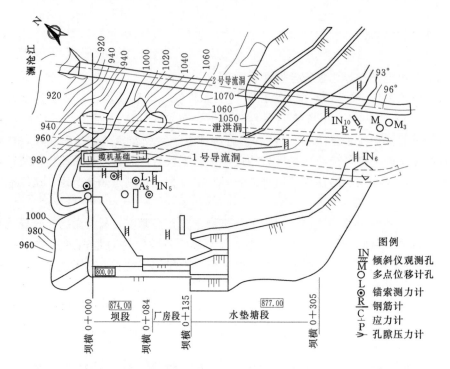

图 10-12　漫湾水电站左岸边坡内部观测平面布置图

图例

IN 倾斜仪观测孔
M 多点位移计孔
O 锚索测力计
L 钢筋计
C 应力计
P 孔隙压力计

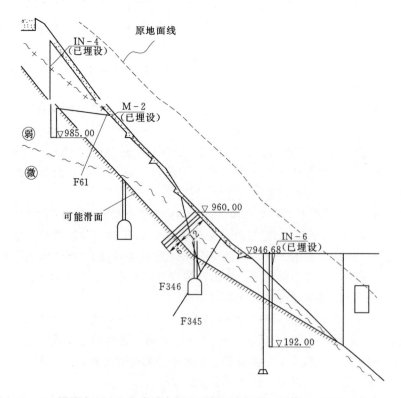

图 10-13　漫湾水电站左岸边坡内部观测剖面布置图（坝横 0+040）（单位：m）

（3）1990 年 9 月 19 日，"三洞"出口上部山体发生严重塌滑，估计有 5 万 m^3，第二天即对 8 号锚固洞的钢筋应力计进行量测，其结果应力值变化甚微，说明塌滑只是发生在边坡的表层，并未危及"三洞"出口边坡的安全，解除了设计与施工的忧虑。

（4）从 1990 年 9—12 月，泄洪洞出口地段边坡开挖高程从 954.00m 降至 938.00m 时，引起 8 号锚洞钢筋应力较大幅度增加。1991 年 7 月，设计决定在泄洪洞出口左边墙高程 954.00m 和高程 940.00m 设置 20 根 3000kN 级预应力锚索加固。此后，出口地段从高程 938.00m 下挖至 930.00m 时，实测钢筋应力未见增加。当继续下挖至高程 917.00m 左右时，8 号锚固洞的钢筋应力又增加了，在该段边坡又增设 28 根 3000kN 级预应力锚索加固。此后观测结果，应力变化甚微。

（5）1991 年 11 月初，在高程 937.00m 交通洞桩号 0＋368 和 0＋373.8 处发现裂缝，11 月中旬在该交通洞上部，安装了 11 号测斜孔，孔口高程 1005.433m，孔深 37m。该孔竣工后 3 个月的观测结果，在 27m 深处挠度值从 0.16mm 增加到 0.73mm，方向 SW67°，倾向坡外，在该处可能存在一滑移面，设计及时采取了削坡和设置了一批预应力锚索，此后观测结果，该孔 27m 深度的挠度值基本未发生变化。

漫湾水电站左岸边坡自坝轴线上游至"三洞"出口长约 820m 地段，在各种仪器监测下已基本完成了所有清坡、削坡及各种加固措施，大大提高了左岸边坡的稳定性和安全度。根据坝轴线至 0＋315 大坝、厂房和水垫塘正面边坡的各种仪器监测结果，岩体深部变形很小，多表现为弹性变形或局部蠕变。锚固洞和抗滑桩钢筋应力实测值也较小，多在40MPa 以内。各种仪器在安装埋设不到半年时间里都已基本稳定，目前正面边坡是稳定的。

根据 8 号锚固洞实测钢筋应力结果，表明"三洞"出口地段安全度较小，但通过加固处理后，在该部分边坡埋设的测斜管、多点位移计的量测结果，岩体深部变形值很小，锚固洞的钢筋应力也已基本稳定，表明该部分边坡的稳定性有了较大改善。

岩体内部渗透水压力的变化是诱发边坡失稳的一个主要因素。在施工期间，左岸山体内部有"三洞"和众多的交通洞，形成了良好的排水通道，库区水位又较低，所以，在B25 锚固洞内埋设的三支渗压计的孔隙水压力实测值仅为 0.03MPa。

漫湾水电站左岸边坡稳定监测按其目的和内容来说，可分两方面：一是岩体内部位移量测，用多点位移计和倾斜仪来确定边坡有无滑移面及其失稳的可能性，这两种仪器性能稳定，灵敏度高，实践证明是行之有效的；二是加固工程的应力量测，其作用是研究锚固工程的受力状态和工作机理，并根据观测到应力变化规律有无突变来判断边坡失稳的可能与否，如预应力锚索测力计、钢筋计等，都取得了良好的效果。

10.8.2　天生桥二级水电站厂房高边坡的加固监测

（1）工程概况。天生桥二级水电站厂房高边坡最大高差达 380m，工程部位地质条件复杂，1986 年 11 月中旬在厂房基坑开挖施工时，边坡上部高程 550.00m 以上诱发一个约140 万 m^3 的大型古滑坡，即下山包滑坡（又称厂房滑坡）。为保证边坡下方厂房安全，对边坡进行了综合整治，埋设了监测仪器，经过对几年的监测资料分析，证明综合整治取得了较好效果。

（2）厂房高边坡整治措施。鉴于高边坡滑坡体所处位置的重要性及滑坡体地质条件的复杂性，滑坡体治理采用了以下措施（见图 10-14）。

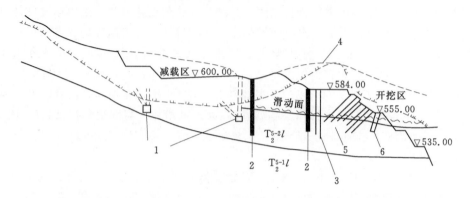

图 10-14　天生桥二级水电站厂房高边坡下山包滑坡治理剖面图
1—排水闸及排水孔；2—抗滑桩；3—钢筋桩；4—原始地形线；5—预应力锚索；6—锚杆

1）在下山包后部减载 23 万 m^3，滑坡减载至高程 600.00m，最大减载厚度达 30m，平均厚 14m。经稳定分析，减载后滑坡抗滑稳定安全系数可提高约 10%，并在减载平台形成后，用轮胎碾在平台面碾压 3～5 次，使之形成防渗壳。

2）地表、地下排水系统。由于在滑坡体上修建空压机站、住房和水池，虽在 1986 年封闭了高程 680.00m 水池，使其成为干水池，但在这一带仍有 100 多人生活用水、施工用水及降雨，没有排水系统，大量地表水下渗，给边坡稳定带来威胁。因此，在边坡设置了有效的排水系统。在滑坡体汇流面积内，自高程 800.00～600.00m，设置了 9 层截水沟，14 级人行排水马道，经滑坡体南北两侧的排水总沟引到滑坡体外。在滑坡体表面也布置了完整的纵横向排水沟以减少地表水下渗。从滑坡体高程 600.00～500.00m 前缘，除横向截水沟外，还设有 3 级马道排水，整个滑坡体布置了大量排水孔。在滑坡体下部，高程 562.00m 和 580.00m 打了两条排水洞，在芭蕉林向斜轴线附近连通成 U 形，总长 384m，并在地表向下、在洞内向上打穿滑面形成排水孔幕，在洞内向滑坡上部打斜向排水孔，用反滤碎石和土工织物做反滤，花管排水，把滑体内地下水引入排水洞。

3）抗滑桩。根据国内挖孔桩的施工手段结合下山包滑坡岩性，抗滑桩尺寸 3m×4m，间距为 6m，每根桩承受滑坡推力为 12840kN。抗滑桩用 C20 混凝土浇筑，桩深为 24.95～43.3m。根据现场地形条件，将抗滑桩布成两组，一组在高程 597.00m，共 8 根；另一组在高程 584.00m，共 10 根。

4）预应力锚索。锚索承担的下滑力为 2106kN/束。锚索布置在高程 565.00～580.00m 之间的坡面上，共设 224 根，长 23.7～33.7m。

5）预应力锚杆。1987 年 3—5 月滑坡治理工作中减载、排水、抗滑桩都已完成，滑坡位移速率虽有明显减小，仍未完全停止。为保证雨季在滑坡前方施工安全，参照日本有关规定提出位移速率与警戒等级关系，确定在高程 565.00m 已形成的宽 3m 马道上，用开挖设备潜孔钻造孔，用螺纹钢作锚杆材料，在滑坡出口处设置预应力锚杆加固，锚杆间距为 2m，排距 2m，锁定后可保持 300kN 的锚固力，共 152 根，长 12～20m。

6）钢筋桩。设在高程 584.00m 平台和滑坡北部高程 584.00～700.00m 公路一线，共 100 根，长 36m，用直径 32mm 钢筋束构成。

7）框架护坡。建在滑坡体前部北侧强风化坡面上，断面为 50cm×50cm，间距 2m×2m，框架节点设砂浆锚杆。

在以上这些整治措施中，减载能够减少滑坡的下滑力；排水可以提高抗剪强度，对迅速降低滑坡体位移速率起了关键作用，而且对滑坡永久的稳定运行起着至关重要的作用，预应力锚索、锚杆能够增加阻滑力，这些措施都可直接地、主动地提高滑坡安全稳定性，钢筋桩和抗滑桩以及预应力锚索等则在滑坡产生时，提高其抗滑稳定性。

（3）厂房高边坡监测。滑坡体复活后，为了严密监测滑坡体的发展及变形状况，及时掌握其工作状态，并为水电站运行期滑坡的稳定状况提供资料，设计布置了厂房高边坡监测系统，其他还埋设了压力盒、渗压计、钢筋计等仪器（见图 10-15）。

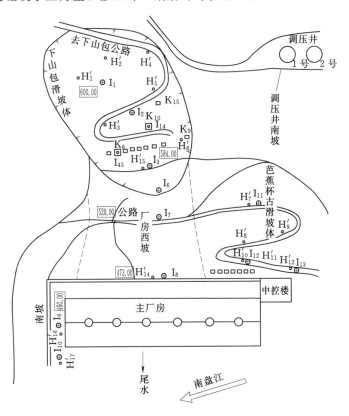

图 10-15　天生桥二级水电站厂房边坡监测布置图
H′—水位孔；I—测斜孔；K—抗滑井

1）下山包边坡观测。地下水位监测仪器主要埋设在滑坡后部、中部和前部的水位孔 H_2'、H_3'、H_4'、H_6' 中；在高程 584.00m 减载平台 15 号、2 号、11 号抗滑桩内布置了土压力盒 6 支；并增打了两个检查井，以了解抗滑桩的受力情况并设置了压力盒、钢筋计、渗压计等仪器，在滑坡体安装了 5 个测斜孔，主要是观测滑坡体的深层位移。

2）芭蕉林边坡观测。地下水位孔布置 H_7'、H_8'、H_9'、H_{10}'、H_{11}'、H_{12}' 共 6 个孔，后

来边坡治理施工中破坏了大部分水位孔，仅有 H_8^t 能正常观测。因此，准备恢复部分被破坏的水位孔。滑坡深层移观测共布置了 3 个测斜孔（I_{11}、I_{12}、I_{13}）；厂房西坡共布置了 3 个测斜孔（I_6、I_7、I_8）；厂房南坡高程 460.00m 以下岩体的位移主要由 I_9、I_{10} 两个测斜孔监测。

（4）厂房高边坡观测资料分析。从 1992 年以来，对滑坡体位移、地下水位、钢筋计、压力盒、渗压计等项目进行了观测。

1）位移-时间过程线基础上呈一水平线，没有突变出现，表明滑坡体的变形较小。

2）从水位-时间过程线可以看出，高边坡地下水位很稳定，说明边坡排水系统发挥了重要的作用，对边坡稳定十分有利。

3）从渗压计、钢筋计的观测值来看，电阻值和电阻比的变化非常小，数量上在 5 个阻值内变化，说明监测仪器主要受混凝土的应力或岩体传递给抗滑桩而产生的应力影响，而边坡岩体没有产生较大的变形，应力变化很小，其微小的变化，主要是受季节变化的影响，特别是降雨和气温的变化引起滑坡体应力细小的改变，但边坡未产生较大的位移变形。

以上初步分析表明，边坡位移变化量小，水位变幅小，抗滑桩承受的推力也较小，说明边坡通过治理后趋于稳定。

11 综合工程实例

11.1 天生桥二级水电站厂房高边坡治理

11.1.1 概况

天生桥二级水电站地面式厂房后边坡是在自然边坡基础上形成的人工开挖边坡，分别由南坡、西坡、芭蕉林堆积体及西坡陡岩4部分组成，从厂房基础到调压井坡顶边坡总高达380m。边坡开挖时，发现此处卸载裂隙发育，沿软弱夹层风化剥落，并有倒悬现象；倘若将倒悬开挖成顺坡，则将影响调压井使用条件，并有可能发生大塌方，给整个工程带来不可弥补的损失。对此，将厂房位置由芭蕉林处东移60m、南移110m至下山包处，以期避开芭蕉林堆积体和西坡陡崖的影响（见图11-1）。

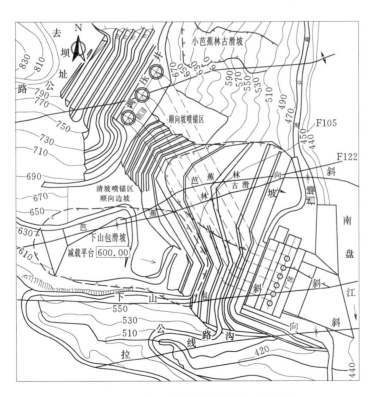

图11-1 厂房区域滑坡体平面分布示意图

厂房位置确定后，1986年11月在对高程550.00m部位混凝土挡墙及深锚杆挖除时，受爆破及施工、生活用水的影响，高程570.00m施工道路内侧混凝土挡墙开裂，紧接着在拉线沟侧的基岩陡崖上出现滑动面，并且不断向西延伸；至1987年1月，高程600.00～620.00m的缓坡上出现数条裂缝，随即四周裂缝连接成闭合圈，成为滑动山体。量测结果表明，滑动体的面积约40000m²，厚度25～40m，体积为120万～150万m³；初期滑动速度平均每日2mm，到1987年2月底，每日达9mm。

11.1.2 滑坡治理措施

针对厂房边坡的滑坡性质及滑坡成因，采取了钢筋桩、坡面减载、抗滑桩、预应力锚杆、预应力锚索和排水等综合治理工程措施（见图11-2）。

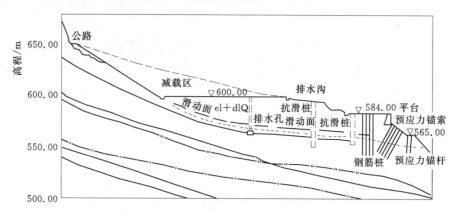

图11-2 厂房边坡综合处理措施示意图

（1）钢筋桩。首先在高程584.00m平台处打钢筋桩100根，钢筋桩钻孔深35m（穿过滑动面以下10m），孔径165mm，排距4m，间距3m，钢筋桩由7根直径为32mm的3级钢筋组成，用M20水泥砂浆一次灌满成桩。

（2）坡面减载。在保证施工道路易布置的前提下，尽量减少滑坡体后缘厚覆盖层的荷载，第一次减载14万m³，至高程610.00m，减载取得明显效果后，进行第二次减载，至高程600.00m，减载量为12万m³。

（3）抗滑桩。减载的同时，在滑坡体中部设置钢筋混凝土抗滑桩，共施工了51根抗滑桩，其中下山包滑坡治理中分两期施工了18根，孔深25～43m，抗滑桩为矩形（3m×4m），间距为6m。

（4）预应力锚杆。为了稳定抗滑桩至滑坡体前缘长约20～40m、滑动体10万m³，在高程565.00m马道上设置300kN预应力锚杆，预应力锚杆分为两排，钻孔孔距为2m，孔径为90mm，锚杆钢筋直径36mm，总计为152根。

（5）预应力锚索。为了进一步提高滑坡体的稳定安全系数，在滑坡体基本稳定的基础上，于1988年5月开始，在高程584.00m平台至高程565.00m马道的斜坡面处，布置1200kN无黏结预应力锚索，锚索长为30～38m，间排距分别为3m，计246根。

（6）排水。排水措施依据地表、地下水情况而定，对于滑动体以外的山坡地表水，主要采取挖设排水沟进行截排水，对于滑坡体范围内的地表水，则采用黄土封堵裂隙、废渣填平低洼地及开挖排水沟等作法。对于地下水，主要采用开挖排水洞和打排水孔的方法。

11.1.3 抗滑桩施工

以下山包滑坡治理中采用的18根深25～43m的抗滑桩为例，其施工工艺如下。

（1）抗滑桩开挖。桩孔采用人工开挖成井，施工中采取隔一个桩位的方式进行开挖施工，全部桩分两期施工，两施工期中相隔了一个雨季。

井体开挖用7622型手风钻造孔，1～1.2m浅孔爆破，散烟后井下四人人工装渣在手推胶轮车内，井口搭三脚架垂直提升，至地表集渣场，集渣后再由汽车运至弃渣地点。为防止提升时落石和提升设备故障造成井底人员伤亡，井下设有供作业人员躲避的型钢棚（见图11-3）。

井内排烟除尘采用压力风管送至井底实施驱排法供风，井底积水用人工挖装入汽油桶内装吊运出井。

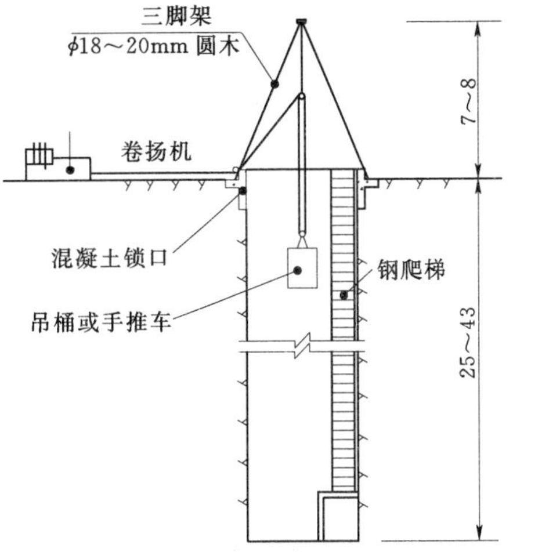

（2）桩孔固壁支护。下山包滑坡一期抗滑桩施工时，必须抢在雨季前完成（90d工期，合计混凝土量及井挖量3686m³）。此时滑坡体仍有蠕滑变形。因此，护壁形式采用能快速生效、不需过长的养护工期的结构，针对井壁不同岩体特性，采用了不同固壁形式。

为避免井口落石及地表水灌入井内，井口除要求做好厚20cm、宽1m混凝土平台外，于开口周边还浇筑30cm×30cm的钢筋混凝土拦坎。拦坎与井口1.5～2m范围内钢筋混凝土护壁一次成形。

全风化滑坡体段采用[14～[16槽钢，间

图11-3　抗滑桩人工开挖成井图
（单位：m）

距60～70cm，现场焊成矩形，四角设斜向短撑，纵向用厚3cm木板支护井壁面。在滑面附近，除钢支撑段为30cm一榀外，还在纵向加钢轨与水平支撑焊成高8.5m的空间钢架，每隔5m在钢支撑内再设两根[14槽钢加强撑。强风化滑坡体段开挖的第一期抗滑桩及所有抗滑桩滑面以下段井壁，则用直径6mm或直径8mm钢筋挂网喷混凝土，充分利用喷混凝土的早强性进行护壁，滑动面以下确为新鲜完整基岩且挖深不大时，则仅喷混凝土而不挂网。

下山包滑坡第二期施工的抗滑桩及芭蕉林抗滑桩，因工期较长，采用C15钢筋混凝土（厚30cm）护壁，配筋为直径12mm或直径14mm，间排距@20～30cm（视井壁完整情况作调整）。每开挖1～2层后即浇高1.5～2m钢筋混凝土护壁。两节护壁间留20cm间隙，以利混凝土浇筑进料和排除地下水。

（3）桩体钢筋混凝土施工。抗滑桩所用受力钢筋为钢轨或钢筋束，单根重量大，为保证搭接质量，在地面焊接加长。就位时采用起吊设备送入井下，人工将受力筋固定在已事先用架立筋架设完成的箍筋上，在第一排受力筋就位后，再架设第二排箍筋，然后再将第二排受力筋固定在钢箍上。

因井体深，振捣作业既不安全，人员、机械上下也很不方便，施工时采用水下混凝土

配合比，按水下混凝土浇筑规程执行。当混凝土浇筑到滑动面上下各4m范围内，改用常规混凝土方式浇筑，需人工入仓振捣。

11.1.4 预应力锚索施工

（1）预应力锚索构造。各锚索主要参数及构造见表11-1和图11-4、图11-5。

表11-1　　　　　　　　1200kN无黏结预应力锚索分排长度表

排　　名	根　　数	单根长/m	锚固段长/m	张拉段长/m	说　　明
A	30	30	7	23	锚索施工等要求坡面外尚需预留长1.7m外锚固段，未计入总长度内
B	30	31	10	21	
C	37	27	7	20	
D	37	28	10	18	
E	37	22	7	15	
F	31	31	7	24	
G	32	32	10	22	

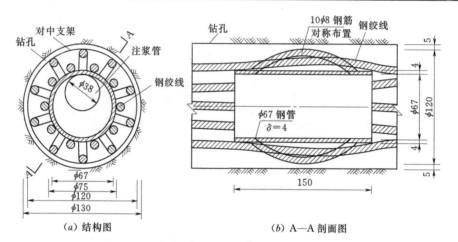

（a）结构图　　　　　　　　（b）A—A剖面图

图11-4　锚索内锚固段结构图（单位：mm）

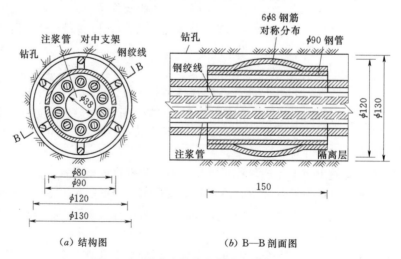

（a）结构图　　　　　　　　（b）B—B剖面图

图11-5　锚索张拉段结构图（单位：mm）

（2）预应力锚索的施工。锚索材料的预处理，将 7φ5mm 钢绞线在制作棚内按设计长度下料，用 23-6 带锈防锈剂涂刷一遍，并按设计长度标明内锚固段、张拉段及外锚固段。

在搭建的造孔平台上，按设计孔位和方向安装钻机，进行造孔。造孔沿坡面自上而下进行，因风化严重，裂隙发育，上部几排孔采用反复灌浆固壁，洗孔再钻进的办法成孔。下部几排孔因上部灌浆已经使边坡岩体受到一定程度的固结，因而成孔率较高。

对锚索及钻孔进行质量检查合格后，人力搬运将锚索缓缓送入孔内，在孔口处安装长 1m、外径 127mm 钢质定向管，外露 40cm，作为传力墩浇筑混凝土时的内模。锚索就位后立即注浆，用 HB6-3 型注浆机自索体中心注浆管注入水∶灰为 1∶1～1∶2（视孔壁吃浆情况调整稠度）的浓水泥浆液。注浆压力逐步增大至 120kPa，保证由孔底向上返浆直至孔口溢浆。即用一次注浆方式形成内锚固段和张拉段锚索外包保护层。

按垂直于张拉方向在定向管外口安装 40cm×40cm、厚 50mm 的钢垫板，定向管为内模，钢垫板为面模，四侧按锥台形立模后浇 C30 混凝土并养护。待注浆和混凝土垫墩的强度达到 25MPa 以上进即可进行张拉。锚索锁定后，截断超长部分，从与定向管相通的注油管注入脱水黄油，对垫板、外锚具及锚索头也全部涂满脱水黄油，盖上防护罩，拧紧螺栓并涂防锈漆。

11.1.5 钢筋桩施工

根据现场地形条件，钢筋桩布置成两排，桩距 3m、排距 4m，南起高程 584.00m 平台南端，北至高程 584.00～570.00m 单线公路北端滑坡前沿一线，共计 100 根。钢筋桩用 7φ32mm 圆钢组成钢筋束，组合直径 96mm。交错接杆位置互为帮条焊的方法接长钢筋束，设计钢筋桩深入滑面以下 5m，在孔内灌注 M20 号砂浆。

1987 年 1—3 月早期施工的钢筋桩产生了较大变形，承受了滑坡推力并起到了一定的控制滑坡位移的作用。抗滑桩开挖前，在高程 584.00m 平台一带施工了 29 根钢筋桩，抗滑桩施工期间又施工了 22 根，共计 51 根钢筋桩。

后期施工的钢筋桩起到了增强抗滑桩前部坡体物质弹性抗力，使抗滑桩受力更合理的作用。第一期 9 根抗滑桩完工后，在高程 584.00m 平台向北的滑坡体前部，自高程 584.00～570.00m 道路一线，沿 NW29°方向又施工了两排共 49 根钢筋桩，该地段靠近芭蕉林向斜轴部，岩石风化强烈，由于地形的变化，该段抗滑桩前部坡体较为单薄，桩底按铰支设计的抗滑桩，对桩前坡体的弹性抗力要求较高。

建成 9 根抗滑桩后，滑坡位移速率已明显减小，一般来说，不可能再产生数十厘米水平位移，使钢筋桩发挥被动受力能力。为了抗滑桩受力合理，提高施工期滑坡稳定性及抗滑桩结构的安全性，仍利用钢筋桩施工不受雨季影响的特点，抓紧在抗滑桩前部坡体内建成了总数 100 根钢筋桩，提高了抗滑桩前坡体弹性抗力，使抗滑桩受力更有保障。

11.1.6 框架护坡

下山包滑坡治理所用护面框架分为两种形式：一种是滑面附近框架，节点设长锚杆穿过滑面，框架为设置在弹性基础上节点受集中力的框架系统；另一种是距滑面较远的坡面框架，节点设短锚杆，与强风化坡面在一定范围内形成整体"保护壳"，框架按构造配筋。

下山包滑坡北段强风化坡面框架采用 50cm×50cm 断面、节点中心距 2m 的方形框架，节点处设置两种类型锚杆：在高程 550.00～565.00m 之间坡面，滑面以上节点垂直于坡面设置直径 36mm 及直径 32mm、长 12m 砂浆锚杆，在高程 565.00～580.00m 之间坡面则设垂直于坡面直径 28mm、长 6m 砂浆锚杆，框架配筋也不相同，下段为 8φ20mm，上段为 4φ20mm。

框架要求在坡面挖深 30cm，宽 50cm 的槽，部分嵌入坡面内，表层填土并掺入耕植土，利用该地区高温的自然条件，一般在雨季水分充足时即可形成适合当地环境的草本植被，再注意及时填土维护，永久性的草皮护面即形成。

11.1.7 滑坡体监测

（1）监测项目。下山包滑坡发生后，为了严密监视滑坡的发展，及时掌握其发展动态，为了给研究和制定滑坡治理的具体措施提供依据，并为水电站运行期下山包滑坡的稳定状况提供可靠资料，其施工期监测仪器布置见图 11-6。布置了如下监测项目。

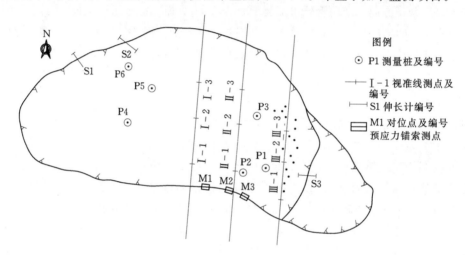

图 11-6　下山包滑坡体施工期监测仪器布置图

1）地表水平位移测量。在滑坡表面共布置了坐标测量桩 6 个（即地表监测桩），其中滑坡体前部、后部各 3 个，即 P1、P2、P3、…、P6。采用 T3 经纬仪，交会法测量。

2）滑面相对位移监测。在滑坡前部南侧（拉线沟侧）滑出线上布置了滑面上下岩体相对位移测点（即对位点）3 个，M1、M2 和 M3。采用游标卡尺测量。

3）地表裂缝相对位移监测。在滑坡后缘裂缝上布置了伸缩计 2 支，S1、S2，滑坡前沿滑出线上布置 1 支 S3，另有 2 支用于施工期临时监测。仪器自动记录位移—时间过程线。

4）地表水平位移视准线监测。布置在滑坡体前半都，共 3 条视准线，9 个测点，即Ⅰ-1、Ⅰ-2、Ⅰ-3，Ⅱ-1、Ⅱ-2、Ⅱ-3 和Ⅲ-1、Ⅲ-2、Ⅲ-3。用 T3 经纬仪观测，游标卡尺作为觇板。

5）滑坡深层变形监测孔（即测斜孔）监测。直接埋设在滑坡体内的有 3 孔，I1、I2 和I3。设置在抗滑桩内的有 2 孔，分别设置于 11 号和 2 号桩内的 I_{k4} 和 I_{k5}。下山包滑坡测斜孔用美国 Sinco 公司进口的钻孔倾斜仪系统进行观测。该系统由 4 个部分组成，即埋设在钻孔中的测斜管、感应测斜管变形的传感器、输送传感器信息的电缆以及处理采集信息的读数仪（RPP）。埋设测斜管时，首先根据地质勘探资料选点，设计孔深和确定主测方向，孔深达到滑面以下 5m 左右，主测方向（AO）要与预测主滑方向基本一致。测斜管放入钻孔后，将管与孔壁间空隙用与周围岩土力学性质相近的材料充填固结。当岩土发生变形（倾斜、滑动）时，测斜管将随之同步变形。分析定期采集的数据，可以准确地知道滑坡的变形量、变形深度、变形方向及变形速率，并可绘制测斜孔的深度-位移图和位移-时间图。

6）滑坡地下水监测。滑坡地下水水位观测孔先后布置 4 个，即 W1、W2、…、W4。用美国进口的声光型水位计观测。

7）抗滑桩受力监测。为监测抗滑桩的受力情况，先后在 15 号、2 号和 11 号桩内布置土压力盒共 6 支。

8）预应力锚索、锚杆受力监测。利用应力传感器测量预应力锚杆、锚索的受力，监测设计共布置 20 余点，现 2 点锚杆测力计已失效，待更换。1991 年 5 月安装了 5 点锚索应力传感器。连同施工增设的临时测点共 80 余点。有点有线，最后连成片，构成了多层次的综合监测网。

（2）监测工作对治理工程的指导。

1）断水措施的执行。下山包滑坡全面复活的早期，地表坐标测量桩 P1～P6 显示出滑坡前部位移大于后部，结合滑面渗水等现象，认识到滑坡前部汇集了自后至前各处渗水，使前部滑面夹泥层含水量增大。经分析，滑面夹泥层含水量过高是下山包滑坡滑动的主要原因，于是在 1987 年 2 月采取断绝引入滑坡的一切水源，拆除供水管的措施，对减小滑坡变形速率起到了重要作用。

2）指导滑坡及时减载。1987 年 1 月，下山包滑坡后缘裂缝以较快的速度张开，设置于裂缝两侧的伸缩计测出 2 月位移速率达到 6.8～10mm/d，说明陡倾段坡体之下滑力已对滑坡变形起主要作用。据上述监测资料，果断决定于 1987 年 2 月 25 日对滑坡体后部开始减载，对阻止滑坡进一步变形产生了显著效果。

3）汛期监测。据设计，1987 年汛期下山包滑坡是在部分治理建筑物投入，安全系数略大于 1 的状态下运行，监测资料对滑坡变形及反馈预报至关重要。从 I3 钻孔倾斜仪和前缘跨过滑面的 S3 伸缩仪测值显示滑坡已处于基本稳定状态，1987 年 8 月上旬 S3 伸缩仪自动记录变形线为一近水平的直线。汛期过后，为进一步提高下山包滑坡稳定性，施工了第二期抗滑桩和预应力锚索群。

11.1.8 结论

通过上述综合工程措施，使得 120 万 m³ 滑坡体由每日 9mm 的滑动速度逐渐变缓。其滑坡体经综合治理至今，各治理设施已经受多年的考验，设置在滑坡体不同部位的监测仪器显示了滑坡处于稳定状态，说明上述措施非常有效。

11.2 三峡水利枢纽永久船闸高边坡治理

11.2.1 概况

永久船闸是三峡水利枢纽永久通航建筑物，位于枢纽左岸坛子岭左侧，船闸中心线与坝轴线夹角为 67.42°，为双线五级连续船闸，是在海拔 265.00m 的山体中，经人工开挖

（最大开挖高度 100～170m）形成的人工航道，由上游引航道、闸室主体段、下游引航道、输水系统、山体排水系统组成，最大运行水头 113m，最大通航洪水流量 56700m³/s，最大通过船队为 4×3000t，设计年单向通航能力 5000 万 t。

船闸主体段由两线五级船闸组成，中间保留宽 58m、高 45～68m 的岩体中隔墩，两线船闸中心线相距 94m。闸室直立边墙结构厚 1.5～2.4m 的混凝土薄衬砌墙，通过高强锚杆与岩体连接共同组成稳定受力结构。每线船闸有五个闸室、六个闸首，闸室有效尺寸 280m×34m×5m（长×宽×槛上最小水深）。一闸首至六闸首全长 1621m。三峡水利枢纽永久船闸开挖锚固主要工程量见表 11－2。

表 11－2　　　　三峡水利枢纽永久船闸开挖锚固主要工程量表

项目	单位	一期工程	二期工程	合计	备注
开挖	万 m³	1927.1	2368.86	4295.96	其中槽挖 1300 万 m³
1000kN 锚索	束	225	4	229	
3000kN 端头锚索	束	203	1958	2161	锚索合计 4376 束
3000kN 对穿锚索	束		1986	1986	
高强锚杆	根		92626	92626	
普通锚杆	根	33207	57425	90932	其中锁口锚杆 8153 根
锚桩	束		168	168	其中结构抗剪锚桩 74 束
喷混凝土	m²	206239	241414	447653	

11.2.2　开挖锚固技术特点分析

（1）地质条件复杂。船闸高边坡规模巨大，直接关系到船闸的正常运行与航运安全，属重要建筑。鉴于影响高边坡稳定的不可预见性因素多，因此，设计方案必须具有足够的安全度。前期勘测和边坡开挖所揭露的地质条件表明，边坡岩体内存在产生整体滑动破坏的结构面，影响边坡稳定的主要问题有以下几点。

1）由断层、岩脉、裂隙等结构面切割与开挖坡面组合形成的潜在不稳定块体，船闸直立边坡有 f5、f10、f215、f1050、f1096、f1239 等 6 条大型断层破碎带。直立墙面共发现不稳定块体 1054 个，其中大于 1000m³ 的不稳定块体有 52 块，大于 100m³ 的不稳定块体 360 块。

2）由于船闸边坡是在岩体中深切开挖形成，五级船闸纵横向均为台阶状，直角多，拐点多，槽、沟、坎、口井形态不规则，且均为建基面。线路长、高度大的直立边坡、闸首段的凹形开挖和中隔墩段的条形及阶梯式下降等建筑要求大大增加了地质结构面临空出露的机会，岩体卸荷等引起边坡变形和应力重分布，使得中隔墩及南北坡各塑性区内岩体整体物理力学性能下降，平台马道附近形成一定范围塑性区，需要进行加固支护。

3）边坡长期变形稳定关系到船闸能否正常运行，需要加以认真研究。由于船闸闸室采用薄混凝土衬砌结构，需依靠岩体维持结构稳定，要求安装后的人字门相对位移不超过 5mm（也就是对与闸首结构联合作用的边坡岩体变形的限制）。

（2）设计结构特别。由于船闸主体段闸室全部位于新鲜基岩内，工程地质条件尚好，设计思想是充分利用岩体自身的承载能力，采用直立陡高边坡，并设计为锚固—混凝土衬砌结构，因此具有不同于一般高陡边坡的独特性。

1）闸室高边坡最大开挖深度 170m，两线闸室间保留宽 57m 的岩石中隔墩，闸室底部为高 45～67.6m 的直立墙。直立墙总长达 6000 余延米，总面积达 34 万 m²。闸墙结构通过高强锚杆、锚索与岩体连接成整体，共同受力。

2）高强锚杆和结构锚索兼有维持衬砌墙结构稳定和直立岩坡稳定的双重作用。

3）设计采用庞大的地下输水系统，在中隔墩和两侧边墙岩体内各布置一条输水隧洞，每级闸首部位布置阀门井和检修门井，距离闸室边墙仅 11～17m，最近距离仅 5m，共 36 个；并在闸室两侧高边坡岩体内部设有 7 层排水洞与排水孔组成的排水帷幕。

（3）技术标准高。如此先进的结构设计，要求对深挖高陡岩石边坡的稳定和变形量进行更为严格的控制，对深挖直立边坡爆破施工提出了更严格的控制要求，对随机支护、高强锚杆及预应力锚索加固等一系列边坡加固措施也提出更高的控制标准。

1）随机锚固及时施工，系统锚固滞后开挖一个梯段施工。

2）对穿锚索开孔误差控制在 10cm 内，孔斜偏差控制在 1‰ 以内。

3）高强锚杆开孔误差控制在 10cm 内，孔斜偏差控制在 2‰～4‰ 以内。

（4）施工环境复杂、安全问题突出。在两条长 1621m、宽 37m、高 45～67.8m 的窄、长、深槽中进行开挖、锚固和混凝土施工，与地下庞大的洞井工程立体交叉，干扰矛盾多，相互制约，施工布置困难。

（5）工程量大，工期紧。船闸地面工程土石方开挖总量近 4300 万 m³，约占三峡水利枢纽工程土石方开挖总量的 40%；其中闸墙顶以下闸室主体段深槽开挖约 1300 万 m³，槽挖强度为 50 万～60 万 m³/月，需在两条窄长深槽中布置 12～15 个爆破开挖工作面。与爆破开挖同时施工的还有预应力锚索 4376 束、高强结构锚杆 9.3 万根，以及大量的随机支护和地质缺陷处理工作量。除系统锚固施工可与开挖施工统筹安排外，大多数部位的随机支护布置分散、工序多、工期紧，施工条件差，安全、质量控制难度大。

11.2.3 高边坡加固设计

船闸高边坡支护加固包括系统加固和局部随机加固两大部分。

11.2.3.1 系统加固

系统加固是为保持边坡整体稳定，按一定的规律在边坡上采取的加固支护措施，包括系统锚索加固、系统锚杆加固及坡面喷混凝土支护等。

三峡水利枢纽船闸高边坡典型加固支护断面见图 11-7。

（1）系统锚索加固。主要限制边坡塑性区卸荷裂隙的扩展，改善直立坡及中隔墩岩体的应力状态、变形条件及稳定性。具体布置如下。

1）斜坡段。在二闸室、三闸室段弱至微风化斜坡面系统布置 1～2 排 1000kN 和 1 排 3000kN 预应力端头锚索，以防边坡张裂，锚索深 35～40m，间距 3m。

2）直立坡段。南北两侧及中隔墩直立坡系统布置 2 排 3000kN 级锚索，上排设在坡顶以下 4～6m 处，长 40～55m，下排设在直立坡中部，长 35～55m，间距均为 3～4m；南坡、北坡部分锚索与对应高程地下排水洞对穿；中隔大部分锚索两侧对穿。

（2）系统锚杆加固。均为全长黏结砂浆锚杆，主要用于：与坡面喷混凝土结合，提高

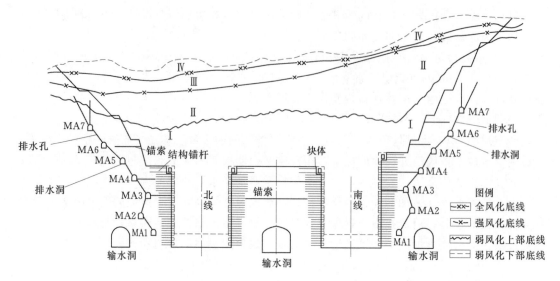

图 11 - 7 三峡水利枢纽船闸高边坡典型加固支护断面图

边坡表层松动带的整体性;加固边坡表层出露的小块体;直立坡段兼作闸室衬砌墙结构锚杆。具体布置如下。

1)斜坡段。全强风化层垂直坡面系统布置间排距 2m×2m,深 1.5m 挂网锚杆;弱风化层下倾 7°布置间排距 4m×4m,深 6~8m 的系统锚杆,间插间排距 2m×2m,深 1.5m 挂网锚杆;微新岩层下倾 7°布置间排距 3m×3m,深 5~8m 的系统锚杆;系统锚杆均为 φ25mmⅡ级钢。斜坡段共布系统锚杆 4144 根,挂网锚杆 21038 根,总量达 25182 根/43484m。

2)直立坡段。垂直坡面自上而下布置间排距 2m×2m~1.5m×1.35m,长 8~12m,φ32mm 高强结构锚杆,兼作边坡支护锚杆,共约 10 万根/100 万 m。并在直立坡口系统布置 3 排锁口锚杆,间距 3m,排距 2m,深 12~14m,φ32mmⅡ级钢,共约 7000 根。

(3)坡面喷混凝土支护。斜坡面均采用喷混凝土或挂网喷混凝土,防止岩体进一步风化和减少入渗。挂网采用机编镀锌铁丝网,喷混凝土厚 12cm。

11.2.3.2 局部随机加固

船闸边坡的局部随机加固主要指边坡开挖过程中在坡面出现的块体、不完全切割块体及反倾薄板状岩体等各类块体的加固。

依据边坡动态设计思想,对船闸边坡各类块体的处理制定如下基本原则:①各梯段开挖完后,"施工地质"及时进行地质编录,对可能出现的各种切割块体以"地质简报"的形式及时预报,并提出处理意见;②块体处理的目标,改善和提高块体稳定性,使之达到设计要求的标准,确保船闸施工期和运行期的安全;③注重与现场实际紧密结合,在确保安全的条件下,制定的工程处理措施应考虑尽可能方便施工,并能快速发挥作用;尽可能兼顾永久和临时支护的需要,如不能兼顾,则根据不同阶段,分步实施;尽量保持规则的开挖轮廓。块体加固以锚固作为主要措施。

根据上述块体加固原则采取如下工程措施。

(1)对小于 100m³ 的块体,其埋深较浅,视现场情况采用挖除或普通锚杆加固达稳定要求。为满足施工安全和进度要求，设计制定典型支护模式，由监理工程师和施工单位根据具体情况现场进行处理。

（2）对大于100m³的块体，设计均逐个进行计算分析，并布设随机锚索、锚杆进行加固；并对高薄型块体，结合墙背排水系统增设穿过块体结构面的排水孔，降低地下水压力，改善块体稳定条件，并提高抗倾覆稳定性；对于严重松动的块体和软弱破碎岩体，经论证其他措施不能满足安全时，采取挖除处理。

（3）对不完全切割块体，一般在上一梯级开挖中就预报出，裂隙未完全连通，有部分为岩桥，自身可保持稳定，但如果施工中爆破不当或卸荷变形未加限制，可能使岩桥被切断，就可能形成完全块体，并产生滑移失稳破坏。由于岩桥的实际面积也难以及时弄清，加上施工紧迫，设计从偏安全考虑与完全切割块体同等对待，即不考虑岩桥的作用。

（4）反倾薄板状岩体为与边坡近平行且倾向坡内的结构面切割形成的薄板状岩体，主要为倾倒变形，当变形未加限制时，在爆破及卸荷等因素影响下可发展为倾倒或失稳破坏。一般采取结合锁口锚杆、高强系统锚杆及系统锚索另布设随机锚杆的加固处理措施，而对体积较大的增布随机锚索加固。

（5）直立坡顶面采取找平混凝土封闭，防止降雨入渗；闸室槽开口第一梯段采用锁口锚杆，必要时采用挂网喷护等临时支护措施，以确保施工期安全。

（6）直立坡顶部有张开裂缝的上部的块体，适当增加锁口锚杆以限制裂缝变形与扩展。

（7）对大于1000m³的块体，采取多点位移计、锚索测力计、位移外观点及地下水观测孔等监测措施实施全面监控。

现场块体的岩石性状、形态和各自的条件是复杂多变的，常常不是哪种模式和类型能够完全概括，需要针对具体的情况进行适时、灵活和符合实际的分析和判断，往往需要采用以一种措施为主，多种措施相结合处理方案。

11.2.4 锚固工程施工

11.2.4.1 锚索

船闸共布置预应力锚索4376束。一期工程布置预应力锚索428束，二期工程布置预应力锚索3948束，其中系统锚索2080束，随机锚索2296束。1000kN级229束，3000kN级4147束。端头锚索2390束，对穿锚索1986束。其中有黏结锚索4125束，无黏结锚索148束，无黏结监测锚98束，有黏结监测锚5束。钻孔孔径1000kN级为 ϕ115mm，3000kN级为 ϕ165mm，部分为 ϕ176mm。钢绞线1000kN级7股，3000kN级19股，部分22股，孔深18～66m；张拉采取单根预紧，分级整体张拉。锚索一般为水平布置，锚索长度一般为20～40m，最长达66m。

（1）锚索布置。船闸锚索一般为水平布置，南北两侧部分对穿锚索为倾斜布置。

1）船闸地面一期工程形成最高达92m的边坡，边坡坡比1∶0.30～1∶0.50。分三排布置锚索，南坡高程177.00m、180.00m、195.00m，北坡高程180.00m、195.00m、210.00m。锚索均为端头锚索，长度在28.5～36.5m之间，监测锚索为无黏结型。

2）船闸地面二期工程形成南、北侧壁的4面高直立坡，边坡总长6.628km，平均高度42.5m。最大高度67.8m。系统锚索成排布置，上下排间距10m，相邻孔距一般为3～5m，每级闸室布置 2～3 排。随机锚索主要针对边坡各种不稳定块体布置，孔排距相对较密，特别是对南二闸首南侧支持体（断层 f1239），北三闸首中墩支持体（断层 f5）和北线二闸首（室）中隔墩大型塌滑倒悬体进行群锚。北三闸首中墩支持体（断层 f5）群锚见图 11-8。

图 11-8　北三闸首中墩支持体（断层 f5）群锚

（2）锚索施工。为满足设计精度要求，对钻机进行了研制和改进，钻孔设备选用 DKM-1 型、MZ-165 型、MGJ-50 型钻机，钻杆上增加导向扶正器，消除钻进过程中钻头下沉引起孔斜误差过大的现象。选用了直径 165mm 凹心球头钻头，冲击器选择 DHD-360 型和 SF-6 型高风压冲击器。采用全断面风动冲击。根据测量定位点调整钻机位置，加固后开始钻进，开钻时采用低风压，钻进 50cm 后调整至正常风压和转速，直到孔深及超深符合要求为止。钻孔施工中因地质缺陷，个别孔遇到不回风、塌孔、卡钻等现象，及时将情况通知现场监理人，并会同设计人员研究，采取扫孔、固灌后扫孔钻进、锚索孔加深等措施处理。钻孔结束后，采用高压风水将孔内岩粉吹出，并保护好孔口。

冲孔结束后进行验孔。检验孔位坐标采用全站仪或经纬仪复检，端头锚孔斜采用经纬仪极坐标定位方法，加上用半圆导板和反向安装手电筒直接插入孔内，通过孔外经纬仪分段测视手电筒灯泡，取得了较准确的测孔资料。对穿锚验孔方式，采用全站仪测量两端孔口坐标，进行计算验证。经验孔不能满足要求的，重新申请移位造孔。

锚索从编索棚到工作面主要用人工抬运，中隔墩和南坡、北坡高差较大的，采用缆索配滑轮运送到施工排架，辅以人工穿索。端头锚穿索主要靠人工推送穿索，对穿锚采用小卷扬机牵引和人工推送配合完成。穿索时按要求索体平面转弯半径不小于 3.0m，穿索中严禁索体旋转，始终保持锚索在孔内平顺有序地进入，灌浆管、充气管不被挤压和扭曲，穿索到位后对止浆环气囊进行充气检查，对进回浆管和外露钢绞线长度进行检查，确认符合设计要求后，即为合格。

孔口管安装前先对孔口岩面进行清理，安装时要求孔口管中心和钻孔轴线的重合，钢垫板表面光滑，安装位置必须与钻孔轴线垂直。

预紧和张拉。张拉前必须进行张拉机具的配套标定；根据率定曲线计算分级张拉钢绞线理论伸长值表；需要安装测力计的锚索先安装好测力计，再安装张拉机具。张拉设备选用 YCW220-100、YCW400 千斤顶。当内锚段浆体和墩头混凝土达到设计强度后进行。张拉时先用 YCW220-100 千斤顶，对钢绞线逐根进行预紧，对穿锚索预紧采用单根钢绞线预紧、多次循环的方法进行，预紧荷载 30kN，两次预紧伸长值之差不超过 3mm。后用 YCW400 型千斤顶分五级进行整体张拉，分别记录各级张拉伸长值，以便比较分析。张拉至设计荷载后稳定 10min，再锁定。

张拉锁定采用单端限位张拉自行锁定方式进行。设计张拉荷载 2750kN，超张拉荷载 3000kN，除预紧外，分五级张拉到超张拉荷载 3000kN 时锁定。张拉分级荷载为 800kN→1450kN→2100kN→2750kN→3000kN，在张拉过程中，每级稳定 5min，最后一级稳定 10min。

验收试验。采取预紧及分级张拉，张拉时每级稳压 5min，最后一级稳压 10min。稳压 10min 后开始卸荷到设计张拉荷载的 25%。预紧荷载 30kN，试验张拉荷载为 3658kN，张拉分级为 688kN→1375kN→2063kN→2750kN→3300kN→3658kN→688kN。

锚索灌浆。采用纯水泥浆灌注，掺减水剂和膨胀剂，水泥浆标号为：内锚段 R_7＝350 号，张拉段 R_{28}＝350 号。内锚段灌浆压力 0.2～0.3MPa，回浆管回浓浆后并浆压力 0.2MPa，并浆时间 30min。张拉段灌浆压力 0.2～0.7MPa，并浆时间 30min。

锚索监测。监测资料表明，锚索加固对高边坡稳定作用较显著，锚索张拉时锚固力达到设计要求，锁定损失平均为 2.36%，锚固力损失平均为 4.9%。

（3）施工过程中的特殊情况处理。船闸一期、二期工程共施工锚索（系统锚索和随机锚索）4377 束，施工过程中曾出现过端头锚索张拉段的进浆管堵塞、钢绞线理论伸长值和实际值误差偏大等情况，后经采取不同的处理措施，竣工锚索质量均达到设计要求。

1）在端头锚索张拉段灌浆施工中共有 213 束出现张拉段的进浆管堵塞，经与监理工程师研究采用备用管灌浆，灌浆过程正常，满足三峡水利枢纽工程质量标准。对出现张拉段的进浆管堵塞的锚索，设计增补 170 束锚索予以加强，有 4 束锚索周围通过增加高强锚杆进行加固处理。

2）锚索出现伸长值偏差有 33 束，其中实际伸长值偏小的 9 束，偏大的 24 束。偏小的主要原因为内锚段灌浆时串浆固结了张拉段的钢绞线，致使张拉段钢绞线变短，张拉实际伸长值变小；处理措施采用单根张拉达到设计荷载或增补锚索加固。偏大的主要原因是锚索处于地质断层破碎带，岩体受力时压缩变形导致实际伸长值变大。处理措施采用增补锚索或经设计、监理人员同意保留使用。

3）在张拉过程中有 8 束锚索出现墩头开裂现象，主要原因是由于锚索处于岩体破碎带，岩体在受力变形移动时与锚垫墩混凝土位移不同步造成垫墩发生裂缝。处理措施：一是通过卸荷重新施工；二是减小锁定荷载。

4）在张拉过程中有28束锚索发生少量钢绞线在夹片中滑移，主要原因是由于灰尘或浮锈影响钢绞线与夹具间的夹力效果。处理措施采用干净棉纱擦净灰尘或浮锈，单根张拉至设计荷载锁定或更换夹具单根张拉达设计荷载。

5）由于其他施工原因造成6束锚索预应力荷载达不到设计要求，经四方研究决定降低荷载使用，在其附近增补锚索，以增加锚固力。主要原因一是锚杆钻孔施工时打断锚索孔内部分钢绞线；二是张拉锁定时，部分钢绞线无法锁定。处理措施采用降低荷载使用或增补锚索加固。

11.2.4.2 高强锚杆

高强锚杆由内锚段、自由段和外锚段三个部分组成，杆体直径32的V级精轧螺纹钢，自由段做防腐处理，孔内用R_7300号水泥砂浆灌注，外锚段连接衬砌混凝土结构，形成整体结构作用。

（1）锚杆制作。

1）高强锚杆原材料。高强锚杆采用直径32mm的V级精轧高强螺纹钢筋，屈服强度不小于800MPa，极限抗拉强度不小于1000MPa。

2）自由段防腐处理。防腐处理的主要技术要求：高强锚杆自由段进行防腐处理，除锈后表面粗糙达到$60\sim80\mu m$、喷锌厚度均匀，且不小于$200\mu m$，漆膜外观均匀、无流挂、皱纹、鼓泡、针孔、裂纹等缺陷。橡胶套管内径为38mm、厚度5mm、硬度大于50邵尔硬度，扯断强度大于18MPa，扯断伸长率大于500%，老化系数（70℃×72h）大于0.8。

高强锚杆防腐处理由施工单位委托有资质的专业技术厂家承担，在现场专设的封闭车间内进行，监理工程师对厂家的资质、人员、设备状况进行审查。锚杆防腐处理主要经过外观检查、喷砂除锈、喷锌、刷防腐涂料、外套橡胶管及高压胶带封闭胶管等工序。

A．外观检查主要是检查高强锚杆外表有无缺陷，如表面纵横裂纹、结巴、凸凹状、弯曲度及锈斑等。

B．喷砂除锈主要是对锚杆自由段螺纹表面外膜及浮锈清除，使锚杆表面达到相应要求的粗糙度，以便喷锌层与锚杆结合紧密。采用棱角金刚砂作为喷砂除锈的磨料，平均粒径为$0.5\sim1.5mm$，在压力不小于0.5MPa下对锚杆表面喷射除锈，喷射用的压缩空气通过冷冻式干燥机，以保证清洁干燥。喷枪在锚杆受喷区移动，并旋转锚杆，喷砂除锈后检查锚杆，经喷射处理后的钢筋表面，应达到《涂装前钢材表面锈蚀等级和除锈等级》（GB 8923—88）中的$Sa2\frac{1}{2}$级，表面粗糙度为$40\sim80\mu m$。表面粗糙度的检查采用样块对照法，以2%的比例抽检，抽查不合格则全批返工。将检查表面粗糙度，除锈检查合格后锚杆送入喷锌车间。

C．喷锌防腐是防腐处理的关键工序，采用XDP-5型电弧涂机，配用直径$2\sim3mm$纯度99.99%的锌丝。利用燃烧于两根连续送进的锌丝之间的电弧使之熔化，用压缩空气将熔化的金属雾化。将锚杆成排置于工作台上，不断旋转锚杆使之受喷。每层涂厚度控制在$80\mu m$为宜，总厚度不少于$200\mu m$，对螺纹侧重点喷锌。压缩空气清洁、干燥，配置冷干机净化空气，储气罐稳压，保持空气压力稳定在0.5MPa。喷涂时调整喷枪距离和角度，有效地保证喷锌层的质量。锌层厚度采用BC100A磁性涂层测厚仪检查，以2%的比例抽查，抽查不合格则全批返工，喷锌层结合性能采用《热喷涂锌及锌合金涂层试验方法》（GB 9794—88）中的切割法检查。合格后进行涂料封闭。

D. 防腐涂料刷两层，在喷锌层仍有一定余温的情况下刷底漆，使底漆渗入锌层微孔中，间隔一段时间后再刷2～3遍面漆，漆膜固化后进行干膜厚度测试，按2%比例抽查，抽查到高强锚杆85%以上的测点厚度达到200μm为合格，不合格的打磨后重新涂刷。防腐涂料采用BW9300型系统重防腐涂料，底漆为BW9306型，面漆为BW9355型改性环氧防腐涂料。

E. 防腐涂料完全干燥后套上橡胶套管，用高压绝缘胶带封好套管两端口，使其密闭，防止空气、水进入自由段。橡胶套管内径为38mm，厚度不低于5mm，硬度大于50邵尔硬度，扯断强度大于18MPa，扯断伸长率大于500%，老化系数（70℃×72h）大于0.8。

（2）锚杆安装主要技术要求。锚杆造孔开孔偏差不大于10cm，孔轴线偏差小于2°～4°，孔深误差值不大于5cm，高强锚杆孔径不小于76mm。

锚杆间隔3m（孔内锚杆端部1m）安装托架，并附带塑料进浆管至孔底部位。

自由段处于基岩面，自由段孔内不得小于1/2长度，孔外不得大于2/3长度，锚入孔内长度和就位后的外露长度，均应满足设计要求，其长度偏差不大于5cm。

采用有压灌浆，灌浆压力为0.1～0.2MPa，待回浆管回浓浆后，方可结束灌浆，保证孔内水泥砂浆密实。砂浆初凝后、终凝之前，不得敲击、碰撞或拉拔锚杆，不得在其上施加外荷载。

高强锚杆检测拉拔力为450kN。

（3）高强锚杆主要施工方法。

1）锚杆造孔。船闸入槽开挖及首层边坡成型后，在进行随机锚杆加固岩体的同时，组织进行高强锚杆造孔，先期采用汽车装载阿特拉斯钻机造孔，后期成片搭设高排架采用轻型钻机造孔。优先进行闸首及其相邻段的造孔，再向闸室中间部位延伸。高强锚杆在高排架上用轻型锚杆钻造孔见图11-9。

图11-9　高强锚杆在高排架上用轻型锚杆钻造孔

高强锚杆造孔采用全站仪放样，标出基准开孔点和方位控制后视点，再用钢尺、垂线为每个锚杆孔标出开孔点和后视点。将锚杆钻机固定在确定孔位。钻头直径不小于78mm，一般选择80mm的钻头，保证锚杆终孔直径不小于76mm。钻杆角度略向上倾斜1°～2°，以保证设计孔斜要求。造孔完毕，清洗干净后，用全站仪测量造孔数据，抽检造孔总量10%～20%。

在排架上造孔时，上下层钻机相互错开布置，以防碎块掉下伤人。

2）验孔。由施工单位和监理工程师测量人员联合验孔，采用全站仪或经纬仪和自制节杆测量，按总量10%～20%进行随机抽检。

3）锚杆安装与保护。高强锚杆在安装前用电动刷除锈，绑扎进回浆管，中间间隔安装直径8mm的钢筋托架，1999年9月以后改为直径10mm钢筋托架。安装时按照规格型号逐一对孔，人工穿入进孔，控制好自由段及外露段的位置。孔口用棉纱加水泥浆进行封堵。

4）锚杆灌浆。采用2SNS-P型柱塞泵和C232型砂浆泵进行灌注，水泥砂浆标号为 R_7300 号，外加剂有GYA减水剂0.7%，AEA膨胀剂8%，水灰比为0.4。砂子为中细砂，砂子直径小于2.5mm，过筛后使用。灌浆压力0.1～0.2MPa，待排出浓浆（等于或大于灌入浓度），并浆2～3min灌浆结束。灌浆机具一般置于排架上，有条件的部位置于上部平台。1999年11月3日以后调整为出浓浆后提高回浆管至高于孔口1～2m，并浆2min，以保证孔内砂浆密实。

5）锚杆拉拔。根据设计要求，高强锚杆拉拔检测数量为总量的10%，且均匀分布在各区段。灌浆结束后，监理工程师按比例现场随机指定拉拔锚杆位置，浇筑承压台，使锚杆与承压台面垂直，承压台混凝土达到设计强度后，进行拉拔检测。后期采用无损检测，拉拔检测数量减少至总量的3%。

（4）施工过程中的特殊情况及处理措施。

1）锚杆灌浆时遇裂隙发育部位，采用堵漏并间歇灌浓浆等措施，保证锚杆孔内砂浆饱满。裂隙特别发育部位，采用先进行直立墙面喷护混凝土封闭裂隙，再进行锚杆灌浆。经处理后仍达不到要求的，采取在距原锚杆孔位30cm内重新补打，安装同类型锚杆。

2）高强锚杆在拉拔检测时，有3根锚杆发生断裂，建设四方对此十分重视，设计要求对剩余未加工的锚杆进行整体张拉，同时进行镜相化学分析和弯剪试验。后经国家钢铁材料测试中心三次对断口进行全面分析，结论是锚杆材质合格，锚杆断裂由拉拔偏心引起。对断杆的同一批锚杆安装部位，采取增加高强锚杆数量进行补强。

3）施工中出现撞击碰断、危石砸断的锚杆，在距原锚杆孔位30cm内按要求重新补打锚杆。

4）对灌浆结束后仍有渗水的锚杆，根据不同情况，用水泥灌浆、化学灌浆进行补灌或补打同类型锚杆处理。

11.2.4.3 普通锚杆

普通锚杆包括普通结构锚杆、系统锚杆、随机锚杆、锁口锚杆，是系统加固和局部随机加固支护措施之一。锚杆均为全长黏结砂浆锚杆。主要作用：与坡面混凝土结合，提高边坡表层松动带的整体性；加固边坡表层出露的小块体；直立坡段兼作闸室衬砌墙结构锚杆。

一期工程的锚杆全部是普通锚杆，包括系统锚杆和随机锚杆共计33207根，布置在上游、下游引航道和主体段一期开挖边坡上。在斜坡段强风化层下倾7°布置4m×4m、深6

~8m 的系统锚杆；微新岩层下倾 7°布置 3m×3m、深 5~8m 的系统锚杆；系统锚杆为 $\phi25mm$ Ⅱ级钢和 $\phi32mm$ Ⅱ级钢。

船闸二期工程共施工普通锚杆 57425 根，其中锁口锚杆 8153 根。普通锚杆主要布置于闸首底板及各闸室最高水位线以上的边墙和闸面以上的边坡上，长度为 8~12m。普通锚杆采用普通Ⅱ级螺纹钢筋，锚杆直径以 25mm 或直径 32mm 两种为主。随机锚杆主要是在边坡开挖过程中，对出露的不稳定块体进行及时支护，其锚固深度一般为 3~8m。

（1）锚杆施工主要技术要求。

1）普通锚杆开孔偏差不大于 10cm，孔轴线偏差小于 2°~4°，孔深误差值不大于 5cm，锚杆孔径应比锚杆直径大于 15mm 以上。

2）普通锚杆间隔 3m（孔内锚杆端部 1m）安装托架，进浆管绑扎在锚杆上一起送至孔底部位。

3）锚杆采用有压灌浆，灌浆压力 0.1~0.2MPa，待回浆管回浓浆后，方可结束灌浆，保证孔内水泥砂浆密实。砂浆初凝后、终凝之前，不能敲击、碰撞或拉拔锚杆，不得在其上施加外荷载。

（2）主要施工方法。

1）锚杆造孔。锚杆布孔后，用手风钻或锚杆钻机造孔，确保孔轴线符合设计要求，斜孔造孔时调节钻臂角度，保证造孔角度。锚杆造孔必须严格按照图纸组织施工，对于图纸未作规定的系统锚杆，其造孔轴线方向，应垂直于开挖面，对于局部加固的随机锚杆，孔轴线与滑动面的夹角应大于 45°。锚杆造孔深度必须达到设计要求，孔深偏差不大于 50mm，开孔误差小于 10cm，孔轴偏差小于 2°。钻孔完成后，用高压风对锚杆孔进行冲孔，把岩粉等杂物吹出孔外。

2）锚杆安装。为使锚杆与砂浆有足够的握裹力，锚杆安装前进行调直、除锈、去污，除锈采用电动钢丝刷，去污常规的棉纱擦洗。短锚杆安装时，锚杆插入孔中后用铁锤轻敲，保证锚杆插入足够的深度，对锚杆露出岩面的长度加以控制，不得影响混凝土及其他结构。锚杆通过滑轮辅以人工吊装，孔口采用工业棉纱堵塞。

3）锚杆注浆。作业开始（或中途停止时间超过 30min）前，用清水润滑注浆罐及其管路，以免砂浆初凝堵塞管道。注浆机具选用 150/15 型隔膜式往复砂浆泵。砂浆采用 P.O42.5 号普通硅酸盐水泥，砂浆设计标号为 $R_{28}250$ 号，水泥∶砂＝1∶1，水灰比＝0.38~0.45。严格按照试验确定的水泥砂浆配合比拌浆。水泥砂浆各种材料准确称量，掺加外加剂必须经过室内和现场试验确定满足设计要求。拌制砂浆时，严格遵守搅拌时间，保证砂浆搅拌均匀；灌浆时严格遵守砂浆泵的操作规程，保证灌浆压力和灌浆量，确保灌浆的质量及注浆操作人员的安全。

采用"先注浆后穿杆"的工艺施工锚杆时，锚杆穿至孔底时孔口砂浆饱满溢出为注浆合格，否则要拔出重新注浆。

随机锚杆按其使用要求及现场施工条件使用砂浆灌注，少量需快速锚固的部位采用了水泥基锚固剂卷安装。

11.2.4.4　锚桩

船闸二期工程共施工锚桩 168 束，其中闸首支持体结构加固的抗剪锚桩 74 束，竖向锚桩 89 束，锚索造孔后因地质条件限制无法施加张拉力而改做锚桩 5 束。

（1）结构加固锚桩主要技术要求。钻孔孔径、孔深均不得小于设计值，钻孔倾角、方位角应符合设计要求。开孔孔位偏差不得大于 10cm；孔深误差不得超过 10cm。

钢筋材质、尺寸、规格型号均符合设计要求，表面清洗干净；锚桩钢筋断面尺寸加工偏差控制在 5mm 以内；孔口段箍筋加工成螺旋筋。

钢套管安装要求与岩体结构牢固、支撑固定牢靠、焊缝严密，保证混凝土浇筑时钢套管不发生变位和漏浆。

灌浆材料的配合比、强度等级符合要求；灌浆压力控制为 0.5MPa。在灌浆过程中，满足以下要求方可结束灌浆作业：灌浆量大于理论吃浆量，回浆比重不小于进浆比重，孔内不再吸浆，即进浆量、排浆量一致，且并浆达 10min。

（2）主要施工方法。

1）孔位放样。利用全站仪严格按照设计孔位参数进行放样。

2）钻孔。对闸首支持体结构加固锚桩采用经改装后的 MZ165D 型锚固钻机，潜孔钻工艺钻进，一次成孔；或采用 MDK - 1 型钻孔两次钻孔，第一次用直径 165mm 钻头钻孔，第二次用直径 305mm 钻头扩孔到位，成孔孔径 300mm。

对平台部位的竖向锚桩采用古河钻机等进行钻孔。在钻进过程中严格控制钻孔参数，确保成孔精度。钻孔到位后，采用高压水气冲洗，辅以人工掏渣，确保锚桩孔道干净。

3）锚桩加工。锚桩加工在现场搭设的加工棚内施工，原材料按设计要求采购。闸首支持体结构加固锚桩编制方法如下。

A. 下料：采用切割机，按设计要求尺寸下料，料长尺寸加工偏差控制在 5mm 以内。

B. 架立箍筋制作：采用钢筋弯曲机制圈，接头间采用双面焊接，接头长度分别为：直径 22mm 箍圈 110mm；直径 20mm 箍圈 100mm；直径 16mm 箍圈 80mm。直径加工误差不超过 5mm，直径 16mm 箍圈加工为单线圈。

C. 整体加工：先在直径 20mm 架立箍圈上按 30°划分，焊接直径 32mm 外主筋，然后焊接直径 20mm 架立箍圈，并按 60°划分，焊接直径 32mm 内主筋。筋笼成型后，按 100mm 等间距焊接孔口两端部 1m 范围内的直径 16mm、直径 20mm 架立箍圈。架立箍圈和主筋之间，焊接牢固。

4）锚桩安装。采用吊机辅以人工方式安装锚桩。在锚桩上距两端部各 1.5m 和桩中间位置设置 3 个起吊点。人工辅助吊机安装锚桩，随着锚桩进入孔内，逐步从下向上解除吊绳，直至安装到位。

5）安装外套钢套管。锚桩安装到位后，穿入直径 351mm 钢套管。钢套管采用与岩体锚杆焊接和剪刀架支撑的方式固定，与岩面结合处采用 300 号水泥砂浆嵌缝。此外，灌浆管采用直径 50mm 的钢管，穿入孔内后用密封垫、压板和螺栓与钢套管封闭盖固定。

6）灌浆。闸首支持体结构加固锚桩须在混凝土浇筑覆盖 7d 后进行灌浆施工，其余类型锚桩在锚桩安装完备后即可进行灌浆施工。灌浆材料为 $R_{28}400$ 号的水泥浆。灌浆时先采用高速搅拌机拌制浆液，再用砂浆泵将浆液灌入孔内，灌浆压力控制在 0.5MPa。

11.2.4.5 喷锚护坡

根据岩层风化程度不同，船闸二期边坡坡比为 1：1～1：1.5（全风化岩层）、1：1

（强风化岩层）、1∶0.5（弱风化岩层）、1∶0.3（微新岩层）。边坡梯段高度为15m，梯段间设置宽5m马道，马道内侧设置纵向排水沟。

边坡坡比不同，其喷锚支护形式不同，边坡坡比1∶1～1∶1.5边坡采用Ⅰ1型挂网喷护、喷护厚度12cm，无系统锚杆，或Ⅰ2型挂网喷护，喷护厚度12cm，有系统锚杆；边坡坡比1∶0.5边坡采用Ⅱ1型有系统锚杆素喷、喷护厚度7cm和Ⅱ2型无系统锚杆素喷，喷护厚度12cm；边坡坡比1∶0.3边坡和直立边坡采用Ⅱ1型有系统锚杆素喷、喷护厚度7cm。

（1）喷射混凝土施工技术要求。包括挂网喷混凝土或素喷混凝土两种形式。坡面挂网一般采用机编镀锌铁丝网，在较大地质缺陷部位采用钢筋网代替镀锌铁丝网。挂网一般利用系统锚杆、随机锚杆。无系统锚杆的部位按照设计要求布设挂网锚杆。系统锚杆和随机锚杆均采用普通砂浆锚杆。坡面挂网与锚杆绑扎牢固、用预制砂浆块（10cm×10cm×4cm）支撑铁丝网，使之与基岩面保持3～4cm间距。

（2）喷混凝土施工方法。喷混凝土前必须进行基础面清洗，埋设喷混凝土厚度标志，仓位验收等。喷混凝土采用"干喷法"作业，选用PE-5B型和HPT-1型混凝土喷射机。喷射机和搅拌机布置于喷护现场适当部位。水泥采用P.O42.5号普通硅酸盐水泥，水泥与砂石的重量比1∶3.5～1∶4.0，水灰比0.42～0.50，具体施工配合比由试验确定。一次喷层厚度约为5cm。各层间的间隔时间允许在30～60min。超过60min后，按规范要求对已喷面用高压风或水清洗。喷混凝土施工主要有以下步骤。

1）施工准备。喷混凝土前对受喷面进行检查，做好以下准备工作：清除基础面的浮石、岩粉，处理好光滑岩面，验收合格后铺设铁丝网，搭设施工排架，按照设计要求先进行锚杆、排水孔施工。喷射前用高风压水枪冲洗受喷面，对遇水易潮解的泥化岩层，高压风清扫岩面，再用少量的水湿润岩面，保证混凝土与岩面有足够的黏结力，埋设控制喷混凝土厚度标志。

2）施工排水。在受喷面滴水部位埋设导管排水，导水效果不好的含水层设盲沟排水，对淋水部位设截水圈排水。在地质条件相对较差且渗水性较强的部位设置排水孔，安装PVC排水管，排水孔深度据具体地质条件设定。

3）混凝土拌制与运输。根据试验成果按配合比拌制混凝土。

选用容量小于400L的强制式搅拌机拌料，搅拌时间不得小于1min；混合料掺用外加剂时，搅拌时间适当延长，使混凝土搅拌均匀。水泥、砂、小石搅拌均匀，随拌随用。

混合料在运输过程中，严防雨淋、滴水或石块等杂物混入，混合料过筛后送入喷射机。喷射出口混合料不得出现离析和"脉冲"现象。

4）喷射混凝土。喷射混凝土施工分段分片依次进行，分缝分块一般为12m，或根据实际施工强度确定。喷射顺序自下而上。控制喷射压力为0.5～0.7MPa，喷射距离1m左右，喷射角度与受喷面基本垂直，避免喷头正对钢筋。干喷法施工时控制喷枪水量，保证供水连续，以使喷料和易性良好。喷射过程中防止出现包砂、起鼓。喷料畅流，控制回弹量。喷射混凝土填满铁丝与岩面之间的空隙，并与铁丝网黏结良好。铁丝网混凝土保护层厚度符合设计要求（保护层厚度一般3～4cm）。喷枪移动以螺旋式轨迹运动，水平匀速移动，螺旋直径一般为1～2m，一次喷射厚度不超过5cm，各层喷射间隔时间为30～60min。喷射过程中根据规范要求采取喷模取样送检。

5）养护。喷射混凝土施工完毕，喷层终凝 2h 后即开始养护，在 28d 之内应使喷层表面处于湿润状态，配置专职养护员现场值班。

11.2.5　锚固效果监测

为了解船闸高边坡和结构的变形性态、动态优化（反馈）设计和指导施工，在永久船闸部位布设了大量安全监测仪器。监测项目有变形监测、渗流监测、爆破振动监测、地应力监测、水力学监测、锚索（杆）应力监测、岩体松弛范围监测和岩体声发射监测等。

（1）表层岩体变形监测。边坡表层岩体变形监测成果较好地反映了边坡岩体的变形情况，测得的北坡最大位移为 29mm，南坡最大位移为 50mm，北坡直立墙顶的最大位移为 18mm，南坡直立墙顶的最大位移为 35mm，二闸首南坡断层 f1239 上盘顶部实测最大位移为 26mm，三闸首中隔墩岩体向北线闸室实测最大位移为 15mm。

（2）边坡岩体松弛范围监测。二期开挖中由于直立坡岩体受到卸荷松弛和爆破影响使岩石产生新的裂隙，也可能使原生裂隙张开。利用锚杆孔进行声波测试来判定岩体的松弛厚度，从而为设计了解爆破开挖影响、校核锚杆合理长度提供了依据。声波测试成果统计表明，岩体松弛厚度一般在 0.2～3.8m，一般在 2m 以下，呈上部大底部小的形态。测试中还发现，由于测区岩体地质结构原因，一些测孔在孔深 8～9m 处仍有低速带存在。此外排水洞内 19 个孔的声波测试和多点位移计周期监测表明，在距直立坡面 8～10m 深处的岩体仍有较大变形。

（3）爆破振动监测。为确保二期开挖施工中直立坡的稳定安全，尽量减少爆破动力作用对边坡及洞室岩体力学性能的不利影响，对施工中的爆破进行了跟踪监测，其成果及时反馈设计、监理和施工，对了解爆破部位岩体质点振动情况，及时调整爆破单响药量，改进爆破技术，起到了良好作用。实测结果表明，振动控制在设计规定的 10cm/s 内，对边坡岩体安全稳定不会构成影响。

（4）锁口锚杆应力监测。施工期在高边坡闸室段的二闸室、三闸室布置了 6 个监测断面进行开挖施工期锁口锚杆应力监测。监测结果表明：锁口锚杆应力值大小与直立坡岩体的地质结构、预应力锚索张拉及开挖施工进度有关，与温度呈负相关关系，实测锚杆拉应力大于 30MPa 的锚杆占施测总数的 30％，最大实测拉应力 429.8MPa，发生在二闸室中隔墩南侧 X＝15570 断面处，原因是该断面上有断层 F5 和与断层相交的一组反倾裂隙及岩石松弛造成。说明锁口锚杆对直立坡上部起到了较好锁固作用，在系统结构高强锚杆施工前设置锁口锚杆对施工期安全是非常必要的。

（5）锚索应力监测。选择了部分锚索使用无黏结钢绞线进行锚索应力监测。监测结果表明：锚索张拉锁定时锚固力损失率 3％～5％，随着槽挖下切，边坡松弛造成的锚固力损失率在 5％～10％之间，且锚固力损失呈波动状态，无明显变化规律。说明锚索对边坡的整体稳定起到了至关重要的影响。

三峡水利枢纽永久船闸工程开挖工作在 1999 年 4 月基本结束后，高边坡与中隔墩岩体变形一年后已明显趋于稳定。两侧边坡及中隔墩表层岩体月位移速率开始衰减并呈现收敛趋势。其中，中隔墩表层岩体变形收敛最快；其次是南坡表层岩体；最后是北坡表层岩体。1999 年 9 月以后，测点处的深层岩体的位移过程线也已趋于平稳。说明船闸高边坡采取控制爆破和综合锚固措施是有效的，边坡整体稳定。

11.3 小湾水电站高边坡综合治理

11.3.1 概况

小湾水电站是澜沧江水电基地的龙头水电站，主要由混凝土双曲拱坝，坝后水垫塘及二道坝、左岸一条泄洪洞及右岸地下引水发电站组成。混凝土双曲拱坝最大坝高292m，水库总库容149亿 m³，水电站装机容量420万 kW，年发电量188.9亿 kW·h。小湾水电站的高边坡治理主要解决两个方面的问题：一是最大开挖边坡近700m，要解决边坡在施工期和运行期的稳定问题；二是高拱坝对拱座的推力巨大，要解决坝肩抗力体传力、变形问题，使其满足拱坝的受力要求。小湾水电站高边坡治理，在地表采取了边坡开挖减载、喷锚支护、预应力锚固、坡面排水等措施；在地下抗力体地质缺陷部位，采取混凝土置换、高压固结灌浆、设置地下排水系统等综合措施，确保了边坡安全稳定，满足建筑物受力要求。边坡治理完成的主要工程量如下：地面开挖支护共完成土石方开挖1727万 m³、预应力锚索6835根（其中堆积体锚索2344根）、锚杆支护120206根、喷射混凝土96685m³、现浇混凝土341401m³（包括贴坡、挡墙、抗滑桩混凝土等）、排水孔74904m；地下工程共完成置换洞室开挖总长2623m（左岸878m、右岸1745m）、置换混凝土浇筑14.41万 m³、固结灌浆19.3万 m、预应力锚索1274根。小湾水电站边坡开挖与支护工程，合同总工期53个月，两岸坝肩高程1000.00m以上开挖和支护工程于2005年3月底完成开挖工程，实际开挖工期为37个月。拱坝基础高程953.00m于2005年8月初完成开挖。

11.3.2 地形、地质条件

地形高差起伏大，岸坡陡峭。小湾水电站枢纽区河段长约2300m，河道总体流向为由北向南，并略呈向西凸出的弧形。坝址区澜沧江深切，河谷呈基本对称的 V 形，枯水期河水面高程988.00m，河水与两岸最邻近的山峰高差达1000m以上，两岸山势雄浑，谷坡高陡，冲沟发育，呈现沟、梁相间地貌形态。河谷两岸河面至高程1600.00m平均坡度为40°～42°，局部地段为悬崖峭壁；高程1600.00m以上地势渐变平缓，地质条件复杂。枢纽区分布的岩石为致密坚硬的黑云花岗片麻岩、角闪斜长片麻岩和片岩，岩层呈单斜构造，横河分布，陡倾上游。受多期构造活动影响，破裂结构面较发育。两岸山坡岩体卸荷作用强烈，卸荷裂隙发育，卸荷裂隙最大深度达160m；冲沟底部一般有第四系堆积物分布，坡堆积体最大厚度达60.36m，堆积体由块石、特大孤石夹碎石土或砂壤土组成。堆积物总体上中等密实，但局部地段较为疏松，并存在架空现象，渗透性较强。枢纽区地下水类型以基岩裂隙水为主，且揭露有脉状裂隙承压水，地下水位一般埋深40～76m，年变幅8～26m，地下水水力坡度为30°～32°，地质缺陷较多。本区属高地应力地区，对边坡稳定有影响的地质缺陷主要有Ⅱ级断层F7、Ⅲ级断层F3、F5、F10、F11、F19、F20、F22、F23、F30等10条，其他为Ⅳ级、Ⅴ级结构面；对右坝肩抗力体有影响地质缺陷主要有断层F11、F10、f10、f9和蚀变岩带E1、E4、E5、E9及卸荷岩体；对左坝肩抗力体有影响地质缺陷主要有断层F11、F20、f34、f12，蚀变岩带E8和4号山梁卸荷岩体。小湾水电站枢纽区地质见图11-10。

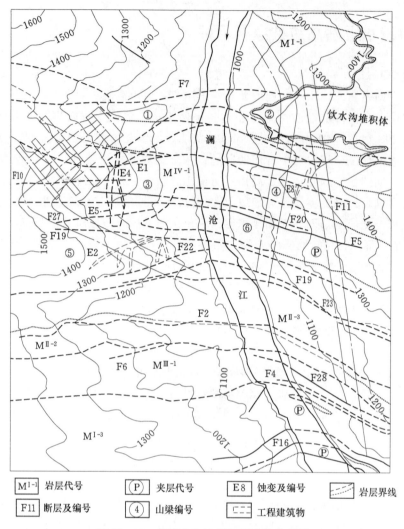

| $\boxed{M^{I-1}}$ 岩层代号 | $\boxed{P}$ 夹层代号 | $\boxed{E8}$ 蚀变及编号 | 岩层界线 |
| $\boxed{F11}$ 断层及编号 | $\boxed{④}$ 山梁编号 | 工程建筑物 | |

图 11-10　小湾水电站枢纽区地质示意图

11.3.3　高边坡开挖设计

小湾水电站的高边坡开挖主要包括：高程 1245.00m 以上坝肩及缆机基础边坡开挖、拱坝基础及坝肩槽（高程 953.00～1145.00m）开挖、抗力体边坡开挖、水电站进水口边坡开挖、水垫塘及尾水边坡开挖。左岸的开挖范围在 2 号山梁和 6 号山梁之间，堆积体主要分布在 2 号山梁高程 1130.00m 以上，4 号山梁及坝肩边坡主要是石方开挖，边坡开挖最高处的开口线高程 1645.00m，坝基建基面高程 953.00m，开挖总高度达 692m。左岸开挖总量为 909 万 m³，其中堆积体明挖 93 万 m³。右岸的开挖范围上下游长度 1.15km 多，进水口边坡、坝肩边坡、水垫塘边坡及高低缆机基础上下游边坡均为岩石边坡，缆机基础后边坡为第四系堆积体边坡，开挖边坡最大高度 577m。右岸开挖量为 818 万 m³，其中堆积体明挖 57.6 万 m³。高边坡 15～20m 设一级马道（原设计为 20m，后优化设计改为 15m），岩质边坡的设计坡比在直立至 1：0.75 之间，第四系堆积体边坡的坡比为 1：0.5

~1 : 1.0 之间，工程边坡普遍较陡，施工期边坡稳定问题较为突出。

11.3.4 高边坡开挖施工

（1）开挖道路布置。受地形条件限制，约 100～120m 高差才能布设一条出渣道路，上下游道路被坝肩槽和冲沟隔断，不能贯通。开挖需要先翻渣到集渣平台，然后再装运至弃渣场

（2）岩质边坡开挖。岩质边坡开挖主要采用钻爆法施工。①预裂及台阶爆破规划；边坡轮廓面及马道、基础的水平面均采用预裂爆破；当马道高差为 20m 时，上下两级马道之间的预裂爆破一次完成，台阶高度为 10m；当马道高差为 15m 时，预裂爆破方法同上，台阶高度为 15m；靠近预裂面的台阶爆破设缓冲孔，缩小孔排距，减少单孔药量；马道顶部预留厚 2m 的保护层；②爆破网络；台阶爆破的爆破网络主要采用非电毫秒微差顺序起爆网络；排间延时雷管一般用 MS5 段，孔间延时雷管一般用 MS2 段或 MS3 段，孔内雷管采用延时较长的 MS15 段或 MS14 段；预裂爆破可以单独起爆，也可以同靠近预裂面的台阶爆破同次起爆；与靠近预裂面的台阶爆破同次起爆时，预裂孔提前主爆孔 75～100ms 起爆；③爆破振动控制标准；经过爆破试验检测和边坡安全监测，高边坡爆破振动控制际准为：微风化岩体 15～20cm/s，弱风化岩体 10～15cm/s，强风化岩体 10cm/s。对锚杆、锚索和喷混凝土支护的振动控制按照《水电水利工程爆破施工技术规范》（DL/T 5135—2001）的规定。

（3）堆积体边坡中的孤石开挖。堆积体边坡开挖，遇到 1m 以上的孤石，用手风钻钻孔，小药量放解炮；对生根牢固、一半以上埋在坡内的孤石予以保留，对外露部分不作处理，以防扰动堆积体边坡。

（4）主要施工设备配置。小湾水电站右岸高边坡开挖钻孔设备配置见表 11-3，其推、挖、运设备配置见表 11-4。

表 11-3　　　　　　小湾水电站右岸高边坡开挖钻孔设备配置表

序号	设 备 名 称	设 备 型 号	设备数量/台
1	潜孔钻机	CM351	8
2	潜孔钻机	ROC460PC	1
3	液压钻机	RANGER7002	2
4	液压钻机	ECM580	2
5	液压钻机	RANGER500	1
6	液压钻机	D7	1

CM351 型钻机（ROC460PC 与之类同）与风压 2.2MPa 的空压机配合使用，开挖高峰期一台钻机平均每月钻孔的综合工效为 3652m，RANGER7002 型履带式液压钻机（ECM580 型、RANGER500 型、D7 型与之类同），开挖高峰期一台钻机平均每月钻孔的综合工效为 7165m。

（5）开挖强度。右岸高边坡开挖最高强度发生在 2003 年 8 月，当月完成土石方明挖 46 万 m³，左岸高边坡开挖最高强度发生在 2003 年 11 月，当月完成土石方明挖 51 万 m³。

表 11 - 4　　　　　小湾水电站右岸高边坡开挖推、挖、运设备配置表

序号	设 备 名 称	设 备 型 号	设备数量/台
1	推土机	D355A - 3	1
2	推土机	D8R	3
3	推土机	TY320	4
4	推土机	TY220	3
5	装载机	980F	2
6	液压正铲	O&K	2
7	液压正铲	PC650	1
8	液压正铲	EX400	1
9	液压反铲	CAT320、CAT330	16
10	液压反铲	450 - 5	2
11	自卸汽车	15～20t	120

11.3.5　高边坡支护设计

两岸边坡永久支护以预应力锚索为主,浅层系统支护为辅。主要支护项目有预应力锚索、普通砂浆锚杆、锚筋桩、自进式中空注浆锚杆、预应力锚杆、喷混凝土、抗滑桩、柔性防护网和地表截、排水等。

(1) 预应力锚索。预应力锚索有 1000kN 级、1800kN 级、3000kN、6000kN 级四种,最大深度 80m,一般在 25～50m。锚索的形式主要以普通拉力形锚索为主,局部内锚固段岩石条件较差的边坡,根据情况选用了拉力分散形、压力分散形和拉压复合形锚索。

(2) 普通砂浆锚杆。主要对完整性较好的岩质边坡坡面进行系统加固、对马道进行锁口加固。锚杆直径 32mm,深度 4.5～9m 不等,大多数为 6m,间排距为 2m×2.5m。

(3) 锚筋桩。锚筋桩主要是对浅层破碎的岩体结构面进行加固、对边坡开口线及马道进行锁口加强锚固等。锚筋桩设计规格为 3ϕ32mm,长度 9～12m 不等,以 9m 长为主,间排距为 1.5m×1.5m 或 2m×2m。

(4) 自进式中空注浆锚杆。自进式中空注浆锚杆主要用在破碎软弱、蚀变带、崩塌坡(堆) 积体等岩体中,解决常规普通砂浆锚杆施工塌孔、卡钻等难题。锚杆直径 32mm,长度 6～9m 不等,两岸边坡以 9m 长为主,间排距为 2.5m×2m。

(5) 预应力锚杆。预应力锚杆分两种形式。125kN 水泥锚固剂预应力锚杆主要用于右岸高程 1245.00m 坝顶公路开挖边坡、进水口直立开挖边坡及坝肩槽上游边坡加固,锚杆直径 32mm,长度为 9～12m,以 12m 长锚杆为主,间排距为 2m×2m。450kN 级预应力锚杆主要用于坝肩槽建基面、坝肩槽下游边坡及抗力体边坡加固支护,限制岩体因开挖卸荷松弛变形。锚杆主材选用直径 32mm 的 JL800 高强精轧螺纹钢,屈服强度不小于 800MPa,抗拉强度不小于 1000MPa,延伸率不小于 7%。锚杆长度为 18m,间排距为 3m×3m,梅花形布置。锚杆接头采用连接器机械接头连接,连接器抗拉强度不小于 835kN。

(6) 喷混凝土。两岸边坡除坝基外,均用素喷混凝土或网喷混凝土进行封闭支护。素喷混凝土设计强度标号为 C15 或 C20,喷护厚度为 50～100mm。网喷混凝土设计强度标号为 C20,喷护厚度 150mm,挂网钢筋直径 6.5mm,网格规格为 20cm×20cm。

(7) 抗滑桩。在左岸 2 号山梁出现险情后,对边坡还采取了抗滑桩及桩后反压回填措

施。在高程 1245.00m 共布置 15 根抗滑桩，抗滑桩地面以上高度 29m，地面以下一般 10～15m，最深 25m。1～10 号桩断面尺寸为 3m×5m，11～15 号桩断面尺寸为 4m×7m，各桩之间采用钢筋混凝土板墙连接，并在每根桩身和挡墙上分别布置 1800kN 级锚索。抗滑桩内侧高程 1245.00m 以上用石渣回填，边坡坡度 1：2.0～1：1.5。

（8）柔性防护网。在边坡开挖区的顶部，对坡面危石分布较多且清理困难的区域，采用 SNS 柔性防护网进行防护。

（9）地表截水、排水。在开挖边坡开口线外侧设置了坡顶截水沟，在一定高程的马道上设置了系统的坡面排水沟。坡面上布置了排水孔，浅层排水孔孔径为 76mm，孔深为 4m 或 8m，间排距为 6m×6m，梅花形布置；深孔排水孔孔径为 110mm，孔深一般为 20m，通常在两层马道之间坡面上布置一排或多排，间距为 10m。

11.3.6　高边坡支护施工

小湾水电站边坡开挖与支护施工技术要求规定，在岩石边坡开挖之前，应先完成锁口锚杆施工，在边坡开挖下切过程中，必须完成上部台阶的锁口锚桩（杆）的施工。永久的系统支护应在分层开挖过程中逐层进行，系统锚杆、喷混凝土与开挖工作面的高差不大于 10m，预应力锚索与开挖工作面的高差不大于 40m，并满足边坡稳定和限制卸荷松弛的要求。高边坡支护大多为常规工艺，但堆积体上锚索施工难度较大，在此，仅对锚索施工造孔及孔内大裂隙堵漏作介绍。

（1）钻孔工艺。①普通冲击钻钻孔工艺。主要采用 YG80 型、YG60 型、MD50 型等型号的国产工程钻机，钻头采用直径 140mm 或直径 150mm，冲击器采用 CIR110 型，钻杆采用直径 73mm 或直径 89mm。风压 0.4～0.8MPa，供风量 6～17m³/min，给进力 0.2～0.5MPa，正常转速 30～50r/min。在冲击过程中靠风压不断排出岩粉。在无大的裂隙破碎带，岩石较好的微风化或弱风化岩石中，一般每小时成孔 5～8m，遇断层破碎带或裂隙节理发育带出现跑风漏气不返渣时，应立即停钻，进行固壁灌浆。固壁灌浆采用 0.3～0.5MPa 压力，浆液水灰比 0.5：1，灌浆结束后等强 8h 再扫孔钻进，如此反复直至成孔。本工艺适用于岩石较完整的地层中，具有工艺简单、成孔速度快等优点。但是在岩体风化破碎的地层，因造孔要频繁地与固壁灌浆穿插作业，施工速度慢、成本高，不宜使用。②组合螺旋钻钻孔工艺。锚索钻孔时，在常规冲击钻钻杆上焊接厚 6mm、螺距 10cm、高度 2cm 螺旋钢板制成螺旋钻杆，通过螺旋钻杆旋转挤推周围石渣，使其排出孔外。这种钻进工艺适合于跑风漏气、高压风排渣困难的地层，在强风化强卸荷破碎带中平均钻进速度约 3.5m/h。其缺点是发生掉块塌孔时易卡钻，要进行处理。③偏心跟管钻进工艺。在堆积体中进行锚索钻孔，亦可选用偏心跟管钻进工艺。设备选型方面对进口 HBR202TFA 型、AltlasA32 型、AltlasA52 型钻机和国产 YG80 型偏心跟管钻机进行了分析和试验。国外进口钻机一般集行走、回转、动力等为一体，自动化程度很高、自重大、对道路交通条件要求高，对于高陡边坡锚固来说，适应性较差。国产 YG80 型偏心跟管钻机为分体式结构，动力系统、液压系统、机械系统分开，便于在脚手架平台上搬运，且操作简单、性能稳定，非常适合在高陡边坡锚固中使用。在两岸边坡锚固中，进口钻机钻孔所占比例均很小，国产 YG80 型承担了绝大多数堆积体锚索的钻孔施工。YG80 型偏心跟管钻机和进口德国钻机 HBR202TFA 型均可跟管钻进至 35～40m，钻进一孔时间一般都在 1～2d 左右。国产 YG80 型钻机性能稳定可靠，重量轻，搬运安装方便，适用于高边坡作业，其性能参数为：钻孔深度 80m，钻孔直径 100～209mm，钻孔倾角 0°～120°，电机功率 30kW，钻机重量 1500kg，最大部件重量 200kg。跟管钻具规格及性能参数为：跟管套管直径 168mm×10mm（180t 级）、直径 146mm×10mm（100t 级）；冲击器为 CIR150；偏心钻头直径 168mm，管靴直径 172mm×17mm，通孔内径 138mm。

（2）锚固孔内大裂隙堵漏技术。在锚索施工中，由于边坡岩体风化卸荷严重，节理裂隙发育，锚索孔壁存在裂隙，在内锚段及张拉段灌浆时存在吃浆量大、成本高、进度慢等问题。在锚索试验中对孔内裂隙堵漏进行了各种尝试。①加入水玻璃堵漏。在钻孔过程中遇到跑风漏气现象时，立即停钻进行堵漏，用 25L 的塑料桶装水玻璃置于孔口上方，用直径 10mm 的 PVC 管把水玻璃注入孔内，用直径 25mm 的 PVC 管把拌制好水泥净浆从注浆泵与水玻璃同时注入孔内，直至全孔注满。此种方法可操作性强，浆液凝结速度快，对较小的裂隙效果较好，对于较大的裂隙收效不大，同时水玻璃用量较多，水泥节约不多。②孔内喷混凝土堵漏。采用混凝土喷射机将拌制好的喷锚料高压喷于孔内，喷射时因专用喷头过大不能入孔，需换用无开关控制阀喷头，并将直径 25mm 的 PVC 管绑牢于喷射管。拌制好较稀的喷锚料后（水灰比 0.8∶1 或 1∶1），同时打开混凝土喷射机和注浆泵，喷射时从孔底向孔口拔管，拔管速度要求使孔内填实而又不让管子卡死拔不出。向孔内喷混凝土对大的孔洞裂隙收效较好，如能将干喷改为湿喷效果会更好。问题是拔管速度难以掌握，注入混凝土和浆液量不好控制，对小裂隙收效不大。③复合堵漏剂堵漏。复合堵漏剂由堵漏剂与催化剂组成，主要成分为聚醚多元醇、泡沫稳定剂、催化剂和多苯基多次甲基多异酸酯等，主要特性为：膨胀系数为 250%～300%，作用迅速（15s）具备爆发力；水平方向抗压强度 0.2～0.3MPa，垂直方向抗压强度 0.15～0.2MPa，具有一定强度的握裹力、黏结力、摩擦力；凝结时间可调控，终凝时间可控制在 30min 内；材料无毒、不挥发、不易燃、不含对钢绞线有腐蚀作用的卤素，适用温度范围为 0～60℃。堵漏前首先通过孔内摄像判断裂隙位置及宽度，用棉布或其他布料做成布袋子放于孔内裂隙处。用一根直径 25mm 的 PVC 管一端通至袋内，一端引至孔口，将堵漏剂与催化剂分别注入 GLP-1 型堵漏机两个容器中，采用两根直径 25mm 的 PVC 管接于堵漏机两个容器的出口，利用变径接头与上述引入孔内的 PVC 管相接，堵漏时打开空气压缩机，使用高风压同时吹送两种液体于布袋内发生化学反应，堵漏剂膨胀挤入裂隙内凝固起到堵漏效果，30min 后可移钻扫孔。使用聚氨酯复合堵漏剂堵漏能有效缩短堵漏时间，减少二次固壁耗浆量。问题是堵漏前需准确判断孔内裂缝分布情况（做孔内电视），操作要求同步，工艺难掌握、成本高。④塑料袋裹水泥球堵漏。在钻进过程中一旦发现较大裂隙时，立即停钻。用塑料袋包裹水泥球投入孔内，在钻杆端部安装顶托钢板（钢板直径略小于钻孔直径）将水泥球推进孔内，利用孔底的顶托将水泥球挤入周边裂隙孔洞内，效果很好，但需在发现裂隙孔洞时立即停钻封堵，遇见一个封堵一个，一旦钻过裂隙，没有孔底顶托就难于封堵。⑤采用无黏结钢绞线并在自由段包裹土工布堵漏。在现场施工中发现岩石破碎各孔串风严重，堵漏固壁时各孔互相串浆时，可以将串浆孔的有黏结锚索改为无黏结锚索，减小串浆对相邻孔的影响。相邻孔串浆时，会影响有黏结锚索内锚段、张拉段的长度，影响锚索质量。采用无黏结锚索因内锚段为剥除 PE 套部分，不存在内锚段增长张拉段变短问题，串浆对锚索质量影响不大。通过对无黏结锚索张拉段外包土工布和细帆布隔离浆液流失，保证了水泥结石对锚索的保护作用。采用 $400g/m^2$ 长丝土工布包在内层防渗，采用细帆布包在外层抗磨，防止索体穿索过程中磨穿土工布导致堵漏失效。包裹直径为孔径的 1.1～1.2 倍，包裹长度视裂隙分布情况定，最长为张拉段全长。包层均用缝纫机缝制。灌浆管路系统采用两根灌浆管，并设止浆包，其中一根穿过止浆包插入导向帽中作为内锚段进浆管，在止浆包内将该进浆管割出楔形口以便浆液先填充止浆包起到封闭孔道的作用。另一根穿过止浆包至止浆包前 10～15cm 处，并在止浆包后 20cm 处割出楔形口，作为内锚段灌浆的排气管和张拉段灌浆的进浆管。使用土工布与细帆布同时，对无黏结锚索进行包裹后再穿索的办法，能在保证锚索施工质量的前提下控制灌浆量，使单孔水泥耗量大幅度降低，节省了成本，且可操作性强。

11.3.7 抗力体内部加固设计（小湾水电站高拱坝设计与基础处理）

抗力体内部采取了混凝土洞塞置换、灌浆等综合加固处理措施。

（1）混凝土洞塞置换。在左岸坝肩高程 1160.00m、1180.00m、1200.00m、1220.00m 设置 4 层置换洞，层与层之间由置换竖井相连（17 条置换平洞、2 条连接竖井）。在右岸坝肩高程 1030.00m、1050.00m、1070.00m、1090.00m、1110.00m、1130.00m、1150.00m、1170.00m、1190.00m、1210.00m 布置了 10 层置换洞塞，层与层之间由置换竖井相连（32 条置换平洞，22 条竖井）。根据不同部位、不同高程、不同断层蚀变带的宽度、性状，置换洞断面有 4m×5m、5m×5m、5m×8m、6m×10m、10m×10m 五种尺寸。左岸、右岸置换洞室三维布置分别见图 11-11、图 11-12。

	说	明			
编号	名称	断面/(m×m)	编号	名称	断面/(m×m)
12	LZA 洞	10×10	22	$Lf_{11}B$ 洞	5×8
13	LKA1 洞	10×10	23	LE_8C 洞	10×10
14	LKA2 洞	10×10	24	LZC 洞	10×10
15	$Lf_{11}A$ 洞	5×8	25	$Lf_{12}C$ 洞	5×8
16	$LF_{34}B$ 洞	4×5	26	$Lf_{11}C$ 洞	5×8
17	LZJA1 井	10×10	27	LGC 洞	6×10
18	LZJA2 井	10×10	28	LE_8D 洞	10×10
19	LZB 洞	10×10	29	$Lf_{12}D$ 洞	5×8
20	LKB1 洞	10×10	30	$Lf_{11}D$ 井	5×8
21	LKB2 洞	10×10	31	LGD 洞	6×10

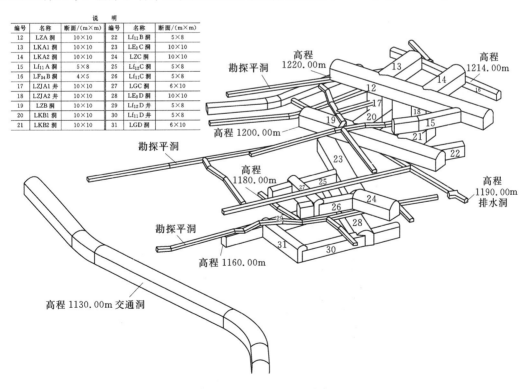

图 11-11　左岸置换洞三维布置图

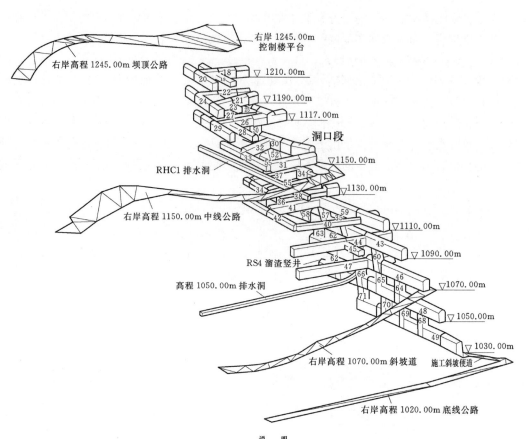

右岸 1245.00m 控制楼平台

右岸高程 1245.00m 坝顶公路

洞口段

RHC1 排水洞

右岸高程 1150.00m 中线公路

RS4 溜渣竖井

高程 1050.00m 排水洞

右岸高程 1070.00m 斜坡道

施工斜坡便道

右岸高程 1020.00m 底线公路

说　明

编号	名称	断面/(m×m)	洞(井)底高程/m	编号	名称	断面/(m×m)	洞(井)底高程/m
1~17	施工支洞	4×5		46	$RF_{11}H$ 洞	6×10	1070.00
18	RE_5A 洞	5×8		47	RE_9H 洞	5×8	
19	$Rf_{10}A$ 洞	5×5	1210.00	48	$RF_{11}I$ 洞	6×10	1050.00
20	$RF_{10}A$ 洞	5×8		49	$RF_{11}J$ 洞	6×10	1030.00
21	RE_4B 洞	5×8		50	$RF_{11}JB1$ 井	2×6	1171.841
22	RE_5B 洞	5×8	1190.00	51	$RF_{11}JC1$ 井	6×6	1150.679
23	$Rf_{10}B$ 洞	5×5		52	$RF_{11}JD1$ 井	6×6	1129.680
24	$RF_{10}B$ 洞	5×8		53	$RF_{11}JE1$ 井	6×6	1111.053
25	$RF_{11}C$ 洞	6×10		54	$RF_{11}JE2$ 井	6×6	1111.357
26	RE_4C 洞	5×8		55	$RF_{11}JE3$ 井	6×6	1111.732
27	RE_5C 洞	5×8	1170.00	56	$RF_{11}JF1$ 井	6×6	1091.096
28	$Rf_{10}C$ 洞	5×5		57	$RF_{11}JF2$ 井	6×6	1091.471
29	$RF_{10}C$ 洞	5×8		58	$RF_{11}JF3$ 井	6×6	1091.853
30	$RF_{11}D$ 洞	6×10		59	$RF_{11}JF4$ 井	6×6	1092.228
31	RE_1D 洞	5×8	1150.00	60	$RF_{11}JG1$ 井	6×6	1070.923
32	RED 洞	5×8		61	$RF_{11}JG2$ 井	6×6	1071.299
33	$Rf_{10}D$ 洞	5×5		62	$RF_{11}JG3$ 井	6×6	1071.675
34	$RF_{11}E$ 洞	6×10		63	$RF_{11}JG4$ 井	6×6	1072.051
35	RXE1 洞	5×5		64	$RF_{11}JH1$ 井	6×6	1050.870
36	RE_1E 洞	5×8	1130.00	65	$RF_{11}JH2$ 井	6×6	1051.249
37	REE 洞	5×8		66	$RF_{11}JH3$ 井	6×6	1051.626
38	$Rf_{10}E$ 洞	5×5		67	$RF_{11}JH4$ 井	6×6	1052.001
39	$RF_{11}F$ 洞	6×10		68	$RF_{11}JI1$ 井	6×6	1030.755
40	RXF1 洞	5×5		69	$RF_{11}JI2$ 井	6×6	1031.130
41	RE_1F 洞	5×8	1110.00	70	$RF_{11}JI3$ 井	6×6	1031.505
42	$Rf_{10}F$ 洞	5×5		71	$RF_{11}JI4$ 井	6×6	1031.955
43	$RF_{11}G$ 洞	6×10					
44	RE_9G 洞	5×8	1090.00				
45	RF_9G 洞	5×5					

图 11-12　右岸置换洞三维布置图

（2）灌浆。①所有置换洞周边围岩均进行固结灌浆，固结灌浆兼混凝土和基岩之间的接触灌浆；灌浆分高压区和低压区，洞口部位和左岸 4 号山梁卸荷岩体外侧采用最大压力为 2MPa 的低压灌浆，其目的是为内部的高压灌浆形成一个封闭区域，其余部位采用 6MPa 高压灌浆；灌浆孔布置多穿 NS 向或 EW 向结构面，以预留廊道顶拱的圆心为圆心，以 18°中心角呈辐射状布置，每环 20 孔，各孔入岩深度 10～25m 不等；②根据对高程 1030.00m 和高程 1070.00m 置换洞一期混凝土施工缝的监测，分段施工缝张开度较大，设计要求对洞径大于 5m×8m 置换洞的分段施工缝进行接缝灌浆处理；③对左岸高程 1200.00～1220.00m 置换竖井回填混凝土与岩石接触的缝面进行接触灌浆。

左岸、右岸抗力体固结灌浆布置范围分别见图 11-13、图 11-14。

（3）地下排水系统。置换洞固结灌浆完成后，按要求将部分固结灌浆孔扫开并加深作为排水孔。为了降低坝肩抗力体和水垫塘边坡的地下水位，在高程 1245.00m 以下，从坝基排水洞至二道坝护坦出口，左岸、右岸分别布置了 6 层顺河向地下排水洞，平均间距约 40m，排水洞内均设置反向排水孔。

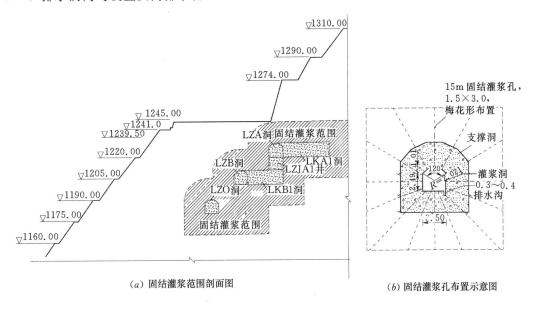

（a）固结灌浆范围剖面图　　　　　　（b）固结灌浆孔布置示意图

图 11-13　左岸抗力体固结灌浆布置范围示意图（单位：m）

11.3.8　抗力体内部加固施工

11.3.8.1　施工程序

左岸、右岸坝肩抗力体置换洞为分层布置形式，洞层平均间距 20m，相邻洞层基本位于同一立面上，平面内洞塞大多存在交错连接。按大坝枢纽总体施工规划及设计要求，同一立面高程上相邻的洞塞，靠近拱坝建基面的 10m 洞段，开挖按照从上至下的程序尽早施工，上层洞段的支护措施全部完成后，方能进行紧邻下层洞口段的开挖。10m 以外洞身段，遵循自下而上、间隔开挖的总体顺序，原则上要求上层、下层洞塞衬砌浇筑完毕

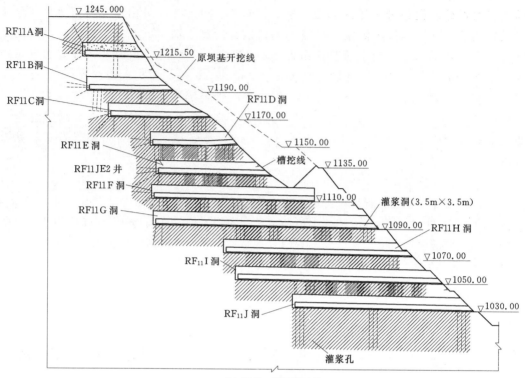

（a）沿 F11 断层剖面图

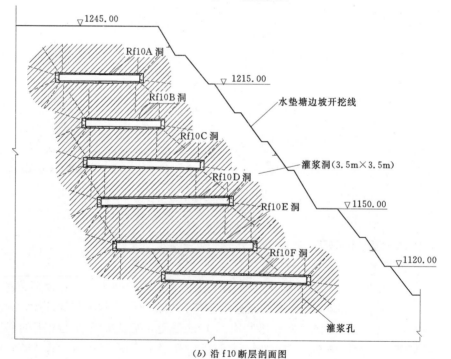

（b）沿 f10 断层剖面图

图 11-14　右岸抗力体固结灌浆布置范围示意图

7d后方能进行紧邻的中间层洞塞相应洞段开挖，间隔开挖的洞塞，开挖掌子面应错开，先施工洞塞的支护须超前后施工洞塞的开挖至少20m，确保上下层洞塞施工作业安全。水平洞塞与竖（斜）井交叉布置时，宜先施工水平洞塞，再施工竖（斜）井洞塞。竖（斜）井宜间隔施工，同时施工的相邻竖（斜）井应间隔一定的距离。左岸抗力体先开挖高程1220.00m和1180.00m的洞塞，后挖高程1200.00m和1160.00m的洞塞。右岸抗力体高程1150.00m以上（不含高程1150.00m层）的洞塞按照自上而下的程序开挖，先挖高程1210.00m的洞塞，后挖高程1190.00m的洞塞，再挖高程1170.00m洞塞；高程1150.00m以下（含高程1150.00m层）的洞塞跳层开挖，先开挖高程1150.00m、1110.00m、1070.00m、1030.00m的洞塞，后开挖高程1130.00m、1090.00m、1050.00m的洞塞。

11.3.8.2　施工通道布置

根据抗力体置换洞塞的实际情况，结合大坝施工道路布置，左岸抗力体区域从已有的左岸高程1245.00m坝顶公路及高程1130.00m中线公路布置2条施工竖井，在不同高程布置了11条施工支洞作为施工通道，其中一条竖井［断面尺寸长×宽＝3m×（4～6）m］作为人员、设备运输及风水电管路布置的吊物竖井；另一条竖井（直径1.4m）主要作为溜渣竖井，不同高程的11条施工支洞把置换洞、施工竖井与公路连通。

右岸抗力体区域利用已有的高程1245.00m坝顶公路、高程1150.00m中线公路及高程1070.00m施工便道布置4条施工竖井，在不同高程布置17条施工支洞作为施工通道，其中2条竖井［断面尺寸长×宽＝3m×（4～6）m］作为人员、设备运输及风水电管路布置的吊物竖井，另外2条竖井（直径1.4m）主要作为溜渣竖井，不同高程布置17条施工支洞把置换洞、施工竖井与公路连通。

施工支洞（竖井）布置综合参数见表11－5。

表11－5　　　　　　　　　　　施工支洞（竖井）布置综合参数表

部位	洞室名称	断面形式/参数	施工区域	用途
左岸	LS1、LS2两条竖井	LS1 长方形 3×（4～6）m、L＝97m LS2 圆形 ϕ1.4m、L＝98m	左岸高程 1220.00～1160.00m	垂直运输
	L1～L11 施工支洞	城门洞形 L＝878m、4×（5～10）m		水平运输
右岸	RS1、RS2、RS3、RS4 四条竖井	长方形 3×（4～6）m RS1＝89m，RS3＝86m 圆形 RS2＝89m，RS4＝86m	右岸高程 1210.00～1030.00m	垂直运输
	R1～R17 施工支洞	城门洞形 L＝1745m、4×（5～10）m		水平运输

11.3.8.3　施工方法

（1）开挖支护。①一般置换洞分2～3个次序开挖：6m×6m以上的断面先进行2m×2m超前地质探洞开挖，然后分层扩挖跟进。上层开挖高度约为4.0m，下层开挖高度为3～4m，每次开挖5～7m后进行地质跟踪鉴定，确定下一步洞轴线、断面。6m×6m以下断面先开挖超前地质导洞，然后一次扩挖成型。地质条件一般的洞室，支护与开挖作业面距离不超过20～30m，支护参数主要有：砂浆锚杆直径25mm（直径32mm）、L＝1.5～

4.5m（4.5～9m）；自进式锚杆直径32mm、L＝4.5m、6.0m；125kN级预应力锚杆直径32mm、L＝4.5～9m；锚筋桩3个直径32mm、L＝9.0m；钢筋挂网直径6.5mm、@20cm×20cm；喷混凝土C20、C25。②蚀变岩体夹有断层带分布，由密实的断层泥、糜棱岩、蚀变岩组成，易吸水，吸水后岩石崩解、强度降低。蚀变岩体置换洞身开挖分三步：先进行2m×2m超前地质探洞开挖，然后扩挖跟进。每次开挖5～7m后联合地质跟踪，开挖20～30m后，再分两层进行开挖支护。蚀变岩体洞室的支护参数：顶拱超前支护采用直径25mm的砂浆锚杆，长4.5m，外插角5°～15°，排距2m；顶拱系统支护锚杆主要采用直径32mm、L＝6m的砂浆锚杆（部分锚杆长度为9m）及直径32mm的自进式锚杆，间排距为1.5m×1.5m；边墙系统锚杆主要采用直径36mm、L＝6m长的预应力锚杆，间排距为1.5m×1.5m。蚀变岩体范围内边顶拱均喷15cm厚C25微纤维混凝土。随机支护主要采用直径32mm、L＝4.5m的砂浆锚杆（部分锚杆长度为9m）及直径32mm、L＝4.5m自进式锚杆；部分蚀变岩体洞室的随机支护采用I20a工字钢拱架，间距为80cm。

（2）混凝土施工。①混凝土分两期施工，在一期混凝土中预留3.5m×3.5m的洞室作为灌浆廊道，待抗力体固结灌浆完成后再进行灌浆廊道二期混凝土回填；②洞身混凝土浇筑采取分段分层的方法施工，分段长度为10～15m，各段之间设橡胶止水，浇筑厚度控制在3m左右；井塞混凝土从下至上浇筑，浇筑层厚不大于6.0m。洞（井）塞回填混凝土层间间歇期3～5d；③一期回填混凝土采用埋塑料冷却水管通水冷却，塑料冷却水管水平和垂直间距一般为1.0m，局部1.0～1.5m，冷却管距离浇筑块周边及二期回填洞壁的距离0.5～0.8m，单根冷却水管长度不大于200m。预留灌浆洞四周衬砌混凝土的厚度小于1.0m时不需布置冷却管。混凝土覆盖完冷却水管即开始通江水冷却。混凝土内部最高温度控制不大于45℃，混凝土内部温度降至19～20℃时进行接缝灌浆。

（3）灌浆施工。

1）固结灌浆。灌浆程序：对同时具备钻灌条件的洞塞，由低层向高层逐层推进施灌；同层置换洞从围岩埋深较浅部位向较深部位逐渐推进；优先施灌横河向洞塞（近顺河向孔），后施灌顺河向洞塞（近横河向孔）。洞塞内部固结灌浆按环间分序、环内加密的原则进行施工，并按先底板、再边墙、后顶拱的顺序钻灌。施工方法：灌浆孔孔径不小于直径56mm，一般为直径76mm，物探孔钻孔孔径一般为91～110mm。灌浆记录采用三参数电脑记录仪。灌浆采用从浅入深分段造孔、分段循环式灌浆法工艺。固结灌浆工艺见图11-15。

固结灌浆分段：第一段为2.0m，第二段为3.0m，第三段及以下各段一般为5.0m，最长不超过7m范围内。

灌浆浆液及压力：低压灌区I序环内的I序孔采用0.6：1单一水灰比的普通浆液；I序环内的II序孔及II序环内各序孔采用0.8：1、0.6：1二级水灰比的普通浆液。高压灌区所有孔均采用1：1水灰比的普通水泥浆液。低压灌区第一段灌浆压力为1.0MPa、第二段为1.5MPa、第三段及以下各段为2.0MPa；高压灌区灌浆压力孔口第一段为3MPa、第二段及以下各段为5MPa。灌浆结束标准：在设计灌浆压力下，当灌浆孔段单孔注入率不大于1.0L/min，群孔不大于1.5L/min时，继续灌注30min，可结束灌浆作业。

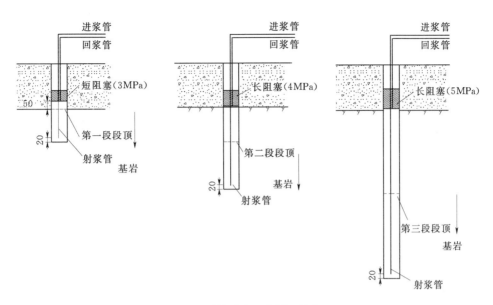

图 11-15　固结灌浆工艺图（单位：cm）

封孔：上仰灌浆孔和水平灌浆孔应采用全孔灌浆封孔法封孔，下倾孔采用分段灌浆方法封孔。

变形观测：在裂隙冲洗、压水试验及灌浆过程中连续对距固结灌浆孔底孔 10m 以内的相邻洞室、边坡进行变形观测，变形观测允许值为 $200\mu m$；对混凝土裂缝及岩层漏浆情况进行巡查。

2）接触灌浆。水平洞塞的固结灌浆兼作回填混凝土与围岩之间的接触灌浆。左岸高程 1200.00～1220.00m 置换竖井回填混凝土与岩石的接触灌浆，管路布置是在每层混凝土浇之前，在基岩面上钻 15 个直径 50mm 的孔，预埋直径 42mm×2.5mm 的灌浆管，竖井浇筑完成并达到龄期后开始接触灌浆。接触灌浆水泥采用小湾水电站专供超细水泥，输送浆液的管道流速控制在 1.4～2.0m/s，浆液的温度保持在 5～40℃之间，接触灌浆方式采用纯压式灌浆，用进浆管接压力表和回浆管接回浆阀控制灌浆压力。设计灌浆压力为 0.3～0.6MPa；当回浆管排浆浓度达到或接近进浆浓度，且回浆管口压力达到设计规定值，注入率不大于 0.4L/min，持续 20min 即可结束接触灌浆。

3）接缝灌浆。灌浆管路布置：左、右岸置换洞断面大于 5m×8m，均要求对分段施工缝进行接缝灌浆，采取一期混凝土浇筑时预埋灌浆管和预留灌浆槽、回浆槽的方式进行。进浆管直径 42mm×2.5mm，回浆管直径 38mm×2.5mm，进回浆管分别引至灌浆廊道，外露不少于 0.3m。置换洞接缝灌浆典型管路布置见图 11-16。对混凝土浇筑前未埋设灌浆管路的置换洞，通过对一期回填混凝土接缝面钻孔、埋管进行灌浆。每道施工缝共设置 4 个直径 56mm 的孔，接缝灌浆钻孔及埋管布置见图 11-17。

接缝灌浆方法：在混凝土温度达到 19～20℃后，方允许进行接缝灌浆。接缝灌浆方式为纯压式灌浆，采用超细水泥浆液灌注，水灰比为 0.6：1，设计灌浆压力为 1.0MPa（即灌浆顶层回浆槽压力为 1.0MPa）。

灌浆结束标准为：当排气回浆孔（管）排浆浓度达到或接近进浆浓度，且排气孔

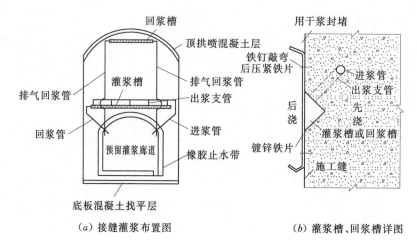

（a）接缝灌浆布置图 （b）灌浆槽、回浆槽详图

图 11-16　置换洞接缝灌浆典型管路布置图

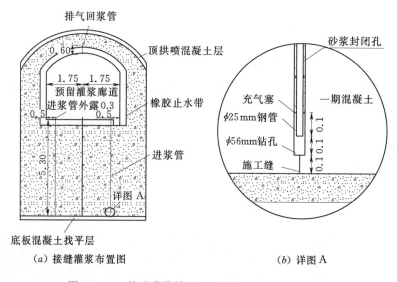

（a）接缝灌浆布置图 （b）详图 A

图 11-17　接缝灌浆钻孔及埋管布置图（单位：m）

（管）口压力达到设计规定值，注入率不大于 0.4L/min，持续 20min 即可结束本灌区的接缝灌浆，闭浆时间不少于 8h。

（4）地下排水系统施工。地下排水洞的开挖支护方法与置换洞塞的施工方法类同。置换洞固结灌浆完成后，按要求将部分固结灌浆孔扫开并加深作为排水孔，造孔主要采用轻型风动冲击式潜孔钻机。

11.3.9　安全监测

11.3.9.1　边坡安全监测的范围

主要监测范围包括左、右岸缆机基础及边坡，高程 1000.00m 以上坝基和坝肩边坡、水垫塘高程 1000.00m 以上边坡，水电站进水口边坡、尾水边坡、开关楼边坡、泄洪洞进口边坡及 6 号山梁综合治理工程等部位的边坡及两岸抗力体。2004 年饮水沟堆积体边坡险情发生后，开展了 2 号山梁饮水沟堆积体边坡抢险加固工程安全监测。

11.3.9.2 边坡安全的监测的项目

（1）巡视检查。进行了工程各部位的日常巡视检查、年度巡视检查和特别巡视检查。

（2）表面变形监测。在坝基、边坡、饮水沟堆积体、缆机平台表面设置表面变形监测点，利用工作基点监测表面变形监测点的水平位移和垂直位移。

（3）深部变形监测。利用钻孔测斜仪、多点位移计及铟瓦钢丝等测试手段对边坡岩体深层变形进行监测。

（4）地下水位监测。利用钻孔安装测压管及在测斜孔孔底安装渗压计监测地下水位。

（5）应力监测。选取 3% 左右预应力锚索设置锚索测力计监测锚索的受力情况和预应力损失，并对锚索锚固效果进行评价。

（6）GPS 卫星定位监测系统监测。建立了最先进的 GPS 卫星定位监测系统，采用一机多天线技术，用 GPRS 方式进行数据传输和 GPS 单历元解算程序解算，实现了全天候无人值守监测。

11.3.9.3 抗力体安全监测的项目

（1）围岩收敛监测。在围岩条件较差和洞井塞空间交错的部位设置围岩变形收敛观测断面，埋设变形收敛计。洞塞内收敛观测桩布置见图 11-18。

（2）岩体内部位移监测。在地下洞井塞围岩内埋设多点位移计。

（3）锚杆支护应力监测。选取一定数量的普通锚杆或预应力锚杆安装锚杆应力计。

（4）渗透压力监测。在各洞室周边布置渗压计。

（5）钢筋混凝土结构的应力、应变监测。在抗力体中的钢筋上安装钢筋计，在混凝土中埋设应变计组及无应力计。

（6）接缝变形监测。在混凝土与围岩接触面及混凝土施工缝上埋设测缝计。

（7）岩石应力监测。在洞井塞两侧岩体内布置岩石应力计测点。

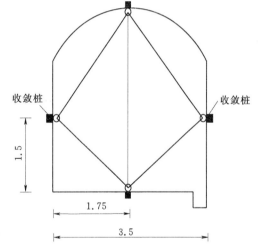

图 11-18 洞塞内收敛观测桩布置图（单位：m）

（8）温度监测。在不同部位的混凝土中埋设温度计。

（9）声波测试。采用单孔测试法对埋设锚杆应力计的钻孔进行声波测试，了解仪器所在部位的地质情况；采用跨孔测法检查洞室开挖爆破对围岩松弛影响范围，检验灌浆效果。

11.3.9.4 安全监测结果

（1）小湾水电站两岸高边坡开挖支护完成后，左岸、右岸高边坡分别经历了两个雨季和三个雨季的考验，边坡变形速率已经由 2004 年前 1~2mm/d 已减至 0.05mm/d，表明两岸边坡已趋于稳定。

（2）左岸、右岸抗力体洞塞施工期监测，采集了大量的数据，对指导设计和施工发挥了重要的作用。①左岸、右岸开挖期埋设的位移计最大围岩位移值为 11.7mm，二期回填混凝土中埋设的位移计累计位移较小，均在 1.0mm 以内；②锚杆应力大部分比较稳定；在地质条件较差，相邻洞段开挖时部分锚杆应力增加；锚杆应力在左右岸的固结灌浆过程中都有较大变化，一般锚杆中部测点呈受压状态，深部及孔口受拉，说明固结灌浆压力对岩体有较大作用；③测缝计监测成果显示，基岩与混凝土及混凝土与混凝土间开合度变化量较小，大多数缝隙值在 1.0mm 以内，少部分在 2.0mm 左右；二期回填微膨胀混凝土，缝隙表现既有张开缝又有闭合缝，总的来看，回填微膨胀混凝土有效果，但不很显著；④左岸、右岸一期回填混凝土采取分两期通水冷却，混凝土内部温升控制较好，最高温度在 42.3～44.95℃ 之间，混凝土温度降至 25℃ 左右走势趋于平稳；二期回填低热微膨胀水泥混凝土，入仓平均温度在 12.75～17.75℃ 之间，混凝土最高温度在 34.9～44.7℃ 之间，达到最高温度时间在 96h 左右，混凝土温度降至 25℃ 左右后趋于平稳；左右岸混凝土的最高温度均满足的不大于 45℃ 的设计标准；⑤锚杆测力计埋设后最初一个星期内预应力损失较多，损失值在 18～35kN 之间，占锁定荷载的 20% 左右，后期预应力逐渐稳定，衰减率接近零；⑥坝肩抗力体预应力锚索完成 63 台锚索测力计的张拉测试，其中左岸 28 台，右岸 35 台。锚索荷载在锁定后一段时间内均呈衰减状态，之后锚索荷载变化渐趋于稳定。左坝肩抗力体预应力锚索锁定后荷载损失在 2.4%～17.9% 之间，右岸坝肩抗力体预应力锚索荷载在锁定后荷载损失在 3.2%～13.1% 之间。

11.4　锦屏一级水电站拱坝左岸主要地质问题及处理措施

11.4.1　引言

锦屏一级水电站位于四川省盐源县、木里县交界处，是雅砻江干流中游、下游河段五个梯级水电开发中的第一级。水电站以发电为主，兼有防洪、拦沙等作用。坝址控制流域面积 102560km²，占雅砻江流域面积的 75.3%，多年平均流量 1200m³/s。

拦河大坝为混凝土双曲拱坝，坝顶高程 1885.00m，最大坝高 305m，水库正常蓄水位 1880.00m，正常蓄水位以下库容 77.6 亿 m³，调节库容 49.1 亿 m³，属年调节水库。水电站装机容量 3600MW，年利用小时数 4616h，多年平均年发电量 166.20 亿 kW·h。

300m 级高拱坝，必须确保其在兴建与运行阶段稳定和安全。而拱坝的稳定性与安全在一定程度上是建立在坝基（肩）的整体性与强度上，故坝基（肩）处理对拱坝至关重要。

由于左岸坝肩抗力体存在地质缺陷，设计在高程 1670.00m、1730.00m、1785.00m 及 1829.00m 平面布置了置换平洞，竖向层与层间采取斜井方式进行置换。左岸抗力体大小洞室共 68 条、开挖总长 11.8km，每层抗力体主要由灌浆平洞、抗剪传力洞、施工次通道、断层 f5 与煌斑岩脉网格置换洞及防渗斜井等隧洞组成，其中抗剪传力洞、断层 f5、煌斑岩脉网格置换洞及煌斑岩脉置换斜井施工难度最大，其地质条件差、洞轴线随岩脉走向现场进行调整、开挖断面大及各层抗力体之间垂直距离短而相互安全干扰大。

11.4.2　拱坝左岸抗立体的地质条件

11.4.2.1　地形、地质概述

锦屏一级水电站址区地处深山峡谷，自然谷坡高陡，地应力水平较高，岩体卸荷强烈，工程地质特别复杂。左岸坝基为反向坡，上部为砂板岩，下部为大理岩（见图11-19）。左岸岩体内断层、层间挤压错动带、节理裂隙发育，分布范围较大，主要发育有断层f5、断层f8，煌斑岩脉（X）、深部裂缝（Ⅳ2类岩体）等软弱结构面，致使左岸坝基地质复杂，岩体质量差（见图11-19和图11-20）。

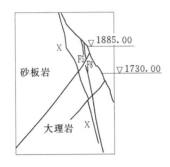

图11-19　左岸地质剖面图

图11-20　左岸软弱结构面分布图

上部砂板岩段，岩体条件差，主要为断层破碎带及影响带、深部裂缝等，建基面岩体中Ⅴ级、Ⅳ2级岩体为主。

大理岩段中，在高程1735.00～1820.00m坝基岩体中，断层f5、f8在建基面浅表出露，建基面中Ⅲ1级、Ⅲ2级为主；在高程1660.00～1735.00m，坝基岩体以Ⅲ1级岩体为主，层间挤压错动带发育。断层f5以里、煌斑岩脉两侧及以里，分布受深裂缝影响的Ⅳ2级岩体。靠下游断层f5与煌斑岩脉相交处，宽度达40～50m，岩体破碎，抗力体的重要部位，作为持力层，不能满足拱坝的变形要求，需进行专门处理；高程1600.00～1660.00m大坝建基面及建基面以里岩体完整性好，以Ⅱ级岩体为主。

11.4.2.2　主要地质问题

（1）断层f5。断层f5在高程1800.00m以上，破碎带宽度较大，一般5～10m，局部20～25m，主要由角砾岩、碎裂岩、糜棱岩、碳化的泥质片状岩及断层泥组成，普遍强风化，散体结构，Ⅴ1级岩体；高程1680.00～1800.00m，破碎带宽度一般3～5m，局部10～15m，主要为角砾岩、碎裂岩，少量糜棱岩、片状岩及不连续断层泥，局部松弛张开5～10cm，无充填，Ⅴ1级岩体；高程1680.00m以下，破碎带宽度明显变窄，一般1～3m，多为重胶结、较紧密、坚硬的角砾岩、碎裂岩，微风化—新鲜为主，Ⅲ级为主，部分结构松散，弱—强风化，为Ⅴ级。

（2）断层f8。断层f8出露在高程1750.00m以上的坝肩及抗力体部位，发育于拱肩槽上下游槽坡，向下游抗力体内延伸交于断层f5，两断层交汇处，断层影响带较宽，岩体破碎，是抗力体处理的重要部位。断层f8破碎带宽一般0.5～1m，主要由强风化褐黄色构造碎裂岩、角砾岩、糜棱岩及断层泥组成，断层破碎带结构普遍较松弛，散体结构，性状极差，Ⅴ级岩体。

（3）煌斑岩脉。在高程1680.00m以上，岩脉厚一般约2～4m，普遍弱—强风化，岩体松弛，完整性差，与上下盘岩体多为断层接触，发育宽5～20cm的小断层，且两侧岩体为松弛、破碎的Ⅳ2级岩体；在高程1680.00m以下，岩脉多微风化—新鲜，部分弱风化，且与上下盘大理岩紧密接触，Ⅲ级岩体。

（4）Ⅳ2级岩体。Ⅳ2级岩体主要为断层f5、断层f8上下盘影响带及煌斑岩脉X两侧的松弛破碎岩体，以及Ⅲ1级、Ⅲ2级岩体中零星发育的深部裂缝带岩体，分布于建基面以里一定范围。这些Ⅳ2级岩体以碎裂结构为主，局部板裂、块裂结构，呈条带状分布为特征，向低高程延伸至高程1660.00m，总体上岩体完整性差，抗变形能力低，部分为弱风化。

（5）深部裂缝和裂隙松弛带。深部裂缝是锦屏一级水电站左岸的特殊地质现象。从岩性看，深部裂缝多发育在坚硬的变质砂岩和大理岩中，岩质相对软弱的板岩中少见。从空间分布看，具有从约高程1660.00m向谷坡上部深部裂缝发育水平逐渐加大，从上游向下游由弱变强的趋势。深部裂缝发育段岩体松弛，透水性强，变形模量值低，对拱坝稳定不利。

11.4.3　左岸加固设计

左岸加固处理的重要对象是建基面及以里一定深度发育的断层f5、断层f8及受裂缝影响的Ⅳ2级岩体、高程1680.00m以上煌斑岩脉（X），其次为层间挤压错动带（断层f2）、小断层等软弱结构面。左岸抗力体的处理除采用混凝土垫座置换外，还在山内分5层洞室布置，即高程1885.00m、1829.00m、1785.00m、1730.00m、1670.00m，每层布置有主通道、次通道、帷幕灌浆平洞及坝基排水洞、固结灌浆洞及抗力体排水洞、抗剪传力洞（兼固结灌浆洞）以及断层f5、煌斑岩脉X的网格置换洞。

11.4.3.1　左岸混凝土垫座的设计

在高程1885.00～1800.00m之间，建基面上出露的砂板岩，属弱卸荷的Ⅳ2级和Ⅲ2级岩体，经固结灌浆处理后仍不能直接作为建基面岩体，故对Ⅳ2级砂板岩进行混凝土垫座置换处理。在高程1800.00～1730.00m之间，断层f5、断层f8在拱端及附近出露，为避免该软弱岩体区对大坝的不利影响，该部位采用明挖回填混凝土，置换掉断层f8和断层f5，并与上部高程的混凝土垫座相结合。垫座平切见图11-21。

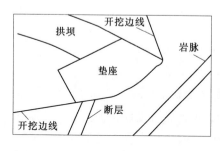

图11-21　垫座平切图

11.4.3.2　左岸抗力体固结灌浆范围的确定

左岸抗力体灌浆处理的主要对象为拱端以里一定范围内的深部裂隙和波速较低的Ⅳ级、Ⅲ2级岩体。高程1650.00m以下，左岸拱端及其附近岩体坚实完整，均为Ⅲ1类、Ⅱ类岩体，高程1650.00m以上深部裂隙和波速较低的Ⅳ级、Ⅲ级岩体发育。因此，左岸抗力体固结灌浆高程范围为1650.00～1885.00m。

左岸拱座煌斑岩脉X及其影响带以里为Ⅲ1类岩，灌浆对其变形模量改善有限。因此，往山里方向抗力体固结灌浆的范围为超过煌斑岩脉影响带5～10m。

通过平面和三维有限元计算，确定的下游方向灌浆范围为：高程1885.00～1820.00m为拱端厚度的3.0倍，高程1820.00～1670.00m为拱端厚度的2.7～2.5倍，高程1670.00～1650.00m为拱端厚度的1.5倍。

灌浆廊道尽量利用施工通道、抗剪传力洞和帷幕灌浆洞，同一高程区域内抗力体的固结灌浆廊道水平间距一般为30.0m。灌浆划分为控制灌浆和主灌浆，先进行控制灌浆形成封闭区域，然后在封闭区域进行主灌浆，灌浆方式采用分序加密、高压式灌浆。最大灌浆压力6MPa。

断层f5（f8）和煌斑岩脉距离左岸拱端较近，且与拱端推力方向大角度相交，与拱端的变形稳定关系密切。煌斑岩母体软弱，遇水软化，固结灌浆后其声波速度、钻孔变形模量及现场承压板法变形模量仍然较低，通过普通水泥灌浆难以提高其物理力学指标；断层f5破碎带中存在的糜棱岩和夹泥也影响固结灌浆的效果。因此采用混凝土网格的形式对抗力体内断层f5（f8）、煌斑岩脉进行局部置换，对未挖除的部分进行必要的加密固结灌浆。同时设置防渗斜井进行防渗处理，以达到坝基抗力体防渗和加固的目的。断层f5（f8）及煌斑岩脉Ⅺ的混凝土置换网格布置分别见图11-22和图11-23。

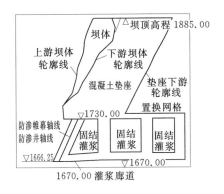 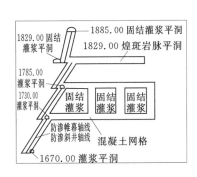

图11-22　断层f5（f8）混凝土置换网格布置图　图11-23　煌斑岩脉Ⅺ混凝土置换网格布置图

此外，还分别在高程1730.00m、1785.00m、1829.00m布置抗剪传力洞，抗剪传力洞从垫座开挖线起穿过煌斑岩脉向里延伸至煌斑岩脉影响带以里5～10m，与深部较好岩体相连，将部分拱端推力传至深部较好岩体。混凝土网格置换处理断层、岩脉等软弱岩体的方法曾在李家峡、龙羊峡等水电站基础处理中采用。

11.4.3.3　抗力体锚索设计

断层f5（f8）和煌斑岩脉均为山体内的顺坡结构面，两者之间楔形岩体，受断层、岩脉及其影响带影响，卸荷裂隙发育，岩级多为Ⅲ2级与Ⅳ2级。为锚固断层f5（f8）、煌斑岩脉及其两者之间楔形岩体，在抗力体一定范围布设抗力体锚索（见图11-24）。

11.4.3.4　左岸大坝基础防渗帷幕和排水系统

（1）左岸防渗帷幕。大坝左岸基础，帷幕中心线基本位于靠上游侧压应力区域内。立面上，考虑与大坝基础廊道和

图11-24　抗立体锚索
布置示意图

各层水平廊道相衔接，左岸分别在高程1885.00m、1830.00m、1785.00m、1725.00m和1665.00m共设置五层基础帷幕灌浆平洞。

帷幕设计参数为：在高程1830.00m以下采用两排、高程1830.00m以上为一排，并当透水率为10～100Lu时在相应部位原排数基础上增加一排帷幕；孔距为2.00m，排距稍小于孔距为1.50～1.30m，且交错布置；灌浆孔序采取由疏到密的逐渐加密方式，分三序孔施工；根据地质情况和承受水头大小综合考虑，左岸基础帷幕孔顶部最大设计压力3.0MPa，孔底最大设计压力为5.5MPa。

（2）左岸排水系统。设计要求拱坝坝基主排水幕处扬压力折减系数为$\alpha_2 \leqslant 0.2$。左岸抗力体内设置五排横向排水平洞和两排顺河向排水平洞。各排间距分别为30.00～45.00m不等，原则上尽量利用地质勘探平洞和其他施工通道。抗力体平洞排水方式采用自排，流入水垫塘。

排水设计参数：抗力体排水平洞内辐射排水孔孔深视具体部位而定，变化幅度为30.00～54.00m，共设置三排排水孔，相邻孔的夹角为30°，孔距3.0～6.0m，排距0.50m，交错布置；排水孔孔径均采用110mm；每层排水孔均向上钻孔到上一平洞底板高程以下0.5m处。

11.4.3.5 断层f5混凝土网格置换

按设计在高程1730.00m和高程1670.00m设置混凝土置换平洞，长度分别为75.74m和高程158.25m；在2层平洞间设置1条帷幕防渗斜井和3条混凝土置换斜井。置换平洞开挖高度为10m，开挖宽度7～13m，根据断层带（包括影响带）宽度进行调整，除挖除断层带外，断层上盘再向外挖除1m，下盘再向外挖除3m。置换斜井沿断层走向倾向开挖，除断层带挖除外，断层上、下盘再向外各挖除1m，斜井长度沿断层走向为15m。

11.4.3.6 煌斑岩脉（X）混凝土网格置换

按设计在高程1785.00m、1730.00m和1670.00m设置混凝土置换平；在高程1885.00～1670.00m之间设置1条帷幕防渗斜井，在高程1785.00～1730.00m平洞间设置3条、高程1730.00～1670.00m设置1条混凝土置换斜井。后设计根据开挖揭示的抗力体岩体地质情况进行了动态优化设计，增设高程1829.00m、取消高程1670.00m置换平洞及高程1730.00～1670.00m的置换斜井。置换平洞开挖长度在高程1829.00m、1785.00m、1730.00m分别为124.28m、148.64m、170.58m，高度为10m；宽度不小于6.5m（实际按7m控制），根据煌斑岩脉（X）宽度进行调整，除（X）挖除外，（X）上盘再向外挖除1m，下盘再向外挖除3m。煌斑岩脉（X）置换斜井沿断层倾向开挖，除煌斑岩脉（X）挖除外，煌斑岩脉（X）上、下盘再向外各挖除1m，斜井长度沿煌斑岩脉（X）走向为12m。

11.4.4 左岸坝肩抗剪洞群施工

11.4.4.1 施工原则

由于工程立面多层次，大坝边坡开挖与抗力体洞群同步施工将对山体围岩稳定形成极不利的影响，因此在进行洞群施工时应结合大坝边坡施工进展，揭露围岩情况和洞群结构特点采用相应的开挖施工工艺。为保证边坡及洞群围岩稳定，采取以下原则组织施工。

（1）所有洞口开口，必须完成相应部位的洞脸与井口锚固措施后方能进行洞井开挖。

（2）洞径小于6m的洞室采用全断面开挖，大断面洞室采用台阶法开挖，下台阶扩挖在上台阶开挖与支护结束后进行。

（3）为减少爆破对围岩影响，不同开挖面爆破时间间隔不应小于5min；同一批次开挖的洞、井混凝土衬砌（包括回填灌浆）完成前原则上不得进行下一批次洞室的爆破作业。各洞室开挖及一期支护完成后，尽快进行混凝土衬砌，混凝土衬砌跟进开挖面距离不小于30m。

（4）斜井自上而下进行开挖与支护，平面各抗力体隧洞开挖分批次进行作业，平面上相邻的洞井开挖分两个或两个以上序次进行，在Ⅰ序洞开挖支护完成后再进行Ⅱ序洞开挖，同时开挖的洞室作业面相距50m以上；已开挖洞段支护完成前不进行下一循环爆破作业，在有必要时对软弱带进行预灌浆加固，作业面安全间隔距离经试验确定。

（5）f5网格和煌斑岩脉网格、防渗斜井、传力洞每一循环进尺不超过2.0m，单响药量、多洞井最大药量叠加值应确保已挖洞井段围岩的稳定和支护设施的安全，不超过爆破试验允许值。同一平面上断层f5与煌斑岩脉网格不同时开挖，同一高程区域网格应按先平洞、后斜井的次序开挖，各洞室混凝土衬砌及时跟进开挖掌子面。

11.4.4.2 施工程序

由于高程1730.00m抗力体起到承上启下的作用，且也是垫座混凝土起浇高程，起施工通道作用，并且大断面洞室分布比较集中，平面挖空率达到35%，为左岸抗力体单层洞室的典型布置。

具体分序如下。

Ⅰ序：首先进行次通道兼固结灌浆平洞开挖支护、1730-1号固结灌浆平洞兼次通道开挖支护、1730-2号抗力体排水平洞开挖支护、1730-1号抗力体排水平洞开挖支护。

Ⅱ序：进行1730-1号抗剪传力洞兼固结灌浆平洞开挖支护、高程1730.00m大坝帷幕灌浆洞兼固结灌浆平洞开挖支护、LGA帷幕灌浆廊道开挖支护、1730-3号抗力体排水平洞开挖支护。

Ⅲ序：进行1730-2号抗剪传力洞兼固结灌浆平洞开挖支护、LGA3帷幕灌浆廊道开挖支护、1730-2号抗力体排水平洞开挖支护。

Ⅳ序：最后进行高程1730.00m大坝坝基排水平洞开挖支护、1730m断层f5平洞开挖支护、高程1730.00m煌斑岩脉平洞开挖支护。

11.4.4.3 施工方法

（1）开挖施工。

1）开挖施工分层。煌斑岩脉（Ⅹ）和断层f5置换平洞开挖均在Ⅳ类、Ⅴ类围岩上进行，分上、下两层，视围岩情况，上层可采用下导洞，上层开挖高度6.0m，下层开挖高度4.0m，上层开挖支护完成后进行下层开挖支护，下层则采用中间刻槽，两侧光爆的方法进行开挖。

2）钻爆作业施工。煌斑岩脉（Ⅹ）和断层f5置换平洞开挖钻爆采用手风钻为主，遵循"短进尺，弱爆破"的原则，严格按照测量定出的中线、腰线、开挖轮廓线和测量布孔进行钻孔作业，开挖进尺控制在1.5m/排炮，严格控制钻孔深度，各钻工分区、分部位定人定位施钻。周边光爆孔孔距控制在50cm以内，光爆孔、掏槽孔的偏差不得大于5cm，其他炮孔孔位偏差不得大于 10cm。

装药前对炮孔进行检查，合格后方可进行装药爆破；为减少对周边围岩的扰动，炮孔的装药严格按批准的钻爆设计图进行，周边孔的线装药密度控制在 130～150g/m，单响药量控制在 24kg 以内。周边孔采用间隔装药，导爆索传爆。掏槽孔、崩落孔和其他爆破孔装药要密实，堵塞良好。周边光爆孔必须采用导爆索引爆，采用非电雷管连接起爆网路。

3）安全处理。爆破后，用反铲（或人工）清除掌子面及边顶拱上残留的危石及碎块，保证进入人员及设备的安全。岩面破碎洞段在进行安全处理后，先喷 1 层厚 5cm 钢纤维混凝土，出渣后再次进行安全检查及处理。在施工过程中，要经常检查已开挖洞段的围岩稳定情况，清撬可能塌落的危石。

（2）支护施工。

1）围岩封闭和支护跟进。对于煌斑岩脉（X）和断层 f5 置换洞，Ⅳ～Ⅴ类围岩出渣结束，立即对作业面进行厚 5cm 钢纤维混凝土封闭。Ⅳ类围岩一般情况应立即进行系统支护，也可根据现场情况经地质工程师或开挖经验丰富的人员确认后，滞后掌子面 5～15m 进行系统支护。Ⅴ类围岩一般情况立即进行系统支护，也可根据现场情况经地质工程师或开挖经验丰富的人员确认后，滞后掌子面 5m 进行系统支护。

2）支护方式选择。根据不同的围岩类别、岩石节理情况分别采用不同的临时支护形式，施工组织设计中采用 4 种临时支护形式：超前小导管灌浆＋钢拱架支护、超前锚杆＋钢拱架支护、钢拱架支护和钢纤维混凝土支护。实际施工中根据围岩情况未使用超前小导管灌浆施工。临时支护（或者称初期支护）的目的是满足施工期的安全，并不能抵御与平衡山岩压力（包括地下水），所以临时支护完成后，在施工安全得到保障的条件下，必须按设计要求进行系统喷锚支护。

3）支护施工要点。由于煌斑岩脉（X）、断层属极易风化、遇水软化的岩层，开挖揭露后宜及时进行封闭，一般情况下采用出渣结束后喷厚 5cm 的钢纤维混凝土封闭，当出现渗水较大且出现围岩掉块时，先用反铲清理工作面并进行必要的处理，然后立即喷钢纤维或素混凝土的方法封闭。

需采取超前锚杆处理措施的开挖面，当掌子面较高且顶拱围岩容易掉块时，掌子面宜进行素喷混凝土 5cm，以保证施工安全。超前锚杆可采用砂浆锚杆也可采用水泥卷锚杆，超前锚杆按设计要求施工完成后，可开始开挖施工。开挖揭露出现不利的节理结构，有可能出现掉块、滑落时应采取随机锚杆支护。

（3）特殊情况的处理。

1）渗水处理。水文资料显示：该工程左岸地下水位与河水位同高，施工不受地下水的影响。但是由于岩石破碎、断层裂隙发育，山体渗透性较强，而且左岸其他标段也在灌浆作业施工。实际施工过程中多次出现较大的围岩渗水，主要采取钻排水孔引排的措施。

开挖揭露出现渗水较大地段，在喷混凝土封闭前，用手风钻或者是凿岩台车，在渗水较大部位沿岩层方向钻 3～5m 排水孔，插入 PVC 管，将管接引至排水沟内，然后进行喷混凝土作业，初喷时应加大速凝剂用量，渗水封堵后恢复至正常用量。

2）锚杆成孔困难的处理。当出现岩石破碎，锚杆成孔困难时，一般采用以下两种方案：①用凿岩台车钻 65mm 锚杆孔，用台车辅助插杆；采用该方法施工效果较好，但成本较高，且占用设备资源；②使用自进式锚杆；自进式锚杆能达到快速支护的目的，但由于自进式锚杆采用锚杆密实度检测的结果，密实度仅能达到 60%～75%，且锚杆杆体抗剪能力有所降低，使用要征得设计和监理同意，重要部位还要加密锚杆。自进式锚杆使用前，应检查钻头、钻杆是否通气，如有堵塞应处理通畅后方可使用。凿岩机应先给风或水，然后钻进，在破碎岩中钻进时，钻头的水孔易堵塞，因此在钻进时，应放慢钻进速度，多回转，少冲击，注意水从钻孔中流出的状况，若有水孔堵塞的现象，应后撤锚杆 50cm 左右，并反复扫孔，使水流畅通，然后慢慢推进，直到设计深度。钻进至设计深度，应用水或空气洗孔，检查钻头上的孔是否畅通，然后将锚杆从钻机连接套上卸下，锚杆按设计要求外露。用钢管将止浆塞通过锚杆外露端打入孔口 10cm 左右，对锚杆孔进行堵塞，保证自进式锚杆注浆时不漏浆。要确保自进式锚杆注浆饱满。

（4）施工安全监测。成洞后及时埋设各种观测仪器，并进行观测，3 倍洞径距离以内每排炮后测量一次，10 倍洞径距离以后，视变形速率情况，可拉开量测时间间隔；及时进行观测数据的整理与分析，当发现异常情况，及时采取有效措施进行加固处理。通过勤量测，及时反馈信息，指导开挖支护施工，确保成洞稳定和施工安全。

（5）特殊地质洞段施工措施。对传力洞、Ⅴ类围岩、断层 f5 及煌斑岩脉置换洞井等隧洞的洞身施工，除上述施工工艺及方法外，还采取如下措施。

1）进行地质复勘及跟踪。在开挖过程中，加强地质跟踪及预测，对于大断面洞室，采取导洞或超前勘探孔开挖，探明围岩性状及情况，以便采取恰当的施工程序及措施，确保围岩稳定。

2）预灌浆。传力洞、Ⅴ类围岩隧洞、断层 f5 与煌斑岩脉置换洞井开挖前，采用超前管棚预灌浆或超前固结灌浆措施，以增强围岩自稳能力，确保施工安全。

3）加强支护。按照"勤量测、紧封闭"的原则施工。每排炮钻爆后暂不出渣，经安全处理、平渣后，立即施作一次支护，采用砂浆锚杆、挂网喷钢纤维混凝土、钢支撑加强支护等手段，形成一柔性封闭环，限制围岩变形过大。地下水较丰富的地方开挖后立即钻排水孔集中排水。

4）渗水引排及涌水处理。渗水采取合理的引排方法，对于地下水丰富处采用超前排水，爆破时应采用防水炸药，适当增加用量。涌水地段施工采取的方法：施工时打超前锚杆，进行预灌浆，打排水孔以减少水压力，增加排水设备以保证工作面不被水淹等施工措施。

5）平洞交叉部位开挖。在平洞内开挖较小断面平洞只需在开洞前打设锁口锚杆，然后按一般开挖程序施工即可；在平洞内开挖较大断面平洞除打设锁口锚杆，还需采用顶拱分区扩挖的方法进行开挖、支护，按规定要求逐层扩挖至设计断面后，采用正向法分层开挖，按一般程序施工，在交叉口进行锁口、型钢拱架支撑、挂网喷混凝土等联合加强支护。

6）隧洞岔口洞段施工。为确保围岩稳定和施工安全，加快施工进度，在岔口段增大支护参数，支护形式为岔口段间隔布置超前锚杆、钢支撑、挂网喷混凝土、随机锚杆等联合加强支护形式，系统支护及时跟进开挖掌子面。其中钢支撑与系统锚杆焊接为整体，并设置设锁脚锚杆。

7）灵活进行混凝土衬砌加固。除设计要求需混凝土跟进衬砌的洞室外，通过变形观测，如发现局部危岩变形速率陡增，采取一期支护措施后尚不能满足稳定要求时，及时组织混凝土衬砌加固施工。

参 考 文 献

［1］ 王卓娟，李孝平．抗滑桩在滑坡治理中的研究现状与进展．灾害与防治工程，2007（1）．

［2］ 张明瑶，张云．高边坡开挖及加固措施研究成果简介．水力发电，1996（8）．

［3］ 中国电力发展史编辑委员会．中国水力发电史（1904～2000）．北京：中国电力出版社，2007.

［4］ 杨连生．水利水电工程地质．武汉：武汉大学出版社，2004.

［5］ 中国水利水电建设集团公司．700米级高陡边坡及堆积体开挖与锚固施工技术．北京：中国电力出版社，2007.

［6］ 李振明，邹阳生．三峡永久船闸开挖及支护施工质量监控．中国三峡建设，2002（8）．

［7］ 水利电力部水利水电建设总局．水利水电工程施工组织设计手册．北京：水利电力出版社，1990.

［8］ 全国水利水电施工技术信息网．水利水电工程施工手册．北京：中国电力出版社，2002.

［9］ 袁和生．煤矿巷道锚杆支护技术．北京：煤炭工业出版社，1997.

［10］ 梁炯鉴．锚固与注浆技术手册．北京：中国电力出版社，1999.

［11］ 闫莫明，徐祯祥，苏自约．岩土锚固技术手册．北京：人民交通出版社，2004.

［12］ 罗朝廷．我国喷射混凝土技术的发展．岩土锚固工程，2001（2）．

［13］ 罗朝廷．TK－961型转子活塞式湿喷机的研究设计．岩土锚固新技术．北京：人民交通出版社，1998.

［14］ 赵景海．喷射钢纤维混凝土的配合比．岩土锚固工程，2001（2）．

［15］ 夏仲存．中国水利水电工程应用湿喷混凝土技术概况．水利水电施工，2001（3）．

［16］ 逢世玺．新奥法与喷射混凝土的监控量测．青海水力发电，2002（2）．

［17］ 李云江，等．湿喷机的现状和发展趋势．铜业工程，2003.

［18］ 常焕生，张柏山，范建章．水利水电工程锚喷支护施工．北京：中国电力出版社，2006.

［19］ 文淑连，叶明，胡忠英．聚丙烯纤维喷混凝土及其应用．云南水力发电，2006（4）．

［20］ 侯朝炯，郭励生，勾攀峰．煤巷锚杆支护．徐州：中国矿业大学出版社，1999.

［21］ 程良奎，李象范．岩土锚固·土钉·喷射混凝土．北京：中国建筑工业出版社，2008.

［22］ 赵长海，等．预应力锚固技术．北京：中国水利水电出版社，2001.

［23］ 邹成杰．典型层状岩体高边坡稳定分析与工程治理．北京：中国水利水电出版社，1995.

［24］ 华代清．漫湾水电站左岸边坡加固处理论文集．昆明勘测设计研究院，1992.

［25］ 刘宁，等．岩土预应力锚固技术应用及研究．武汉：湖北科学技术出版社，2002.

［26］ 梁正邦．预应力锚索在水利水电工程中的应用实例．东北水利水电，1986（7）．

［27］ 黄福德．高边坡群锚加固锚索体的动态受力特征．西北水利，1997（4）．

［28］ 宋茂信．预应力锚索锚固段注浆长度的控制．岩土锚固工程，1998（4）．

［29］ 高大水，曾勇．三峡永久船闸高边坡锚索预应力状态监测分析．岩石力学与工程学报，2001（5）．

［30］ 赵明阶，何光春，王多垠．边坡工程处治技术．北京：人民交通出版社，2003.

［31］ 程良奎．我国岩土锚固技术的现状与发展//中国岩土锚固工程协会岩土工程中的锚固技术．北京：地震出版社，1992.

［32］ 朱杰兵，韩军，程良奎．三峡永久船闸预应力锚索加固对周边岩体力学性状影响的研究．岩石力学与工程学报，2002（6）．

［33］ 田裕甲．CYM－6000kN级锚索在丰满大坝加固工程中的应用．水力发电，1990（9）．

[34] 翟才旺，等．小浪底工程中3000kN双层保护预应力锚索设计与施工．岩土锚固新技术．北京：人民交通出版社，1998.

[35] 田裕甲．新型锚索结构系列及工程应用．岩土锚固技术，2000.2.

[36] 谷建国，等．特大吨位预应力锚索试验研究．岩土锚固技术与西部开发．北京：人民交通出版社，2002.

[37] 安茂信．预应力锚索锚固段分段注浆的试验研究．岩土锚固技术与西部开发．北京：人民交通出版社，2002.

[38] 胡时友，等．新型锚索预应力—位移测量系统的研究．岩土锚固技术与西部开发．北京：人民交通出版社，2002.

[39] 赵其华，彭社琴．岩土支挡与锚固工程．成都：四川大学出版社，2008.

[40] 高大钊，史佩栋，桂业琨．高层建筑基础工程手册．北京：中国建筑工业出版社，2000.

[41] 向柏宇，姜清辉，等．深埋混凝土抗剪结构加固设计方法及其在大型边坡工程治理中的应用．岩石力学与工程学报，2012（2）.

[42] 宋胜武，冯学敏，向柏宇，邢万波，等．西南水电高陡岩石边坡工程关键技术研究．岩石力学与工程学报，2011（1）.

[43] 刘塱辉，何泽山．左岸抗力体不良地质带置换平洞开挖支护施工．人民长江，2009（18）.

[44] 杨剑锋，蒯圣堂，曹红艳．锦屏一级与小湾电站坝肩抗力体灌浆比较分析．人民长江，2009（18）.

[45] 易魁，王海云．小湾水电站拱坝坝肩抗力体施工∥全国高拱坝及大型地下工程施工技术与装备经验交流文集．2007.

[46] 覃先锋．工程拱坝设计施工新技术标准实用手册．长春：银声音像出版社，2012.

[47] 李秀龙．小湾水电站坝肩抗力体地质缺陷处理与加固施工．水利水电施工，2011（3）.

[48] 张公平，唐忠敏，饶宏玲．锦屏一级水电站左岸坝头边坡加固措施施工时序研究．水电站设计，2009（3）.

[49] 蒋济，王海云，李四金，等．特高拱坝坝肩复杂地质抗力体加固处理施工技术．中国电力建设科技成果专辑（2011年度）（上册）．北京：中国电力出版社，2011.

[50] 韩忠涛，胡京宁．小湾水电站"抗力体"工程混凝土温度控制的改进．水利水电工程造价，2001（3）.

[51] 马洪琪，周宇，和孙文，等．中国水利水电地下工程施工．北京：中国水利水电出版社，2011.

[52] 薛殿基，冯仲林．挡土墙实用手册．北京：中国建筑工业出版社，2008.

[53] 陈忠达，王海林．公路挡土墙施工．北京：人民交通出版社，2004.

[54] 王春生．路基路面工程．济南：山东大学出版社，2007.

[55] 张成菊，卜万庆．某边坡支护肋板锚杆挡土墙设计与施工．重庆建筑，2003（2）.

[56] 葛立东，朱鸿冰．锚杆式挡土墙的应用．北京水利，1999（1）.

[57] 张续萱，吴肖茗．新型支挡——锚定板挡土结构的理论与实践．北京：中国铁道出版社，1996.

[58] 胡愈．边坡与支挡结构的相互作用及其优化设计．北京工业大学，2006.

[59] 周恒宇．锚杆挡土墙在边坡防护中力学机理的研究．西南交通大学，2010.

[60] 杨正权．加筋土挡墙的稳定性分析与研究．大连理工大学，2006.

[61] 郑颖人，陈祖煜，等．边坡与滑坡工程治理．北京：人民交通出版社，2007.

[62] 王萍，龚壁卫，董建军，陈彦生．模袋法．北京：中国水利水电出版社，2006.

[63] 陶亦寿，谭介雄，等．抛石法．北京：中国水利水电出版社，2005.

[64] 李念．SNS边坡柔性安全防护系统工程应用．成都：西南交通大学出版社，2009.

[65] 戴方喜，宋玲，汪婷，龙斌．边坡绿化技术及应用辨析．中国水土保持SWCC，2009（11）.

[66] 邹俊．喷植混凝土技术在三峡船闸环境绿化中的应用．人民长江，2003（9）.

［67］ 卢向德，樊晓燕，王常让．拉西瓦水电站边坡防护工程柔性防护网的应用．水力发电，2009（7）.

［68］ 赵久海．陈太为．向家坝水电站陡坎危岩 SNS 主动防护施工技术．人民长江，2009（6）.

［69］ 《实用建筑施工手册》编写组．实用建筑施工手册（第 2 版）．北京：中国建筑工业出版社，2005.

［70］ 《桩基工程手册》编委会．桩基工程手册．北京：地震出版社，1995.

［71］ 《给水排水工程施工手册》编写组．给水排水工程施工手册．北京：中国建筑工业出版社，2002.

［72］ 《基础工程施工手册》编写组．基础工程施工手册．北京：中国计划出版社，1996.

［73］ 王永年，殷世华．岩土工程安全监测手册（2 版）．北京：中国水利水电出版社，2008.

［74］ 张秀丽，杨泽艳．水工设计手册（2 版）．第 11 卷　水工安全监测．北京：中国水利水电出版社，2013.

［75］ 夏才初，潘国荣，等．土木工程监测技术．北京：中国建筑工业出版社，2001.

［76］ 郑颖人，陈祖煜，等．边坡与滑坡工程治理．北京：人民交通出版社，2007.

［77］ 张有天，周维垣．岩石高边坡的变形与稳定．北京：中国水利水电出版社，1999.

［78］ 邹成杰，宠声宽，方平德，等．典型层状岩体高边坡稳定分析与工程治理．北京：中国水利水电出版社，1995.

［79］ 方德平．水电站厂房西坡滑坡成因及治理措施．水利水电技术，1990.

［80］ 陈方枢，周光奉，许佐龙．永久船闸高边坡开挖与锚固施工技术．国际大坝委员会第 68 届年会中国长江三峡工程论文，2000.

［81］ 王青屏，陈太为．长江三峡永久船闸直立深槽开挖爆破技术．工程爆破，2003（9）.

［82］ 王青屏．长江三峡永久船闸开挖爆破几个技术问题讨论．工程爆破，2000（7）.

［83］ 方占奎．小湾水电站枢纽区工程地质条件简介．云南水力发电，1996（1）.

［84］ 戚志军．小湾电站高边坡常规系统支护加固施工方法．青海水力发电，2005（3）.

［85］ 邹丽春，喻建清，王国进．小湾水电站高拱坝设计与基础处理．水力发电，2009（9）.

［86］ 魏建周．小湾电站坝肩抗力体施工期监测信息在开挖中的应用．探矿工程，2009 年增刊.